AF568297

Klaus Taschwer, Benedikt Föger

KONRAD LORENZ

Biografie

Klaus Taschwer, Benedikt Föger

KONRAD LORENZ

Biografie

Czernin Verlag, Wien

Gedruckt mit Unterstützung der Stadt Wien, Kultur,
des Zukunftsfonds der Republik Österreich und
des Nationalfonds der Republik Österreich für Opfer des Nationalsozialismus

Nationalfonds der Republik Österreich
für Opfer des Nationalsozialismus

Taschwer, Klaus; Föger, Benedikt: Konrad Lorenz. Biografie / Klaus Taschwer, Benedikt Föger
Wien: Czernin Verlag 2023
ISBN: 978-3-7076-0817-5

Eine erste Version dieses Buches ist 2003 im Zsolnay Verlag erschienen:
Klaus Taschwer / Benedikt Föger (2003): Konrad Lorenz. Biographie. Wien: Paul Zsolnay.
Coverfoto: Konrad Lorenz 1967 in Florida. Foto: Hans Zeisel
Umschlaggestaltung und Satz: Mirjam Riepl
Druck: Finidr, Český Těšín
ISBN Print: 978-3-7076-0817-5
ISBN E-Book: 978-3-7076-0818-2

INHALTSVERZEICHNIS

EINLEITUNG

Es gibt nicht viele Gesichter von Wissenschaftlerinnen und Wissenschaftlern, die auch noch mehr als 30 Jahre nach ihrem Tod so sehr im kollektiven Gedächtnis präsent sind wie jenes von Konrad Lorenz. An Bekanntheit wird seine markante Physiognomie mit dem weißen Kinnbart hierzulande allenfalls von Albert Einstein oder Sigmund Freud übertroffen. Und so wie seine beiden Kollegen hat sich der Forscher, der vor genau einem halben Jahrhundert den Medizin-Nobelpreis erhielt, nicht nur als Wissenschaftler in die Geschichte des 20. Jahrhunderts eingeschrieben, sondern auch als Symbolgestalt: als einer, der mit den Tieren sprechen konnte, der vor der Zerstörung der Natur warnte und gegen andere »Todsünden der Menschheit« predigte.

Wie kaum einem anderen Wissenschaftler des 20. Jahrhunderts gelang es ihm, mit seinen populären Büchern und seinen beeindruckenden öffentlichen Auftritten breite Bevölkerungskreise für seine Erkenntnisse über Tiere zu interessieren, ja zu begeistern. Dadurch erlangte er im deutschsprachigen Raum zu Lebzeiten eine Bekanntheit, wie sie vor und nach ihm kaum ein Wissenschaftler hatte. Dazu kommt die Tatsache, dass sein Werk so untrennbar mit der Person verbunden war wie bei kaum einem anderen Forscher des 20. Jahrhunderts: Lorenz hat seine Lehren geradezu gelebt und verkörpert – bis hin zu seiner rustikalen Kleidung, zu der eine speckige Lederhose ebenso gehörte wie Wollstutzen, ein gut abgetragener Wolljanker und im Winter eine Wollhaube, die er angeblich je nach Stimmungslage mehr oder weniger tief ins Gesicht gezogen hatte.

Im 21. Jahrhundert ist es zwar leiser um Lorenz und sein Werk geworden. Sein Name weckt aber in der interessierten Öffentlichkeit nach wie vor Emotionen und polarisiert. Das liegt vor allem an seinen Publikationen und an seinem Verhalten während der Zeit des Nationalsozialismus. Zwar wurden seine einschlägigen Artikel, in denen er rassenbiologische Töne anschlug, auch schon zeit seines Lebens immer wieder öffentlich und intensiv diskutiert, so unter anderem rund um die Verleihung des Nobelpreises 1973. Dazu kamen einige neue Fakten – seine Mitarbeit beim Rassenpolitischen Amt der NSDAP oder seine NSDAP-Mitgliedschaft –, die er bis zu seinem Tod erfolgreich verschwiegen oder geleugnet hatte. Das trug mit dazu bei, dass die wissenschaftlichen Verdienste des »Vaters der Graugänse«, der noch Ende des 20. Jahrhunderts vor allem als bahnbrechender Wissenschaftler, mutiger Mahner, Gründervater der Umweltbewegung und gar als Gewissen Österreichs gefeiert wurde, in den letzten zwei Jahrzehnten zugunsten seiner »braunen Vergangenheit« in den Hintergrund gerückt sind.

Die Ausgangslage macht es unvermeidlich, sich mit einer Biografie dieser so vielschichtigen und widersprüchlichen Persönlichkeit der Kritik entweder der Lorenz-Anhänger oder der Lorenz-Gegner auszusetzen. Dazwischen scheint bis heute nur wenig Platz zu sein. Themen und Aspekte, die von der einen Fraktion für wesentlich gehalten werden, kommen womöglich zu kurz. Andere Leserinnen und Leser mögen sich daran stoßen, dass bestimmten Phasen dieses Lebens zu viel Platz eingeräumt wird und anderen zu wenig. Der Umfang einer Biografie über Lorenz – egal, wie viele Seiten sie hat – wird dabei immer zu gering sein. Sein an Ereignissen überreiches Leben währte mehr als 85 Jahre, und seine Publikationen umfassen etliche tausend Seiten – ganz zu schweigen von der Korrespondenz, die er hinterließ. Zudem existiert eine ganze Reihe an Darstellungen seines Lebens und Werks.

Als Biografen mussten wir eine Auswahl aus der Fülle des Darstellenswerten treffen und wir versuchen, das aus unserer heutigen

Sicht Wesentliche herauszuarbeiten und zugleich eine möglichst unvoreingenommene Sicht auf dieses einzigartige Leben und Werk zu wahren. Zugleich bemühten wir uns, wichtige Kontexte zu liefern. Denn auch am Beispiel von Konrad Lorenz lässt sich zeigen, wie wichtig das soziale und politische Umfeld sowie die materiellen Grundlagen für seinen wissenschaftlichen Werdegang waren. Gerade bei so charismatischen Forscherpersönlichkeiten wie Lorenz werden solche Umstände allzu gerne vergessen, zumal er bei Selbstdarstellungen dieses Umfeld immer wieder ausblendete. So hat er immer wieder biografische Zufälle oder wissenschaftliche Begründungen dafür angegeben, warum die Graugans zu seinem »Wappentier« wurde: Einerseits sei er durch Selma Lagerlöfs Kinderbuch *Nils Holgersson* schon mit fünf Jahren auf dieses Tier »geprägt« worden; andererseits habe die Graugans die komplexeste Sozialstruktur unter den Vögeln, was ihre Erforschung so lohnend machte. Dabei wurde völlig übersehen, dass sich Lorenz zu Beginn der 1930er-Jahre schlicht und einfach deshalb Graugänse anschaffte, weil er damals knapp bei Kasse war: Die Eier ließ sich Lorenz gratis vom Neusiedlersee bringen, die Haltung der Tiere war weitaus billiger als die von Enten, die bis dahin seine bevorzugten Untersuchungsobjekte unter den Wasservögeln waren. Es geht in dieser Biografie also auch darum, etliche Mythen und konstruierte Zusammenhänge, die Lorenz selbst über sein Leben in die Welt setzte, zu hinterfragen und gegebenenfalls zu korrigieren.

Schließlich beschäftigt sich ein wichtiger Teil dieser Biografie mit den medialen, gesellschaftlichen und politischen Wirkungen des »öffentlichen Wissenschaftlers« Lorenz. Dabei wird sein Status als Wissenschaftsstar spätestens seit *Das sogenannte Böse* ebenso nachzuzeichnen sein wie seine gesellschaftspolitische Wirkung als Antipode zur 68er-Bewegung und vor allem als Umweltschützer: Die Ablehnung der österreichischen Kraftwerke Zwentendorf und Hainburg sowie die Entstehung der Grün-Bewegung sind ohne Lorenz' Engagement nicht zu verstehen. Vor allem in seinen späten Jahren wurde er zum kämpferischen Prediger, als der er sich bei seinen engsten Kollegen in der Wissenschaft in Misskredit brachte. Manche sahen im greisen Gelehrten gar einen zweiten Franz von Assisi – nicht nur deshalb, weil auch er mit den Tieren sprechen konnte. Auch in seiner bedingungslosen Liebe zur Schöpfung, in seiner Ablehnung der Konsumgesellschaft und in seiner Verherrlichung des Landlebens war er dem Heiligen nicht unähnlich. Lorenz' außergewöhnliche Breitenwirkung verdankte sich nicht nur seiner hohen schriftstellerischen Begabung und seinem Mut zu gewagten und oftmals überzogenen Analogieschlüssen zwischen tierischem und menschlichem Verhalten. Er war auch einer der Ersten, die den Film systematisch für ihre wissenschaftliche Arbeit und ihre Popularisierung einsetzten.[1] Das trug dazu bei, dass er ab den 1960er-Jahren zu einem internationalen Wissenschaftsstar wurde, der seine Berühmtheit für gesellschafts- und zivilisationskritische Mahnungen nutzte – und auf diese Weise noch bekannter wurde.

Eine Kurzfassung seines Lebens, das über 85 Jahre lang währte, gleicht denn auch einer Spielfilmproduktion Marke Hollywood: Der Held verbringt eine paradiesische Kindheit in einem zauberschlossartigen Gebäude, umgeben von Luxus, einem dominanten Vater und vor allem: jeder Menge Tieren. Seine spätere Frau ist seine beste Freundin, sie kennen sich seit seinem dritten Lebensjahr. Nach Schule und Studium wird er zum jungen Dr. Dolittle, der mit den Tieren spricht, aber von Karrieresorgen geplagt ist. Dann folgen die dunklen Jahre: Als schwärmerischer Opportunist fällt er auf die Nazis herein, heult mit den »braunen Wölfen« – und hat danach in russischer Kriegsgefangenschaft Jahre der Prüfungen zu bestehen. Seine Nachkriegskarriere verläuft glänzend. Der Held feiert fern von der Heimat große Erfolge, er kehrt zurück, und ihm wird die höchste aller wissenschaftlichen Ehrungen zuteil. Damit nicht genug: Als alter Mann engagiert er sich in aussichtslos scheinenden Kämpfen für die Erhaltung der Natur – und setzt sich zweimal gegen die Mächtigen und für die Umwelt durch. Die letzten Jahre seines bewegten Lebens verbringt er da, wo es seinen Anfang nahm: in jenem stets mit Tieren geteilten Märchenschlösschen, das im Geburtsjahr des Helden fertiggestellt worden war.

So nimmt es nicht wunder, dass dieses Leben im 21. Jahrhundert als Stoff für Romane entdeckt wurde. Der deutsche Schriftseller Marcel Beyer verlegte das Leben von Konrad Lorenz unter dem titelgebenden Namen *Kaltenburg* in die DDR und erzählte an seinem Beispiel eine etwas andere Geschichte Deutschlands vor und nach 1945. Der 2023 erschienene Roman *Lorenz* von Ilona Jerger hingegen hält sich sehr eng an wahre Begebenheiten.[2] Dass Biografien wie jene von Lorenz so interessant sind, liegt auch am Geburtsjahr, worauf der 1903 Geborene selbst zu Recht hinwies. Der Zeitraum, den er und die um 1900 geborenen Personen durchlebten,

> »enthält drei scharf geschiedene historische Epochen und so viele Katastrophen und Umwertungen aller Werte, dass es ebenso fesselnd wie belehrend ist, zu sehen, wie sich ein einzelner mit diesem mehrfachen Wechsel aller kulturellen Bedingungen auseinandergesetzt und was er rückblickend dazu zu sagen hat. Der Wert einer solchen Selbstbiografie hängt von zwei Dingen ab: erstens von einem guten Gedächtnis für Einzelheiten und zweitens von einer ganz bestimmten Art innerer Redlichkeit, die verhindert, Erinnerungen zu färben oder umzudeuten.«[3]

Der Begründer der Verhaltensforschung hat selbst etliche autobiografische Kurzdarstellungen – wie jene anlässlich der Nobelpreis-Verleihung 1973[4] – hinterlassen. Als wir vor über zwei Jahrzehnten für die erste Fassung dieser Biografie recherchierten, die 2003 zum 100. Geburtstag von Konrad Lorenz erschien, stießen wir auf Hinweise, dass er in den letzten Monaten seines Lebens seine »Memorrhoiden« diktiert habe, wie er es selbst in Briefen formulierte. Schließlich fand sich bei einer gründlichen Suche mit Lorenz'

Tochter Agnes Cranach im Lorenz-Anwesen in Altenberg tatsächlich jenes Manuskript, das fast 14 Jahre lang verschwunden war. Die Flügelmappe war schlichtweg anders beschriftet und lag unter Stapeln handkorrigierter Druckfahnen. In diesem fast 200-seitigen Konvolut, das unvollendet und fragmentarisch blieb, erzählt Lorenz in ständig neuen Anläufen vor allem aus der ersten Hälfte seines Lebens – bis etwa zum Jahr 1950. Dazu gibt es allgemeine Betrachtungen über verschiedenste Themen, die mit seiner Vita in einem Zusammenhang standen. Parallel zum Diktat seiner Erinnerungen verfertigte er Aquarelle, um diese schriftlichen Erinnerungsbilder zu ergänzen, die ihrerseits viele der bekannten Anekdoten aus dem Leben von Konrad Lorenz wiederholen. Gerade bei den von ihm oft und oft erzählten Schnurren aus dem Leben scheint sich jene Gedächtnisverzerrung eingestellt zu haben, die der argentinische Schriftsteller Jorge Luis Borges einmal so beschrieb: »Die Jahre vergehen und ich habe die Geschichte so oft erzählt, dass ich nicht mehr weiß, ob ich mich wirklich an sie selber erinnere oder nur an die Worte, mit denen ich sie erzähle.«[5]

Lorenz mag zwar beim Diktieren seiner Memoiren sich jene Redlichkeit vorgenommen haben, die verhindern sollte, Erinnerungen zu färben oder umzudeuten. Und er hat sich in diesen fragmentarischen Texten ausführlicher als zuvor mit den Jahren des Nationalsozialismus und seinem Verhalten in dieser Zeit beschäftigt. Doch vieles davon war von ihm wohl schon in den Jahrzehnten davor verdrängt worden, ohne wohl ganz vergessen worden zu sein. Immerhin war sich Lorenz dieser blinden Flecken der Erinnerung wohl bewusst, denn gleich zweimal zitierte er in seinen Memoiren den Philosophen Friedrich Nietzsche, der das Problem der selektiven Erinnerung in seiner Schrift *Jenseits von Gut und Böse* so auf den Punkt brachte: »›Das habe ich getan‹ sagt mein Gedächtnis. ›Das kann ich nicht getan haben‹ – sagt mein Stolz und bleibt unerbittlich. Endlich – gibt das Gedächtnis nach.«[6]

Die vor mehr als 20 Jahren wiedergefundenen selbstbiografischen Fragmente werden in unserem Buch ausführlich erwähnt. Wir haben uns dabei bemüht, diese Passagen zu kontextualisieren und kritisch mit jenen Dokumenten zu vergleichen, die wir in rund 20 Archiven in Deutschland, Österreich, Großbritannien, Polen, Russland und den USA gesichtet und zusammengetragen haben – vor allem Briefe, aber auch Personalakten, Zeitungsartikel und Fotos. Und diese Unterlagen aus der jeweiligen Zeit vermitteln nicht immer dasselbe Bild wie jenes, das der schon sehr greise Konrad Lorenz in seinen letzten Lebensjahren von sich zeichnete. Zudem konnten wir bei den damaligen Recherchen dank der damaligen Unterstützung von Agnes Cranach, der 2005 verstorbenen Tochter von Konrad Lorenz, und dem Konrad-Lorenz-Institut für Kognition und Evolutionsforschung Einblick in die gesammelte Korrespondenz aus seinen letzten 25 Lebensjahren nehmen. Konkret sind das 120 prall gefüllte Ordner mit Korrespondenz buchstäblich aus aller Welt: Briefe von Albert Schweitzer und Carl Orff finden sich darunter ebenso wie von Oskar Werner, Noam Chomsky oder Carl Zuckmayer – von der umfangreichen Korrespondenz mit seinen engeren und weiteren Fachkollegen – unter ihnen zahlreiche 1938 aus Österreich vertriebene oder bereits zuvor emigrierte Wissenschaftler wie Ernst Gombrich, Friedrich Hacker, Max F. Perutz, Karl Popper, Paul Weiss, Victor F. Weisskopf oder Hans Zeisel – einmal ganz abgesehen.

Nach unserem Buch über die NS-Vergangenheit von Konrad Lorenz, das 2001 unter dem Titel *Die andere Seite des Spiegels* erschienen war und unter anderem erstmals sein Eintrittsgesuch in die NSDAP präsentierte[7], wollten und wollen wir mit dieser umfassenden Biografie – damals zum 100. Geburtstag, nun zum 120. – das gesamte Leben von Konrad Lorenz abdecken: seine visionären Beiträge zur Wissenschaft ebenso wie seine populärwissenschaftliche Vermittlungstätigkeit, die Millionen Menschen für Tiere und die Verhaltensforschung begeisterte, seine immer wieder umstrittenen, aber einprägsamen Mahnungen an die Menschheit oder seinen Einsatz für die Umwelt, der in Österreich letztlich ein Kernkraftwerk und ein Donaukraftwerk verhinderte und indirekt zur Gründung der Grünen in diesem Land beitrug. In den zwei Jahrzehnten, seit die erste Fassung dieser Biografie erschien, sind zwar keine substanziellen neuen Fakten oder Dokumente über das Leben von Konrad Lorenz aufgetaucht, die gravierendere Änderungen nötig gemacht hätten. Wir sind in der Zwischenzeit aber um einige neue Erkenntnisse zur Geschichte der Universität Wien – Konrad Lorenz' Alma Mater – klüger geworden, die bereits lange vor dem »Anschluss« eine Hochburg des Antisemitismus war und ein Hort von Deutschnationalen und Nationalsozialisten.[8] Dieses neue Wissen half unter anderem, sein Verhalten vor und nach dem »Anschluss« noch besser zu verstehen und zu kontextualisieren. Zudem haben wir einige kleine Fehler richtiggestellt und Fakten ergänzt wie das Sterbedatum von Konrad Lorenz' Mutter.[9]

Eingearbeitet wurden außerdem neue Archivfunde etwa im Nachlass von Hans Zeisel in Chicago oder persönliche Informationen von Paul Hellmann, dem in Rotterdam lebenden Sohn von Bernhard Hellmann, der vor 1938 Konrad Lorenz' bester Freund gewesen war. Zudem sind in der Zwischenzeit einige Bücher und Artikel zur Geschichte der vergleichenden Verhaltensforschung erschienen, die wir für diese überarbeitete und aktualisierte Neuauflage berücksichtigt haben. Hervorzuheben ist dabei insbesondere Richard W. Burckhardts 2005 veröffentlichte Studie *Patterns of Behavior*, die das unübertroffene Standardwerk zur Gründungsgeschichte der Ethologie darstellt. Anregungen lieferten aber auch neuere Arbeiten von Doris Kaufmann, Thomas Mayer, Tania Munz oder Marga Vicedo zu verschiedenen Aspekten von Lorenz' Forschungen und deren Rezeption – um nur die wichtigsten zu nennen. In dem Zusammenhang seien auch die Bemühungen des Vereins »Freunde des Konrad Lorenz Hauses Altenberg« erwähnt, seit einigen Jahren Materialien von und über Lorenz im Netz zugänglich zu machen. Dass ausgerechnet seine Artikel aus der NS-Zeit mit ihren zu Recht heftig kritisierten rassenpolitischen Aussagen nicht als Volltext abrufbar sind, mag ein dummer Zufall sein.[10]

Unsere beiden Lorenz-Bücher aus den Jahren 2001 und 2003 mit den darin zum Teil erstmals präsentierten Fakten und »Originaltönen« haben womöglich mit dazu beigetragen, dass in den letzten zwei Jahrzehnten der Blick auf Konrad Lorenz noch kritischer wurde. Es sollte aber auch nicht vergessen werden, dass Österreich in seinem eigenen Umgang mit der »braunen« Vergangenheit in den vergangenen drei Jahrzehnten eine ganz ähnliche Transformation durchmachte. Sah sich das Land bis in die 1990er-Jahre offiziell als Opfer Nazideutschlands, so rückte im Laufe des bisherigen 21. Jahrhunderts die Beteiligung von Österreicherinnen und Österreichern an den Verbrechen des Nationalsozialismus sehr viel stärker in den Fokus und wurde spät, aber doch aufgearbeitet. Und das färbte auch auf die Einschätzung von Konrad Lorenz ab. Sinnfälliger Ausdruck dieser mitunter wenig differenzierenden Umwertung war 2015 die posthume Aberkennung eines Ehrendoktorats, das Konrad Lorenz 1983 von der Universität Salzburg erhalten hatte. Damit ist er der wohl einzige wissenschaftliche Nobelpreisträger der Geschichte, der nach seinem Tod eines Doktors honoris causa verlustig ging.

Begründet wurde dieser umstrittene Schritt damit, dass sich Lorenz den Ehrendoktor erschlichen hätte, weil er bei der Übermittlung der Unterlagen »die aktive Beteiligung an verbrecherischen Handlungen oder die aktive Mitgestaltung oder Verbreitung nationalsozialistischer Ideologie – insbesondere rassistischen und/oder imperialistischen Inhalts – verschwiegen« habe.[11] Zwar stellte sich heraus, dass Lorenz 1983 ziemlich sicher Unterlagen nach Salzburg schicken ließ, unter denen sich auch eine Literaturliste mit den NS-Publikationen befand. Doch da war die Aberkennung schon beschlossene Sache, ohne dass die beauftragte Studie dazu bereits offiziell abgeschlossen oder publiziert worden wäre.[12] In letzter Instanz wurde die Entscheidung dann doch wieder mit jenen Passagen jener Publikation aus dem Jahr 1940 (»Durch Domestikation verursachte Störungen arteigenen Verhaltens«) begründet, die bereits seit mehr als 50 Jahren in aller Öffentlichkeit kritisch diskutiert wurden und selbstverständlich 1983 allen Interessierten bekannt waren. Dass der Rektor der Universität Salzburg, der diese Aberkennung verantwortete, ein Philosoph und römisch-katholischer Theologe ist, verlieh der Affäre eine zusätzliche pikante Note: Lorenz hatte als Biologe und Protestant in der katholischen Dollfuß/Schuschnigg-Diktatur wenig Chancen auf eine Karriere und entwickelte auch aus diesem Grund Sympathien für das nationalsozialistische Deutschland, wo die Biologie gefördert wurde.

Richtig ruhig um Konrad Lorenz wurde es mithin auch in den vergangenen 20 Jahren nicht, und die posthume Aberkennung des zehnten von zehn Ehrendoktoraten steht beispielhaft dafür, dass in der öffentlichen Wahrnehmung das eine Extrem ins andere umschlug: Konnte Lorenz 1973 noch recht unverfroren behaupten: »Jeder, der mich in die Nähe der Nazi stellen will, ist eine Dreckschleuder«[13], so überwiegt bei vielen 50 Jahre später der ähnlich irreführende Eindruck, dass er in der Bilanz seines Lebens zuerst einmal Nazi war und erst danach ein Wissenschaftler und Naturschützer. Aus der völlig unkritischen Heldenverehrung zu Lebzeiten wurde der »braune« Biologe Lorenz. Doch das entspricht einer angemessenen und differenzierten Einschätzung seines Lebenswerks ebenso wenig wie manche unkritische Lorenz-Hagiografie, die diese Aspekte weitgehend ausblendete.

Wenn wir in dieser Darstellung des Lebens und Werks von Konrad Lorenz diesen selbst ausführlich zu Wort kommen lassen – was in ein paar Rezensionen bemängelt wurde –, geschah und geschieht das mit Absicht. Zum einen wollen wir damit möglichst nahe an der Person bleiben, um ihn auch selbst beim Wort nehmen zu können. Zum anderen liegt uns daran, dass sich die Leserinnen und Leser dieser Biografie selbst eine Meinung bilden können. Selbstverständlich bemühen wir uns dabei immer auch um Einordnungen – etwa jener, dass Lorenz bei seinem NSDAP-Parteieintrittsgesuch seine angeblichen Nazi-Aktivitäten vor 1938 schamlos und aus Opportunismus übertrieb. Wenn bei einer so facettenreichen Persönlichkeit wie Konrad Lorenz so manches ambivalent bleibt, ist das der Natur der Sache geschuldet: Alle unsere Leben sind voll von Widersprüchlichkeiten und das von Konrad Lorenz ganz besonders. Dass ausgerechnet dieser große Moralist »eine noch schärfere Ausmerzung ethisch Minderwertiger« forderte, ist der zu Recht verfemte Kulminationspunkt dieser unauflöslichen Widersprüche und Ambivalenzen, die mitunter schwer auszuhalten sind.

Aber damit müssen wir uns im Fall des Lebens und Werks von Konrad Lorenz abfinden: In bestimmten Phasen hat sich der große Verhaltensforscher politisch opportunistisch und – jedenfalls aus heutiger Sicht – falsch verhalten. Zugleich war er Mitbegründer einer wichtigen Forschungsrichtung, ein begeisternder Vermittler seiner Beobachtungen und Erkenntnisse, ein einflussreicher Umweltschützer und ein visionärer Wissenschaftler, der vor genau einem halben Jahrhundert zu Recht den Nobelpreis erhielt.

Wien, im August 2023

EINE UNGEWÖHNLICHE FAMILIE

1903 war ein gutes Jahr im Leben des Adolf Lorenz. Der Mediziner war in diesem Jahr auf dem Höhepunkt seiner Karriere angelangt und endgültig zu einem internationalen Star seiner Profession aufgestiegen. Seine revolutionären Behandlungsmethoden wurden nicht nur in der Reichs- und Residenzhauptstadt Wien geschätzt, wo er seine Ordination hatte, sondern weit darüber hinaus. Aber auch abseits seiner medizinischen Karriere trugen sich für den 49-Jährigen erfreuliche Dinge zu: Im Sommer 1903 weilte der Orthopäde gerade in Chicago, um die Nachuntersuchung bei einer im Vorjahr von ihm operierten Millionärstochter vorzunehmen. Völlig unerwartet erreichten ihn private Neuigkeiten, übermittelt von seinem Schwager aus Wien: Emma, seine Frau, erwarte ein zweites Kind. Die Überraschung war deshalb so groß, weil die Familie zunächst jahrelang auf diesen Augenblick gewartet und dann jede Hoffnung aufgegeben hatte: Der erstgeborene Sohn war mit 18 Jahren schon ein junger Mann und die werdende Mutter war bereits 42 Jahre alt.

In die Freude über das mögliche zweite Kind mischte sich schnell berechtigte Sorge. Dem Mediziner war das Risiko einer so späten Schwangerschaft bewusst. Nach einiger Überlegung sah er dennoch keinen Grund, seinen Aufenthalt in den Vereinigten Staaten abzubrechen und heimzureisen. Die Dinge sollten ihren natürlichen Lauf nehmen, seine Anwesenheit würde ohnehin nichts helfen. Wenn es wegen des fortgeschrittenen Alters seiner Frau zu einer Frühgeburt kommen würde, war sein Entschluss klar, wie Adolf Lorenz in seiner Autobiografie festhielt:

> »Man sorge für das neugeborene Kind in gleicher Weise wie für jedes andere normale Kind; kein Brutofen, keine sonstigen, außerordentlichen Maßregeln! Das Neugeborene muss imstande sein, das extrauterine Leben zu ertragen, oder es stirbt besser. Ohne ein gewisses Maß an Lebenskraft sollten vorzeitig geborene Kinder das Leben lieber nicht versuchen wollen.«[14]

Zugleich war er stolz, mit beinahe 50 Jahren noch einmal Vater zu werden. Er nannte das werdende Kind später scherzhaft den »Amerikaner« und erklärte seine wiedererwachte Manneskraft mit den wohltuenden Wirkungen einer vorangegangenen Reise in die USA. Sein Sohn hatte später noch eine andere Erklärung: Die monatelange Abwesenheit von den Röntgenapparaten und deren Strahlung, die der Fruchtbarkeit nicht gerade förderlich waren, könnte zur glücklichen Zeugung des Nachzüglers geführt haben, vermutete dieser mehr als 80 Jahre später.[15] Die Erklärung ist nicht völlig abwegig, auch wenn die Röntgenstrahlen erst Ende 1895 entdeckt worden waren. Den weltweit allerersten Artikel über die Erfindung Röntgens verfasste übrigens ein Schwager von Adolf Lorenz, nämlich der Physiker Ernst Lecher, der in der Zeitung seines Vaters Zacharias Konrad Lecher darüber berichtete.

Die Befürchtungen von Komplikationen und einer Frühgeburt verdichteten sich knapp vor der Geburt. Emma Lorenz erlitt eine Embolie, die aber glücklicherweise folgenlos blieb. Die Geburt fand dann im Sanatorium Löw im neunten Wiener Gemeindebezirk unter Aufsicht des damals berühmten Professors Rudolf Chrobak statt. Die Geburtsklinik in Wiens erstem Privatkrankenhaus galt als die beste der gesamten k.-u.-k.-Monarchie, und Chrobak war nicht nur der Geburtshelfer für den Nachwuchs der Familie Lorenz, sondern auch den des Kaiserhauses. Ohne größere Probleme kam am 7. November 1903 unter den misstrauischen Augen seiner Umgebung ein 3,5 kg schwerer Bub zur Welt, der angeblich gründlich auf alle möglichen angeborenen Fehler untersucht wurde und sich nach eingehender

Pater familias mit Rauschebart: Adolf Lorenz stammte aus einfachen Verhältnissen und brachte es um 1900 zum Starmediziner.

Prüfung als kerngesund herausstellte.[16] Römisch-katholisch getauft wurde er am 26. Dezember 1903 in der Votivkirche und erhielt dabei die Vornamen Konrad Zacharias Johann Albert (Konrad damals übrigens noch mit C).

Was war das für ein Elternhaus, in das der kleine Konrad hineingeboren wurde? Und in welcher Welt lebten seine Eltern? Vater Adolf, mit seinem inzwischen bereits ergrauten langen Bart, war ein Vertreter des k. u. k. Großbürgertums mit einer allerdings untypischen Herkunft. Adolf Lorenz trug den Titel eines Universitätsprofessors, war vom Kaiser mit dem Ehrentitel Hofrat ausgezeichnet worden und hatte als prominenter Arzt Zugang zu den höchsten Wiener Kreisen. Er war, wie es auf den ersten Blick schien, der geborene Grandseigneur. Sein Verhalten ließ ihn manchmal als Emporkömmling erscheinen, der er auch war und worauf er sogar ein wenig stolz zu sein schien. Seine polternde Art und seine mangelnden Tischmanieren allerdings waren wohl mehr Koketterie als wirkliches Unvermögen: Adolf Lorenz stammte aus sehr einfachen Verhältnissen und hatte sich durch Fleiß und Talent bis ganz nach oben gearbeitet.

Der Vater des 1854 geborenen Adolf Lorenz war Sattlermeister und Gastwirt in Weidenau im damaligen Österreichisch-Schlesien gewesen, die Mutter eine Bauerstochter. Durch Vermittlung seines Onkels Gregor, der Pater und später Abt im Benediktiner-Stift St. Paul im Kärntner Lavanttal war, konnte Adolf Lorenz das dortige Stiftsgymnasium besuchen, musste sich aber schon als Teenager den Lebensunterhalt durch Nachhilfe selbst finanzieren. Fern der Heimat und weitgehend auf sich allein gestellt, wollte er nach der

Matura – also dem österreichischen Abitur – Medizin studieren, obwohl er völlig mittellos war. Durch selbstbewusste Vorsprachen beim Unterrichtsministerium, bei Professoren und bei Universitätsbehörden gelang es ihm, die Zulassung zum Studium in Wien zu erlangen. Sogar ein kleines Stipendium wurde ihm gewährt. Finanziell hielt er sich außerdem als Hauslehrer bei angesehenen Wiener Familien über Wasser. Hier erhielt Adolf Lorenz erstmals Einblick in die Welt des Geldes und des Adels, der er auch so gerne angehören wollte – hatte ihm doch seine Mutter schon als kleinem Jungen eingetrichtert: »Adolfla, du musst a großer Herr werden!« Schon nach der ersten erfolgreich abgelegten Prüfung wurde er von seinem Professor Carl Langer zum Demonstrator am Zweiten Anatomischen Institut der Universität Wien bestellt, eine Position, die auch sein jüngerer Sohn Konrad 50 Jahre später innehaben sollte. Um Geld zu verdienen, gab er zu dieser Zeit einigen Philosophiestudenten eine private Einführung in die Grundlagen der Anatomie. Einer dieser Studenten war ein gewisser Tomáš G. Masaryk, der zum Begründer und ersten Präsidenten der Tschechoslowakischen Republik werden sollte.[17]

Nach seiner Promotion im Jahr 1880 lehnte Lorenz ein Angebot seines vorgesetzten Professors ab, eine Assistentenstelle an dessen Institut anzunehmen, und absolvierte stattdessen eine chirurgische Spezialausbildung. Bald darauf wurde er Assistent an der Wiener Ersten Chirurgischen Klinik. Adolf Lorenz war auf dem besten Weg, ein Chirurg wie seine Vorbilder Ferdinand Hebra oder Theodor Billroth zu werden. Bereits 1889 wurde er zum außerordentlichen Universitätsprofessor ernannt, was zwar keine finanziellen Vorteile mit sich brachte, ihn aber eben doch als Professor auswies. Auch das familiäre Glück war längst gesichert: 1884 hatte er seine Assistentin Emma Lecher geheiratet, ein »Mädchen aus gutem Hause«, das Lorenz bei seiner Tätigkeit als Hauslehrer in Wien kennengelernt hatte. Ihr Vater war einer der bekanntesten Journalisten Wiens, der bereits erwähnte Zacharias Konrad Lecher.

Obwohl Adolf sich angeblich sofort in Emma verliebte, stellte er sie nur als Arzthelferin ein und getraute sich erst sieben Jahre später, um ihre Hand anzuhalten. Nach Ansicht des älteren Sohnes Albert überwand Adolf Lorenz während des endlos langen Brautstandes nie so ganz seine Schüchternheit gegenüber seiner Angebeteten.[18] Und obwohl der erfolgreiche Mediziner mit seiner stattlichen Erscheinung und seinen blitzenden Augen als Frauenschwarm galt und diesem Ruf angeblich auch gerecht wurde, führten die beiden eine glückliche und harmonische Ehe, der bereits ein Jahr nach der Heirat Sohn Albert entsprang. Emmas einzige Sorge war, was aus dem kleinen Albert werden würde, wenn sie überraschend sterben sollte. »Nach zwei Wochen hast Du eine Stiefmutter, wahrscheinlich eine achtzehnjährige; sie muss nur sagen, wie schön und gescheit der Papa ist«, soll sie gejammert haben.[19]

Emma Lorenz sorgte nicht nur gewissenhaft für die leiblichen Bedürfnisse ihres Mannes, der einen empfindlichen Magen hatte und meist einer Schonkost bedurfte. Sie kümmerte sich auch um die finanziellen Angelegenheiten der gut gehenden Arztpraxis.[20] Doch es gab ein Problem: Adolf Lorenz hatte über die Jahre eine Allergie gegen das damals bei Operationen unumgängliche Desinfektionsmittel Karbolsäure entwickelt. Die Hände des Mediziners waren übersät von Blasen und offenen Wunden. Alkohol wurde als mögliche Alternative gesehen, galt aber als unzuverlässiges Desinfektionsmittel für Operationen.

Dem Chirurgen war klar, dass er seine Fachrichtung wechseln und seine Träume aufgeben musste. Doch das Glück sollte sich abermals zu seinen Gunsten wenden: Klinikvorstand Prof. Eduard Albert[21], Namensgeber und Taufpate von Lorenz' erstem Sohn, empfahl seinem Lieblingsschüler, sich doch der »trockenen« Chirurgie zuzuwenden, also Operationen ohne Blut und Skalpell.

Adolf Lorenz hatte sich zuvor bereits mit der operativen Korrektur von angeborenen Hüftgelenksverrenkungen und anderen anatomischen Missbildungen beschäftigt. Es kam bei diesen Operationen, bei denen das Hüftgelenk chirurgisch geöffnet wurde, jedoch immer wieder zu Todesfällen durch Blutvergiftung. Er hatte deshalb versucht, diese Missbildungen auf unblutige Weise durch Streckverbände und Gipsschalungen zu beseitigen, traute seinem Verfahren zunächst aber keinen Erfolg zu. Durch die Karbolsäureallergie beeinträchtigt, intensivierte er seine Bemühungen, doch letztendlich war es das Schicksal eines türkischen Mädchens, das wenige Tage nach der Operation verstarb, das die endgültige Wende brachte. Adolf Lorenz schwor sich, keine »blutige« Operationen am Hüftgelenk mehr durchzuführen.[22]

Die neue Operationsmethode war das Ergebnis jahrelanger Forschung und zahlreicher Testreihen, die Adolf Lorenz in der Klinik und in einem eigenen Häuschen im Garten seines Landhauses an Präparaten durchführte. Er entwickelte neuartige, martialisch anmutende Geräte, die luxierten Knochen in die richtige Position bringen sollten. Im Jahr 1896 wagte er, das neue Verfahren anzuwenden. Es zeigte erstaunliche Erfolge und galt für die zumeist noch sehr jungen Patienten und Patientinnen als viel weniger belastend und gefährlich als eine offene Operation.[23] Zudem dürfte es das erste neue medizinische Verfahren gewesen sein, dessen Funktionieren mittels der Röntgenstrahlen bewiesen wurde.[24]

Mit den erfolgreichen »unblutigen Operationen« der angeborenen Hüftluxation, die Lorenz – anders als heute – nicht schon an Babys, sondern an Kleinkindern durchführte, begann sein märchenhafter Aufstieg zum weltbekannten Starmediziner. Wien galt zu dieser Zeit dank der Zweiten Wiener medizinischen Schule, der unter anderem der Chirurg Theodor Billroth oder der Pathologe Carl von Rokitansky angehörten, als internationale Hochburg medizinischer Forschung. Es war die Zeit, als Sigmund Freud die Psychoanalyse begründete, Karl Landsteiner die Blutgruppen entdeckte und Julius Wagner-Jauregg die Grundlagen für die Psychiatrie schuf. Adolf Lorenz reihte sich in diese Liste ein: Er hat mit seiner neuen Operationsmethode nicht nur Bahnbrechendes geleistet, sondern auch die Orthopädie mitbegründet, die damals als Fach noch neu war. Als ihm Franz Joseph I. im Jahr 1896 den Titel »Regierungsrat« zuerkannte, fragte ihn der Kaiser angeblich, was denn Orthopädie eigentlich sei. Adolf Lorenz' Antwort: »Majestät, das ist die Kunst, die Krummen gerade und die Lahmen gehend zu machen.«[25]

Seine neue Behandlung der angeborenen Hüftverrenkungen verschaffte ihm 1902 den Ruf in die USA. Hier sollte er einen besonders schweren Fall bei der Tochter des US-amerikanischen Fleischkönigs J. Ogden Armour in Chicago heilen. Der Millionär bezahlte sämtliche Reise- und Aufenthaltskosten für den österreichischen Starmediziner. Das Honorar soll die damals beachtliche Summe von 75.000 US-Dollar ausgemacht haben, nach heutigem Wert mehr als zwei Millionen Euro. Diese erste USA-Reise gipfelte in einem beispiellosen Triumphzug, der von den Zeitungen fortwährend kommentiert wurde. Wo Lorenz auch auftauchte, warteten unzählige Journalisten und noch viel mehr hilfesuchende Patienten. Einmal musste wegen des Menschenauflaufes in New York sogar die Straße vor dem Hotel abgesperrt werden, in dem Lorenz residierte. Ein Empfang im Weißen Haus bei Präsident Theodore Roosevelt war für Adolf Lorenz ebenso selbstverständlich wie ein Besuch bei der Bierbrauerlegende Adolphus Busch oder die Behandlung des Medienmoguls Joseph Pulitzer. Während der drei Monate, die Lorenz in den USA verbrachte und dabei auch pro bono operierte, erschienen mehr als tausend Zeitungsartikel über Lorenz, die als Werbung unbezahlbar waren. Und wahrscheinlich gab es vor und nach seinem Besuch keinen Österreicher in den USA, dem in so kurzer Zeit so viel Zeitungsberichterstattung zuteilwurde wie dem »bloodless wizard from Vienna«.[26]

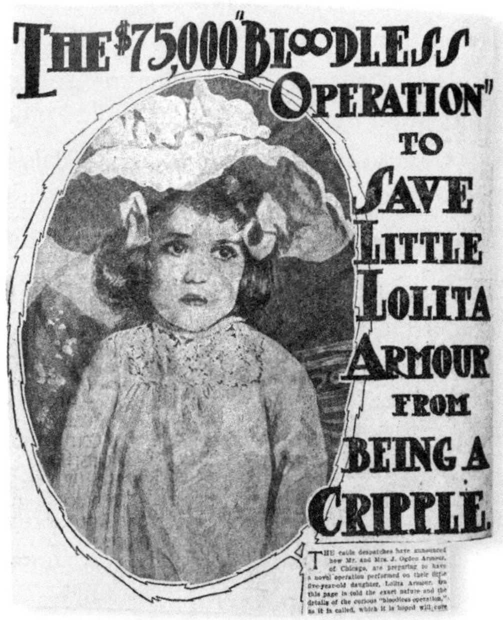

THE $75,000 "BLOODLESS OPERATION" TO SAVE LITTLE LOLITA ARMOUR FROM BEING A CRIPPLE.

THE cable despatches have announced how Mr. and Mrs. J. Ogden Armour, of Chicago, are preparing to have a novel operation performed on their little five-year-old daughter, Lolita Armour. On this page is told the exact nature and the details of the curious "bloodless operation," as it is called, which it is hoped will cure

Lorenz-Rummel in den USA: Einer von hunderten Zeitungsartikeln, die im Herbst 1902 über den Orthopäden und seine Operationen erschienen.

Seinem nicht nur durch die USA-Reisen erarbeiteten Reichtum – Lorenz wurde immer wieder von adeligen und reichen Patienten aus ganz Europa konsultiert – wollte der in seiner Kindheit nicht gerade verwöhnte Mediziner auch nach außen hin Ausdruck verleihen und mit seinem Landsitz in Altenberg an der Donau, rund 20 Kilometer nordwestlich von Wien, ein architektonisches Zeichen setzen. Die beschauliche Doppelgemeinde Altenberg-Greifenstein liegt an den Ausläufern des Wienerwaldes, nahe am südlichen Donauufer. Die Nähe zu Wien – seit 1870 war Altenberg mit der Reichshauptstadt durch die Kaiser-Franz-Josefs-Bahn gut verbunden – und die malerische Lage am Strom machen das Dorf bis heute zu einem beliebten Zweitwohnsitz für Wienerinnen und Wiener, die auch schon damals vor allem im Sommer das Landleben dem Leben in der Großstadt vorzogen. Neuankömmlinge siedelten sich nahe dem Donauufer nördlich der Hauptstraße an, die Familie Lorenz wohnte noch auf der »alten«, dem Wald zugewandten Seite.

Der Grund, warum die Familie Lorenz 20 Jahre vor Konrads Geburt dort ihren Zweitwohnsitz hatte, war Ehefrau Emma. Altenberg war schon seit ihrer Kindheit der Wochenend- und Sommersitz ihrer Vorfahren. Emma war die älteste Tochter des Chefredakteurs der Tageszeitung *Die Presse*, Zacharias Konrad Lecher, der zudem einer der Mitbegründer der Journalisten- und Schriftstellervereinigung »Concordia« war.[27] Der aus Vorarlberg stammende Lecher hatte in Innsbruck Medizin studiert, war aber rund um die bürgerliche Revolution 1848 aus politischen Gründen von der Universität verwiesen worden und wurde Journalist. Er schrieb einen anerkannt guten Stil und galt als Universalgelehrter.[28] Lecher war mit der Schriftstellerin Louise Schwarzer Edle von Heldenstamm verheiratet, der Tochter eines Prager Patrizierkaufmannes und k. u. k. Ministers. Weil Zacharias Konrad Lecher im Altenberger Anwesen viele Tiere hielt – darunter sogar eine zahme Hyäne, die er auf seine Spaziergänge mitnahm –, war die Familie später überzeugt, Konrad habe die Tierliebe vom Großvater geerbt.[29] Die Vornamen von Konrad Zacharias Lorenz waren eine Ehrerweisung an den Großvater mütterlicherseits, der einer seiner Taufpaten war.

Die anregende Umgebung im Haus seiner Schwiegereltern hatte auch großen Einfluss auf die weitere Entwicklung von Adolf Lorenz. Im Hause Lecher verkehrte die junge Literatenszene des späten 19. Jahrhunderts: neben Schriftstellern wie Peter Rosegger und Karl Schönherr auch ein angehender Dichter namens Richard Engländer. Dieser verliebte sich als knapp 20-Jähriger Hals über Kopf in Emmas Schwester Bertha. Die Angebetete, die von ihren Brüdern »Peter« gerufen wurde und unter ihren Geschwistern zu leiden hatte, war damals gerade 13 Jahre alt. Die Zeit in Altenberg und seine Leidenschaft für Bertha/Peter waren für Richard Engländer so prägend, dass er diesem Umstand mit einer Namensänderung Ausdruck verleihen wollte: Als Peter Altenberg wurde er einer der bekanntesten österreichischen Schriftsteller der Jahrhundertwende. Bis zu seinem Lebensende hatte er eine Fotografie der jugendlichen Bertha/Peter in seinem Zimmer aufgestellt und wie einen Schrein beleuchtet.[30] Obwohl die Familie Lecher dem jungen Künstler wohlgesonnen war, kam eine dauerhafte Beziehung zwischen ihm und ihrer Tochter Bertha nicht infrage. Die von Peter Altenberg angebetete Bertha heiratete schließlich den Antiklerikalen Eduard Jordan, der rund 20 Jahre älter war als sie. Als Bertha Jordan wurde sie Lehrerin und unterrichtete eine Zeit lang auch ihren Neffen Konrad Lorenz.

Im Gegensatz zu diesem jungen jüdischen Freigeist entsprach der damals schon erfolgreiche orthopädische Chirurg Adolf Lorenz eher dem Bild des idealen Lecher-Schwiegersohnes, auch wenn er aus armen Verhältnissen stammte. Ihre Flitterwochen verbrachten Adolf und Emma Lorenz im Landhaus der Brauteltern in Altenberg.[31] Gegenüber der Lecher'schen Villa befand sich ein kleines verfallenes Bauernhaus mit einem romantischen Garten. Adolf Lorenz war vor allem von der Aussicht des kleinen Anwesens begeistert, das einen schönen Blick auf die Donau bot und weit darüber hinaus. Er kaufte das Grundstück, ließ das baufällige Haus renovieren und etwas vergrößern.

Der erfolgreiche Arzt wollte den Lebensstil fortführen, der ihn bei seinen Schwiegereltern beeindruckte, und umgab sich als musisch gebildeter Mann und Kunstmäzen gern mit Künstlern. So pflegte die Familie auch Kontakt zu Johann Strauß. Als der erste Sohn am 2. September 1885 geboren wurde, schickte der Walzerkönig ein Gratulationsschreiben mit den Worten: »Glückwünsche und alles Liebe dem kleinen Bubikatzi.«[32] Diesen Kosenamen sollte Albert Lorenz bis in seine Jugend beibehalten. Das kulturelle und literarische Umfeld,

Märchenschloss im Grünen: Die Lorenz-Villa in Altenberg, deren Geländer von der ehemaligen Elisabethbrücke stammt.

das man im Hause Lorenz gewohnt war, fand seinen Niederschlag auch in den künstlerischen Tätigkeiten der Arztfamilie. Vater Adolf schrieb eine literarisch ansprechende Autobiografie, die er zunächst auf Englisch verfasste, sowie einige Theaterstücke, die allerdings nie aufgeführt wurden. Der ältere Sohn Albert, als Arzt und Orthopäde später Nachfolger seines Vaters, schrieb Geschichten und Romane. Seine Erinnerungen an seine Erlebnisse mit Vater Adolf, die unter dem Titel *Wenn der Vater mit dem Sohne…* erschienen, können es an Komik ohne Weiteres mit Torbergs *Tante Jolesch* aufnehmen. Das Buch erreichte über ein Dutzend Auflagen und verkaufte sich mehr als 100.000 Mal.

Seinen anfangs eher bescheidenen Landsitz baute Lorenz durch Ankauf von angrenzenden Grundstücken in den folgenden Jahren erheblich aus. Schließlich sollte das riesige Anwesen noch durch eine übergroße Villa gekrönt werden. Adolf Lorenz wollte einen Bau, der an die Architektur von Fischer von Erlach erinnern sollte, und beauftragte einen ihm bekannten Architekten mit der Umsetzung. Nach ihrer Fertigstellung im Jahr 1903 wurde die Sommerresidenz der Familie Lorenz von bösen Zungen allerdings als Mittelding zwischen Spielsalon und Kaltwasserheilanstalt bezeichnet.[33] Tatsächlich ist es eine bombastische Stilmischung aus italienischer Renaissance und Jugendstil.

Als besondere Akzente ließ Adolf Lorenz das Geländer und Steinverzierungen der abgerissenen Elisabethbrücke einbauen, die vormals über den Wienfluss geführt hatte, aufgrund von dessen Überbauung aber entbehrlich geworden war. Zentrum des Hauses ist die überdimensionierte acht Meter hohe Halle mit einem pompösen allegorischen Deckengemälde, das den Sieg des Friedens über den Krieg darstellt. Mit dieser von Villen in den USA abgeschauten »Lorenz-Hall« wollte der neureiche Mediziner sichtlich seine Gäste beeindrucken. Entlang der gewaltigen Treppe, die in den ersten Stock führt, zeigt ein Gemälde den kleinen Konrad als schreienden Säugling. Seine Tanten wurden auf der Decke des Speisezimmers abgebildet. Da sie anfangs zu freizügig dargestellt waren, mussten sie nachträglich mit weiteren Pinselstrichen verhüllt werden.

Um die zentrale Halle gruppierten sich die Bibliothek, ein Sitzzimmer und das Sommer- und Winterspeisezimmer. All diese Räume waren vor allem darauf ausgerichtet, die Besucher zu beeindrucken. Manche von ihnen sahen darin, wohl nicht ganz zu Unrecht, die angeberische Geste eines Emporkömmlings. Das Haus verfügte über vier Badezimmer, einen Speiselift aus der Küche bis in die Mansardenzimmer, eine Heißluftzentralheizung und Acetylenbeleuchtung. Unter dem Dach waren fünf Zimmer untergebracht, von denen eines später den Namen »Dichterhöhle« bekommen sollte, weil der Schriftsteller Karl Schönherr als gern gesehener Hausgast hier unter anderem sein Stück *Die Erde* verfasste.

Sein Vater wollte aber nicht nur mit seinem Zweiwohnsitz – Ordination und Wohnung blieben in Wien – die Armut seiner Kindheit kompensieren. Für sich und seinen erstgeborenen Sohn

Stolzer Autofahrer: Adolf Lorenz, hier mit Gattin Emma, war einer der ersten Motorrad- und Automobilbesitzer Österreichs.

kaufte er die teuersten Fortbewegungsmittel: erst edle Pferde, dann Fahrräder, auf denen er mit seinen Söhnen schon einmal vom Semmering nach Hause fuhr. Die Familie Lorenz gehörte zudem zu den Ersten in Österreich, die ein Auto besaßen.

Schließlich waren noch teure Motorräder Teil des Fuhrparks – ein Spleen, den auch Konrad Lorenz später teilen sollte. Adolf Lorenz' liebstes Steckenpferd aber waren Reisen.[34] Er bereiste neben den USA auch Afrika und Asien, machte Kreuzfahrten und war Teilnehmer der ersten Touristenreise nach Spitzbergen. Von seinen monatelangen Reisen brachte er Kunstgegenstände und wertvolle Andenken mit, die er auf dem Anwesen arrangierte. Aus Indien etwa stammten Seidenvorhänge für die Empfangshalle, aus Italien Steinskulpturen und Marmorsäulen für den Garten. Nach und nach war die Halle so angefüllt, dass sie dem Bühnenbild einer Opernaufführung alle Ehre gemacht hätte.

Schon vor dem Bau des prächtigen Hauses wurde in Altenberg ein großer Garten angelegt, der, heute wie damals halbverwildert, einer englischen Parkanlage gleicht. Die gartenarchitektonische Ausstattung wurde vom Schwiegervater übernommen, und Bauherr Adolf Lorenz verfügte, alles Blumenpflücken zu verbieten und dieses Verbot 100 Jahre lang aufrechtzuerhalten. Noch heute wachsen dort im Frühling auf den Wiesen Schneeglöckchen, Leberblümchen und Primeln. Die Bäume wurden schon damals bei der Anlage des Gartens entweder erhalten oder durch schnellwachsende neue Arten ersetzt. Noch heute dominiert ein riesiger alter Flügelnussbaum den Garten, und vor dem Haus steht eine Platane, die zu Konrads Geburt gepflanzt wurde.

Mit seinem Anwesen hatte Adolf Lorenz dem kleinen Dorf Altenberg jedenfalls ein Wahrzeichen geschaffen, das durch seinen Sohn Konrad sogar Weltruhm erlangen sollte. 1903, die Jahreszahl auf der Windfahne des Hauses, steht für beides: die Fertigstellung der Villa und Konrads Geburt. Sein jüngerer Sohn sollte mit der opulenten Villa und der sie umgebenden riesigen Parkanlage zeit seines Lebens auf das engste verbunden sein – als prägender Ort seiner Kindheit, als Menagerie, als Forschungszentrum, später als Rückzugsort und schließlich als Alterssitz.

EINE PRÄGENDE KINDHEIT

> »Man kann einen Menschen nur verstehen, wenn man Einsicht in das früheste Vorgehen seiner Kindheit, sein Elternhaus, gewinnen kann. Ich bin mir stets der sozialen Ungerechtigkeit bewusst, die in den märchenhaft glücklichen Umständen lag, die meine frühe Kindheit und meine Heimat in Altenberg umgaben.«[35]

Mit diesen Worten begann Konrad Lorenz knapp ein Jahr vor seinem Tod ein letztes, unabgeschlossenes Buchmanuskript mit autobiografischen Erinnerungen, in dem es vor allem um seine wohlbehütete, privilegierte Kindheit und seine ersten prägenden Erfahrungen mit Tieren geht. Wie in einem Fotoalbum präsentierte der greise Naturforscher einzelne, unzusammenhängende »Standbilder aus der Erinnerung«, wie er seine fragmentarisch gebliebenen Darstellungen nannte. Wie sehr diese Erinnerungen immer der Wahrheit entsprechen, lässt sich schwer sagen. Einiges klingt so, als ob da ein großer Naturforscher die Ursprünge seines weiteren Lebensweges ganz bewusst in seine früheste Kindheit verlegte. »Der Bub hat eine prächtige Kindheit gehabt, prächtiger als ich, der ich noch als verhältnismäßig armer Leute Kind geboren wurde«, heißt es in der Familiengeschichte von Konrads älterem Bruder Albert.[36]

Wie reich die Familie war, zeigen Aufstellungen der Einkünfte von Adolf Lorenz aus den Jahren 1909 und 1910: Der Orthopäde verdiente damals pro Jahr ziemlich genau 140.000 Kronen, was einem heutigen Wert von knapp einer Million Euro entspricht.[37] Adolf Lorenz gehörte damit zu den Großverdienern unter den Professoren

Verspäteter Nachwuchs: Der gerade geborene Konrad Lorenz in den Armen seiner 42-jährigen Mutter, links der 18-jährige Bruder Albert.

der medizinischen Fakultät, die damals noch eine der weltweit renommiertesten war.

Nach der Geburt des kleinen Konrad scheint sich nahezu alles in der Familie Lorenz um den Nachzügler gedreht zu haben: Mutter Emma gönnte sich eine fünfjährige Auszeit von der Assistentenstelle in der Wiener Stadtordination ihres Mannes. Nicht nur sie widmete sich voll und ganz dem kleinen Sohn[38]: Es stand eine kleine Armada an Bediensteten bereit, um es dem Baby an nichts fehlen zu lassen: Neben den üblichen Hausgehilfen gab es selbstverständlich auch Kinderfrauen und Windelwäscherinnen.

Da der Vater und der Bruder meist in Wien oder im Ausland weilten, war Konrad fast ausschließlich von weiblichen Bezugspersonen in Gestalt seiner Mutter, der Tanten und der Bediensteten umgeben. Die Mutter spielte dabei die zentrale Rolle, und Konrad Lorenz erinnerte sich später immer mit Liebe und Dankbarkeit an sie. Die intelligente und phantasievolle Frau hatte im Gegensatz

Die beiden Einjährigen: Konrad (links) und sein Bruder Albert, der gerade als Einjährig-Freiwilliger beim Militär diente.

zu ihrem Mann einen besonderen Zugang zu Kindern. Als älteste Tochter einer großen Familie war sie es von klein auf gewohnt, Verantwortung zu tragen und für ihre jüngeren Geschwister da zu sein. Konrads älteren Bruder Albert hatte sie bereits erfolgreich großgezogen. Nun widmete sie sich mit Hingabe dem langersehnten und nicht mehr erwarteten Wunschkind.

Der Vater nahm, sofern er zu Hause war, interessiert daran Anteil, griff aber in die Erziehung nicht ein. Er verfügte jedoch über zwei vorteilhafte Eigenschaften als Vater eines Kleinkindes: Er war geduldig, und er war immun gegen Babygeschrei. Und auch als Erzieher schien er sich gebessert zu haben – zumindest in den Erinnerungen seines älteren Sohns. Dieser hatte den *Pater familias* noch als eine furchtgebietende Erscheinung erlebt und als einen »gefährlichen und launischen Gott, den man nur durch Unterwürfigkeit vielleicht günstig stimmen konnte«.[39] Für sein zweites Kind schien Adolf altersweise geworden – und sich selbst schon fast zu alt. So überkam ihn bei Konrads Taufe ein seltener Anflug von Sentimentalität, und er meinte angeblich betroffen zu dem Säugling: »Du armes Kind, wenn du einmal ins Gymnasium eintrittst, deckt mich schon lange der grüne Rasen.«[40] Der äußerst vitale und virile Vater sollte sich gründlich irren: Er erlebte mit, wie sein Kind maturierte, zwei Universitätsstudien abschloss und sogar als Professor nach Königsberg berufen wurde. Und er wurde für seinen Sohn ein prägendes Vorbild, gegen den sich Konrad bei zwei der wichtigsten Entscheidungen seines Lebens allerdings durchsetzen sollte.

Neben der Mutter war es vor allem seine Kinderfrau Resi Führinger, eine niederösterreichische Bauerntochter, zu der Konrad eine besonders enge Beziehung hatte. Sie blieb ihm bis ins Erwachsenenalter erhalten und verwöhnte ihren Schützling selbst dann noch. So ließ Konrad als Student, wenn er abends zu Bett ging, seine Kleidungsstücke einfach auf dem Weg ins Schlafzimmer auf den Boden fallen – im berechtigten Vertrauen, dass Resi sich schon darum kümmern würde.[41]

Geprägt fürs Leben: Konrad und seine spätere Frau Gretl mit ihrem ersten gemeinsamen Tier, einem Stoffelefanten. Ihre Beziehung zueinander und zu den Tieren sollte über 80 Jahre dauern.

Die Mutter lud immer wieder Nachbarskinder ein, den kleinen Konrad zu besuchen und ihn zu unterhalten. In den ersten Jahren waren es vor allem die Mädchen, die dieser Aufforderung gerne nachkamen. Ein gern gesehener Gast im Hause Lorenz war die Tochter des Gärtnereibesitzers Gebhardt aus dem Nachbarort St. Andrä/Wördern. Das zierliche blonde Mädchen war drei Jahre älter als Konrad und anfangs mehr seine Beschützerin als Kameradin. Gretl war sechs und Konrad drei Jahre alt, als sie das erste Mal gebeten wurde, auf ihn aufzupassen. Zwischen den beiden entwickelte sich bald eine enge Freundschaft. Je älter sie wurden, desto unwichtiger wurde der Altersunterschied. Dass sie einmal Konrads Ehefrau und die Hausherrin des Altenberger Anwesens werden würde, konnte damals niemand ahnen.

Als Konrad etwas älter war, kamen die männlichen Spielkameraden und bewunderten wohl auch das Spielzeug, das ihr Freund in Unmengen besaß. Der weitläufige Garten mit eigenem Spielhaus war ein Paradies für die Heranwachsenden. Emma Lorenz hatte früher für die jungen Patienten ihres Gatten schwungvolle Partys mit Theateraufführungen und Geschenkverteilungen gestaltet. Das tat sie jetzt auch für die Freunde ihres Sohnes. Eine besondere Attraktion für die Kinder war die riesige elterliche Villa. Mit ihren verwinkelten Gängen und den vielen Nebengebäuden bot sie vom Dachboden bis zum Keller viele geheimnisvolle Räume, die von den Kindern erforscht werden wollten. In seiner Weiträumigkeit habe das unübersichtlich gebaute Haus sogar einen wesentlichen Einfluss auf seine Weltanschauung gehabt, meinte Lorenz später in seinen Erinnerungen. Ebendeshalb habe er nämlich »nie gehofft und erwartet, die ganze Welt in einem zusammenschauenden System bildhaft erfassen zu können, ein Bestreben, das so manche große Philosophen an tiefen Einsichten verhindert«.[42]

Konrad hatte viele Freunde, auch wenn er später behauptete, sich für die Menschen nur »in ihrer Eigenschaft als irgendwie besondere Tiere« interessiert zu haben.[43] Einem autobiografischen Artikel, den er 1985 für einen englischen Sammelband verfasste, gab er bezeichnenderweise den Titel: »Meine Familie und andere Tiere«.[44] Das war auch der Titel, unter den er seine unfertig gebliebene Autobiografie stellen wollte. Er war der festen Überzeugung, Tiere seien leichter zu verstehen als Menschen, und behauptete in seinen Memoiren, dass er schon als Kind mehr über Tiere wusste als über seine engsten menschlichen Freunde.[45]

Sein Bruder Albert schildert, dass Konrad – vor allem im Zusammenhang mit Tieren – schon früh »eine erstaunliche Zeichenwut« entwickelt habe. Auf den diversen Autoreisen der Familie, etwa durch Mähren und Böhmen, wurden sämtliche Gänse und Enten porträtiert, die ihm auf der Fahrt begegneten. Anerkennend fügt der ältere Bruder hinzu: »Es ist selten, dass ein Kind so früh die Richtung seiner späteren Tätigkeit kundgibt.«[46] Eine andere Begebenheit aus Konrads frühester Kindheit illustriert besonders anschaulich, dass Konrad schon damals an seinen Mitmenschen vor allem naturwissenschaftlich interessiert war. Der Schriftsteller Karl Schönherr hatte gemeinsam mit Lorenz' Vater einen Wettbewerb für die anwesenden Kinder ausgeschrieben. Die beste Zeichnung sollte prämiert werden. Um dem begabten Tierzeichner Konrad die Sache etwas schwieriger zu gestalten, musste die Zeichnung Menschen darstellen und nicht Tiere, die er so gut beherrschte. Seine Cousine Emmy wählte als Gegenstand ihrer Zeichnung eine Dame mit Pelzboa, Schmuck und anderen Accessoires. Konrad hingegen machte sich an die Darstellung ganz anderer, nämlich menschlicher Details:

> »Ich hatte damals, mit knapp fünf Jahren, noch Zugang zu den Badezimmern der Tanten und zeichnete selbstverständlich einen Akt, der allgemein der Venus von Willendorf (alle Tanten waren sehr dick) glich, und an der nichts, aber auch nicht das kleinste Detail fehlte. Ich ahnte, dass an dem brüllenden Gelächter, das unsere Zeichnungen bei Karl Schönherr und meinem Vater auslösten, etwas nicht ganz in Ordnung war, obwohl sie mir den Preis für die beste Zeichnung zuerkannten.«[47]

Früh identifizierte sich Konrad mit Tieren. Schon als kleines Kind wollte er angeblich eine Eule sein, weil diese Vögel abends »aufbleiben« durften und nicht um sieben Uhr ins Bett mussten. Die geheimnisvolle nächtliche Lebensweise der Eulen übte einen starken Eindruck auf den aufgeweckten Jungen aus, der laut eigenen Angaben schon im zarten Alter von sechs Jahren Bekanntschaft mit dem Evolutionsgedanken machte: Die Familie saß an einem sonnigen Frühsommertag gerade bei einer üppigen Jause im Garten, die auch viele Wespen anzog. Anstatt die Insekten zu vertreiben, erklärte Adolf Lorenz seinem Sohn, dass sie ihm nichts tun würden, wenn er ihnen nichts tue. Er solle sich lieber den wundervollen Bau der Gliedmaßen und der Segmente des Hinterleibes ansehen, wenn so ein Tier auf seinem Marmeladebrot sitzen bleibe. Interessiert beobachtete Konrad, wie sich der Hinterleib der Wespe beim Atmen ineinanderschob und auseinanderzog, wie die Glieder eines Teleskops. Sein Vater erläuterte ihm die Bauweise und Anordnung dieser Glieder und erklärte ihm, dass von dem charakteristischen Einschnitt zwischen Brust und Hinterleib der Name Insekt abgeleitet sei.

Kurz darauf entdeckte Konrad angeblich an einem Regenwurm, dass sich unter dessen irisierender Körperhaut die Segmente in ganz ähnlicher Weise ineinanderschoben wie zuvor bei den Wespen. Bei nächster Gelegenheit fragte er seinen Vater, ob denn der Regenwurm auch ein Insekt sei. Der Vater war damit allem Anschein nach überfordert. Wenige Wochen später schenkte er seinem Sohn das Buch *Die Schöpfungstage* von Wilhelm Bölsche, eine populärwissenschaftliche Darstellung der tierischen Stammesgeschichte. Konrad, der in diesem Alter schon gut lesen konnte, verschlang das Buch. Darin war unter anderem der Urvogel Archaeopteryx abgebildet, und anhand dieser Abbildung erklärte Bölsche die Evolution. Damit hätten sich für Konrad viele Fragen beantwortet, wie er in seinen Memoiren schrieb. Beim nächsten Zusammensein mit seinem Vater, einem Spaziergang zur Kaiser-Franz-Josefs-Warte, einem beliebten Wiener Ausflugsziel, berichtete er stolz von seinen neuen Erkenntnissen:

> »Diesmal hörte mein Vater mir nicht nur aufmerksam zu, sondern er blieb sogar auf dem Wege stehen, um mir zuzuhören. Ich teilte ihm mein neues Wissen mit, zutiefst erfreut, sein Interesse erregt zu haben. Als ich beendet hatte, teilte mir das wohlwollende, ja liebevolle Lächeln meines Vaters mit, dass er all dies schon wusste. Ich erinnere mich, wie ich verstummte und es meinem Vater zutiefst übelnahm, dass er etwas so Wichtiges lange gewusst hatte, ohne es der Mühe Wert zu finden, es mir mitzuteilen.«[48]

Das Bölsche-Buch hatte in dem frühen Alter noch weitere Auswirkungen: Konrad wollte von nun an Paläontologe werden und begann, sich gemeinsam mit seiner Spielkameradin Gretl für Saurier zu interessieren.

> »Diese Begeisterung erfasste uns so früh, dass wir uns nicht entblödeten, Iguanodon zu spielen. Wir steckten uns ein nachschleppendes Stück alten Gartenschlauches in den Gürtel und schritten feierlich auf den ›Hinterbeinen‹ durch den Garten, die Daumen mit künstlichen Krallen bewehrt, steif nach oben gestreckt. Ich muss gestehen, dass ich das Aussterben der großen Saurier zutiefst bedauerte und ihrem Studium in Büchern mehr Zeit widmete, als es für meine geistige Entwicklung lohnte. Noch als ich mich dem Zoologiestudium zuwenden wollte, wollte ich Paläontologie studieren.«[49]

Eines der ersten lebenden Tiere, das Konrad Lorenz besitzen durfte, war ein Feuersalamander, den ihm sein Vater von einem Spaziergang am Kahlenberg mitbrachte. Der Vater, dem jede Tierquälerei ein Gräuel war, übergab ihn seinem Sohn nur auf das feste Versprechen hin, das Tier nach einer Woche wieder an der Fundstelle auszusetzen. Der Salamander war jedoch ein Weibchen, das schon am nächsten Tag 44 Larven ins Wasser des kleinen Terrariums setzte. Diese Jungen waren in dem »Vertrag« zwischen Vater und Sohn nicht vorgesehen, und so durfte Konrad sie behalten. Unter der versierten Pflege von Resi Führinger schafften es zwölf der Tiere bis zu ihrer Verwandlung von der Larve in den erwachsenen Salamander, was vom kleinen Konrad mit großem Erstaunen beobachtet wurde.

Wie viele Kinder wünschte sich auch Konrad am sehnlichsten einen Hund, doch daraus wurde zunächst nichts: Das neue Fach der Bakteriologie hatte Ende des 19. Jahrhunderts etliche Mikroben als Krankheitserreger entdeckt, und die Mutter als gebildete Frau meinte, sich und ihre Familie davor schützen zu müssen. So wurde unter anderem die Milch abgekocht, bis sie auch die letzten gesunden Inhaltsstoffe verloren hatte. Ein Haustier wie ein Hund, der die Kinder abschlecken könnte, kam da natürlich nicht infrage. Der Vater war hingegen aus Tierschutzgründen der Meinung, höhere Tiere als Fische und Amphibien seien ohne Quälerei von einem Kind nicht zu halten. Das Halten dieser Tiere in Aquarien und Terrarien war um 1900 gerade im Bildungsbürgertum groß in Mode gekommen, und so erhielt Konrad ein Freilandterrarium, in dem Frösche und weitere Lurche gehalten wurden, die gut gediehen. Irrtümlich glaubten die Eltern, dass auch drei Griechische Landschildkröten und ein kleines Krokodil in die Kategorie der pflegeleichten Tiere fallen würden. Die Schildkröten überlebten jedoch den ersten Winter nicht, und auch das kälteempfindliche Krokodil wurde bald an den Händler zurückgegeben. Als Ersatz dafür bekam Konrad nun endlich seinen ersehnten Hund: einen Dackel, der den Namen »Kroki« bekam, sich allerdings als ein »Vollidiot« herausstellte, wie Konrad Lorenz später einmal mitleidlos über das ungeliebte Haustier schrieb.[50]

Grundsätzlich kümmerte sich Resi Führinger, die ein besonderes Gespür für alles Lebendige hatte, um Konrads Tiere. Diese Funktion sollte sie auch in den nachfolgenden Jahrzehnten beibehalten. Die Altenberger Tierhaltung und somit viele von Lorenz' Entdeckungen wären ohne ihre Umsicht wohl nicht möglich gewesen. Gemeinsam mit seiner Kinderfrau begann Konrad schon früh, Aquarien einzurichten und die Wassertiere zu beobachten. Dabei entwickelte er eine besondere Vorliebe für Kleinkrebse, die er mit einem Kescher aus den Altarmen der Donau fischte. An einem solchen Kescher hing für ihn später »der ganze Zauber der Kindheit«, wie er in seinen Tiergeschichten 1949 schrieb. Und »[d]er Kescher hatte die Lupe im Gefolge, die wiederum ein bescheidenes Mikroskop, und damit war mein Schicksal unwandelbar bestimmt.«[51] Waren die kleinen Krebse anfangs nur als Futter für seine Fische gedacht, zog ihre Vielfalt und Schönheit ihn bald in ihren Bann. Er begann die winzigen Tiere zu sammeln und kannte bald eine stattliche Anzahl von unterschiedlichen Arten. Jede wurde detailgenau beschrieben und akribisch mit allen morphologischen Details abgezeichnet.

Die ersten höheren Tiere, die gegen den Willen seines Vaters der Obhut des fünfjährigen Konrad übergeben wurden, waren Hausenten. Auch seine Spielgefährtin Gretl erhielt eines der Küken, die die beiden begeistert durch den Sommer führten. »Mit Pipsa und Pupsa«, wie die beiden Entlein getauft wurden, »eröffneten wir eine Form der Gütergemeinschaft, die nahezu ein dreiviertel Jahrhundert währen sollte«, erinnert sich Lorenz mehr als 80 Jahre später.[52] Doch auch die lebenslange Beziehung zu den Entenvögeln nahm hier ihren Ausgang: »Ich erinnere mich, wie intensiv ich mich für sie verantwortlich fühlte, z. B. wie ich litt, wenn sie weinten, welches Glück ich empfand, wenn sie ›Begrüßungs- oder Unterhaltungslaute‹ zu mir sagten.«[53]

Prägend war aber auch eines der ersten Bücher, das ihm vorgelesen wurde: Selma Lagerlöfs eben erschienene *Wunderbare Reise des kleinen Nils Holgersson mit den Wildgänsen* (1907/08). In diesem Buch sind Tiere als durchaus menschenähnliche, mit allen menschlichen Gefühlen ausgestattete Wesen dargestellt, was bei Konrad angeblich bereits auf gewisse Skepsis stieß:

> »Mein intimer Umgang als Ersatzentenmutter mit meinen Kindern ließ mich so manche Abstriche von der Menschenähnlichkeit der Tiere vornehmen. Ich sah sehr wohl, wie Selma Lagerlöf ihre sprechenden Tiere überschätzte. [...] Dabei war mir, schon ehe ich regelmäßig zur Schule ging, völlig klar, dass die jungen Enten, die mir so getreulich nachfolgten wie normalerweise ihrer leiblichen Mutter, vom menschlichen Standpunkt aus gesehen ganz erstaunlich dumm waren, z. B. dass sie trotz ihrer Anhänglichkeit nie imstande waren, ihre eigenen Namen zu kennen.«[54]

Es war um dieselbe Zeit, als Konrad Lorenz seine erste Begegnung mit echten Wildgänsen hatte, die allerdings erst sehr viel später und eher durch Zufall sein wissenschaftliches Leben bestimmen sollten. Bei einem Spaziergang am Donauufer war es dem Jungen gelungen, seiner ängstlich besorgten Mutter vorauszulaufen, als er ein nie gehörtes Tönen über sich vernahm. Er blickte nach oben und sah viele große Vögel, die in einer Keilformation über ihn hinwegstreiften. Konrad wurde, wie er sich mehr als 80 Jahre später erinnerte, von einer eigenartigen Sehnsucht erfasst:

> »Ich wusste intuitiv, dass diese Himmelsstürmer Lebewesen wie ich selbst waren, dass es Wildgänse waren, habe ich offenbar ebenfalls schon gewusst. Doch empfand ich, dass diese Wesen, die in der Leere des Himmels dem Sturm trotzten, ja offensichtlich gezielt in der umgekehrten Richtung dahinzogen, in die der blinde Riese sie zu blasen trachtete, als nicht nur menschenähnlich, sondern uns Menschen übergeordnete Wesen, als zauberhafte Halbgötter, die mehr konnten als wir erdgebundenen Menschen.«[55]

Natürlich wollte Konrad nun Gänse haben, was ihm von der Mutter aus Angst um ihren Gemüsegarten jedoch untersagt wurde. Bis zu seinen legendären »Gänsejahren« sollte es noch 30 Jahre dauern.

Die unbeschwerte Kindheit auf dem Lande wurde bald von der Schulpflicht überschattet. Im Herbst des Jahres 1909 schulte man den sechsjährigen Buben in Wien ein. Als ihm eröffnet wurde, dass er nunmehr jeden Tag von Altenberg nach Wien in die Schule fahren und später vielleicht gar in die Wiener Stadtwohnung übersiedeln müsse, traf ihn das wie ein schwerer Schicksalsschlag: »Den Zwang, den Altenberger Garten und meine Tiere zu verlassen, empfand ich als bitteres Unrecht und sah den Grund zur Schulbildung nicht recht ein. Lesen konnte ich sowieso schon fließend, und Rechnen habe ich auch bis heute nicht gelernt.«[56] Auf dem Weg zur Schule fragte Konrad seine Mutter angeblich nach der Dauer der Schulzeit, wie er sich in seinen Memoiren erinnerte:

»Die Antwort meiner Mutter lautete, dass der Volksschulunterricht sich über vier, möglicherweise über fünf Jahre erstrecke. ›Aber danach kann ich in Altenberg bleiben?‹ ›Nein, dann musst Du ins Gymnasium, und das dauert acht Jahre.‹ ›Aber dann ist endlich Ruhe?‹, so wollte ich wissen. ›Nein, dann kommt die Universität, dann musst Du noch einmal 5 Jahre lernen.‹ ›Aber dann ist Ruhe?‹ ›Nein, dann kommt erst die eigentliche Arbeit, der Beruf, um Geld zu verdienen.‹

›Und wann hört das frühestens auf?‹ ›Wenn Du in Pension gehst.‹ Ich erkundigte mich daraufhin angelegentlich, bei welchen Berufen man am frühesten in Pension gehen könnte, und schloss das Gespräch in der festen Absicht, die Tätigkeit mit frühesten Pensionsaussichten zu ergreifen. Dass man voll Freude arbeiten könne, ist mir eigentlich erst aufgegangen, als ich zu forschen begann und die eigene Forschungsneugierde die Führung übernahm.«[57]

Lorenz besuchte anfangs eine Privatschule. Direktorin dieser angesehenen Schule war seine Tante Bertha, die Schwester seiner Mutter, jene Bertha, auf die das Pseudonym Peter Altenberg zurückging. Der Lernstoff machte Konrad anfangs nie Sorgen oder Schwierigkeiten, allerdings sei er kaum imstande gewesen, seine Schulsachen und die für den Tag fälligen Hausaufgaben in Ordnung zu haben. Er fürchtete sich vor der Blamage, die ihm jeden Tag drohte, wenn er ein wichtiges Buch oder Heft in seiner überaus geräumigen Schultasche nicht dabeihatte: »Die Angst vor den unausweichlichen Strafpredigten verleidete mir praktisch das Leben, zum mindesten jeden Morgen. Ich gehörte zu jenen Kindern, die bei sonstigem ausgezeichneten Appetit zum Frühstück nicht essen wollen.«[58]

Im Kreis der anderen Volksschulkinder behauptete sich Konrad Lorenz gut, auch wenn er in Wien kaum richtige Freunde hatte. Später dann im Gymnasium war die Situation noch schwieriger. Emma und Adolf Lorenz ließen ihren Sohn nämlich zuerst als Privatist im Schottengymnasium in Wien einschreiben, wie sie es schon bei ihrem älteren Sohn Albert getan hatten. Das Schottengymnasium ist bis heute nicht nur eine Prestige- und Eliteschule, sondern versteht sich schon fast als Bruderschaft. Bis 2004 war das Gymnasium die letzte reine Knabenschule Wiens, ehe das Gymnasium auch Mädchen aufnahm. Die Absolventen gleich welchen Jahrgangs pflegen einander mit dem vertraulichen »Du« anzusprechen. Konrads Mitschüler waren unter anderem die Söhne der Grafen Hoyos, Liechtenstein und Sternberg sowie der Großindustriellensohn Friedrich Meinl.[59] Sein seinerzeitiger Direktor, der Subprior des Schottenstiftes, Vinzenz Blaha, fertigte ihm noch 20 Jahre nach dem Schulabschluss ein Empfehlungsschreiben für seine Bewerbung als Direktor des Schönbrunner Tiergartens an.[60] Auch Lorenz selbst befolgte diese Tradition. Wenn ihn ein Altschotte später um ein Gutachten oder Empfehlungsschreiben bat, kam er diesem Wunsch zumeist nach.

Privatisten waren in diesem elitären, humanistisch ausgerichteten Stiftsgymnasium die Ausnahme. Sie besuchten nur jene Fächer, in denen das reiche Anschauungsmaterial der Schule, das physikalische und naturwissenschaftliche Kabinett mit seinen Demonstrationen und Experimenten etwa, nicht versäumt werden durfte. Dies hatte zur Folge, dass Konrad von allen Klassenkameraden gehänselt wurde. Als »Zug'raster« und als »Lori Papagei« hatte er in den ersten Gymnasialklassen schwer zu leiden. Sein um 18 Jahre älterer Bruder, mittlerweile ein leidenschaftlicher Soldat, lehrte ihn aus eigener Erfahrung, dass er sich »nichts gefallen lassen« dürfe. »Die Folge davon waren unzählige Scherereien, da ich jedes Spottwort, das durchaus harmlos gemeint sein konnte, mit tätlichem Angriff beantwortete«, erinnerte sich Lorenz.

Abgesehen von seinem anfänglichen Status als Privatist und seinen zoologischen Neigungen war Konrad Lorenz in der katholischen Eliteschule noch aus anderen Gründen ein Ausnahmefall. Konrad Lorenz war zwar katholisch getauft worden, so wie es die

Familientradition vorsah, und die Familie hatte rund um 1900 in der Kirche des benachbarten St. Andrä/Wördern sogar einen für alle sichtbaren Ehrenstuhl. Der verpflichtende Sonntagsgottesdienst war dem Vater aber zunehmend ein Dorn im Auge, da der Kirchgang die Wochenendplanung der Familie störte. Er sah nicht ein, dass er etwa den Zeitpunkt des sonntäglichen Ausrittes mit seinem Sohn nach dem Hochamt richten sollte. Und so entschloss sich Adolf Lorenz 1910, seinen zweiten Sohn nicht katholisch erziehen zu lassen, der im September dieses Jahres – also unmittelbar mit Beginn der Volksschule – aus der katholischen Kirche austrat. Rein zufällig landete Adolf Lorenz ausgerechnet bei den Calvinisten, der strengsten protestantischen Strömung. Damit war Konrad Lorenz während seiner Schulzeit der sonntäglichen Messpflicht enthoben.[61]

Erst in der Oberstufe, als er kein Privatist mehr war, verlor er den Ruf eines reizbaren Halbstarken. Wesentlich dafür war eine Freundschaft, die geschlossen wurde, als Konrad gerade einen Kampf gegen mehrere Buben zu gleicher Zeit zu bestehen hatte:

> »Als ich deutlich den Kürzeren zu ziehen begann, sah ich plötzlich, wie ein weiterer Bub mit einem langen Pferdegesicht und mit einem Eaton-Kragen rot anlief und sich wütend ins Kampfgemenge stürzte. Er bezog von mir noch einige Schläge, ehe ich dahinterkam, dass er auf meiner Seite focht. Dann waren die Feinde auch schon geschlagen und flohen.«[62]

Der Bub mit dem Eaton-Kragen hieß Willy Reif; Konrad und er sollten Freunde bis zu seinem Tod bleiben, obwohl sie beruflich völlig unterschiedliche Wege gingen. Seine wichtigste Freundschaft am Schottengymnasium schloss Lorenz aber mit Bernhard Hellmann.[63] Der stammte aus einer Familie sehr wohlhabender Textilindustrieller jüdischer Herkunft. Bernhards Eltern waren zu Beginn des 20. Jahrhunderts wichtige und nach 1945 lange Zeit vergessene Förderer des Kunst- und Kulturlebens in Österreich und unterstützten unter anderem die Salzburger Festspiele und die Wiener Werkstätte maßgeblich. Die Komponisten Gustav Mahler und Richard Strauss oder der Dichter Hugo von Hofmannsthal gehörten zum Bekanntenkreis von Irene und Paul Hellmann, der unter anderem Bilder von Gustav Klimt und – als guter Amateurgeiger – drei Stradivaris besaß.[64]

Bernhard Hellmann und Konrad Lorenz waren exakt zur gleichen Stunde im selben Bezirk in Wien geboren worden und teilten viele Interessen wie Tiere, Tierhaltung und vor allem Aquaristik. In einem seiner populärsten Bücher, *Er redete mit dem Vieh, den Vögeln und den Fischen*, schwärmt Lorenz vom damaligen Aquarium Hellmanns als exakter Kopie des Altausseer Sees.[65] Auch gestand er Hellmann zu, der eigentliche Entdecker des sogenannten Triebstaumodells gewesen zu sein, das Lorenz lange Zeit propagierte. Hellmann habe die Entdeckung im Alter von 17 Jahren an südamerikanischen Buntbarschen gemacht, als er einem aggressiven Männchen einen Spiegel ins Aquarium hängte, um so die Aggression des Fisches abzubauen.[66] Die beiden Freunde verbrachten jede freie Minute miteinander, tauschten Tiere aus und diskutierten neue Entdeckungen. Hellmann war oft in Altenberg, und Lorenz reiste mit der Familie des Freundes immer wieder nach Altaussee, wo sie im Ferienhaus der Hellmanns wohnten.

An die Patres des Schottengymnasiums erinnerte sich Konrad Lorenz immer dankbar, insbesondere an Vinzenz Blaha und an seinen Naturgeschichtelehrer Philipp Heberdey. In keiner seiner autobiografischen Darstellungen – selbst in jener für die Schwedische Akademie anlässlich der Nobelpreisverleihung – fehlt der Hinweis auf den von ihm so verehrten Biologen.[67] Umgekehrt waren Lorenz und Hellmann wegen ihres intensiven biologischen und zoologischen Interesses seine Lieblingsschüler.

> »Heberdey hatte vielleicht ein wenig unter seiner offensichtlichen Freundschaft zu Bernhard und mir zu leiden, doch war er mit großartigem Phlegma

> gegen jeden Sekkierversuch [vonseiten der anderen Schüler, Anm.] gefeit. Wir selbst hatten zu dieser Zeit unter unseren Mitschülern einen gewissen Ruf als Fachwissenschaftler, der unser Freundschaftsverhältnis zu einem Lehrer entschuldigte.«[68]

Heberdey vermittelte ihnen die Grundgedanken der Evolution.[69] Dass es ausgerechnet ein katholischer Geistlicher war, der ihn mit diesem damals nicht unumstrittenen Gedankengut vertraut machte, machte auf Lorenz im Rückblick großen Eindruck. Seine Bewunderung für Darwins Werk ließ später niemals nach, es blieb für ihn einer seiner wichtigsten wissenschaftlichen Bezugspunkte.

Trotz der Verpflichtungen und Einschränkungen, die Schule und Großstadtleben mit sich brachten, blieben die Tiere Konrads zentrales Interesse. Einen wesentlichen Ersatz für seine Altenberger Menagerie bot das Aquarium:

> »Dass dieses in unserer, nach Norden gerichteten Wiener Stadtwohnung nur mangelhaft gedieh, hatte auch seine Vorteile, weil es mich bzw. die Resi zwang, so manche technischen Hilfsmittel zu benützen. Vor allem der Sauerstoffmangel, der sich an den Altenberger Südfenstern auch an kleinen Aquarien nie ernstlich bemerkbar gemacht hatte, trat in seine Rechte. Ich sehe noch meine liebe Mutter mit einer Fußpumpe den altertümlichen Druckluftkessel meiner Aquarienanlage aufpumpen.«[70]

Der Bruder seiner Mutter, der bereits erwähnte Physiker Ernst Lecher, baute auf Konrads Bitte einen ebenso einfachen wie wirkungsvollen Heizapparat.[71] Dieses spezielle Heizsystem sollte Lorenz noch in den 1950er-Jahren einsetzen. Der tierbegeisterte Jüngling brauchte also auch in der Großstadt nicht ganz auf seine Leidenschaft zu verzichten. Dennoch konnte er es an den Wochenenden nie erwarten, wieder nach Altenberg zu kommen. Dort war er nach wie vor in die Gemeinschaft der anderen Dorfkinder integriert, die zum Teil ebenfalls in Wien zur Schule gingen. An den Wochenenden und vor allem in den Ferien trieb er sich mit seinen Freunden in den Donauauen herum, ging fischen oder faulenzte.

Einer seiner Spielkameraden war der spätere Philosoph Karl Popper, dessen Vater Rechtsanwalt und Finanzberater der Familie Pflaum im nahen Schloss Altenberg war. Außerdem wurde Poppers Vater der Patenonkel der Pflaum-Kinder, nachdem deren Vater gestorben war. Als Popper und Lorenz Jahrzehnte später wieder in Kontakt kamen, musste der Philosoph den Verhaltensforscher erst erinnern, dass er der »Karli« aus den Kindertagen sei, das Bleichgesicht, das beim Indianerspielen immer an den Baum gefesselt wurde. »Wir haben ihn sehr gemartert, aber nicht wirklich«, erinnerte sich Lorenz im hohen Alter an den damaligen Karli, und auch daran, dass er schlecht laufen und schlecht schießen konnte und von einer rührenden Gutartigkeit gewesen sei.[72]

Auf besagtem Schloss Altenberg organisierte der Hauslehrer Franz Niedermaier Theateraufführungen mit von ihm verfassten und inszenierten Stücken. Bei diesen Jugendvorstellungen durfte natürlich auch Konrad nicht fehlen – und wirkte immer in einer tragenden Rolle mit, neben seiner Freundin Gretl und den befreundeten Kindern der Pflaum- und La-Roche-Familie.

Kurz bevor Konrad mit dem Gymnasium begann, brach der Erste Weltkrieg aus – und das idyllische Paradies dieser »Welt von gestern«, in der er bis dahin aufgewachsen war, wurde gestört. Die Auswirkungen waren auch in der sonst so geschützten Welt der Familie Lorenz in Altenberg nachhaltig spürbar. Konrads Bruder Albert, der als Einjährig-Freiwilliger bei der Armee gedient hatte, musste einrücken, und auch der Rest der Familie stand vor großen Veränderungen. Die Zugverbindungen zwischen Wien und Altenberg wurden eingestellt, weil die Franz-Josefs-Bahn nur mehr für militärische Zwecke genutzt werden durfte. Auch der Treibstoff wurde knapp, das Auto konnte nicht mehr zum Pendeln benutzt werden. Der Benzinmangel wirkte sich schließlich auch auf die Wasserversorgung des Altenberger Hauses aus, da diese mittels einer benzinbetriebenen Pumpe gewährleistet wurde. Es gab keine Kohle für die Heizung und kein automatisches Licht mehr im Haus.

So beschloss die Familie, für die Dauer des Krieges in die Wiener Stadtwohnung zu übersiedeln, die ideal auf halbem Weg zwischen dem Hauptgebäude der Universität Wien und dem damaligen Allgemeinen Krankenhaus lag. An dieser Adresse – Rathausstraße 21 – befand sich auch die Ordination von Adolf Lorenz, die bis heute mehr oder weniger originalgetreu erhalten ist. Der Krieg forderte in der Familie zwar keine physischen Opfer: Albert kehrte wohlbehalten in die Heimat zurück. Doch der finanzielle Schaden war groß. Am wenigsten schwer wog noch, dass die Altenberger Villa während der Abwesenheit der Familie dreimal geplündert worden war. Adolf Lorenz hatte den Großteil seines Vermögens verloren, da er es – gegen den Rat seiner Frau – in Kriegsanleihen investiert hatte, die nach dem Krieg wertlos waren. Der mittlerweile 64-jährige Vater führte seine Praxis fort und litt zudem darunter, dass ihr Einzugsbereich nach dem Zerfall der Monarchie und durch die neuen Grenzen erheblich verkleinert war.

Konrad sah darin im Gegensatz zum Vater aber keine familiäre Katastrophe, sondern belustigte sich eher an der herrschenden Hyperinflation. Aber es gab ohnehin kaum etwas zu kaufen. Der Familie kam nun zugute, dass Adolf Lorenz mittellose Patienten immer wieder kostenlos behandelt hatte. Diese sahen nun die Gelegenheit, sich erkenntlich zu zeigen, und versorgten die Familie mit Lebensmitteln, auch wenn sie selbst wenig zu essen hatten.

Nach dem Krieg, der Österreich als Republik, aber als unbedeutend gewordenen Kleinstaat in Mitteleuropa zurückließ, näherte sich Konrads Schulzeit ihrem Ende. Das Einzige, was er im Gymnasium fürchtete, waren die Schularbeiten in Mathematik. Er erinnerte sich, dass er nie mehr als »Gut« auf eine solche Arbeit bekam, weil er aus

Zeitmangel mit den Rechenbeispielen nicht fertig wurde. Tatsächlich scheinen in seinen Zeugnissen sogar zahlreiche »Befriedigend« und »Genügend« in Mathematik auf. Das rührte wohl auch daher, dass er seine entsprechenden Hausaufgaben mit »kaltem Gewissen und in letzter Minute« von seinem Freund und Klassenkameraden Willy Reif abzuschreiben pflegte.[73]

Für sein unmathematisches Denken wurde der Wissenschaftler Lorenz später immer wieder von Fachkolleginnen und -kollegen kritisiert. Womöglich liegen die Gründe für diese Aversion in der Schulzeit. Er selbst war sich diesbezüglich im Lebensrückblick unsicher: »Ob meine grundsätzliche Abneigung gegen alles quantifizierende Denken aus meinem früheren Misserfolg in Mathematik herrührt, wage ich nicht zu entscheiden.«[74] Seine zweite schulische Schwäche hatte Konrad Lorenz in Gesang, was ihn aber wenig kümmerte. 1922 bestand er die Matura am Schottengymnasium mit Auszeichnung und wollte nun Zoologie studieren.

STURM UND DRANG

> »Die Nacht war schon hereingesunken, als wir das erste Mal am Sound ankamen, und ich lief sofort zum Meer hinunter. Dort hatte ich ein ebenso unerwartetes wie eindrucksvolles Erlebnis. Der flache Strand war besät von Exuvien, d. h. den abgelegten Außenhäuten des Molukkenkrebses Limulus. [...] Ich hatte nicht gewusst, dass diese Tiere überhaupt noch zu der lebenden Fauna gehörten, und der einsame Strand, geschmückt mit den unversehrten Häuten von Limulus, versetzte mich im Geiste um einige Millionen Jahre in die Vergangenheit.«[75]

Diese Begebenheit, die sich 1922 am Long Island Sound in der Nähe von New York City zutrug und die Konrad Lorenz in seiner Autobiografie so stimmungsvoll schildert, hatte alles andere als einen romantischen Hintergrund. Nachdem der junge Mann am 3. Juli 1922 am Schottengymnasium in Wien mit Auszeichnung maturiert hatte, sollte er im Herbst zu studieren beginnen. Sein Vater wählte dafür einen möglichst weit entfernten Studienort. Konrad Lorenz sollte nämlich nicht an der Universität Wien immatrikulieren, sondern an der Columbia University in New York, die mittlerweile größte Universität der Welt – zumindest gemessen an der Zahl der Studierenden.

Der Vater wollte Konrad damit vor allem von Gretl Gebhardt trennen. Die Freunde aus Kindheits- und Jugendtagen waren sich mittlerweile nämlich viel nähergekommen, als es dem Vater recht war, und hatten sich nach Konrads Matura sogar verlobt. Vater Adolf mochte das Mädchen, fand aber eine Ehe mit der Gärtnerstochter nicht standesgemäß und wünschte sich für seinen Sohn eine andere

Frau. Dazu kam noch eine andere Neigung, die dem Vater gar nicht recht war: Konrad wollte eigentlich Zoologie und Paläontologie studieren. Für Adolf Lorenz kam das aber nicht infrage. Er hielt die beiden Fächer für brotlose Studien und untersagte es seinem Sohn, sich ihnen zu widmen. Konrad sollte Mediziner werden wie er selbst und Konrads Bruder Albert. Sein Argument: Mediziner müssten nie hungern. Allenfalls nach dem Abschluss der Medizinerausbildung könnte man über die Zoologie als Zusatzstudium reden. Sohn Konrad war bemüht, Ärger mit seinem dominanten Vater zu vermeiden und ihn nicht zu enttäuschen, und so fügte er sich dessen Willen.

Die Stadt New York war für die Familie Lorenz keine völlig ungewöhnliche Destination. Nachdem Adolf Lorenz im Ersten Weltkrieg einen Gutteil seines Vermögens wegen der Veranlagung in Kriegsanleihen verloren hatte, wagte er 1921 – mittlerweile 67 Jahre alt – wieder eine Dienstreise in die USA, wo er vor dem Ersten Weltkrieg im Jahr 1902 die Grundlagen für seinen Reichtum gelegt hatte. Seine finanzielle Lage in Österreich war nicht nur durch die politische und wirtschaftliche Krise im schlagartig verkleinerten Österreich, sondern auch durch die Tatsache verschärft, dass Patientinnen und Patienten aus den ehemaligen Kronländern ausblieben. Lorenz reiste also Mitte November 1921 nach New York, befürchtete allerdings Schwierigkeiten, da in den Vereinigten Staaten nach dem Krieg noch sehr viel Unmut über die Mittelmächte herrschte. Seine Aufnahme war zwar nicht mehr ganz so euphorisch wie 19 Jahre zuvor. Doch schon kurz nach seiner Ankunft erreichten Stöße von Zeitungen die Altenberger Heimat, voll von Berichten über Adolf Lorenz. »Keine politische Persönlichkeit, kein europäischer Herrscher, kein Bühnenkünstler oder Virtuose hatte eine so umfangreiche und andauernde Presse wie Lorenz in New York«, erinnerte sich Sohn Albert.[76] Das mag womöglich etwas übertrieben gewesen sein. Aber immerhin erschienen allein in der *New York Times* zwischen der Ankunft am 20. November und dem 1. Jänner 1922 nicht weniger als 30 Artikel über den Orthopäden. Fortan verbrachten Adolf und sein älterer Sohn jedes Jahr mehrere Monate in New York, und die Stadt wurde ihnen fast zur zweiten Heimat.[77] Das zeigt sich auch daran, dass der Mediziner im Alter von weit über 80 Jahren seine Autobiografie 1936 zuerst auf Englisch publizierte und erst ein Jahr später in deutscher Übersetzung, die er selbst besorgte.

Das nächste Mal reiste Adolf Lorenz Ende September 1922 nach New York, diesmal mit seinen beiden Söhnen Albert und Konrad. Die drei wohnten im vornehmen Murray Hill Hotel in East Side Manhattan. Konrad war aber alles andere als glücklich. Seine Leidenschaften waren seine junge Verlobte, die Zoologie und seine Altenberger Heimat mit den Tieren. Alle drei hatte er zurücklassen müssen. Verzweifelt suchte er nach Ersatz, zumal ihm bald klar wurde, dass er sein Medizinstudium sicher nicht an der Columbia University beenden würde. Er nahm daher jede Gelegenheit wahr, die ihm offenen Zugänge zur Zoologie auszunützen.[78]

Die drei Lorenz-Männer pflegten das Wochenende in einem kleinen Gasthaus am Long Island Sound zu verbringen, knapp außerhalb von New York. Der Wirt, ein gewisser Mister Caraczoniy, war ein alter Freund des Vaters. Dort sah Konrad Lorenz zum ersten Mal den Atlantik und hatte sein nächtliches Erlebnis mit den Urkrebsen. Von den allwöchentlichen Exkursionen ans Meer brachte er eine Menge verschiedener Meerestiere mit nach New York. Der Medizinstudent wollte die ihm unbekannten Arten am zoologischen Institut der Columbia University bestimmen lassen. Keiner der Zoologen hatte jedoch eine Ahnung, welcher Art und Unterart die vielgestaltigen Tiere, die er mitbrachte, zuzuordnen wären. Aber immerhin wussten die Kollegen, wer das wissen konnte:

> »Man wies mich mit meinen Fragen an einen Forscher, der zwei bescheidene Hinterzimmer im Gebäude der Zoologie bewohnte, einen großen hageren Mann mit einem Kinnbart, nicht unähnlich mit Abraham Lincoln. Seine einzige Assistentin bestand in seiner Schwester, einer weißhaarigen älteren

> Dame. Dieser Mann nun kannte jedes Tier, das ich angeschleppt brachte, ob lebend oder in Formol, sofort auf Anhieb, meistens beidnamig. [...] Mein Alleswisser hieß Thomas Hunt Morgan.«[79]

Lorenz' Verehrung für diesen außergewöhnlichen Wissenschaftler wurde einzig durch den Umstand getrübt, dass in dessen Arbeitszimmer auf unzähligen Regalen jede Menge Einmachgläser standen, in denen winzige Fliegen herumsummten. Erst nach einigem Zögern brachte er den Mut auf, den Zoologen zu fragen, was es mit diesen Fliegen auf sich habe. Morgan erklärte ihm, dass er über die Chromosomen der Fruchtfliegen forsche. Und er ließ den 19-jährigen Lorenz auch einen Blick durch sein Mikroskop werfen: auf das Speicheldrüsenchromosom der Fruchtfliege. Morgan war zu dieser Zeit damit beschäftigt, durch Kreuzungsexperimente die relativen Abstände der Gene auf den Chromosomen zu bestimmen. Er wurde dadurch zu einem der wichtigsten Wegbereiter der modernen Genetik und 1933 mit dem Nobelpreis für Physiologie oder Medizin ausgezeichnet – genau 40 Jahre vor Konrad Lorenz.

An der Premedical School der Columbia University besuchte der »Amerikaner« aus Altenberg zwar die Einführungskurse in Chemie und Physik, legte aber keine einzige Prüfung ab – wohl auch deshalb, weil sein Englisch noch zu wünschen übrigließ. Im Schottengymnasium hatte er neben Griechisch und Latein nur Französisch als lebende Fremdsprache gelernt. Er hielt das Studium in New York für eine verlorene Zeit, die ihm an der Wiener Universität nicht angerechnet werden würde. Außerdem fehlte ihm Gretl, der es als 22-jähriger attraktiver Frau trotz des Verlobungsversprechens womöglich schwerfiel, auf ihn zu warten.

Bereits kurz vor Weihnachten 1922 ließ sich Konrad Lorenz deshalb die Inskriptionsgelder an der Columbia University zurückzahlen. Sein Vater hatte ihm ein Taschengeld von fünf Dollar pro Tag gewährt, von denen Konrad immer nur einen Dollar und fünfzig Cent verbraucht und den Rest für die Heimreise gespart hatte. Er erwarb eine billige

Lehrer und Schüler: Konrad Lorenz (2. v. li.) lauscht einer Vorlesung von Ferdinand Hochstetter. Dessen Nachfolger wurde der Nationalsozialist Eduard Pernkopf (sitzend 2. von rechts).

Rückfahrkarte auf einem kleinen Schiff namens Mount Kay, auf dem er prompt seekrank wurde. Anfang Jänner 1923 war der Sohn, der über England zurückgereist war, wieder zu Hause – sehr zum Missfallen des Vaters, der noch bis im Frühjahr in den USA bleiben sollte. Trotzdem half er ihm aus der Ferne, kurz nach den Weihnachtsferien mit dem Studium in Wien zu beginnen, um wenigstens jetzt keine Zeit mehr zu verlieren. Mit einiger Protektion gelang es Konrad, das Semester an der medizinischen Fakultät zu inskribieren, und er holte mit viel Eifer jene einführenden Lehrveranstaltungen nach, die er versäumt hatte. Im Studienbuch von Konrad Lorenz ist die nachträgliche Inskription mit dem 12. Jänner 1923 vermerkt. Bis Ostern absolvierte Lorenz die Anatomievorlesung und die Sezierübungen bei Ferdinand Hochstetter, Chemie bei Emil Fromm, Biologie beim Zoologen Berthold Hatschek und Physik bei seinem Onkel Ernst Lecher.[80]

Ferdinand Hochstetter war der Vorstand des Zweiten Anatomischen Instituts, ein guter Freund von Adolf Lorenz und ein vergleichender Anatom und Embryologe von internationalem Rang. Seine Lehrveranstaltungen sollten Lorenz' gesamte wissenschaftliche Entwicklung nachhaltig beeinflussen – so sehr, dass Hochstetter auch der einzige Wissenschaftler ist, dem Lorenz in seinen autobiografischen Erinnerungen ein eigenes Kapitel widmete, in dem es unter anderem heißt:

> »Hochstetter war für mich das absolute Vorbild des biologischen Naturforschers. Sein Wissen über die unzähligen Einzelformen der Wirbeltiere war enzyklopädisch. [...] Keine Einzelheit war ihm zu gering, und die Genauigkeit der Beschreibung konnte nicht weit genug getrieben werden. Bei aller Opferwilligkeit in bezug auf Arbeitsstunden blieb doch immer deutlich, dass es die Freude an der Schönheit der Lebensformen sei, die als letztes Motiv hinter seiner Forschungsarbeit stand.«[81]

Hochstetters Darstellung der vergleichenden Anatomie machte Lorenz sehr bald klar, dass er die Evolution auf keinen Fall an ausgestorbenen Tieren erforschen wollte, wie das kurzzeitig sein Kindheitstraum gewesen war, sondern an lebenden. Bereits ab dem Wintersemester 1926/27 war Lorenz bei Hochstetter als Demonstrator ex propriis – also unbezahlt – tätig. Schon zuvor hatte er in der Ersten Prosektur des Zweiten Anatomischen Institutes unter der Anleitung des Dozenten Gustav von Schmeidel zuerst über Amphibienherzen und dann über die Schädel von Knochenfischen gearbeitet.[82]

Im Vergleich zur Ersten Anatomie unter Julius Tandler, die vor allem von jüdischen, liberalen, sozialistischen und ausländischen Studenten frequentiert wurde, war die Zweite Anatomie bereits vor der Jahrhundertwende – damals unter Hochstetters Vorgänger Carl Toldt – und später dann auch unter Hochstetter eher der Hort für deutschnationale und völkisch gesinnte Studenten. Bei diesen war

Tandler aufgrund seiner jüdischen Herkunft und wegen seiner exponierten Funktion als Stadtrat für das Wohlfahrts- und Gesundheitswesen im »Roten Wien« verhasst. Und so kam es, dass seine Hälfte des Doppelinstituts in der Währinger Straße ab den frühen 1920er-Jahren zum Schauplatz von immer radikaler werdenden antisemitischen und rechtsradikalen Studentenprotesten wurde, bei denen es immer wieder zu Verletzten kam.[83] Die Unterschiede der beiden anatomischen Lehrkanzeln betrafen aber auch die wissenschaftliche Ausrichtung, die an der Ersten Anatomie topografisch, klinisch und physiologisch war. Die Zweite Anatomie hingegen war auf Morphologie und systematische Anatomie spezialisiert.[84]

Während Konrad als Demonstrator bei Hochstetter arbeitete, kam auch seine Verlobte Gretl als Studentin ans Anatomische Institut. Obwohl sie fast drei Jahre älter war als Konrad, begann sie erst später mit dem Medizinstudium. Ihre Mutter hatte nach dem Tod zweier Söhne im Ersten Weltkrieg einen völligen psychischen Zusammenbruch erlitten. Die Tochter musste deshalb die Schule verlassen, den Haushalt übernehmen und sich um ihre Mutter und ihre jüngere Schwester kümmern. Erst als es ihr die familiären Verpflichtungen erlaubten, holte sie die Matura nach und begann 1926 – also fast vier Jahre nach Konrad – mit dem Medizinstudium.

Seine frühen 20er-Jahre waren wie bei so vielen anderen auch Konrads Sturm-und-Drang-Zeit. Noch am Schottengymnasium war er, ganz in der Tradition der Familie, zum begeisterten Motorradfahrer geworden. Bei seiner Rückreise von New York über England hatte er für sich und seinen älteren Bruder je ein britisches Motorrad mitgebracht und ließ seine Leidenschaft wieder aufleben.[85] Die neu erworbene 680er Brough Superior OHV war, wie er später schrieb, »ein Fahrzeug von idealer Straßenlage und etwas kurzlebigem Motor«[86] – und ein sehr exklusives Vergnügen, zumal in wirtschaftlichen Krisenzeiten. Eine solche Maschine kostete nach heutigem Umrechnungskurs rund 36.000 Euro.

Der Wilde mit seiner Maschin': In seiner Sturm-und-Drang-Zeit bestritt Konrad Lorenz zahlreiche Motorradrennen. 1927 gewann er auf seiner 680er Brough Superior OHV eine Wertungsfahrt mit Start und Ziel vor dem Rathaus in Wien.

Der Draufgänger begnügte sich aber nicht mit »normalen« Motorradfahrten, sondern nahm auch an Rennen teil, die er mit Maschinen der britischen Marke Triumph bestritt. Für Triumph war er auch als Test- und Werksfahrer tätig und konnte sich für die Rennen jede gewünschte Maschine ausborgen. So belegte er am 24. September 1924 bei einer Bergfahrt von Schottwien auf den Semmering in der Klasse bis 500 ccm mit einer Maschine von Triumph-Generalimporteur Thomas G. Harbourn und einer Fahrzeit von 10 Min. 51 Sek. den fünften Platz.[87] Mit seiner Brough Superior nahm er an Sternfahrten teil, bei denen es darum ging, in 24 Stunden möglichst weit zu fahren und wieder zum Ausgangspunkt zurückzukehren. Im Mai 1927 belegte er bei einer dieser Wertungsfahrten, die von und zum Rathaus in Wien führte, einen der Spitzenränge.

Als er bei einem Bergstraßenrennen am Semmering stürzte, aber glücklicherweise unverletzt blieb, mahnte ihn Gretl, den Rennsport aufzugeben. Ihr ebenso einfaches wie überzeugendes Argument: Es sei einfach dumm, auf diese Weise sein Leben zu lassen. Die Beendigung seiner Karriere als Rennfahrer hinderte Lorenz jedoch nicht daran, im März 1930 abermals mit dem Motorrad zu verunfallen und sich einen Kieferbruch zuzuziehen.[88] Um die Folgen dieses Zusammenstoßes mit einem PKW – ein geringfügig entstellter Unterkiefer – zu überdecken, trug Konrad Lorenz von nun an zumeist seinen charakteristischen Bart. Seine Gefährten bei den oft ausgedehnten Motorradausflügen waren seine Verlobte, sein bester Freund Bernhard Hellmann und der Freund aus Schultagen, Willy Reif. Die Freunde bastelten ständig an ihren Maschinen herum und machten ausgedehnte Ausflüge.

Gemeinsam mit Hellmann frönte Lorenz seiner Leidenschaft der Haltung von Tieren und ihrer Beobachtung, die er in der Kindheit mit Gretl geteilt hatte. Hellmann hatte in der elterlichen Wohnung im neunten Wiener Gemeindebezirk eine richtige Menagerie eingerichtet. Zudem machte er im Dachboden Experimente mit Wellensittichen. Zwischen den Scheiben eines sehr geräumigen Doppelfensters war ein Terrarium eingerichtet, in dem hohes Zyperngras fast bis zur Decke hinaufwuchs. In den Kronen dieses bambusähnlichen Gewächses lebten kleine afrikanische Prachtfinken. Die Wurzeln des Zyperngrases wuchsen in einem tropischen Aqua-Terrarium, in dem ein junger, etwa 30 Zentimeter langer Alligator wohnte. Auf diese künstliche Welt und ihre Bewohner ging auch eine der vielen kuriosen Tiergeschichten zurück, die Konrad Lorenz so gerne zum Besten gab.

> »Einst kam ich zu Bernhard, der eben ausgegangen war, und ging ohne weiteres in sein Tierzimmer. Neben dem Alligator liegend fand ich ein ungefähr gleich großes wunderschönes grüngraues Nilkrokodil. Ahnungslos griff ich danach. Alligatoren sind ungemein angenehm zum Angreifen, ähnlich wie neue Auto- oder Motorradpneus. Und wie ein kleines Kind

> wollte ich eben das mir neue Reptil betasten. Dazu kam es indessen nicht. Blitzrasch hatte mich das Krokodil beim Finger gepackt und drehte ihn mit erstaunlicher Kraft, indem es den u-förmig gekrümmten Körper um seine Längsachse rotierte. Ich wurde erheblich verletzt, ehe ich mich befreien konnte. Da ertönte lautes Gelächter, Bernhard war eben aus der Tür getreten, und ich stimmte in sein Gelächter ein, als ich sah, dass er die rechte Hand verbunden in einer Schlinge trug. Er kam eben von der Unfallstation, die er, nachdem er sein Krokodil liebkosen hatte wollen, aufsuchen musste. Ich kam immerhin mit einem selbstgemachten Verband davon.«[89]

Die Kombination zwischen technischer Bastelei am Motorrad und Verhaltensbeobachtungen an Tieren führte bei den jungen Forschern zu fruchtbaren Analogieschlüssen. Aus eigener Anschauung wussten sie, dass ein Motor eines Motorrades »überspringen« kann: Durch einen Defekt wird eine hohe elektrische Spannung aufgebaut, die nicht an gedachter Stelle abgeführt werden kann und dann einfach irgendwo an der Maschine entweicht. Die Ethologen sollten später jene Verhaltensweisen als Übersprungsbewegung bezeichnen, wenn Tiere in bestimmten spannungsreichen Situationen sich »Erleichterung« verschaffen, indem sie etwas ganz anderes tun – also sich zum Beispiel zu putzen beginnen.

Ein anderer Begriff, der augenscheinlich auf die Motorraderfahrungen von Lorenz zurückgeht, ist der für die spätere Verhaltensforschung zentrale Begriff der Leerlaufhandlung. Lorenz wählte diesen Begriff, als er seinen zahmen Star in der Wiener Stadtwohnung dabei beobachtete, wie der Vogel grundlos zur Zimmerdecke hochflatterte, nach etwas schnappte und wieder auf seinen Platz zurückkehrte. Beim ersten Mal dachte Lorenz, er hätte irgendein Insekt übersehen, das an der Decke gesessen war. Doch der Vogel wiederholte sein Verhalten viele Male exakt in derselben Weise, obwohl es dort oben keine Beute für ihn gab – und also die Bewegung sinnlos war. Der Vogel musste sie aber ausführen, weil sie ihm angeboren war.

Beste Freunde mit identischem Geburtsdatum: Bernhard Hellmann und Konrad Lorenz, der gerade einen Motorradreifen repariert.

Ein anderer Versuch Hellmanns, der Lorenz in Erinnerung blieb, war der mit einem Wellensittichpaar, das er auf Menschen geprägt hatte. Danach habe er die beiden Vögel gemeinsam auf dem Dachboden gehalten, von Menschen streng isoliert, wie sich Konrad Lorenz im Jahr 1969 erinnerte:

> »Er beobachtete sie durch ein Guckloch und gab ihnen durch eine Schublade Futter und Wasser. Wellensittiche sind liebestoll: Sie benützen, wenn Not herrscht, sogar ihre Sitzstangen als Sexualobjekte. Das Weibchen und das Männchen waren am Dachboden quasi Ersatzobjekte füreinander, haben auf scheinbar normale Art und Weise Nachwuchs gezeugt und auch mehrmals eine Brut aufgezogen. Sie hatten gerade Jungvögel im Nest, als Bernhard den Verschlag zu meiner Ehre öffnete. Daraufhin flogen seine beiden auf Menschen geprägten Wellensittiche sofort auf Bernhard los und begannen sofort, uns Liebesavancen zu machen. Da die Vögel es nun wieder mit ihren ›echten‹ Sexualobjekten zu tun bekamen, auf die sie eigentlich sexuell geprägt waren, ließen sie prompt ihre Brut im Stich, die verhungerte.«[90]

Mindestens ebenso groß war die Privatmenagerie von Konrad Lorenz in Altenberg, wo es im Garten nur so von Enten, Reihern und anderen Vögeln wimmelte. Für die Wasservögel wurden Teiche angelegt, das ehemalige Spielhaus baute der Student zu einer Voliere für exotische Vögel wie Wellensittiche, Kanarienvögel und Zebrafinken um. Er hielt auch zwei Dachse und junge Eichhörnchen. Dazu kamen im Haus unzählige Aquarien mit heimischen und exotischen Fischen, die obligatorischen Hunde und Exoten wie Affen oder Meerkatzen. Fast täglich kam in diesen Jahren irgendein Tier dazu, was von den Eltern großzügig toleriert wurde.

Die Hauptquellen für den Bezug von neuen Tieren waren für Lorenz einerseits der Tiergarten Schönbrunn, andererseits die Wiener Tierhandlungen Bongar und Findeis. Auf einem seiner Routinebesuche in Rosalia Bongars Geschäft entdeckte er 1926 in einem finsteren Käfig eine junge Dohle. Ohne lange zu zögern, erstand er den jämmerlich dreinblickenden Vogel für vier Schilling – »nicht aus wissenschaftlichen Erwägungen, sondern nur, weil mich gerade die Lust ankam, den großen, roten, gelb umrandeten Sperrrachen des Jungvogels mit gutem Futter zu stopfen«, wie er sich mehr als sechs Jahrzehnte später erinnerte. Lorenz nahm sich vor, den Vogel aufzuziehen und freizulassen, sobald er selbständig war. Wie Lorenz im Rückblick schrieb: »[N]ie ist mir ein Akt des Mitleids mit einem Tiere so gelohnt worden.« Der Vogel nämlich nutzte seine neu gewonnene Freiheit, um sich auf seine Schulter niederzulassen und »eine geradezu kindliche Anhänglichkeit« zu entwickeln.[91] Die Dohle flog Konrad Lorenz im Haus von Zimmer zu Zimmer nach, und er taufte sie »Tschock» – nach ihrem Ruf, wenn sie sich verlassen fühlte. Durch die enge Bindung, die Tschock zu ihrem Ziehvater entwickelte, kamen Lorenz die ersten konkreten Gedanken zur »Prägung« von Tierjungen, die er schon als Kind beim Aufziehen seines jungen Entleins kennengelernt hatte.

Über all seine Tierbeobachtungen führte Konrad Lorenz seit Beginn seines Medizinstudiums genaue Aufzeichnungen. In den sogenannten Tiertagebüchern, die für die Jahre von 1923 bis 1928 und 1931/32 erhalten sind, listete Lorenz sämtliche Verhaltensweisen auf, die dem Hobbytierzüchter und -beobachter irgendwie bemerkenswert erschienen. Meistens fügte er auch noch eigene Interpretationen in Form von grundsätzlichen Gedanken zu Lernverhalten und Instinkthandlungen hinzu. Außerdem sind sämtliche zoologischen Neuerwerbungen aufgelistet.

Gretl Gebhardt und Bernhard Hellmann beobachteten die Begeisterung Konrads für seine Dohle. Eines Tages waren seine frühen Tiertagebücher plötzlich verschwunden und tauchten erst nach einigen Tagen wieder auf. Die beiden hatten beschlossen, die Aufzeichnungen über die Dohle Tschock abzutippen und – ohne es Konrad mitzuteilen – 1927 an einen führenden deutschen Ornithologen zu schicken. Sie wählten Oskar Heinroth aus, den Direktor des Berliner Aquariums und Leiter der berühmten Vogelwarte Rossitten in Ostpreußen, der ältesten Vogelwarte der Welt. Heinroth verfasste mit seiner Frau ein vierbändiges Werk über die *Vögel Mitteleuropas*.[92] Den ersten Band, der 1924 erschienen war, hatte Bernhard Hellmann seinem Freund zum Geburtstag geschenkt.

Heinroth empfahl eine Veröffentlichung von Lorenz' Untersuchung im *Journal für Ornithologie*. Dadurch wiederum wurde Erwin Stresemann, der Herausgeber der Zeitschrift und Doyen der deutschen Ornithologie, auf den jungen Wiener Wissenschaftler aufmerksam. Stresemann war zu dieser Zeit der einflussreichste deutsche Vogelkundler mit besten Kontakten im In- und Ausland. Von Lorenz' Beobachtungen beeindruckt, wollte er sie in einer überarbeiteten Fassung in seiner Zeitschrift publizieren – eine Anerkennung, die den noch nicht 24-jährigen Autor überraschte: Er selbst hätte, wie er Stresemann schrieb, »nicht gewagt, diesen Auszug aus meinem Tagebuch als ›Arbeit‹ zu bezeichnen«. Im Oktober 1927 wurde dieser erste wissenschaftliche Artikel unter dem Titel »Beobachtungen an Dohlen« tatsächlich im *Journal für Ornithologie* veröffentlicht.[93] Von dieser Zeit an entwickelte sich ein enger Briefkontakt zwischen Lorenz sowohl mit dem von ihm hochgeschätzten Stresemann wie auch mit Oskar Heinroth, der nach Hochstetter zu seinem zweiten wichtigen Lehrer werden sollte.

Die Verhaltensweisen, die Konrad Lorenz an der Dohle Tschock beschrieben hatte, wollte er möglichst systematisch an weiteren Artgenossen beobachten. Ab dem Frühjahr 1927 zog er deshalb in den Dachbodenräumen seines Elternhauses 14 Dohlen mit der Hand auf und gründete damit eine über Jahrzehnte bestehende, frei fliegende Dohlenkolonie. Wenngleich Lorenz seit seiner frühesten Kindheit Tiere hielt, so waren die Dohlen der Beginn der Tierhaltung für wissenschaftliche Zwecke und der tatsächliche Beginn seiner eigentlichen Forschungen. Auf dem Dachboden des Altenberger Hauses lebte er gleichsam mit seinen handaufgezogenen Vögeln. Das erlaubte ihm völlig neue Blickwinkel und Einsichten in das individuelle Verhalten der einzelnen Tiere, aber auch das Verhalten der Gruppe als Ganzes. Und er machte sich zudem Gedanken zur Mechanik des Vogelfluges und zur Morphologie der Dohlen.[94] Viele bahnbrechende Erkenntnisse der nächsten Jahre nahmen hier am Altenberger Dachboden und rund um Lorenz' Elternhaus ihren Ursprung.

Auch privat brachten die Jahre 1927 und 1928 große Veränderungen, und Konrad setzte sich dabei gleich doppelt gegen seinen Vater durch, der im Herbst seines Lebens wohl auch etwas altersmilde geworden war: Am 24. Juni 1927 heiratete er mit Billigung der Eltern Margarethe Gebhardt in Wien. Das junge Ehepaar reiste nach seiner Vermählung nach Bulgarien ans Schwarze Meer, wenig später an die Nordsee und an die Ägäis. Am 31. Oktober 1928 wurde Sohn Thomas in Wien geboren. Im Dezember 1928 promovierte Konrad Lorenz zum Doktor der Medizin. Damit war einerseits dem Berufswunsch des Vaters Genüge getan; andererseits konnte Konrad endlich seiner eigentlichen Berufung nachgehen und im Wintersemester 1928 endlich sein Zoologie-Studium beginnen.

WISSENSCHAFTLICHE ANFÄNGE

»Im Lorenz'schen Haus / schaut es wundersam aus. / Da leckt dich der Affe zum Willkomm' ins Ohr, / aus jeder Karaffe schauen Schlangen hervor. / Der Kolkrabe klaut dir vom Teller das Fett, / mit stachliger Haut liegt ein Igel im Bett. / Der Kakadu dreht dir die Knöpfe vom Rock, / in's Portemonnaie späht voller Habgier der Tschock.«[95] Mit diesen gereimten Worten fasste Erwin Stresemann sichtlich beeindruckt zusammen, was er bei einem Besuch im »Altenberger Zauberschloss«[96] der Familie Lorenz zu Weihnachten 1931 so alles erlebt hatte.

Das feudale Anwesen der Familie entwickelte sich in den 1920er- und frühen 1930er-Jahren immer mehr zu einem privaten zoologischen Garten oder besser: zu einer ornithologischen Forschungsstation. Über den Zeitraum weniger Jahre hielt Konrad Lorenz, wie er in einer Arbeit auflistete, 15 Seidenreiher, 32 Nachtreiher, drei Rallenreiher, sechs Weiß- und drei Schwarzstörche, viele Stockenten, viele Hochbrutenten, viele Türkenenten in der Domestikationsform, zwei Brautenten, zwei Graugänse, neun Mäuse- und einen Wespenbussard, einen Kaiseradler, sieben Kormorane, neun Turmfalken, ungefähr ein Dutzend Goldfasane, eine Mantelmöwe, zwei Flussseeschwalben, zwei Große Gelbhaubenkakadus, einen Amazonenpapagei, sieben Mönchssittiche, 20 Kolkraben, vier Nebelkrähen und eine Rabenkrähe, sieben Elstern, weit über 100 Dohlen, zwei Eichelhäher, zwei Alpendohlen, zwei Graukardinäle und drei Gimpel.[97] Dabei hat Lorenz in dieser Auflistung nur die Vögel genannt, nicht aber die ganzen anderen Tiere wie Hunde, Katzen, Eichhörnchen sowie die vielen Fische in seinen zahlreichen Aquarien.

Dompteur der Tiere: Konrad Lorenz am Balkon der Villa mit einem seiner zahlreichen Hunde und einem Gelbhaubenkakadu.

Durch Beobachtungen an diesem halbzahmen Vogelbestand legte Konrad Lorenz in seinen ersten Publikationen zwischen 1927 und 1937 die entscheidenden Grundlagen für jene Disziplin, die später als vergleichende Verhaltensforschung weltweite Beachtung erhalten sollte. Diese zehn Jahre waren die wissenschaftlich produktivste und innovativste Zeit des Biologen: Seine wichtigsten

Beobachtungen und Entdeckungen machte Lorenz bis zu seinem 35. Lebensjahr. »Später habe ich nicht mehr viel Neues entdeckt, die ganzen wichtigen Dinge passierten relativ früh«, meinte Lorenz denn auch 1974 in einem Gespräch mit seinem ersten Biografen, dem BBC-Journalisten Alec Nisbett, im Rückblick auf sein wissenschaftliches Werk.[98] Angesichts der zahlreichen Bücher und Artikel, die er nach dem Zweiten Weltkrieg verfasste, mag diese Bescheidenheit verwundern. Doch viele der späteren Arbeiten gingen tatsächlich auf die Beobachtungen und Entdeckungen der späten 1920er- und der 1930er-Jahre zurück.

Was war es, das Lorenz damals entdeckte? Wie und in welchem wissenschaftlichen Umfeld kamen seine neuen Erkenntnisse zustande? Und was machte ihn zum Pionier einer neuen Forschungsdisziplin?

Durch die Beobachtungen an seiner handaufgezogenen Dohle Tschock war dem Nachwuchsforscher klar geworden, dass sich aus dem Verhalten eines einzelnen halbzahmen Tieres noch nicht schließen ließ, wie Dohlen sich in freier Natur verhalten, da sie eigentlich gesellige Tiere sind. Also zog er ab dem Frühjahr 1927 mehr als ein Dutzend Dohlen am Dachboden der Altenberger Villa auf, wo ein riesiger Flugkäfig errichtet worden war, in dem die Vögel aus der Nähe beobachtet werden konnten. Auch außen am Dach befand sich ein riesiger Käfig mit einer Luke. Aus diesem Außenkäfig konnte Lorenz die Dohlen in die Freiheit entlassen, aber auch immer einige Tiere als Lockvögel zurückbehalten.[99] Lorenz verbrachte Stunden um Stunden mit den Tieren, er versuchte, ihr Gesellschaftsleben und ihre Kommunikation zu verstehen. Jedes der Tiere kennzeichnete er individuell mit farbigen Fußringen und benannte sie auch danach – wie »Gelbgrün« oder »Rotgelb«. Nach einiger Zeit allerdings kannte er jede Dohle bereits an ihrer Physiognomie.

Aus diesen umfassenden Beobachtungen entstand in den folgenden Jahren Lorenz' zweite, sehr viel umfangreichere Arbeit »Beiträge zur Ethologie sozialer Corviden«, die 1931 erschien. Sie trug bereits jene neue Disziplin im Titel, die Lorenz später mitbegründen sollte und mit der die Untersuchung instinktiven, angeborenen Verhaltens von Tieren gemeint war. Seine Analysen des Verhaltens von Tschock hatten Lorenz darauf schließen lassen, dass einige der von ihm beobachteten instinktiven »zeremoniellen« Verhaltensweisen des Vogels unter natürlichen Umständen dazu gedient hätten, eine Reaktion der Artgenossen auszulösen. So stellte sich im Laufe der jahrelangen Beobachtungen heraus, dass es sich bei den Dohlen um eine Vogelart mit höchst komplexen Sozial- und Verhaltensstrukturen handelte. Lorenz entdeckte, dass es innerhalb seiner Gruppe von Dohlen eine strenge Rangordnung gab. Er beobachtete aber auch die kollektiven Verteidigungsreaktionen seiner Dohlenschar gegenüber Feinden und beschrieb das Brutverhalten im Detail. Er hielt forsch fest, dass seine »an freifliegenden zahmen Rabenvögeln beobachteten Triebhandlungen allen gesunden freilebenden Tieren der betreffenden Art eigen sind«.[100]

Ein Jahr später, 1932, veröffentlichte Lorenz einen weiteren Aufsatz, diesmal über die arteigenen Triebhandlungen der Vögel, in dem er seinen neuen Erkenntnissen einen ersten theoretischen Unterbau lieferte.[101] Er definierte darin den Begriff der angeborenen Triebhandlung und listete – als Arbeitshilfe für andere Forschende – fünf Punkte auf, an denen sie erkennbar sei. Lorenz kritisierte darin erstmals auch explizit Kollegen, die zwar so wie er über die Psychologie der Tiere forschten, aber die Triebhandlungen nicht berücksichtigen würden. Diese Auseinandersetzung beschränkte sich in diesem Text allerdings nur auf die deutschsprachige Diskussion und war noch weit davon entfernt, die Grundlagen für eine eigene Forschungsrichtung zu liefern. Am Zoologischen Institut, wo Lorenz studierte, konnte man ihm nicht wirklich weiterhelfen. Das Fach war in Wien bis 1925 unter dem Einfluss der Professoren Berthold Hatschek und Carl Grobben gestanden, die das Fach traditionell anatomisch und morphologisch ausgerichtet hatten und neuen Entwicklungen gegenüber wenig aufgeschlossen waren.[102]

Ihre Nachfolger – der Niederländer Jan Versluys und der Deutsche Paul Krüger – waren weniger wegen ihrer wissenschaftlichen Qualifikation als wegen ihrer politischen Sympathien berufen worden. Das lag daran, dass an der philosophischen Fakultät ab den frühen 1920er-Jahren ein geheimes antisemitisches Kartell von Professoren namens Bärenhöhle, das vom Paläontologen Othenio Abel gegründet wurde, sich erfolgreich in Habilitationen und Berufungen einmischte. Nicht zum Zug kam damals der weitaus besser qualifizierte Zoologe Hans Leo Przibram, der jüdischer Herkunft war.[103] Während in den 1920er-Jahren an der Universität das Halten von lebenden Tieren und deren Erforschung noch nicht üblich war, hatte Przibram bereits zwei Jahrzehnte davor damit begonnen. Er gründete 1902 mit den Botanikern Leopold Portheim und Wilhelm Figdor die aus eigenen Mitteln finanzierte Biologische Versuchsanstalt (BVA), um dort experimentelle Forschung vor allem an Tieren und Pflanzen zu betreiben.

Einer der bekanntesten Forscher der BVA war der Zoologe Paul Kammerer, der eine halbe Generation älter war als Lorenz – und ein ähnlich leidenschaftlicher Tierliebhaber und Tierzüchter. Die beiden haben sich aus diesen Gründen, wie Kammerers Tochter Lacerta später vermutete, auch gekannt.[104] Dennoch findet sich in Konrad Lorenz' Schriften kein einziger Verweis auf die BVA oder Kammerer. Das liegt wohl daran, dass sein Forschungsprogramm im diametralen Gegensatz zu dem der BVA und Kammerer stand, das die Vererbung erworbener Eigenschaften experimentell zu bestätigen suchte. Während Kammerer durch Experimente unter anderem mit Feuersalamandern und Geburtshelferkröten zeigen wollte, dass sich das Äußere der Tiere wie auch ihr Verhalten durch gezielte Umwelteinflüsse verändern lassen und sich diese Veränderungen dann sogar vererben, ging es bei Lorenz genau um das Gegenteil. Das hatte womöglich auch damit zu tun, dass Paul Kammerer im September 1926 Selbstmord beging, nachdem nachgewiesen wurde, dass an einem zentralen Beweisobjekt seiner Behauptungen Manipulationen durchgeführt worden waren, womit sein Lebenswerk – und die Forschungen an der BVA insgesamt – diskreditiert waren.[105] Wie sehr Lorenz' lebenslanger Fokus auf angeborene Verhaltensweisen durch diesen internationalen Wissenschaftsskandal geprägt wurde, der auch das Ende neolamarckistischer Forschung bedeutete, wird sich vermutlich nie klären lassen, da er sich selbst zeitlebens nie öffentlich dazu äußerte. Fraglos ist aber, dass Lorenz von diesem Skandal und seinen Folgen gewusst haben muss.

Umso öfter erinnerte sich Konrad Lorenz in späteren Jahren an seinen Lehrer Ferdinand Hochstetter. Der Vorstand des Zweiten Anatomischen Institutes habe ihn stets dazu ermutigt, neben der unbezahlten Tätigkeit als Demonstrator seinen tierpsychologischen Forschungen nachzugehen. Im Sommersemester 1931 wurde sein außergewöhnlicher Schüler, der nebenbei noch Zoologie studierte, zur wissenschaftlichen Hilfskraft mit dem Gehalt eines außerordentlichen Assistenten ernannt, ab Oktober durfte er dann auch diesen Titel führen. Als Assistent hielt er für ein bescheidenes Gehalt täglich ein- bis zweistündige Demonstrationsübungen zur Vorlesung ab, war Kustos der Handsammlung und zuständig für die Herstellung von Präparaten. Zudem beaufsichtigte er die Präparationsarbeiten in den Seziersälen der Mediziner und die Arbeit in den wissenschaftlichen Laboratorien.[106]

Sein Herz gehörte jedoch seinen tierpsychologischen Beobachtungen in Altenberg. Und obwohl die Familie eine Stadtwohnung in Universitätsnähe besaß, pendelte er jeden Tag zwischen Altenberg und Wien hin und her. Zur Mehrfachbelastung als Universitätsassistent und Zoologie-Student mit privater Forschungsstation kam hinzu, dass Lorenz mittlerweile zweifacher Familienvater war: Auf Sohn Thomas folgte 1930 Tochter Agnes. Dennoch dürfte er in dieser Zeit auch noch ein zumindest semiliterarisches Werk verfasst haben, von dessen Existenz leider nur ein Briefwechsel mit dem Ethnologen und Hobby-Ornithologen Hugo Bernatzik Zeugnis gibt. Bernatzik, der vor allem als Reiseschriftsteller bekannt wurde, vermittelte dem 27-jährigen Lorenz im Sommer 1930 einen Kontakt zum Verlag Seidel & Sohn. Lorenz hatte allem Anschein nach ein Manuskript fertiggestellt, das den Titel *Sklaven, Freigelassene und Fremde* trug.[107] Über den Verbleib dieser Tiernovelle, mit der Lorenz eine Familientradition fortsetzte, ist nichts bekannt.

Neben Hochstetter war der Psychologe Karl Bühler Lorenz' wichtigste wissenschaftliche Bezugsperson an der Uni Wien. Als Teil seines Zoologie-Studiums absolvierte er ab 1928 etliche Vorlesungen bei Bühler, der 1922 nach Wien gekommen war und ab diesem Zeitpunkt auch das Psychologische Institut der Universität Wien leitete. Bühler war sehr interdisziplinär orientiert und vertrat unter anderem das Anliegen, die Evolutionstheorie theoretisch und praktisch in die Psychologie zu integrieren. Bei ihm bestand Lorenz im Juni 1933 seine letzte Prüfung im Rahmen seines Zweistudiums mit Auszeichnung. Sein anderes Nebenfach war Paläontologie bei Othenio Abel. Die Dissertation bei Jan Versluys, mit der Lorenz sein Studium in Zoologie abschloss, trug den Titel »Beobachtetes über das Fliegen der Vögel« und erschien 1933 auch als Fachartikel in der *Zeitschrift für Ornithologie.*

Die wichtigste wissenschaftliche Unterstützung, die Lorenz in den frühen 1930er-Jahren erhielt, kam nicht aus Wien, sondern aus Berlin: In Oskar Heinroth und Erwin Stresemann hatte Lorenz die besten Mentoren gefunden, die er sich wünschen konnte. Ab seiner ersten wissenschaftlichen Publikation 1927 hatte sich ein reger Briefwechsel zwischen Lorenz und den beiden deutschen Ornithologen entwickelt. Zu einem ersten persönlichen Treffen zwischen den drei Vogelkundlern kam es im Frühjahr 1931, als Lorenz nach Berlin reiste, um seine Pläne für eine »Ornithologische Versuchsstation Altenberg« vorzustellen. Eine ausgedehnte Vogelhaltung gab es ja dort schon seit seinen Kindheitstagen. Nun wollte der Auch-Ornithologe seine

Der Vogelfreund beim Füttern: Konrad Lorenz' Menagerie umfasste unter anderem zwei junge halbzahme Seidenreiher.

private Menagerie zu einem offiziellen – und vor allem finanzierten – Forschungsinstitut machen. Als Trägerorganisationen sollten die Wiener Zoologisch-Botanische Gesellschaft und die Deutsche Ornithologische Gesellschaft fungieren, der Lorenz 1931 beigetreten und deren Vorsitzender Oskar Heinroth war.

Wenn auch diese Pläne fürs Erste scheiterten, so schaffte es Lorenz durch seine guten Kontakte zu Heinroth und Stresemann, die Tagung der Deutschen Ornithologischen Gesellschaft 1932 nach Wien zu holen. In der Hoffnung, dass seine Pläne doch noch Unterstützung finden könnten, organisierte er eine Besichtigung seiner Altenberger Versuchsstation durch die Größen der internationalen Vogelkunde. Rund 100 Fachleute wurden mit Extrabussen nach Altenberg geführt. Selbst der anfangs skeptische Vater Adolf Lorenz war sichtlich beeindruckt, als Seine Majestät Ferdinand I., der mit seinem eigenen Mercedes angereist war, etwas verspätet in der Lorenz-Villa eintraf.[108] Der Exkönig von Bulgarien war passionierter Ornithologe und – laut Adolf Lorenz – Schutzpatron der Deutschen Ornithologischen Gesellschaft.

Sohn Konrad hatte auch Journalisten zur Besichtigung eingeladen, und das Medienecho war nicht zuletzt wegen des königlichen Besuches enorm. Zahlreiche Tageszeitungen berichteten über das »Vogelparadies an der Donau«[109] und übertrafen sich in den Schilderungen des Lorenz'schen Privatzoos: »Hoch auf dem Dache ertönt das Krächzen zweier mächtiger Kolkraben. Quer über den Kiesgrund turnt ganz behaglich ein Maki [...]. Über uns schwingt sich in elegantem Flug ein Seidenreiher, seinen Kreisen folgt mit fast mathematischer Genauigkeit ein Flug Tauben. [...] Nachtreiher, Schwarze Störche, Mönchssittiche, Wespenbussard sind im Vogelzwinger eingeschlossen.«[110] Für eine spektakuläre Vorführung seiner Rabenvögel kletterte Lorenz auf das Dach seines Elternhauses. Wie auf Kommando kamen die Dohlen und der halbzahme Kolkrabe »Roa« sofort angeflogen, umkreisten zum Erstaunen der

Der »Rabenvater«: 1932 führte Konrad Lorenz den Gästen der Deutschen Ornithologischen Gesellschaft in Altenberg seine Rabenvögel vor.

Menge den jungen Forscher und ließen sich bei ihm nieder, um ihm aus der Hand zu fressen.

Die angereisten Ornithologen wie auch die Journalisten waren von der Vorführung und dem Tierbestand beeindruckt. Das mediale

Echo und die Anerkennung durch die Fachwissenschaftler bedeuteten für den knapp 30-Jährigen auch eine gewisse Rechtfertigung gegenüber seinem Vater, der dem tierischen Treiben in Altenberg und den Interessen seines Jüngsten von Beginn an skeptisch gegenübergestanden war. So habe der Pater familias laut seiner Autobiografie dem vogelbegeisterten Sohn einmal trocken mitgeteilt, »es sei doch ziemlich gleichgültig zu wissen, ob die Wildgänse gescheiter oder dümmer sind, als man bisher geglaubt hatte«. Nachsatz: »Ich wünsche im Stillen, dass ich im Unrecht bin.«[111]

Der eigentliche Hausherr und Gastgeber Adolf Lorenz ließ es sich 1932 aber nicht nehmen, in Anwesenheit des Exkönigs eine sehr launische Tischrede zu halten. Darin hieß es unter anderem, dass er sich »keiner anderen Verbindung zur Wissenschaft der Ornithologie rühmen kann, als meines lebhaften Interesses für all jene Vögel, die unsere Bratpfanne schmücken«.[112] Doch es mag dem Vater wohl auch geschmeichelt haben, dass sein Sohn – obwohl wegen seiner Tierhaltung bereits eine lokale Berühmtheit – in fast allen Zeitungsartikeln als »Assistent Dr. Lorenz, Sohn des berühmten Orthopäden Professor Adolf Lorenz« bezeichnet wurde. Für Konrad Lorenz hingegen war vor allem die Anerkennung durch die Ornithologen ein Ansporn, intensiv weiterzuforschen. Waren seine ersten Arbeiten noch vorwiegend beschreibender Natur und auf eine Vogelart beschränkt gewesen, so stellte Lorenz in den Arbeiten nach 1932 direkte Vergleiche verschiedener Vogelarten an und zog Querverbindungen zwischen domestizierten Tierarten und Wildtieren – wie etwa beim Brutverhalten von Haushühnern und Wildhennen. Durch diesen vergleichenden Ansatz wollte Lorenz allgemeinen Prinzipien des tierischen Verhaltens auf die Spur kommen.

Vor allem in den ritualisierten Instinkthandlungen, wie sie zum Beispiel bei Vögeln während der Balz auftreten, sah Lorenz ein fruchtbares Forschungsfeld. Im Zentrum seiner Überlegungen stand dabei stets der Evolutionsgedanke, da er erkannt hatte, dass die Triebhandlungen erblich sind und wie alle anderen vererbten Merkmale der natürlichen Selektion unterliegen. Lorenz wurde klar, dass solche instinktiven Verhaltensweisen nicht durch Erfahrung oder Lernen veränderbar sind; sie können im Grunde wie Organe oder andere anatomische Merkmale von Tieren analysiert werden, wenn es darum geht, die Stammesgeschichte verschiedener Arten zu rekonstruieren. So wie man zum Beispiel aus dem Bau der Vorderflossen von Walen, die über die gleichen Knochen wie ein Säugerbein verfügen, auf deren Abstammung schließen kann, kann man einen Stammbaum aller Entenvögel aufgrund ihrer Verhaltensweisen erstellen. Diese Vergleichbarkeit von Verhaltensweisen nannte Lorenz später den »archimedischen Punkt«[113], von dem das neue Forschungsfeld der Ethologie bzw. der vergleichenden Verhaltensforschung ihren Ausgang nahm.

Die Idee dazu hatte er jedoch nicht als Erster. Bereits Charles Darwin hatte in seinem wissenschaftlichen Hauptwerk *Über den Ursprung der Arten durch natürliche Zuchtwahl* (Orig. 1859) auf reichhaltiges Material über das tierische Verhalten zurückgegriffen und damit seine Auffassung über die Evolution gestützt. In seiner späteren Arbeit *Der Ausdruck der Gemütsbewegungen bei dem Menschen und den Tieren* (Orig. 1872) übertrug er die vergleichende stammesgeschichtliche Betrachtung auf tierisches und menschliches Verhalten. Er ging davon aus, dass sich Verhaltensweisen bei Tieren und beim Menschen im Laufe der Evolution allmählich entwickelt haben. Darwin zählte zwar viele Beispiele von männlichem Balzverhalten oder Rivalenkämpfen auf, gelangte aber zu keiner systematischen Erklärung dieser Verhaltensweisen.

Experimentell wurden Darwins revolutionäre Behauptungen erstmals durch den US-amerikanischen Zoologen Charles Otis Whitman bestätigt, der Ende des 19. Jahrhunderts durch Züchtungsversuche an Tauben zeigen konnte, dass verschiedene Verhaltensweisen wie Schnabelwetzen und Gurren während der Balz einen stammesgeschichtlichen Hintergrund haben und also angeboren sind. Seine Arbeiten wurden in ihrer Bedeutung für die Biologie jedoch lange Zeit kaum wahrgenommen. Erst durch Wallace Craig, einen Schüler dieses früh verstorbenen »Großvaters« der Verhaltensforschung, wurden sie in weiteren Kreisen bekannt. Craig forschte selbst an Tauben und konnte die Ergebnisse von Whitman bestätigen und erweitern.

Einer der Ersten, die im deutschsprachigen Raum auf die Arbeiten von Whitman und Craig stießen, war Lorenz' Berliner Lehrer Oskar Heinroth, der ihre weitreichende Bedeutung für die Biologie erkannte. Bei seinen Kreuzungsversuchen an Enten hatte Heinroth bereits 1906 unabhängig von Whitman festgestellt, dass bestimmte Verhaltensmuster wie z. B. das Kopfeintauchen während der Balz angeboren und daher erblich sind. Er verglich auch die Rufe und Ausdrucksbewegungen der von ihm beobachteten Schwan-, Gänse- und Entenarten bei der Balz und bei der Aufzucht der Jungen. Dabei entwickelte er Begriffe wie Prägung, Hetze, Imponiergehabe und Triumphgeschrei – Begriffe, die Lorenz später übernehmen und als Erster genau definieren sollte.

Lorenz sah sich selbst immer als Schüler von Oskar Heinroth – auch, weil ihm die Tragweite der Arbeiten seines Berliner Mentors schnell klar geworden war. So schrieb er im Februar 1931 an sein Vorbild: »Sind Sie sich im klaren, Herr Doctor, dass Sie eigentlich der Begründer einer Wissenschaft sind, nämlich der Tierpsychologie als einem Zweig der Biologie?«[114] Die Forschungen von Whitman, Craig und Heinroth – und dann vor allem des jungen Konrad Lorenz – eröffneten ein neues Feld für Untersuchungen, das zunächst Tierpsychologie heißen sollte, ehe sich die heute gebräuchlichen Bezeichnungen Ethologie bzw. vergleichende Verhaltensforschung durchsetzten.

Eine wichtige Anregung in dem Zusammenhang kam dann wieder von Karl Bühler, der Lorenz dazu anregte, für sein Hauptseminar, an dem Lorenz auch noch nach Abschluss seines Studiums teilnahm, sich eingehender mit den damals wichtigsten psychologischen Ansätzen zur Erklärung des Verhaltens zu befassen. Da waren einerseits die sogenannten Vitalisten, die Instinkte für mystische, weise und unerklärliche Kräfte hielten, die dem Organismus innewohnen und das Verhalten des Individuums steuern. Andererseits interpretierten die Reflexologen das Verhalten einseitig mechanisch mit Reflexen, ausgelöst durch Außenreize. Ihr berühmtester Vertreter war der russische Arzt Iwan Pawlow, und sein bekanntester Versuch bestand darin, Hunde zuerst durch natürliche Reize wie Nahrung, dann aber allein durch ein akustisches oder optisches Signal, das sie mit Nahrung in Verbindung brachten, darauf »abzurichten«, dass ihnen das Wasser im Maul zusammenlief. So entdeckte Pawlow die Konditionierbarkeit von Reflexen. Er war bereits 1904 mit dem Nobelpreis ausgezeichnet worden und galt nach wie vor als unangreifbare Autorität. In seinen ersten Arbeiten lehnte Lorenz die Erkenntnisse Pawlows noch gar nicht ab, sondern erklärte die angeborenen Triebhandlungen mit den Kettenreflexen, also einer Reihe einzeln ausgelöster Reflexe.

Die damals dominierenden Behavioristen wie John B. Watson schließlich waren in gewisser Weise die Nachfolger der Reflexologen. Sie erklärten das Verhalten der Tiere vor allem durch Lernen. Ein Tier könne nur durch auf es einwirkende Reize etwas über seine Umwelt in Erfahrung bringen. Die Möglichkeit angeborenen Erkennens, wie sie von den Ethologen vertreten wurden, kam bei ihnen nicht vor. Die Versuchstiere der Behavioristen waren vor allem Ratten und Tauben, die sie in engen Käfigen unter streng kontrollierten Laborbedingungen hielten und darauf dressierten, Knöpfe zu drücken oder Schalter umzulegen, wenn sie Hunger hatten oder ein Licht aufleuchtete. Tiere frei zu halten und in ihrer natürlichen Umgebung zu beobachten, wie Lorenz und seine Kollegen es taten, galt diesen Forschern als unwissenschaftlich.

Für Lorenz hingegen hatte jene Form der Tierhaltung, wie er sie betrieb, einen unschätzbaren Vorteil gegenüber allen bisherigen Beobachtungsmethoden. Sowohl die Arbeit mit Labortieren als auch die reinen Freilandbeobachtungen konnten nicht das bieten, was er in seinem täglichen Umgang mit den Tieren erlebte. Er kannte seine Tiere von klein auf und konnte ihre Entwicklung über einen langen Zeitraum mitverfolgen – ein Vorteil, den andere Haltungsformen nicht boten. Dass sich sein Elternhaus immer mehr zu einer Mischung aus Tiergarten und Bauernhof entwickelte, nahm er gerne in Kauf. Hunderte Vögel und andere Tiere bevölkerten das Anwesen, wie aus der bereits zitierten Liste zu entnehmen ist.

Diese Aufzählung entstammt einer der wichtigsten Arbeiten von Konrad Lorenz, mit der er zum bahnbrechenden Erforscher des Verhaltens von Tieren wurde. Sie erschien im Jahr 1935, trug den Titel »Der Kumpan in der Umwelt des Vogels: Der Artgenosse als auslösendes Moment sozialer Verhaltensweisen« und umfasste knapp 200 Druckseiten in zwei Nummern der *Zeitschrift für Ornithologie.*[115] Bereits vor der Veröffentlichung der Arbeit hatte Lorenz mit Teilen davon am Internationalen Ornithologenkongress im Sommer 1934 in Oxford vor allem die angloamerikanische Fachwelt beeindruckt. Sein Vortrag vermittelte ihm Kontakte zu international renommierten Fachgrößen wie Julian Huxley, Leiter des Zoologischen Gartens in London und Bruder des Schriftstellers Aldous Huxley, oder der bekannten US-amerikanischen Ornithologin Margaret Morse Nice, die wiederum eine persönliche Verbindung zu Wallace Craig herstellte.

Die »Kumpan-Arbeit« gilt als Meilenstein nicht nur im wissenschaftlichen Werk von Konrad Lorenz, sondern als einer der zentralen Texte zur Begründung der neuen Forschungsrichtung.[116] Wallace Craig bezeichnete die Studie schlicht als »die bei weitem beste Veröffentlichung über das Instinktverhalten der Vögel«, die er in seinem Leben je gelesen hätte. »Sie haben so viele Probleme gelöst!«, schrieb der US-amerikanische Kollege in einem euphorischen Brief an Lorenz.[117] Tatsächlich vereinigte dieser in seinem Aufsatz die bisherigen Teilkonzepte der Ethologie zu einem tragfähigen theoretischen Gebäude, abgesichert durch zahllose Beobachtungen an seinem umfangreichen Vogelbestand. Lorenz postulierte, dass es angeborene Verhaltensweisen gibt, die der vergleichend naturwissenschaftlichen Forschung zugänglich sind. Diese angeborenen Verhaltensweisen sind artspezifisch, daher können Verhaltenskataloge für einzelne Arten erstellt und stammesgeschichtlich verglichen werden.

Der zentrale Punkt in Lorenz' »Kumpan-Arbeit« aber war die Theorie vom Auslöser, die zu einem der Schlüsselkonzepte der klassischen Verhaltensforschung werden sollte. Durch seine Beobachtungen an Dohlen erkannte er, dass das Handeln dieser Vögel nicht durch Lernen, sondern durch triebhaft festgelegte Reaktionen bestimmt ist – Reaktionen, die sich im Laufe der Evolution als wertvoll für das Überleben erwiesen haben und die durch einen Reiz aus der Umgebung ausgelöst werden. Lorenz beschrieb zudem, dass auch Artgenossen als Auslöser fungieren und komplexe soziale Beziehungen auf diesem Mechanismus aufgebaut sind: So beruhe das hochorganisierte Zusammenleben der Dohlen auf einer erstaunlich geringen Zahl einfacher angeborener Reaktionen auf von Artgenossen gelieferte Auslöser.

Ein Beispiel dafür ist der weit aufgesperrte Schnabel eines Vogeljungen, der die Fütterungsreaktion der Eltern auslöst. Auch die sogenannte Prägung, wodurch Jungvögel ihre Eltern für sich definieren, sei eine durch Auslöser in Gang gesetzte instinktmäßige Verhaltensweise. Dieser Begriff sollte zu einem Schlüsselbegriff der Ethologie werden und immer mit dem Namen von Konrad Lorenz verbunden sein, auch wenn schon andere vor ihm dieses Verhalten beschrieben hatten. Obwohl Lorenz mit dieser Abhandlung aus dem Jahr 1935 wesentliche begriffliche Grundlagen für eine neue Forschungsrichtung schuf, blieb die internationale, aber vor allem auch die lokale

Anerkennung dafür zunächst sehr begrenzt – wie es das Schicksal der meisten großen Erneuerer ist. Dazu kam in diesem Jahr aber auch noch ein ganz anderes Problem: Er verlor im Herbst 1935 endgültig seine Assistentenstelle, die ihm ein geregeltes Einkommen und relative Sicherheit geboten hatte.

Sein Lehrer Hochstetter war mit 71 Jahren emeritiert worden, ihm folgte Anfang 1934 der Anatom Eduard Pernkopf als Vorstand der Zweiten Anatomie nach, die sich dadurch politisch radikalisierte und wissenschaftlich verengte. Während Hochstetter den tierpsychologischen Arbeiten seines Schülers viel Interesse entgegengebracht hatte und ihn die Zeit, die er am Anatomischen Institut erübrigen konnte, darauf verwenden ließ, untersagte Pernkopf – seit 1933 Mitglied der NSDAP – nun alles, was nicht zum eigentlichen Fach Anatomie gehörte.[118] So fühlte sich Konrad Lorenz im Frühjahr 1934 in einem regelrechten Gewissenskonflikt gefangen zwischen seinem Beruf, der Assistentenstelle, und seiner Berufung, der Tierpsychologie. Verzweifelt wandte er sich an seinen Mentor Erwin Stresemann: »Ich mache gegenwärtig (ganz ohne Spaß!) die ernstesten Seelenkämpfe meines bisherigen Lebens durch, von denen ich Ihnen als einem wirklichen Freund einiges vorweinen muss, was ich sonst gar nicht so leicht tue!« Der Grund dafür: »Ich erwäge nämlich ernstlich, die Anatomie endgültig zu verlassen!«[119] Wenige Tage später antwortete Stresemann und bestärkte Lorenz in seinen Neigungen:

> »Angesichts der neuen Sachlage kann die Entscheidung für Sie nicht zweifelhaft sein. Sie müssen die Anatomie aufgeben. Ihre Begabung für das Gebiet der Tierpsychologie ist an Ihnen ein so hervorstechender Wesenszug, dass es einer Autotomie [Abwurf von meist später nachwachsenden Gliedern bei Tieren, z. B. Schwanz der Eidechse; Anm.] (und noch dazu einer biologisch schädlichen!) gleichkäme, wenn Sie sich nun einschüchtern lassen und ›vernunftgemäß‹ statt triebhaft handeln wollten. Bei wem das Triebhafte noch so stark ausgeprägt ist wie bei Ihnen, der sollte herzlich

> froh über diesen Finger Gottes sein. Stürzen Sie sich unbesorgt wie eine junge Lumme ins Wasser; schwimmen werden Sie schon können.«[120]

Von Stresemann ermuntert, entschied sich Lorenz Anfang 1934 gegen die Anatomie und für den riskanten und schwierigen Weg, in wissenschaftlichem Neuland weiterzuforschen. Dabei war völlig unklar, wie er diese Forschungen in absehbarer Zeit finanzieren sollte, denn seine bezahlte Stelle lief nur noch bis Oktober 1935. Also musste der zweifache Familienvater sich nach anderen Beschäftigungen und Einnahmequellen umsehen, die auch seinen tierpsychologischen Interessen entgegenkommen würden. Hoffnungen setzte Lorenz in Karl Bühler, den Vorstand des Instituts für Psychologie, dem er seine Mitarbeit antragen wollte. Der Entwicklungspsychologe sei von der Idee durchaus begeistert gewesen, so Lorenz in einem Brief an Erwin Stresemann, er konnte Lorenz aber keine fixe Stellung zusagen. Zuerst einmal solle er sich habilitieren, so Bühlers Empfehlung[121] – also sich um die Lehrbefugnis an der Universität kümmern. Die Aussicht auf eine Stelle bei Bühler schien damals, im Frühjahr 1934, jedoch »eine Frage von einer ganzen Reihe von Jahren«.[122]

Doch bereits wenig später reichte Lorenz eine erste Fassung seiner »Kumpan-Arbeit« als Habilitationsschrift ein, nachdem der erste Assistent von Bühler, Egon Brunswik, sie gegengelesen und verbessert hatte.[123] Neben der Unterstützung von Bühler war ihm die der Zoologievorstände Versluys und Krüger sicher. Dennoch wurde Lorenz' erstes Ansuchen von der Habilitationskommission abgelehnt. Man kritisierte, dass Lorenz nur Arbeiten aus dem Feld der Tierpsychologie eingereicht habe, die kein eigenes Habilitationsfach darstellte. Der Kandidat sollte sich im Fach Zoologie habilitieren und müsse dafür noch eine rein zoologische, am besten sogar noch eine anatomische Arbeit nachreichen. Das Habilitationsvorhaben war also fürs Erste gestoppt – und die Zukunftsaussichten nicht allzu rosig, auch wenn es bis 1935 noch Geld aus seiner bezahlten Anstellung gab, das in erster Linie für die Tierhaltung in Altenberg verwendet wurde.

Nolens volens musste sich Lorenz also weiterhin um andere Einnahmequellen bemühen. Er begann damit, populärwissenschaftliche Artikel für den »Wissenschaftlichen Pressedienst« zu verfassen, die dann in Wiener Tageszeitungen erschienen – oder schickte sie gleich direkt dorthin. Im *Neuen Wiener Tagblatt* veröffentlichte er seine Gedanken über Instinkthandlungen am Beispiel von Grabwespen und Dohlen.[124] In derselben Zeitung erschienen im Sommer 1935 unter dem Titel »Kampf den Gelsen« seine Vorschläge zur biologischen Bekämpfung der Mückenplage an der Donau.[125] Diese Artikel waren aber weit mehr als eine bloße Geldbeschaffungsmaßnahme. Etliche dieser populärwissenschaftlichen Arbeiten enthielten im Kern bereits Thesen, die Lorenz manchmal Jahre später in seinen größeren wissenschaftlichen Publikationen ausarbeiten sollte: So nahm er im Artikel »Sinne, die wir nicht besitzen«, der im August 1935 im *Neuen Wiener Tagblatt* veröffentlicht wurde, bereits jene Differenzen in den Wahrnehmungsapparaten bei Tieren und Menschen vorweg, die er später unter Berufung auf Kant philosophisch deutete und zur Grundlage seiner evolutionären Erkenntnistheorie machte.[126]

Der dreiseitige Artikel »Moral und Waffen der Tiere«, der im November 1935 erschien, nahm jene Behauptungen über das Thema Aggression bei Tier und Mensch vorweg, die Lorenz später zunächst in seinem populärwissenschaftlichen Bestseller *Er redete mit dem Vieh, den Vögeln und den Fischen* (1949) und dann in *Das sogenannte Böse* (1963) öffentlichkeitswirksam publizieren sollte: Der auch journalistisch begabte Autor erklärte, dass Wölfe – im Gegensatz zu Tauben – eine angeborene Tötungshemmung gegenüber ihren Artgenossen hätten. Wir Menschen wiederum stünden vor dem Problem, Waffen entwickelt zu haben, von denen unsere Instinkte nichts wüssten und für deren Gebrauch wir keine entsprechend machtvolle Hemmung hätten.[127]

Der vielbeschäftigte, aber mit Herbst 1935 unbezahlte Wissenschaftler begann, populärwissenschaftliche Vorträge zu halten. Im Wintersemester 1935/36 bot er an der Wiener Urania seinen ersten Kurs unter dem Titel »Denken und fühlen die Tiere? Eine Einführung in die Ergebnisse und Probleme moderner Tierpsychologie« an, der »in anschaulicher und leicht fasslicher Weise das Verhalten der Tiere und seine Gesetzlichkeiten dem Verständnis des Tierfreunds« näherzubringen versprach. In der Zwischenzeit hatte der Vorstand des Zweiten Zoologischen Institutes, Jan Versluys, Lorenz immerhin ermöglicht, bei ihm wissenschaftlich zu arbeiten – allerdings ohne Bezahlung. Er bekam einen eigenen Arbeitsplatz, wo er seine Untersuchungen fortsetzen und Aquarien für seine Fischbeobachtungen aufstellen konnte.[128] Für einen Gutteil des Lebensunterhaltes sorgte mittlerweile Margarethe Lorenz, die 1932 ihr Medizinstudium abgeschlossen hatte, durch ihre Arbeit als Ärztin. Doch auch sie konnte sich nicht auf ein geregeltes Einkommen verlassen.

Der junge Wissenschaftler, der zwischen den Disziplinen Anatomie, Zoologie und Psychologie neue Wege beschritt, bemühte sich weiterhin, die Lehrbefugnis an der Universität Wien zu erhalten. Dafür stellte er im Laufe des Jahres 1935 eine lange zuvor begonnene, rein anatomische Arbeit unter dem Titel »Über eine eigentümliche Verbindung branchialer Hirnnerven bei Cypselus apus (Turmschwalbe)«[129] fertig, die er bei Jan Versluys begonnen hatte. Mit dieser Veröffentlichung konnte er sich zu Beginn des Jahres 1936 abermals um eine Venia legendi bemühen. Im März 1936 beschäftigte sich die dafür eingesetzte Kommission der philosophischen Fakultät noch einmal mit Lorenz' Antrag. Diesmal wurde das Ansuchen einstimmig angenommen, und der Verleihung der Lehrbefugnis stand nun nichts mehr im Weg.

Als Habilitationsvortrag wählte Lorenz eine gekürzte Ausgabe eines zuvor am Kaiser-Wilhelm-Institut in Berlin gehaltenen Vortrages über die Begriffsbildung des Instinktes. Er merkte schon während des Vortrages, dass ihm das letztlich entscheidende Professorenkollegium diesmal mehr zugetan war als bei seinem ersten Versuch. Zuversichtlich berichtete Lorenz seinem deutschen Mentor Stresemann: »Meine Prüfungskommission war über mein geniales Kolloquium und meinen Probevortrag [...] so begeistert, dass sie einstimmig beschloss, ein spezielles Memorandum an die Fakultät zu richten, worin die besondere wissenschaftliche Höhe etc. etc. meiner Leistungen betont wird.«[130]

Aber das Ministerium zögerte die Bestätigung der Habilitation um einige Monate hinaus, und so dauerte es bis Mitte Februar 1937, ehe Lorenz seine Lehrbefugnis erhielt. Zudem war ihr Titel ohne sein Zutun abgeändert worden, »um die weltanschauliche Ablehnung des damaligen Unterrichtsministeriums gegen das Forschungsgebiet des Gesuchstellers zu umgehen«, wie Lorenz später meinte. Aus der beantragten Venia für vergleichende Verhaltensforschung und Tierpsychologie wurde letztlich »Zoologie mit besonderer Berücksichtigung der vergleichenden Anatomie und Tierpsychologie«.[131] Nun aber hatte Lorenz endlich alle Voraussetzungen erfüllt und wurde mit der Dozentur auch offiziell zum »richtigen« Wissenschaftler. Allein, seine ökonomische Lage, aber auch die politische in Österreich hatten sich gar nicht günstig entwickelt.

DER BEGRÜNDER EINER NEUEN DISZIPLIN

»Zeitmangel im Portemonnaie«.[132] Mit diesen Worten umschrieb Konrad Lorenz seine triste finanzielle Lage, in die er geschlittert war, nachdem er im Oktober 1935 seine Stelle als Universitätsassistent beim Anatomen Eduard Pernkopf endgültig aufgegeben hatte. Doch er hatte sich nun einmal – bestärkt von seinen deutschen Mentoren – in den Kopf gesetzt, seinen Neigungen nachzugehen und als Zoologe oder genauer: als Tierpsychologe zu arbeiten. Das aber forderte gewisse Opfer. Der große Reichtum der Familie, der auf die einträglichen Operationen von Vater Adolf zurückging, war zum ersten Mal nach dem Ersten Weltkrieg durch wertlose Kriegsanleihen dahingeschmolzen. In den 1920er-Jahren sorgte der Pater familias zwar noch im hohen Alter durch seine Tätigkeit in New York für ein stattliches Einkommen. Doch davon ging abermals ein Gutteil beim Börsencrash 1929 verloren. So finanzierte ab Ende 1935 vor allem Lorenz' Frau Margarethe mit ihrem Gehalt als Sekundarärztin in einem Wiener Spital das Überleben der Familie und die Tierhaltung ihres Mannes, während dieser bloß Einkünfte aus seiner journalistischen Nebentätigkeit vorzuweisen hatte.

Die politische und ökonomische Situation in Österreich war in dieser Zeit alles andere als günstig: Seit der Weltwirtschaftskrise 1929 war es wirtschaftlich abwärts gegangen. Im März 1933 kam es zur sogenannten »Selbstausschaltung des Parlaments«, die in Wahrheit ein Staatsstreich war: Der christlichsoziale Kanzler Engelbert Dollfuß nutzte eine Geschäftsordnungskrise des Parlaments, um die parlamentarische

Demokratie auszuschalten und ein autoritäres Regime zu errichten, das auf dem Katholizismus und ständestaatlichen Prinzipien ruhte. Andere politische Parteien wurden im Laufe der nächsten Monate verboten: zuerst die Kommunistische Partei, dann die NSDAP und schließlich – nach dem sogenannten Februaraufstand 1934 – auch die Sozialdemokratische Arbeiterpartei Deutschösterreichs. Verboten wurden zudem die einschlägigen Parteizeitungen.

Auch an der Universität veränderte sich einiges: Die deutschnational und nationalsozialistisch unterwanderte Universität Wien erhielt eine staatlich gelenkte Hochschülerschaft. Zudem wurden Pflichtlehrveranstaltungen in staatsbürgerlicher Erziehung sowie zu den ideellen und weltanschaulichen Grundlagen des österreichischen Staates eingeführt. Bei den Lehrenden wurde ein hartes Sparprogramm durchgezogen, das man dazu nutzte, gleich auch politische und antisemitische »Säuberungen« vorzunehmen. Rund ein Viertel der Professorenposten der Uni Wien wurde im Austrofaschismus gestrichen, was man vor allem durch Zwangs- und Frühpensionierungen erreichte. Das betraf auch besonders exponierte nationalsozialistische und linke Professoren wie den Zoologen Paul Krüger, den Paläontologen Othenio Abel oder – auf sozialdemokratischer Seite – den Anatomen Julius Tandler.[133] Die verbliebenen Hochschullehrer mussten Mitglied der Vaterländischen Front werden, einer Art faschistischer Allpartei, in der alle staatstragenden Kräfte zusammengefasst waren. Dem fügte sich auch Lorenz – noch als Assistent am Zweiten Anatomischen Institut.

Den katholischen Machthabern war die Biologie und insbesondere die Darwin'sche Evolutionstheorie ein besonderer Dorn im Auge. So wurde die Biologie aus dem Medizinstudium gestrichen. Waren 1925 noch zwei Zoologieordinariate und fünf beamtete Extraordinariate vorhanden, ging diese Zahl bis 1938 kontinuierlich zurück. 1939 blieb nur mehr ein besetztes Ordinariat übrig.

Davon war auch Lorenz betroffen, wie sich bei der Umbenennung der Lehrbefugnis und ihrer Verzögerung zeigte. Vor allem war unter dem Austrofaschismus mit seinen starken klerikalen Einflüssen an eine Förderung biologischer Forschungen und zumal vergleichend evolutionärer Untersuchungen des Verhaltens, wie sie Lorenz betrieb, nicht zu denken. Umgekehrt ergab sich eine der wenigen beruflichen Zukunftsaussichten, die Konrad Lorenz nach 1934 hatte, durch die Politik der Austrofaschisten: Sie erklärten nämlich die Mitglieder der NSDAP zu Illegalen, weshalb auch der Direktor des Schönbrunner Zoos, Otto Antonius, seines Amtes enthoben wurde. Der Zoologe zählte – zumindest was Tierhaltung und Zootierforschung betraf – zu den wenigen fachlichen Ansprechpartnern von Lorenz in Wien. Bereits während seiner Schulzeit hatte ihm der Tiergartendirektor immer wieder kranke Tiere zur Pflege übergeben. Nachdem Antonius 1934 wegen illegaler NSDAP-Mitgliedschaft suspendiert worden war, bewarb sich Lorenz zweimal um diese Stelle. Ganz im Sinne der gegenwärtigen Regierung präsentierte er sich als treuer Österreicher:

> »Seine [des Antragstellers; Anm.] einwandfreie österreichische Gesinnung wird nicht nur durch seine Mitgliedschaft in der vaterländischen Front, sondern auch durch die beiliegenden Befürwortungen erwiesen. Dass er treu in diesem Sinne in jedem zukünftigen Betätigungsfeld wirken werde, glaubt er daher nicht erst versichern zu müssen.«[134]

Diesem Gesuch vom August 1936 lag auch noch ein Empfehlungsschreiben des Büros von Bundeskanzlers Kurt Schuschnigg bei, das Kardinal Erzbischof Theodor Innitzer vermittelt hatte, ein guter Bekannter von Lorenz' Vater, der inzwischen wieder zur katholischen Kirche zurückgekehrt war. Das zuständige Handelsministerium blieb von der Intervention jedoch unbeeindruckt und lehnte mit dem Vermerk ab, der Posten sei ja, trotz dessen Suspendierung, noch mit Antonius besetzt, der gegen seine Freistellung juristisch vorging

Angesichts des antiwissenschaftlichen und insbesondere: antidarwinistischen Klimas in Österreich blickte Lorenz neidvoll nach

Deutschland, wo seine Kollegen unter der Regierung der Nationalsozialisten mehr Aufmerksamkeit und Geld bekamen als je zuvor. So stieg das Fördervolumen für biologische Forschung der Deutschen Forschungsgemeinschaft in den Jahren 1932 bis 1939 auf das Zehnfache an.[135] Auf der anderen Seite boten die Biologen ihr Wissen dem neuen Regime an, dessen heterogene Ideologie stark auf biologistische und sozialdarwinistische Elemente baute. Während also in Österreich die Biologie und insbesondere die Tierpsychologie vom katholisch-autoritären Ständestaat bestenfalls geduldet wurden, erfuhren sie durch die Nationalsozialisten eine enorme Aufwertung. Und so nimmt es auch nicht wunder, dass Lorenz für seine weitere Karriere vor allem auf Deutschland hoffte, auch wenn seine ersten Bemühungen um deutsche Forschungsgelder Anfang der 1930er-Jahre bis auf kleine finanzielle Zuwendungen der deutschen Ornithologie fruchtlos geblieben waren.

Lorenz' Hoffnungen waren nicht ganz unberechtigt: Bereits um den Jahreswechsel 1935/36 flatterte ein erstes, besonders schmeichelndes Angebot aus Deutschland ins Altenberger Haus: Jakob Baron von Uexküll, Vorstand des Instituts für Umweltforschung in Hamburg, hatte ihn wegen seiner Nachfolge kontaktiert. Der Begründer der sogenannten Kulturbiologie war einer der Vorläufer der Verhaltensforschung, von dem Lorenz einige Konzepte – wie den Begriff des Kumpans – übernommen hatte. Uexküll hat Lorenz im Frühjahr 1933 zweimal besucht, und er war es auch, der die Anregung zur »Kumpan-Arbeit« gegeben hatte.[136] Als Zeichen der Ehrerweisung widmete Lorenz seine umfangreiche Abhandlung Uexküll zum 70. Geburtstag.

Nun wandte sich Uexküll an seinen jungen österreichischen Kollegen, ob dieser prinzipiell bereit wäre, sein Nachfolger am Institut für Umweltforschung zu werden, was Lorenz postwendend mit seinem Mentor Oskar Heinroth besprach. Dieser teilte Lorenz mit, dass er sich über die Voraussetzungen für die Berufung eines

Österreichers auf einen deutschen Lehrstuhl informiert hätte, und fügte hinzu: »Natürlich kommt es auf Ihre politische Einstellung an.«[137] Lorenz besuchte daraufhin das Institut Uexkülls in Hamburg. Aus der erhofften Professur wurde aber letztlich doch nichts.

Bereits im Oktober 1935 war eine andere ehrenvolle Einladung aus Deutschland bei Lorenz eingegangen: Max Hartmann, der Leiter des Kaiser-Wilhelm-Institutes (KWI) für Biologie und einer der führenden Biologen der Zeit, bat ihn zu einem Vortrag nach Berlin, wo er über seine Instinktuntersuchungen sprechen sollte. Lorenz, der noch genug Geld hatte, um im Februar 1936 in Kitzbühel Urlaub zu machen, reiste noch im selben Monat nach Berlin. Für den Vortrag, den er am 17. Februar 1936 im Harnack-Haus hielt, schlug Hartmann den Titel »Zur Kritik und Begriffsbildung des Instinktes« vor.[138] Die offizielle Einladung dazu erfolgte durch den Physiker Max Planck, den Präsidenten der Kaiser-Wilhelm-Gesellschaft (KWG), der Vorläuferorganisation der Max-Planck-Gesellschaft. Bei diesem prestigeträchtigen Auftritt vor den Größen der Berliner Wissenschaft setzte sich Lorenz auf der Grundlage seiner umfangreichen Tierbeobachtungen mit bisherigen Instinkttheorien auseinander, wie es ihm auch schon Karl Bühler zur Aufgabe gemacht hatte. Sahen die meisten Forscher im Instinkt bis dahin ein zielgerichtetes Verhalten und die Grenze zum vernünftigen Handeln als fließend, behauptete Lorenz im scharfen Gegensatz dazu, dass die unterstellte Zweckgerichtetheit des instinktiven Verhaltens bei Tieren gerade nicht existiere. Das zeigte er unter anderem durch die von ihm entdeckte Leerlaufhandlung – also z. B. die Jagd eines Vogels nach Mücken, obwohl gar keine da sind –, die immer exakt gleich ausgeführt wird und in diesem Fall gerade keinen Zweck erfüllt. Dieses Verhalten müsse also angeboren sein und sei nicht von externen Einflüssen gesteuert.

Nachdem er seinen mehr als eineinhalbstündigen Vortrag beendet hatte, begab sich Hausherr Max Hartmann ans Rednerpult und ergriff das Wort, wie sich Lorenz erinnerte. Der Referent, der seine Vortragszeit weit überzogen hatte, befürchtete eine heftige Schelte des als Kritiker berüchtigten Hartmann. Doch der hatte laut Lorenz' Erinnerungen angeblich nur das Folgende zu sagen:

> »Ich könnte manches zu dem, was Herr Lorenz gesagt hat, beitragen [...]. Da es aber sehr spät geworden ist, möchte ich Sie nur fragen, ob Ihnen allen klar geworden ist, dass hiermit ein Feld der induktiven Naturforschung zugänglich gemacht ist, das bisher ausschließlich Tummelplatz unfruchtbarer geisteswissenschaftlicher Spekulationen war. Und zwar durch einen Weg, den wir ausschließlich Herrn Lorenz verdanken.«[139]

An diese Worte erinnerte sich Konrad Lorenz noch kurz vor seinem Tod in seinen Memoiren – und auch daran, dass dies der schönste Augenblick seines Lebens gewesen sei.[140]

Die Veranstaltung im Harnack-Haus hielt noch ein zweites Schlüsselerlebnis für Lorenz bereit, das er sein Leben lang nicht vergessen sollte und das zu einem der recht zahlreichen Gründungsmythen der Ethologie werden sollten. Unter den Zuhörern saß ein junger Forscher, der während des Vortrages angeblich immer wieder »Menschenskind, es stimmt, es stimmt!« murmelte, wie sich Margarethe Lorenz erinnerte, die neben dem ihr unbekannten Mann saß.

Da sich Lorenz über die Konsequenzen seiner Erkenntnisse noch nicht völlig sicher war, formulierte er seine Gedanken über angeborenes Verhalten am Ende des Vortrags vorsichtig. Schließlich zitierte er auch noch zustimmend einen Vertreter der Kettenreflextheorie, der Instinkte zwar als angeboren ansah, aber letztlich auf einem auslösenden Außenreiz beharrte.[141] Daraufhin griff sich der Mann, der neben Margarethe saß, angeblich an den Kopf und stöhnte: »Idiot!« Dieser Mann war der noch nicht 26-jährige Physiologe Erich von Holst. Bei der ersten persönlichen Begegnung des Tierpsychologen Lorenz mit dem Physiologen im Restaurant des Harnack-Hauses habe dieser angeblich etwa zehn Minuten gebraucht, um Lorenz für immer von der »Idiotie« der Kettenreflextheorie zu überzeugen[142]: Instinktives Verhalten beruhe auf angeborenen Mechanismen des Zentralnervensystems – und komme entsprechend ohne äußere Reize aus.

In der Geschichte der Ethologie gilt diese von Lorenz wieder und wieder erwähnte Begegnung als ein Schlüsselmoment in der Geschichte des Faches. Doch es ist ziemlich sicher, dass sich Lorenz' Abkehr von der Kettenreflextheorie etwas anders zugetragen hat. Mag von Holst auch beim Vortrag dabei gewesen sein, so zitierte Lorenz in der schriftlichen Version seines Vortrages, der einige Monate später in mehreren Folgen in der renommierten Zeitschrift *Die Naturwissenschaften* erschien, den Vertreter der Kettenreflextheorie immer noch zustimmend. Es gibt allerdings einen Brief von Holsts, den er über ein Jahr nach dem Vortrag an Lorenz schickte, in dem er seine Kritik an der Kettenreflextheorie in ähnlich scharfer Weise vortrug.[143] Faktum ist aber immerhin, dass Lorenz und von Holst sofort Pläne der Zusammenarbeit schmiedeten, sogar ein gemeinsames Institut wurde bereits ins Auge gefasst.

Zu Beginn des Jahres 1936 schien also fast alles zugunsten von Konrad Lorenz zu laufen: Endlich wurden seine Untersuchungen auch von einflussreichen deutschen Fachkollegen wahrgenommen und für wichtig erachtet. Lieferte Lorenz die konzeptuellen Fundamente für eine neue Tierpsychologie, so erfolgte gleichsam parallel dazu die Institutionalisierung des Faches: Am 10. Jänner 1936, also gut einen Monat vor seinem Vortrag, war in Berlin die Gesellschaft für Tierpsychologie gegründet worden. Lorenz konnte an der Gründungssitzung zwar nicht persönlich teilnehmen, war aber durch seine Ideen »allgegenwärtig«, wie ein Gründungsmitglied der Gesellschaft, Otto Koehler, Jahre später noch versicherte. Koehler war damals Direktor des Zoologischen Instituts und Museums der Universität Königsberg in Ostpreußen und hatte Lorenz wegen der geplanten Gründung der Gesellschaft kontaktiert. Der Antwortbrief von Lorenz wurde gleichsam zum Programm der neu gegründeten

Gesellschaft. »Da stand aber auch alles drin«, erinnerte sich Koehler viel später: »Ich hatte [den Brief] dann bei diesen Berliner Treffen immer in der Tasche und predigte Dein Programm in erdenklichen Kurz- und Langformen.«[144]

Die Gründung einer neuen wissenschaftlichen Gesellschaft war im nationalsozialistischen Deutschland keine Selbstverständlichkeit. Eine Billigung durch die zuständigen Regierungsstellen war nötig, die man einerseits durch die Einbindung von Parteifunktionären, andererseits durch den behaupteten praktischen Nutzen der Untersuchungsergebnisse zu erhalten suchte. Die beiden erklärten Hauptziele der Gesellschaft für Tierpsychologie waren »die Erforschung der Psyche der Tiere und die praktische Auswertung tierpsychologischer Erkenntnisse«. In ihrem Beirat saßen neben verdienten Zoologen auch Vertreter des Reichsjagdamtes und verschiedener Ministerien, darunter die für das Heereshundewesen zuständigen Referenten aus dem Reichskriegsministerium, Vertreter des Reichsinnenministeriums, des Reichsministeriums für Landwirtschaft sowie des Reichsministeriums für Volksaufklärung und Propaganda. Diese starke Präsenz offizieller NS-Einrichtungen schlug sich auch in der stark nationalsozialistisch eingefärbten Grundsatzerklärungen nieder.

Als Gründungsvorsitzender der Gesellschaft wurde Carl Kronacher vom Institut für Tierzüchtung und Haustiergenetik der Universität Berlin bestimmt; als erster Geschäftsführer wurde Josef Effertz bestellt, ein promovierter Landwirt und seit Mai 1933 NSDAP-Mitglied. Lorenz selbst, in gewisser Weise der junge Vordenker der Tierpsychologe, wurde bei der »Kleinen Herbsttagung« der Gesellschaft im November 1936 in den Beirat berufen, konnte jedoch auch diesmal nicht persönlich anwesend sein. Bei dieser Versammlung beschäftigte sich die mittlerweile 200 Mitglieder zählende Gesellschaft in einer Beiratssitzung auch mit der Aufnahme neuer Mitglieder und wie deren »arische Abstammung« festzustellen sei. Geschäftsführer Effertz wurde beauftragt, in Zukunft die notwendigen Erkundigungen einzuziehen. Bei den bisher gemeldeten Mitgliedern würden ohnehin keine Bedenken bestehen.[145]

Die Gesellschaft für Tierpsychologie rief auch ein neues Fachjournal ins Leben, die *Zeitschrift für Tierpsychologie*, die bis heute – seit 1986 allerdings unter dem Namen *Ethology* – erscheint. Zu deren Herausgeber wurde neben Carl Kronacher und Otto Koehler auch Konrad Lorenz bestimmt. Wenig später folgte dann Otto Antonius, der Anfang 1937 als Tiergartendirektor wiedereingesetzt worden war, dem 1938 verstorbenen Kronacher als Mitherausgeber nach. Dieses Triumvirat war sich darin einig, dass Lorenz' rezente Arbeiten die konzeptuellen Grundlagen des neuen Forschungsfeldes lieferten. Und so steuerte er für die erste Ausgabe der Zeitschrift, die 1937 erschien, einen weiteren Grundsatzartikel über »Biologische Fragestellungen in der Tierpsychologie« bei, in dem er ähnlich wie im Brief an Koehler und im Artikel in *Die Naturwissenschaften* das Forschungsprogramm der neuen Fachrichtung umriss – von Fragen nach dem Wert einer Verhaltensweise für die Arterhaltung bis zur stammesgeschichtlich vergleichenden Betrachtungsweise.[146]

Motiviert durch seine Erfolge und guten Kontakte in Deutschland, verstärkte Lorenz seine Bemühungen, von deutschen Institutionen Unterstützung für seine Forschungsstelle in Altenberg zu erhalten. Gegen Jahresende 1936 stellte er erstmals einen umfangreichen Antrag an die Kaiser-Wilhelm-Gesellschaft. Er wusste, dass es für diese deutsche Einrichtung nicht leicht sein würde, eine Forschungsstelle außerhalb des Reichs zu unterstützen, schließlich galten zwischen den beiden Ländern nach wie vor Wirtschaftshemmnisse, obwohl im August 1936 – als Folge des Juliabkommens zwischen Österreich und Deutschland – immerhin die von Hitler am 1. Juni 1933 verhängte 1000-Mark-Sperre aufgehoben wurde.

Auch aus diesen Gründen schlug Max Hartmann vor, dass Lorenz seine Station nach Deutschland verlegen sollte – was dieser aber nicht wollte. Zum einen meinte er, dass es Jahre dauern würde, Vogelkolonien wie in Altenberg aufzubauen, zum anderen sorgte er sich um seine Familie: »Meine Eltern sind tatsächlich jeder Lebensfreude beraubt, wenn wir mit den Kindern aus Altenberg fortgehen. Das zu tun heißt buchstäblich nicht mehr und nicht weniger, als meine Mutter ins Grab zu bringen«, schrieb er an den aus Österreich stammenden Botaniker Fritz von Wettstein, seit 1934 Direktor des Kaiser-Wilhelm-Institutes für Biologie.[147] Stattdessen schlug Lorenz vor, die Station in Altenberg zu belassen. Er wollte sich aber gerne vertraglich verpflichten, vier bis fünf Monate im Jahr nach Berlin zu kommen, um Vorlesungen abzuhalten. Die Devisenfrage sah Lorenz damit als gelöst an, weil er ja ohnehin sämtliche Futtermittel und das Tiermaterial aus Deutschland beziehen würde.[148]

Otto Koehler, der sich immer mehr zum Mentor von Konrad Lorenz entwickelte, unterstützte den KWG-Antrag seines jungen Kollegen mit einem mehrseitigen überschwänglichen Gutachten. Darin war unter anderem zu lesen, Lorenz sei ein Mann von einzigartiger Arbeitskraft, von glühender Begeisterung und fanatischer Beobachtungsfreude, von vorbildlicher Beobachtungsschärfe und ungewöhnlicher Urteilskraft, »ein Erfinder neuer Wege, von dem ich mir, wenn von jemand, eine wirkliche Reformation der Tierpsychologie mit der Bestimmtheit erwarte, die sich daraus ergibt, dass er die ersten und vielleicht entscheidenden Schritte bereits getan hat«. Das Resümee Koehlers war so knapp wie eindeutig: »Gleich in welcher Form, aber Lorenz muss nach Berlin, und zwar je eher desto besser!«[149]

Kurz darauf, im Februar 1937, hielt Konrad Lorenz im Rahmen der Frühjahrstagung der Deutschen Gesellschaft für Tierpsychologie abermals einen Vortrag vor den Mitgliedern der Kaiser-Wilhelm-Gesellschaft zur Förderung der Wissenschaften. Hier dürfte sich das Vorhaben einer Altenberger Forschungsstation weiter konkretisiert haben, denn Lorenz war zumindest in einem Brief an Oskar Heinroth wieder einmal sehr zuversichtlich, die Gelder bewilligt zu bekommen. Im Protokoll der 63. Sitzung der Kaiser-Wilhelm-Gesellschaft vom 29. Mai 1937 heißt es zunächst einmal:

> »Der Antrag zur Errichtung eines Instituts für Tierpsychologie in Altenberg/Österreich unter Leitung von Dr. Lorenz wird von Prof. v. Wettstein aufgrund der Gutachten von Fachleuten besonders warm befürwortet; Dr. Lorenz sei derzeit der beste Vertreter der Tierpsychologie; wenn man diese Forschungsrichtung überhaupt fördern wolle, sei er der gegebene Mann.«

Allein, die Hoffnungen wurden vorerst wieder enttäuscht. Es scheiterte abermals am Geld: Für die Errichtung des Instituts sei zunächst ein einmaliger Betrag von mindestens RM 20.000,– [nach heutigem Wert rund 100.000 Euro] erforderlich, für den Jahresetat müsse man etwa RM 10.000,– ansetzen, wozu noch die persönlichen Bezüge des Leiters kämen. »Zur Zeit könne die Gesellschaft diese Beträge nicht zur Verfügung stellen«, hieß es im Sitzungsprotokoll lakonisch.[150]

Neben seinem Antrag bei der Kaiser-Wilhelm-Gesellschaft bemühte sich Lorenz ab dem Frühjahr 1937 auch um Unterstützung durch die Deutsche Forschungsgemeinschaft (DFG). Bei dem beantragten Projekt ging es um »eine genaue Untersuchung bestimmter, durch Erbkoordination festgelegter Bewegungsweisen bei Wirbeltieren«. Obwohl der Antrag vom einflussreichen Fritz von Wettstein unterstützt wurde, sollte es abermals zu einer Ablehnung kommen, von der Lorenz vorab aus zweiter Hand erfuhr. Schuld wäre ein negatives politisches Gutachten gewesen, in dem Lorenz' arische Abstammung ebenso infrage gestellt worden wäre wie seine ideologische Zuverlässigkeit.

Lorenz vermutete, dass sein ehemaliger Lehrer, der Paläontologe und Paläobiologe Othenio Abel, verantwortlich für das negative, mit O.A. gezeichnete Gutachten wäre, und informierte umgehend seine zwei wichtigsten Gewährsmänner, um die Ablehnung vielleicht doch noch abwenden zu können. Und wieder einmal machte Lorenz aus seinem Herzen keine Mördergrube. Erwin Stresemann, einem noblen

Berliner Großbürger, schrieb Lorenz von der »weibischen Wut dieses Schurken«, von Abels »objektiv todeswürdigem Verbrechen«. Und schließlich: »Dass es so ein Schwein überhaupt gibt, ist selbst dem illusionslosen Tierpsychologen wirklich neu!«[151] Im Schreiben an Max Hartmann ist Lorenz dann immerhin ein wenig zurückhaltender:

> »Ich bin mir voll bewusst, dass dieser Brief eine schwere Anschuldigung und, im Falle eines Irrtums meinerseits, eine Verleumdung enthält. [...] Ich setze durch diesen Brief ja tatsächlich alles auf eine Karte und setze Ihnen gegenüber meinen Ruf als anständiger Mensch aufs Spiel.«[152]

Ob der aufgebrachte Lorenz im Irrtum war, ist nicht ganz klar. Zumindest Fritz von Wettstein – der durch Hartmann von der Angelegenheit erfahren hatte – teilte ihm kurze Zeit später mit, dass vonseiten der Paläobiologie nichts gegen ihn vorläge.[153] Mit seinen wüsten Anschuldigungen hatte der Hitzkopf gerade bei den wichtigsten Entscheidungsträgern seinen Ruf aufs Spiel gesetzt. Die Angelegenheit wurde jedoch von keiner Seite mehr erwähnt.

Da der ursprüngliche Antrag in der Zwischenzeit verloren gegangen war, schickte Lorenz einen neuen und versuchte noch einmal, die DFG zum Umdenken zu bewegen. Im Begleitbrief zu einem neuen Ansuchen schilderte er seine triste finanzielle Situation, die ihn dazu zwingen würde, die bereits begonnenen Untersuchungen abzubrechen. Seinen Bestand an zum Teil sehr wertvollen Versuchstieren würde er im Fall einer Ablehnung abgeben müssen. Begleitet wurde der neue Antrag von einem hervorragenden Gutachten Stresemanns, in dem ihn dieser als »bahnbrechenden Forscher von ganz ungewöhnlicher Befähigung« darstellte.[154] Dennoch wurde der Antrag am 2. Juni 1937 abgelehnt – wieder einmal aus finanziellen Gründen.

Während Konrad Lorenz in den Jahren ab 1935 zur zentralen Figur einer neuen Forschungsdisziplin avancierte, wurde seine wirtschaftliche Lage gleichzeitig immer prekärer: Im Oktober 1936 verlor auch noch seine Frau Margarethe, die bis dahin für das Haushaltseinkommen gesorgt hatte, ihre Stelle als Ärztin. Sie arbeitete zwar weiter – aber ohne Bezahlung, allein in der Hoffnung auf eine baldige Wiederanstellung. Die Familie lebte nun hauptsächlich von der Unterstützung durch Margarethes Vater, dem eine Gärtnerei in St. Andrä/Wördern gehörte, einer Nachbargemeinde von Altenberg.[155]

Das angespannte Haushaltsbudget der letzten Jahre hatte auch Auswirkungen auf den Tierbestand des aufstrebenden Privatgelehrten. So war die Anschaffung und die Haltung von seltenen Entenarten schwierig geworden, weshalb er bereits 1934 seinen Bestand um die viel billigeren Graugänse ergänzt hatte, die später zu seinen Wappentieren werden sollten.[156] Die Grauganseier konnte er sich kostenlos vom Neusiedlersee holen, und die Haltung der Gänse war auch nicht teuer, da Lorenz mit ihnen einfach Weideplätze an den Ufern der Donau aufsuchte. Diese Notlösung sollte sich bald als wissenschaftlicher Glücksfall erweisen.

Im dritten Jahr seiner Gänsezucht ließ Lorenz seine Wildganseier von einer Truthenne und einer weißen Hausgans ausbrüten, wollte aber, dass die Gans dann auch die von der Pute ausgebrüteten Jungen führen sollte. Als das erste Gänseküken unter der Pute geschlüpft und trocken war, nahm er es hervor, um es kurz zu betrachten und dann der Hausgans unterzuschieben. Das Gössel aber wandte sich dem Forscher zu, betrachtete ihn kurz mit schief geneigtem Kopf und stieß dann den charakteristischen Ruf des Verlassenseins aus. Lorenz beruhigte das kleine Tier kurz und schob es dann der Gans behutsam unter. Doch es war zu spät: Die Prägung war bereits erfolgt und das Gössel der unumstößlichen Meinung, der bärtige Wissenschaftler und nicht die Hausgans sei seine Mutter. Immer wieder kam es unter der Hausgans hervorgeschossen und folgte ihm. Nach einigen Versuchen, das Gänsekind loszuwerden, erkannte Lorenz, dass er damit keine Chance hatte, und adoptierte es. Er taufte das Gössel Martina

Auf die Gans gekommen: An der später berühmten Graugans Martina machte Konrad Lorenz im Jahr 1936 zahlreiche Zufallsbeobachtungen, die in die Geschichte der Ethologie eingingen.

und verbrachte mit ihm Stunden im Garten, um ihm die richtige Nahrung zu zeigen, und trug es überallhin mit, wohin er auch ging. Die Nächte verbrachte es auf einer Heizdecke neben seinem Bett.

An Martina machte Lorenz viele Zufallsbeobachtungen, die ihm bei anderen Gänsen bis dahin verborgen geblieben waren.[157] Am wichtigsten war wohl der Umstand, dass nicht nur Gänsekind Martina auf Lorenz »geprägt« wurde, sondern auch Lorenz durch das Gössel ein zweites Mal nach »Nils Holgersson« auf diese Vogelart – und diesmal für das ganze weitere Forscherleben. Martina und ihr Verhalten wurden die nächsten 50 Jahre mehrmals Gegenstand in seinen Arbeiten und trugen – vor allem wegen ihrer Darstellung im Bestseller *Er redete mit dem Vieh, den Vögeln und den Fischen* wesentlich zu seiner öffentlichen Bekanntheit bei. Wie die Wissenschaftshistorikerin Tania Munz zeigte, unterschieden sich die Beschreibungen je nach wissenschaftlicher Phase von Konrad Lorenz: Bildete Martina (unter der Abkürzung Ma) »als Wildtyp« in einem in der NS-Zeit verfassten Aufsatz mit ihrem Partner Martin »eines der vollwertigsten Gänsepaare«, so gestand Lorenz fast ein halbes Jahrhundert später ein, dass Martinas Lebensgeschichte »ganz und gar nicht der einer ›normalen‹ Graugans« entsprochen habe, »da sie von Anfang an nicht artgerecht und unter vielfachem Stress aufgezogen wurde«.[158]

Die ersten Gänseuntersuchungen dieser Jahre stellte Lorenz mit seinem Schüler Alfred Seitz an, der nebenbei ein talentierter Fotograf und Kameramann war. Ein entscheidender innovativer Aspekt dieser Studien an Schwimmvögeln war der systematische Einsatz des Films zur noch besseren Beobachtung des Tierverhaltens. Diese vor allem von Seitz gedrehten Filme, die einerseits die Bewegungen der Tiere einfingen, aber oft genug Lorenz mit seiner Gänseschar zeigten, dienten sowohl der wissenschaftlichen Dokumentation als auch als populäres Anschauungsmaterial bei Vorträgen.[159] Auch bei seinem erfolgreichen Vortrag im Berliner Harnack-Haus hatte Lorenz einen Film über seine Graugänse gezeigt. Für seine Filmarbeiten erhielt

Produktive Symbionten: Niko Tinbergen und Konrad Lorenz 1978 in Altenberg, wo sie mehr als 40 Jahre zuvor Freundschaft schlossen.

er Zuwendungen von der deutschen Reichsstelle für den Unterrichtsfilm. Dort wollte man einerseits nach einem Drehbuch von Lorenz einen Film über Graugänse machen, andererseits stellte ihm die Reichsfilmstelle Material zur Verfügung, damit er selbst drehen konnte.[160] Auch ein von Max Hartmann erhaltenes »Privatstipendium« in Höhe von 500 Reichsmark – nach heutigem Wert rund 2500 Euro – sollte es ermöglichen, Filmmaterial zu kaufen.

Der wissenschaftliche Film spielte auch in Lorenz' wichtigster wissenschaftlicher Partnerschaft eine große Rolle: in der Zusammenarbeit mit seinem niederländischen Kollegen und späteren Lebensfreund Niko Tinbergen, der 1937 für ein paar Monate nach Altenberg übersiedelte.[161] Die beiden hatten sich im Dezember 1936 in den Niederlanden erstmals getroffen. Lorenz war auf Einladung des Zoologen Cornelis Jakob van der Klaauw, einem Lehrer Tinbergens, für ein Symposium zum Thema »Instinkte« nach Leiden gekommen.

Tinbergen, der von den neuen Veröffentlichungen des gut drei Jahre älteren Kollegen aus Österreich beeinflusst war, bot Lorenz an, einige zusätzliche bezahlte Vorträge während seines Hollandaufenthaltes zu organisieren. Tinbergen war der Überzeugung, »dass wir hier sehr viel von Ihnen lernen können«. Außerdem nahm er an, »dass eine gewisse finanzielle Unterstützung Ihnen nicht unwillkommen sein dürfte«.[162]

Tinbergen organisierte eine weitere informelle Tagung, auf der Konrad Lorenz mit führenden holländischen Verhaltensforschern wie Bierens de Haan, Jan Verwey und Alfons Portielje diskutieren sollte. Schon bei diesem ersten Zusammentreffen wurde klar, dass sich die zwei Wissenschaftler gut verstanden: »Zwischen uns beiden ›klickte‹ es sofort«, erinnerte sich Tinbergen später, der sich zunächst eher als Schüler denn als gleichwertiger wissenschaftlicher Partner von Lorenz sah.[163] Es war der Beginn einer lebenslangen Freundschaft, obwohl sich die beiden in ihrem Forscherhabitus sehr unterschieden: Der extrovertierte Lorenz war ein exzellenter Vortragender und sprühte vor neuen Ideen und kühnen Thesen. Tinbergen hingegen war ein guter Zuhörer und sehr viel vorsichtiger im Formulieren neuer Gedanken, deren Wahrheitsbeweis noch ausstand.[164]

Lorenz lud Tinbergen und seine Familie ein, im Frühjahr 1937 für vier Monate nach Altenberg zu kommen, um gemeinsame Experimente und Beobachtungen anzustellen. Finanziert wurde sein Aufenthalt von der holländischen Jan-van-der-Hoeven-Stiftung, die es Tinbergen ermöglichte, einige kostspielige Instrumente (wie ein Schallreproduktionsgerät) und auch teure Versuchstiere (wie seltene Enten- und Gänsekreuzungen) mitzubringen.[165] Tinbergens Familie wurde in den Lorenz'schen Hausstand völlig integriert, wenn auch der Altersunterschied der Kinder relativ groß war und sein Sohn Jaap mit den Lorenz-Kindern Thomas und Agnes gewisse Verständigungsschwierigkeiten hatte, wie sich die Lorenz-Tochter erinnerte.[166] Der niederländische Forscher selbst war ein äußerst rücksichtsvoller Gast: So bot er unter anderem an, im Zelt zu nächtigen, um die anderen Hausbewohner nicht durch sein frühes Aufstehen zu belästigen.[167]

Die gemeinsamen Forschungen tagsüber bestanden vor allem darin, Experimente an Lorenz' Tieren – insbesondere den Graugänsen – anzustellen, ganz im Sinne von Tinbergens bisheriger Arbeitsweise. Sie arbeiteten dabei unter anderem mit Raubvogelattrappen, die sie aus Karton ausschnitten und an einem Seil über die Köpfe der Gänse und des restlichen Geflügels hinwegzogen. Dabei wollten sie untersuchen, ob es eine angeborene »Furcht« vor ihren Feinden gab und vor allem: ob die Vögel zwischen ihren »Feinden« und »Freunden« in der Luft unterscheiden konnten. Eine Attrappe mit kurzem Hals und langem Schwanz sollte einen Raubvogel darstellen und bei den Vögeln eine Fluchtreaktion hervorrufen. Ein langer Hals mit kurzem Schwanz war hingegen als Gans oder anderer harmloser Vogel gedacht, der nicht als Bedrohung aufgefasst werden sollte.

Die Ergebnisse der Untersuchung, vor allem bei den Truthühnern, bestärkten zwar die Erwartungen, waren aber nicht eindeutig. Spätere Experimente anderer Forscher, die die Versuche wiederholen sollten, blieben überhaupt ohne Ergebnis. Erst zweieinhalb Jahrzehnte später stellte der Lorenz-Schüler Wolfgang Schleidt fest, dass das Auslösen einer Fluchtreaktion vor allem von der Größe und der Geschwindigkeit der Attrappe abhängig ist, nicht aber von deren Form.[168]

Lorenz war mit den Experimenten Tinbergens dennoch zufrieden, obwohl sie so gar nicht seiner gewohnten Arbeitsweise des reinen Beobachtens entsprachen. Lorenz und Tinbergen waren auch in ihren Forschungsstilen und in ihrem Umgang mit Tieren komplementäre Persönlichkeiten: Tinbergen war nicht nur der geborene Experimentator, sondern er setzte im Gegensatz zu Lorenz eher auf Freilandbeobachtungen, wie dieser in seiner unveröffentlichten Autobiografie festhielt:

»Er wollte Tiere nicht gefangenhalten und auch nicht pflegen, sondern im Naturzustande untersuchen. Ich wollte Tiere um mich haben und beobachten, ich war jedem Experiment in der Tiefe meiner Seele abhold, weil es meinen Zuchterfolg verringern konnte.«[169]

So unterschiedlich die beiden Wissenschaftler in ihren Arbeitsstilen und in ihrer Wesensart waren, verbanden sie auch etliche Gemeinsamkeiten. Beide waren sehr humorvolle Persönlichkeiten und hatten bis ins hohe Alter etwas Lausbübisches. Es besteht kein Zweifel, dass die beiden Forscher bei ihrer ungezwungenen Zusammenarbeit in Altenberg viel Spaß hatten. Zugleich waren es mit die produktivsten Monate in Lorenz' Forscherkarriere, die auch einen Klassiker der Ethologie hervorbrachten: den Artikel »Taxis und Instinkthandlung in der Eirollbewegung der Graugans«[170] – im Übrigen die einzige bedeutende Forschungsarbeit, die Lorenz je mit einem Kollegen oder einer Kollegin verfasste.

In diesem oft zitierten Text stellten sie fest, dass brütende Graugänse ohne jegliche Übung befähigt sind, aus dem Nest gefallene Eier in einer bestimmten Bewegungsfolge wieder in das Nest einzurollen. Sie greifen mit dem Schnabel über das Ei hinweg und rollen es, mit der Schnabelunterseite balancierend, ins Nest zurück. Lorenz konnte gemeinsam mit Tinbergen dieses Verhalten in zwei Komponenten auflösen. Nahmen sie einer Gans, die bereits zum Eirollen angesetzt hatte, das Ei weg, lief die Bewegung auch ohne Ei ins Leere weiter – ein weiterer schlagender Beweis dafür, dass die Kettenreflextheorie nicht richtig war und das tierisches Verhalten zwecklos sein und buchstäblich ins Leere laufen konnte.

Versuche wie diese, die bis heute zu den Schlüsselexperimenten der Verhaltensforschung zählen und nach wie vor in den Lehrbüchern zu finden sind, führten die beiden mit spielerischer Leichtigkeit durch. Es war wohl ein wenig wie in Lorenz' Kindertagen, als er mit seinen Freunden den ganzen Tag im Garten bei den Tieren oder beim Indianerspielen verbrachte. Nur lagerten nun statt Pfeil und Bogen empfindliche Geräte und Attrappen für die Experimente im ehemaligen Spielhaus. »Nie kommt mir die absolute Identität von Forschen und Spielen so deutlich zum Bewusstsein, wie wenn ich an jene Zeiten denke«, schrieb Lorenz genau vier Jahrzehnte danach an Tinbergen. »Wir sind wirkliche Symbionten, ich glaube, dass wir zusammen mindestens viermal so viel geleistet haben, wie jeder von uns allein zustande gebracht hätte.«[171] Und wenige Wochen vor Tinbergens Tod im Dezember 1988 schickte Konrad Lorenz noch einen Brief an seinen Freund, in dem er ihn ein letztes Mal an die Gänsemonate von 1937 erinnerte: »Ich kann ohne Übertreibung sagen, dass der Sommer, in dem du hier warst, wesentlich für mein ganzes Leben und auch der schönste während dieser Zeit gewesen ist.«[172]

Mag die Zeit für die beiden Forscher im Rückblick völlig ungetrübt gewesen sein, so war sie doch von den politischen Wirren der Zeit überschattet. Und so war neben der Wissenschaft auch die Politik Gesprächsthema zwischen den beiden, wie Tinbergen in einem Brief an seinen Vater berichtete:

> »Interessant sind nicht nur die wissenschaftlichen Gespräche mit Lorenz, sondern auch die politischen. Die Freiheitsbeschränkung hier in Österreich durch die katholische Diktatur ist unglaublich. Wer nicht Katholik ist, ist nichts. Die Lorenzens selbst, von freisinniger Auffassung, sind wegen seines Postens ›katholischer‹ geworden, aber trotzdem benachteiligt in ihren Möglichkeiten.«[173]

Tinbergen berichtete außerdem nach Hause, dass es nach Lorenz' Meinung im nationalsozialistischen Deutschland mittlerweile wieder große Verbesserungen für die vorurteilsfreie und objektive Wissenschaft geben würde. Während man die Forschung vor einem Jahr noch sehr unter Druck gesetzt hätte, der nationalsozialistischen

Ideologie zu folgen, sei dies nun umgekehrt, schrieb Tinbergen in einem Brief an seinen Vater:

> »All die hastig entlassenen großen Männer in Deutschland, die nat.soz. nicht zuverlässig waren, sitzen plötzlich wieder fest im Sattel, die ›Partei-Schweine‹ sind rausgeworfen worden, und für allerlei Sachen steht Geld zur Verfügung, auch für Arbeit, der der Nationalsozialismus kühl gegenübersteht.«[174]

Wen Lorenz dabei konkret gemeint haben könnte, ist unklar. Dass hunderte jüdische Forschende in Deutschland entlassen wurden, scheint für ihn kein Thema gewesen zu sein. In Österreich hingegen würde die Unterdrückung zunehmen, berichtete Tinbergen in die Niederlande. So dürfe Lorenz selbst offiziell keine Tierpsychologie lehren und würde es heimlich unter einem anderen Titel tun, was der Tatsache entsprach, dass Lorenz' Lehrbefugnis von Tierpsychologie auf Zoologie abgeändert wurde. Zugleich fielen dem Niederländer aber auch nationalsozialistische Äußerungen seiner deutschen Kollegen unangenehm auf. In einem Brief an den Biologen Bierens de Haan, den niederländischen Pionier der Verhaltensforschung, schilderte Tinbergen seinen Eindruck von der neu gegründeten *Zeitschrift für Tierpsychologie*, deren Rundbrief in einem »wüsten Nazigeist« verfasst worden sei.[175] Dennoch hatte Tinbergen offensichtlich keine so großen politischen Bedenken gegen die Zeitschrift, dass er nicht ein Jahr später in ihr veröffentlicht hätte. Er hatte damals allerdings kaum Alternativen.

Nach Tinbergens Abreise im Juli 1937 ergab sich für Lorenz erstmals auch eine Arbeitsmöglichkeit an der Universität Wien. Der Vorstand des Psychologischen Institutes, Karl Bühler, machte ihm das Angebot, seinen ersten Assistenten Egon Brunswik zu vertreten, der eine Gastprofessur an der University of California in Berkeley angetreten hatte. Lorenz wusste aus anderer Quelle, dass Brunswik aller Wahrscheinlichkeit nach nicht mehr zurückkommen würde. Daher würde Bühlers Angebot bedeuten, bei Bühler Erster Assistent zu werden – was er aber auf keinen Fall annehmen wollte, wie er an Max Hartmann schrieb. Der Grund dafür lag auch in Bühlers Frau, die aus einer jüdischen Familie stammte und als Kinderpsychologin ebenfalls an der Universität Wien lehrte:

> »Und zwar deshalb, weil der eigentliche Institutschef nicht K. [Karl], sondern Charlotte Bühler ist, die ich auf keinen Fall auf die Dauer aushalte, zumindest nicht in einer von ihr abhängigen Stellung. Ich bin sicherlich kein wilder Judenfresser, aber was zu viel ist, ist zuviel [...] auch wenn ich gar keine Aussichten in dieser Richtung hätte, würde ich lieber Steine klopfen, als als Assistent der schönen Bühlerin zu existieren.«[176]

Dennoch wollte Lorenz am Psychologischen Institut ein Praktikum über tierisches Lernen abhalten und erkundigte sich bei Hartmann, ob ihm das bei der KWG schaden könnte. Der Österreicher gab sich gewissermaßen selbst die Antwort, indem er hinzufügte, dass außer Bühler am ganzen Institut nur ein Arier existiere, der ein theoretischer Kommunist mit langen Locken sei. Und weiter:

> »Trotz der Locken ist der noch der normalste Mensch, Sie können sich in einem Fiebertraum nicht vorstellen, was für ein Gewimmel von teils psychoanalytisch, teils sonstwie verrückt daherredenden Gesellen die übrigen Institutsmitglieder und auch die allermeisten Studenten sind. Irgendeinen Hieb hat buchstäblich jeder.«[177]

Tatsächlich antwortete Hartmann, dass von Wettstein dringend abraten würde, die Stelle bei Bühler anzunehmen, weil das »von gewisser Stelle gegen Sie benutzt werden könnte«.[178]

Lorenz baute also weiterhin auf Deutschland – auf Unterstützung durch die Kaiser-Wilhelm-Gesellschaft und die Deutsche Forschungsgemeinschaft, bei der Max Hartmann im Auftrag von Fritz von Wettstein erneut einen Antrag auf Unterstützung von Lorenz' Forschungen stellte. Um diesmal auf Nummer sicher zu gehen, hatte von Wettstein bei fünf Wiener Wissenschaftlern, die der NS-Wissenschaftsbürokratie als »politisch zuverlässig« galten, Gutachten über die Persönlichkeit und den Charakter von Lorenz sowie über seine Einstellungen zu den »Problemen der Gegenwart« angefordert. Namentlich waren dies der Botaniker, Parteigenosse und erste NS-Rektor der Universität Wien, Fritz Knoll, der Zoodirektor Otto Antonius, Lorenz' emeritierter Anatomieprofessor Ferdinand Hochstetter, sein Nachfolger Eduard Pernkopf sowie der Anatom Alexander Pichler, der nach dem »Anschluss« Fakultätsführer des NS-Dozentenbundes wurde – also allesamt Personen, die Lorenz kannten und auch politisch auf Linie waren.

Die fünf Gutachten zeichneten zusammengenommen ein etwas widersprüchliches, aber doch plausibles Bild von Lorenz' politischer Gesinnung.[179] Wie von Wettstein in seinem treffenden Resümee der fünf Beurteilungen schrieb, sei jene »in jeder Hinsicht einwandfrei«: Zwar sei Lorenz politisch nicht tätig. Er habe aber aus seiner Zustimmung zum Nationalsozialismus nie einen Hehl gemacht. Gerade die nationalsozialistischen Kreise würden für Lorenz eintreten, »während er auf der anderen Seite schon durch seine tierpsychologischen Forschungen von der gegenwärtigen Regierung in Österreich nicht gefördert wird«. Nach jenem ungünstigen Urteil beim ersten Antrag, das die politische Gesinnung und die Abstammung von Lorenz infrage gestellt hatte, konnte es nun auch keine politisch begründeten Einwände mehr geben. Im Hinblick auf Lorenz' wissenschaftliche Leistungen gab es ohnehin keine Zweifel, da er als der Forscher galt, »der auf dem Gebiet der Tierpsychologie nach allen Fachurteilen derzeit im deutschen Sprachgebiet die Führung besitzt«.[180]

Dieser Antrag wurde dann Anfang 1938 von der Deutschen Forschungsgemeinschaft positiv beschieden. Wie ihm in einem Brief vom 2. Februar mitgeteilt wurde, erhielt Lorenz für sein Projekt fortan eine monatliche Beihilfe in der Höhe von 125 Reichsmark – nach heutigem Geldwert knapp 700 Euro.

NAZI AUS BEGEISTERUNG

> »Wir sind alle noch leicht besoffen von den Ereignissen der letzten 14 Tage, es ist absolut unvorstellbar, dass es nur so wenige Tage sind! Sie können sich keine blasse Vorstellung davon machen, welche Begeisterung hier herrschte und selbst jetzt noch herrscht, in welcher Ausnahms- und Festestimmung selbst so unpolitische Menschen wie wir sind! Wie ich in Berlin so oft sagte: Man muss 5 Jahre lang unter der Regierung der schwarzen Schweinehunde gestanden haben, um ein ›Deutschland Erwache‹ in seinem Inneren mit der vollen Intensität zu erleben. Ich glaube, wir Österreicher sind die aufrichtigsten und überzeugtesten Nationalsozialisten überhaupt! Man muss im Grunde genommen den Herren Schuschnigg und Konsorten dankbar sein, denn ohne ihre unbeabsichtigte Hilfe wären die faulen und ihrem Nationalcharakter nach besonders meckerbereiten Österreicher lange nicht so schnell, gründlich und nachhaltig zu Hitler bekehrt worden. Und das sind sie jetzt wirklich und zweifellos!«[181]

Genau zwei Wochen, bevor Konrad Lorenz diese Zeilen schrieb, hatte Österreich als selbständiger Staat zu existieren aufgehört: Am 12. März 1938 waren die Truppen des Deutschen Reichs ohne Gegenwehr, sondern vielmehr unter großem Beifall eines Teils der österreichischen Bevölkerung einmarschiert. Viele Österreicher – wie eben auch der 34-jährige Lorenz – begrüßten den »Anschluss«, wie der Einmarsch in Nazi-Diktion hieß, mit Begeisterung. Tausende säumten die Straßen von Hitlers Triumphfahrt über Braunau und Linz nach Wien. Vom Lorenz-Anwesen aus, das unmittelbar über jener Straße liegt, durch die der Tross kam, beobachteten allerdings bloß seine beiden Kinder die einmarschierenden Truppen.[182]

Die kollektive österreichische Euphorie der März-Tage 1938 ist bis heute nicht leicht zu erklären.[183] Fast fünf Jahre unter der Dollfuß/Schuschnigg-Diktatur hatten für viele Bürgerinnen und Bürger den politischen Entscheidungshorizont auf die Alternative zwischen einem österreichischen klerikalen und einem deutschen nationalen Faschismus reduziert. Teile der österreichischen Gesellschaft waren in den letzten Jahren bereits vom Nationalsozialismus unterwandert worden, verstärkt durch die Sparmaßnahmen, die Österreich nach der Krise von 1929 zu erfüllen hatte. Eine hohe Arbeitslosigkeit bei anhaltender wirtschaftlicher Krise bildete den sozialen Nährboden, auf dem die Begeisterung für Hitler gedieh. Denn auch im ökonomisch daniederliegenden Österreich hatte sich der wirtschaftliche Aufschwung der ersten Jahre des NS-Regimes herumgesprochen, der nicht zuletzt durch die Aufrüstung angekurbelt wurde. Viele Österreicherinnen und Österreicher erhofften sich durch den »Anschluss« mehr Wohlstand. Dass der wie in Deutschland durch die massive Diskriminierung der jüdischen Bevölkerung erreicht würde, war vielen nur recht. Und nicht wenige beteiligten sich unmittelbar nach dem Einmarsch der deutschen Truppen an den wilden »Arisierungen« und Ausschreitungen gegen Jüdinnen und Juden.

Konrad Lorenz' deutsche Kollegen, die dem Nationalsozialismus durchwegs positiv gegenüberstanden, beobachteten die Vorgänge in Österreich mit Interesse: »Ich denke unablässig an Lorenz, der sicher tüchtig mitmarschiert«, schrieb Otto Koehler an Erwin Stresemann am Tag nach dem »Anschluss«, nachdem er in der Zeitung die Proklamation des Führers vom 12. März gelesen hatte, mit der die Okkupation Österreichs begründet wurde. Schon vor einigen Wochen hätte Lorenz sich in einem Brief »erfreulich deutlich« ausgedrückt, meinte Koehler und zog daraus den zuversichtlichen Schluss: »Das wird doch sicher seine Berliner Pläne fördern.«[184]

Liest man Lorenz' erste Briefe nach dem »Anschluss«, dann erhält man den Eindruck, dass sich der bis dahin unpolitische Wissenschaftler wochenlang auf einer Woge der Euphorie bewegt haben muss. So schildert er Stresemann auch seine Freude über die Volksabstimmung, bei der am 10. April 1938 alle Deutschen und Österreicher im Alter von über 20 Jahren aufgefordert wurden, den »Anschluss« zu billigen:

> »Wir sind alle schon ganz erschöpft vor lauter dauernder Festestimmung. Auch die Freude ist nämlich anstrengend. Hier in Altenberg, und ebenso in den beiden nächsten Orten, Greifenstein und Hadersfeld, hat es buchstäblich keinen einzigen Wahlberechtigten gegeben, der kein Ja abgegeben hat. Soviel Berechtigte, soviel Jastimmen.«[185]

Diese Volksabstimmung war ein propagandistisches Riesenspektakel, das der Okkupation den Schein der Legitimität verleihen sollte. Die offiziellen Meldungen ergaben eine hohe Wahlbeteiligung und mit 99,73 Prozent eine fast uneingeschränkte Befürwortung der »Ostmark«. Bürgerinnen und Bürger jüdischer Abstammung und die vielen bereits inhaftierten Gegnerinnen und Gegner des neuen Regimes durften nicht abstimmen. In zahlreichen niederösterreichischen Ortsgemeinden gab es, genau wie Lorenz schilderte, eine 100-prozentige Zustimmung.

Entsprach Lorenz' Reaktion auf den »Anschluss« also bloß der eines typischen Österreichers? Oder ging seine Begeisterung noch über die des sprichwörtlichen »Herrn Karl« hinaus, des prototypischen österreichischen Wendehalses, der seine politische Überzeugung den jeweiligen Machthabern opportunistisch anpasste? Zweifellos setzte Lorenz in die Vereinigung mit dem nationalsozialistischen Deutschland besonders große und sehr konkrete berufliche Hoffnungen. Denn mit dem Ende des klerikal-autoritär regierten Staates, so hoffte er zumindest, sollte er es nun auch mit seinen Forschungen leichter haben. Entsprechend meinte er in einem Brief an seinen deutschen Mentor Oskar Heinroth, ebenfalls wenige Tage nach dem »Anschluss«:

> »Für Wissenschaftler ist es eine Erlösung, nun zu dem großen Deutschland zu gehören statt zu dem verdammten Jesuitengesindel! [...] Die bereits vollzogenen Umwälzungen auf der Universität sind dermaßen eindeutig zum Guten, dass man geradezu auf eine neue Glanzperiode unserer verstümmelten Fakultäten hoffen kann!!«[186]

Die Verstümmelungen, auf die sich Lorenz bezog, betrafen insbesondere die Pensionierungen der Jahre 1934 und 1935: Damals wurden aus Einsparungsgründen knapp 25 Prozent aller Professoren der Universität Wien zum Teil vorzeitig in den Ruhestand geschickt, etliche davon auch aus politischen Gründen, weil sie Anhänger der Nationalsozialisten oder der Sozialdemokraten waren. Und viele davon waren bereits jüdischer Herkunft gewesen. Die Umwälzungen, von denen Lorenz in seinem Jubelbrief sprach, hatten unmittelbar nach dem »Anschluss« begonnen: Am 15. März 1938 verfasste der an der Universität Wien eingesetzte Rektor, der Botaniker Fritz Knoll, der knapp ein Jahr zuvor über Lorenz' Zuverlässigkeit geurteilt hatte, einen kurzen Text für die NS-Zeitschrift *Der Biologe*. Unter dem Titel »Wir kehren heim« ist von der auch von Lorenz erhofften Aufwertung der Biologie die Rede:

> »Wir österreichischen Biologen treten nun an, und wir richten uns nach den Zielen des nationalsozialistischen Deutschen Reiches. Die Biologie war in Österreich zuletzt nur geduldet. Im Dritten Reich muss sie führend sein: Denn nur dann werden wir das Leben und die Zukunft des deutschen Volkes erfolgreich gestalten können, wenn wir viel vom Leben wissen.«[187]

Einen Tag später begannen an den Hochschulen die vom neuen Unterrichtsminister Oswald Menghin vorverlegten und auf fünf

Parteigenosse aus Begeisterung: »Ich war selbstverständlich immer Nationalsozialist«, schrieb Lorenz 1938 in seinem Antrag auf Mitgliedschaft in der NSDAP. Das Parteiabzeichen trug er mit Stolz.

Wochen verlängerten Osterferien. Danach war alles anders und der Prozess der »Gleichschaltung« reibungslos vollstreckt: Sämtliche Führungspositionen wurden neu besetzt; so übernahm etwa der Anatom Pernkopf als kommissarisch ernannter Dekan die Leitung der medizinischen Fakultät. Vor allem aber wurden alle Personen jüdischer Abstammung sowie alle politisch unliebsamen Wissenschaftler – insbesondere Funktionäre des Austrofaschismus – bis zum 24. April außer Dienst gestellt bzw. hatten während der verlängerten Osterferien die Lehrberechtigung verloren. Dieser »administrativen Umgestaltung« fielen bis zum 23. April an der Universität Wien nicht weniger als 252 Hochschullehrer zum Opfer, rund drei Viertel von diesen aus rassistischen Gründen, also weil sie laut den Nürnberger Gesetzen von 1935 jüdisch waren.[188]

Konrad Lorenz profitierte zwar nicht sofort von den Entlassungen, die mehr als ein Drittel des Lehrkörpers seiner Universität betrafen. Er dürfte aber zuversichtlich gewesen sein, dass er bald eine der vakanten Stellen übernehmen kann. Die erste berufliche Verbesserung durch die Machtübernahme der Nationalsozialisten erfuhr die Familie Lorenz aber durch eine Beförderung von Margarethe Lorenz, die im Brigittaspital, einem Entbindungsheim der Stadt Wien, »durch Hinausschmiss polnischer Juden« zur kommissarischen Leiterin der Kinderabteilung aufrückte, wie Lorenz im eingangs erwähnten Brief an Stresemann schrieb. Sie »wird vielleicht dort Primararzt auf Dauer werden, was für sie eine prächtige Stellung wäre«.[189] Diese Stelle war Margarethe Lorenz nach der Entlassung der jüdischen Kinderärztin Rahel Holländer-Pilpel zugefallen, die wenig später nach Palästina flüchtete.[190] Doch die Hoffnung auf eine dauerhafte Primararztstelle währte nicht lange: Bereits Ende 1938 wurde Margarethe Lorenz wieder zur Sekundarärztin zurückgestuft.[191]

Ihr euphorisierter Mann hatte große Pläne und träumte von einem eigenen Ordinariat an der Universität Wien. Konkret wollte er seinem ehemaligen Lehrer Karl Bühler als Vorstand des

Psychologischen Institutes nachfolgen – eine Episode seines Lebens, die ihn nicht von seiner besten Seite zeigt. Der Psychologieprofessor wurde am 23. März 1938 verhaftet, während seine Frau Charlotte, selbst Professorin am Institut, unmittelbar nach der Machtübernahme durch die Nationalsozialisten noch nach England flüchten konnte. Sie war Jüdin und habe, wie es in einem Bericht der NSDAP-Ortsgruppe heißt, »kommunistische Propaganda« betrieben. Schon bald nach dem »Anschluss« war bei Karl Bühler eine Hausdurchsuchung durchgeführt und belastendes Material gefunden worden, was zur Verhaftung führte.[192] Lorenz, der davon erfahren hatte, setzte bald darauf auch seinen väterlichen Kollegen Erwin Stresemann in Berlin in Kenntnis:

> »Es ist der Ordinarius für Psychologie, Prof. Bühler, nicht nur gegangen, sondern heftig eingesperrt, warum ist nicht klar, sicher ist, dass er bezüglich der Abstammung seiner volljüdischen Frau beschönigend gelogen hat, vielleicht hat er Devisen geschoben, er hatte Rockefellergelder. Außerdem war er vorher hintereinander so intensiv rot und schwarz, je nach dem Zug der Zeit, dass das allein genügend Erklärung ist. Jedenfalls kommt er nicht wieder.«[193]

Nun sei Lorenz' Freund, der Psychiater Alfred Prinz Auersperg, ein bekennender Nationalsozialist, zum kommissarischen Leiter des Neurologischen Institutes an der medizinischen Fakultät ernannt worden. Es sei geplant, dass dieser in seiner neuen Position die Tradition des Bühler-Institutes im Bereich Wahrnehmungspsychologie fortsetze. Dazu sollte aber an das Bühler-Institut jemand kommen, der sich mit seinen Forschungen ergänzt, so wie Lorenz eben, der von Auersperg in Sachen Bühler-Nachfolge unterstützt würde.

Die beiden kannten einander vermutlich schon vom Studium: Auersperg war zwar um vier Jahre älter als Lorenz, begann aber erst zwei Jahre nach ihm mit dem Medizinstudium. Vertieft hat sich diese Bekanntschaft dann mit Sicherheit in einer interdisziplinären Arbeitsgemeinschaft, die der Psychologe Karl Bühler ab 1935 gemeinsam mit dem Psychiater Otto Pötzl ausrichtete. An dieser Veranstaltungsreihe nahmen sowohl Auersperg wie auch Lorenz regelmäßig teil und referierten dort. Auersperg dürfte zudem Ende 1937 die Leitung der Arbeitsgemeinschaft übernommen haben.[194]

Lorenz war in jedem Fall überzeugt, dass seine Vorlesungen bei den neuen Machthabern weltanschaulich willkommen sein würden. Das geplante Doppelinstitut mit einem Psychiater und Neurologen auf der einen und einem Zoologen auf der anderen Seite könnte die Humanpsychologie »tot drücken« und etwas Neues an ihre Stelle treten lassen, wie er in einem vertraulichen Brief an seinen Mentor Stresemann schrieb:

> »Vor allem etwas wirklich ›arteigenes‹ Deutsches, denn ich muss (im strengsten Vertrauen) sagen, dass die Humanpsychologie auch in ihren heutigen deutschen Vertretern immer noch für den Kenner merklich von dem Gedankengut der jüdisch-daherredenden und wortschwelgenden Judengrößen durchsetzt ist. Einer der wenigen Fälle, wo ich das Schädlingstum der Juden uneingeschränkt anerkenne. Es gibt raffsüchtige und unsoziale Arier genug, aber durch Vielreden Wissenschaft zu Quatsch zu machen, das bringen wirklich nur jüdische Humanpsychologen zustand.«[195]

Das war einer der seltenen explizit antisemitischen Ausfälle, zu denen sich Lorenz hinreißen ließ. Und bezüglich seiner Einschätzung des Verhältnisses zwischen Tier- und Humanpsychologie war er selten expliziter. Zugleich machte sich Lorenz aber auch Gedanken darüber, was die Verantwortlichen der Kaiser-Wilhelm-Gesellschaft, die ihm eine Förderung seiner Altenberger Forschungsstation in Aussicht gestellt hatten, zu seinen neuen universitären Plänen sagen würden. Er war besorgt, die Verantwortlichen könnten glauben, er bringe neben der möglichen Leitung des Psychologie-Institutes zu wenig Zeit für die Arbeit in einem eigenen Kaiser-Wilhelm-Institut auf.

Auch seinem früheren Anatomie-Professor Ferdinand Hochstetter schilderte Lorenz, dass es eine wirkliche Lebensaufgabe für ihn und seinen Freund Auersperg wäre, den Versuch zu machen, »die Grundlage für die Psychologie [...] des Menschen zu legen, die von allem Gerede und Gequatsche frei ist, und die dem Standpunkt jedes vernünftigen Biologen und Mediziners entspricht«.[196] Neben seinen Bedenken gegenüber der KWG erwähnt Lorenz in seinem Brief an Hochstetter, dass er Bühler gegenüber in vieler Hinsicht zu großem Dank verpflichtet sei, »wenn auch in anderen Hinsichten gar nicht«. Er wisse zwar, dass Bühler bezüglich der Abstammung seiner Frau gelogen und »feindliche Äußerungen« gegen den Nationalsozialismus getätigt habe. Für eine Verhaftung schienen ihm diese Gründe aber ungenügend. Es könnte daher sein, dass er noch mehr »auf dem Kerbholz« habe, trotzdem würde er ihm gerne helfen:

> »Da mir Prof. Bühler aber immerhin zu wiederholten Malen Gefallen erwiesen hat und sich seinerzeit auch für meine Habilitation eingesetzt hat, so wäre es mir eine Freude, jetzt etwas für ihn tun zu können. [...] Prof. B. ist eben ein ›Rohr im Winde‹, aber doch kein eigentlich böser Mann, und die Vorstellung, dass er wirklich fest eingesperrt ist, erregt mein heftiges Mitleid.«[197]

Karl Bühler wurde nach sechs Wochen aus der Haft entlassen. Unmittelbar davor hatte er in einem für die Nationalsozialisten verfassten und mit »Heil Hitler!« unterzeichneten Lebenslauf zu seiner Verteidigung angeführt, dass unter seinen Mitarbeitern eine Reihe von aktiven Nationalsozialisten gewesen seien, und in dem Zusammenhang Lorenz und Auersperg namentlich erwähnt.[198] Wenig später konnte Bühler zu seiner Frau nach England fliehen und emigrierte noch 1939 gemeinsam mit ihr weiter in die USA. Nach dem

Krieg kamen Lorenz und Bühler übrigens wieder in Kontakt: Lorenz besuchte das Psychologenpaar nach dem Krieg in den USA, so wie auch das Ehepaar Bühler in Lorenz' späterem Institut in Seewiesen zu Gast war.[199] In so gut wie allen autobiografischen Darstellungen und auch in Briefen wies Lorenz später immer wieder auf die wichtige Rolle des Psychologen bei der Entwicklung seiner eigenen Konzepte hin.

Im Frühjahr 1938 hatte der angesichts der politischen Umwälzungen euphorisierte Lorenz allerdings für einige Monate das Augenmaß für die Realität verloren. Denn die neuen Machthaber in Berlin hatten kein Interesse an den hochtrabenden Plänen mit seinem Freund Auersperg. Sie wollten ursprünglich einen der von Lorenz verachteten Vertreter der »Geist«-Psychologie zum Nachfolger Bühlers machen, bekamen aber dann vom Berliner Ministerium den Philosophen und Soziologen Gunther Ipsen zugewiesen, der bis dahin an der Universität Königsberg in Ostpreußen tätig gewesen war. Ipsen wurde zum ordentlichen Professor für Philosophie und Volkslehre und zum Direktor des Psychologischen Instituts der Universität Wien ernannt.[200]

Da aus dem Psychologie-Ordinariat in Wien für Lorenz also nichts wurde, intensivierte er wieder seine Bemühungen, aus Altenberg ein Kaiser-Wilhelm-Institut zu machen. Die Chancen dazu schienen nun besser denn je, denn mit dem »Anschluss« waren alle bürokratischen Hürden zwischen Österreich und Deutschland gefallen. Wenige Tage später besuchte Fritz von Wettstein den aufstrebenden und ehrgeizigen jüngeren Kollegen in Altenberg. Sein Förderer teilte Lorenz mit, dass sich der Generalsekretär der Kaiser-Wilhelm-Gesellschaft, Ernst Telschow, und Staatsminister Schmidt-Schlettow in der jüngsten Senatssitzung für das Projekt ausgesprochen hätten und im Herbst mit den ersten Geldern zu rechnen sei. Tatsächlich war bei der Sitzung der KWG am 30. Mai 1938 lediglich beschlossen worden, die Frage der Errichtung einer Forschungsstelle für Tierpsychologie in Altenberg insbesondere hinsichtlich der Finanzierung und Transferierung noch zu prüfen.[201]

Lorenz sah die Sache optimistischer: Da Devisenknappheit nun nach dem »Anschluss« als Hindernis ausgeräumt sei, solle nun alles in größerem Maßstab in Angriff genommen werden. Er beantragte je zwei Assistenten und Laboranten, abseits des Privathauses sollte ein eigenes Institutsgebäude errichtet werden. »Da habe ich wie auf einem Wunschzettel vor dem Christkindl alle Wünsche zusammengestellt, die wir so haben, keinen Luxus, aber alle wirklich wesentlichen Forschungsbehelfe«, schrieb Lorenz über seine Pläne. Besonders erfreulich sei, dass er selbst, »wie auch die prospektiven Assistenten und Laboranten, nicht aus dem Etat und überhaupt nicht von der Kaiser-Wilhelm-Gesellschaft bezahlt werden würden, sondern von der Wiener Universität, d. h. von dem Berliner Unterrichtsministerium aus«.[202]

Kurze Zeit nach dem Besuch von Wettsteins und wenige Tage vor seinem ersten großen Auftritt nach dem »Anschluss« auf einer Konferenz der Deutschen Gesellschaft für Psychologie stellte Lorenz Ende Juni 1938 ein Ansuchen auf Mitgliedschaft bei der NSDAP. Über die konkreten Motive und Hintergründe lässt sich nach wie vor nur spekulieren. Auf der einen Seite sollte der Parteieintritt wohl seine Karrierechancen in Österreich und Deutschland verbessern. Auf der anderen Seite wurde Lorenz zunächst wohl auch überzeugter Nazi – so überzeugt, dass er sich danach oft ein Parteiabzeichen ans Revers heftete. Das war insofern außergewöhnlich, da die eigene Familie dem Parteieintritt angeblich eher ablehnend gegenüberstand. Das sei doch etwas für Arbeiter und gehöre sich für Leute ihres Standes nicht, lautete offenbar die Familienmeinung.[203]

Nicht restlos geklärt ist auch, wer ihn zu diesem konkreten Schritt animierte, denn es darf bezweifelt werden, dass Lorenz diesen Schritt ohne alle Beratung oder konkrete Vorbilder tat. In seinem universitären Umfeld kommt vor allem eine Person infrage, nämlich der bereits mehrfach erwähnte Alfred Auersperg, der mit ihm die kühnen Institutspläne wälzte. Ihn kannte Lorenz spätestens seit Beginn der erwähnten Arbeitsgemeinschaft, die der Psychologe Karl Bühler 1935 gemeinsam mit dem Neurologen und Psychiater Otto Pötzl ausrichtete und an der sowohl Auersperg wie auch Lorenz teilnahmen. Der Psychiater beantragte am 26. Mai 1938 – also einen Monat vor Lorenz – den Eintritt in die NSDAP. Bereits am 1. April 1938 war Auersperg der SS beigetreten und gehörte der SS-Ärzteschaft als Rottenführer an. So wie Lorenz erhielt auch der Psychiater eine privilegierte Sechs-Millionen-Mitgliedsnummer, und beide Mitgliedschaften wurden auf den 1. Mai 1938 vordatiert, obwohl Lorenz sein Gesuch erst am 28. Juni 1938 stellte.

Höchst ungewöhnlich waren im Fall von Lorenz die »Angaben des Antragstellers über sonstige Tätigkeit für die NSDAP«. Während viele andere Menschen, die um NSDAP-Mitgliedschaft ansuchten, die 16 vorgedruckten Zeilen leer ließen, füllte sie Lorenz bis zur letzten mit einem Text, in dem er sich als ganz besonders engagierter Nazi darstellte:

> »Ich war als Deutschdenkender und Naturwissenschaftler selbstverständlich immer Nationalsozialist und aus weltanschaulichen Gründen erbitterter Feind des schwarzen Regimes (nie gespendet oder geflaggt) und hatte wegen dieser auch aus meinen Arbeiten hervorgehenden Einstellung Schwierigkeiten mit der Erlangung der Dozentur. Ich habe unter Wissenschaftlern und vor allem Studenten eine wirklich erfolgreiche Werbetätigkeit entfaltet, schon lange vor dem Umbruch war es mir gelungen, sozialistischen Studenten die biologische Unmöglichkeit des Marxismus zu beweisen und sie zum Nationalsozialismus zu bekehren. Auf meinen vielen Kongress- und Vortragsreisen habe ich immer und überall mit aller Macht getrachtet, den Lügen der jüdisch-internationalen Presse über die angebliche Beliebtheit Schuschniggs und über die angebliche Vergewaltigung Österreichs durch den Nationalsozialismus mit zwingenden Beweisen

> entgegenzutreten. Dasselbe habe ich allen ausländischen Arbeitsgästen auf meiner Forschungsstelle in Altenberg gegenüber getan. Schließlich darf ich wohl sagen, dass meine ganze wissenschaftliche Lebensarbeit, in der stammesgeschichtliche, rassenkundliche und sozialpsychologische Fragen im Vordergrund stehen, im Dienste Nationalsozialistischen Denkens steht.«[204]

Diese Selbstdarstellung ist in vielen Punkten reichlich übertrieben, um nicht zu sagen: gelogen. Hatte er sich im eingangs dieses Kapitels zitierten Brief an Stresemann von Ende März 1938 noch als »unpolitischen Menschen« bezeichnet und 1936 von »einwandfreier österreichischer Gesinnung«, so war er Ende Juni 1938 »selbstverständlich immer Nationalsozialist«. Abgesehen von den zweifelhaften »Erfolgen« seiner Lehr- und Werbetätigkeit – Lorenz hatte nach Erhalt seiner Lehrberechtigung 1937 kaum mehr als fünf Studierende in seinen Lehrveranstaltungen[205] – entsprachen auch manch andere Angaben nicht den Tatsachen. So hielten sich die Vortrags- und Kongressreisen von Lorenz außerhalb von NS-Deutschland in dieser Zeit in Grenzen. Er war im Februar 1938 nur in den Niederlanden und im Mai als »Mitglied der engeren deutschen Delegation« am 9. Internationalen Ornithologenkongress im französischen Rouen gewesen.[206] Mit den »ausländischen Arbeitsgästen« konnte einzig Niko Tinbergen gemeint gewesen sein, der Lorenz 1937 in Altenberg besucht hatte, aber dem Nationalsozialismus kritisch gegenüberstand. Wie bei anderen Gelegenheiten bog sich Konrad Lorenz die Wahrheit zurecht und erfüllte im fast schon peinlichen Übermaß, was – seiner Ansicht nach – die Empfänger seiner Botschaft hören wollten.

Dem Antrag legte er noch ein Empfehlungsschreiben des NS-Rektors Fritz Knoll bei, der bezeugte, »dass der Genannte wissenschaftlich durchaus in jenem Geiste arbeitet, wie ihn der Nationalsozialismus erfordert«. Lorenz erschien ihm darüber hinaus hinsichtlich der von ihm gemachten Äußerungen über seine politische Einstellung vollkommen vertrauenswürdig. In einer weiteren

Beurteilung führte Gaudozentenbundführer Arthur Marchet an, dass Lorenz während der Systemzeit politisch indifferent gewesen sei, was den Tatsachen weit eher entspricht. Als positiv vermerkte Marchet Lorenz' Herausgeberschaft der *Zeitschrift für Tierpsychologie* und dass er von Otto Antonius, dem wegen seiner angeblichen illegalen NS-Parteigängerschaft 1934 suspendierten, aber bereits Anfang 1937 wieder eingesetzten Direktor des Schönbrunner Tiergartens, sehr hoch geschätzt würde.[207]

Ein Parteieintritt wie der von Lorenz mit der bevorzugten Mitgliedsnummer 6,170.554 war schon etwas mehr als bloßes Mitläufertum, denn es waren nur knapp über 200.000 provisorische Mitgliedskarten, die bis Ende 1938 ausgegeben wurden. Im März 1939 betrug die Zahl der registrierten Parteimitglieder in Österreich 221.017 Personen, also deutlich unter fünf Prozent.[208] Seine Begeisterung für das neue, braune Regime färbte aber auch auf seine wissenschaftliche Arbeit ab. Wenige Tage nach Antragstellung reiste er zum 16. Kongress der Deutschen Gesellschaft für Psychologie, der vom 2. bis 4. Juli 1938 in Bayreuth abgehalten wurde. Der nicht eben selbstverständliche Auftritt eines Zoologen vor diesem illustren Publikum war von Erich Rudolf Jaensch, dem Vorsitzenden der Deutschen Gesellschaft für Psychologie, eingefädelt worden: Jaensch, Professor für psychologische Anthropologie in Marburg und überzeugter Nationalsozialist, war durch die Gesellschaft für Tierpsychologie auf Lorenz aufmerksam geworden, zu deren erster Tagung Jaensch im Februar 1937 eingeladen worden war.[209] Dafür revanchierte sich dieser nun bei den Tierpsychologen, schloss ihre Tagung kurzfristig jener der Psychologen an und sicherte Lorenz auch gleich eine um ein Drittel verlängerte Redezeit zu.[210]

Lorenz sprach in Bayreuth über »Ausfälle im Instinktverhalten von Haustieren«, und zwar unter besonderer Berücksichtigung von deren sozialpsychologischer Bedeutung.[211] Der Tierpsychologe begab sich mit seinem Vortrag auf ein neues Terrain. Nicht nur, dass er zum ersten Mal auf einer »richtigen« Psychologentagung vortrug. Erstmals versuchte er vor großem Publikum, die Übertragbarkeit seiner tierpsychologischen Erkenntnisse auf die Humanpsychologie herauszustreichen und die politische Bedeutsamkeit seiner Forschungen zu zeigen: Zwischen den Wirkungen der Domestikation auf das Instinktverhalten der Tiere und den Einflüssen der Zivilisation auf den Menschen gebe es erhebliche Parallelen – und beide seien höchst negativ, da degenerierend.

Lorenz hatte mit seinem Vortrag offenbar großen Erfolg, der sich auch bis zu den maßgeblichen Kreisen der KWG herumsprach. Fritz von Wettstein meinte gegenüber dem KWG-Sekretär Telschow, dass sich mit Lorenz' Arbeit etwas entwickeln würde,

> »was nicht nur biologisch, sondern allgemein psychologisch auch für die Entwicklung unserer allgemein sozial-politischen Probleme wesentlich werden kann. Der Erfolg, den Herr Lorenz in Bayreuth hatte, über den mir auch schon von anderer Seite berichtet wurde, spricht eindeutig dafür.«[212]

Trotz von Wettsteins Unterstützung und Lorenz' Versuchen, die politische Bedeutsamkeit seiner Forschungen herauszustreichen, brachten seine Bemühungen bei der Kaiser-Wilhelm-Gesellschaft wieder nur einen kleinen Teilerfolg. Wenig später sprach Lorenz selbst bei Telschow vor und bat um eine Unterstützung seiner Forschungsarbeiten in der Höhe von 3000 Reichsmark (heute: rund 15.000 Euro), die ihm auch gewährt wurde.[213] Einen Monat später bedankte er sich bei Telschow dafür, klagte aber immer noch – mit einer antisemitischen Anspielung – über seine Finanznöte:

> »Die Tiere fressen mir die Haare vom Kopfe, und ich muß gerade jetzt im Herbst, wo die meisten Erpel mausern, besonders gut füttern [...]. Bitte verzeihen Sie meine grässliche Zudringlichkeit, ich komme mir ja selbst vor wie ein, sagen wir, Andersrassiger, und ich wäre auch nicht so, wenn es um etwas anderes als meine Arbeit ginge!«[214]

Im Jänner 1939 wurde Lorenz vom KWG-Sekretär Telschow und vom Präsidenten der Kaiser-Wilhelm-Gesellschaft persönlich, dem Chemie-Nobelpreisträger Carl Bosch, in Wien und dann auch in Altenberg besucht. Bosch, der 1937 Max Planck als KWI-Präsident nachgefolgt war, sei »reichlich zähschleimig« gewesen, berichtete Lorenz seinem Mentor Stresemann, und habe sich über alles selbst ein Urteil bilden wollen: »Ich war immer drauf und dran, ihm zu sagen: Lieber Herr, Ihre ganze Chemie und warum Sie die treiben und ob alles wahr ist, was Sie da sagen, können Sie mir auch nicht in einem halbstündigen Interview erklären«, so der enttäuschte Lorenz.[215] Ärgerlich schrieb er auch an Oskar Heinroth: »Es wird schon wieder einmal schiefgegangen sein.«[216] Tatsächlich sollte die Idee eines KWG-Instituts für mehr als zehn Jahre auf Eis gelegt werden.

Ende 1938 hatte sich immerhin auch in Wien wieder ein Karrierefenster geöffnet: Nachdem sich die Nachfolge Bühlers als unrealistische Träumerei herausgestellt hatte, konnte Lorenz auf eine außerordentliche Professur für Tierpsychologie hoffen. Man wollte nämlich am Zoologischen Institut drei Extraordinariate einrichten: eines für Tierpsychologie, eines für theoretische Biologie und eines für vergleichend-anatomische und systematische Zoologie. Diese drei neuen Planstellen sollten mit Konrad Lorenz (Tierpsychologie), den ebenfalls der Partei beigetretenen Ludwig von Bertalanffy (theoretische Biologie) und Wilhelm Marinelli besetzt werden. Obwohl detaillierte Pläne ausgearbeitet worden waren, verzögerte sich die Ernennung Monat um Monat.[217]

Lorenz bemühte sich auch außeruniversitär um bessere Vernetzung, um innerhalb der Universität mehr Chancen zu haben. Auf Einladung von Fritz Knoll, des NS-Rektors der Uni Wien, sollte er im Frühjahr 1939 im Deutschen Klub einen Vortrag halten. Das war ein einflussreicher Verein, dessen rund 1000 Mitglieder aus der antisemitischen und rechtskonservativen Bourgeoisie Wiens stammten.

Nach dem 12. März 1938 wurden viele dieser »Austro-Nazis« in Spitzenpositionen gehievt, so beispielsweise Fritz Knoll selbst, der zum Rektor der Uni Wien aufstieg, oder Eduard Pernkopf, der NS-Dekan der medizinischen Fakultät. Aber auch der neue Direktor des Burgtheaters, der neue Unterrichtminister, der Wiener Bürgermeister oder die Leiter der Handelskammer, der Nationalbibliothek oder der Nationalbank waren Mitglieder des Deutschen Klubs.[218]

Entsprechend erhoffte sich Lorenz durch diesen Auftritt an »politisch exponierter und wichtiger Stelle im Deutschen Klub«, wie er selbst schrieb, einen Karrieresprung.[219] Ende März 1939 sprach er dort über »Böse und gute Tiere« und betonte dabei augenscheinlich auch die rassenpolitische Bedeutung seiner Forschungen, wie sich aus den Berichten des *Völkischen Beobachters* und des gleichgeschalteten *Neuen Wiener Tagblatts* folgern lässt. Dort hieß es über Lorenz' Ausführungen unter anderem:

> »Auf Grund der bisherigen wissenschaftlichen Ergebnisse der Tierbiologie ist es keine Frage, dass Domestikation rassenmäßige Verfallserscheinungen bedingt. Daraus ergeben sich aber auch für den Menschen wertvolle Rückschlüsse. Der Nationalsozialismus verwertet diese praktisch, indem er durch Sport, körperliches Training usw. für den modernen Stadtmenschen jene natürlichen Auswahlbedingungen ersetzt, die am vorzüglichsten die Natur mit ihrem fortwährenden Daseinskampf ausbildet.«[220]

Ähnlich lauteten die Schlussfolgerungen im *Völkischen Beobachter* unter dem Titel »Degeneration verdirbt den Charakter«. Die Rassenpflege dürfe sich nicht allein auf das äußere Bild und seine Veredelung erstrecken, sie müsse auch auf die Charaktergestaltung größten Einfluss nehmen. »Das ist eine Aufgabe, vor der jeder einzelne steht, denn nur in der unentwegten Hingabe an der Formung des Idealbildes, der sich kein Volksgenosse entziehen darf, können die Schäden ausgemerzt werden, die durch unnatürliche Lebensbedingungen am

Volkskörper hervorgerufen werden.«[221] Welche der Formulierungen im Wortlaut auf Lorenz zurückgingen oder eigene Interpretationen der Journalisten waren, ist unklar.

Trotz dieses Vortrags vor einem einflussreichen Publikum verzögerte sich die Einrichtung der Extraordinariate weiter. Also suchte Lorenz in der Zwischenzeit um Lehrbefugnis als Dozent neuer Ordnung an der Universität Wien an – wie auch von Bertalanffy oder der Logiker Kurt Gödel, der alles andere als ein Freund der neuen Machthaber war. Damit verbunden war der Eintritt ins Dienstverhältnis eines Beamten samt Jahresgehalt von RM 5200,– (nach heutigem Wert rund 25.000 Euro), dazu kamen noch einige Zuschüsse. Es dauerte abermals bis zum Juni 1940, ehe er die Bestätigung dafür erhielt. Doch zu diesem Zeitpunkt kündigte sich dann bereits der große und überraschende Karrieresprung an, auf den Lorenz nach dem »Anschluss« mehr als zwei Jahre lang gewartet und auf den er auch hingearbeitet hatte: mit seinem Parteieintritt, mit neuen Schwerpunktsetzungen in seiner Forschung und mit Aussagen, die mehr Ideologie als Wissenschaft waren.

Abgesehen von den Archivdokumenten gibt es auch Zeitzeugen, die sich an Lorenz' stärker ideologisch ausgerichtete Lehrtätigkeit erinnern, wie der damals 19-jährige Friedrich Schaller, der ab dem Wintersemester 1939 in Wien Zoologie studierte.[222] Der aus Deutschland stammende Schaller, der 1967 selbst Professor am Zoologischen Institut in Wien werden sollte, besuchte im Studienjahr 1939/40 zwei Vorlesungen von Lorenz über »Vergleichende Verhaltensforschung« und war vom »jungen, drahtigen Zoologie-Dozenten mit saloppem Gestus« beeindruckt.[223] Am meisten faszinierten ihn Lorenz' Thesen zur Natur des Menschen und dabei auch »seine erhellenden Hinweise auf das Domestikationsphänomen, das den Menschen mit seinen artspezifisch ›verkommenen‹ Haustieren verbindet«.[224] Domestikation führe in beiden Fällen zur »Entartung der angeborenen Verhaltensweisen«.[225] Lorenz hätte sehr wohl ideologische

Schlussfolgerungen aus seinen wissenschaftlichen Arbeiten gezogen, erinnert sich Schaller im Rückblick. Er hätte mitunter aber auf die vorgeschriebene Begrüßung der Studierenden mit »Heil Hitler!« vergessen und politische Agitation vermieden.[226]

Diese Eindrücke des jungen Studenten decken sich mit den Inhalten einiger Artikel, die Lorenz ab 1939 veröffentlichte, beginnend mit der Druckfassung seines Vortrags auf dem Kongress der Deutschen Gesellschaft für Psychologie. In seinen Arbeiten fanden sich fortan ideologisch motivierte Thesen, die sich im Grunde alle um ein Kernargument drehten: die Parallelen zwischen der tierischen Domestikation und der menschlichen Zivilisation – und ihre schädlichen Auswirkungen. Der Verhaltensforscher war dabei keineswegs der Erste, der diesen Zusammenhang herstellte. Charles Darwin, der Mitbegründer der Evolutionstheorie, nahm in seinem zweiten Hauptwerk *Die Abstammung des Menschen und die geschlechtliche Zuchtwahl*, in dem zum ersten Mal der Begriff »Evolution« vorkommt, diesen Gedanken bereits 1871 in aller Drastik vorweg:

> »Wir bauen Zufluchtsstätten für die Schwachsinnigen, für die Krüppel und die Kranken, wir erlassen Armengesetze und unsere Ärzte strengen die größte Geschicklichkeit an, das Leben eines Jeden bis zum letzten Moment noch zu erhalten. Es ist Grund vorhanden, anzunehmen, dass die Impfung Tausende erhalten hat, welche in Folge ihrer schwachen Konstitution früher den Pocken erlegen wären. Hierdurch geschieht es, dass auch die schwächeren Glieder der zivilisierten Gesellschaft ihre Art fortpflanzen. Niemand, welcher der Zucht domestizierter Tiere seine Aufmerksamkeit gewidmet hat, wird daran zweifeln, dass dies für die Rasse des Menschen im höchsten Grade schädlich sein muss. Es ist überraschend, wie bald ein Mangel an Sorgfalt oder eine unrecht geleitete Sorgfalt zur Degeneration einer domestizierten Rasse führt; aber mit Ausnahme des den Menschen betreffenden Falls ist kein Züchter so unwissend, dass er seine schlechtesten Tiere zur Nachzucht zulässt.«[227]

Wenn immer wieder argumentiert wird, dass Darwin selbst kein Sozialdarwinist gewesen sei, weil mit dem »survival of the fittest« bloß das Überleben der am besten Angepassten und nicht der Stärksten gemeint sei, dann stimmt das für diese Passage gewiss nicht. Darwin selbst machte sich Gedanken zu Zivilisation und Degeneration, wie später in variierter und zugespitzter Form eben auch Konrad Lorenz. Doch auch Denker wie Sigmund Freud sahen mögliche Ähnlichkeiten zwischen der Domestikation bei Tieren und der Kulturentwicklung des Menschen, die fatal enden könnte. Für den Begründer der Psychoanalyse war offensichtlich, dass sich der Prozess der Zivilisation auf das »Triebleben« der Menschen auswirkt. Und er fragte sich in seinem berühmten Briefwechsel mit Albert Einstein im Jahr 1932:

> »Vielleicht ist dieser Prozess mit der Domestikation gewisser Tierarten vergleichbar; ohne Zweifel bringt er körperliche Veränderungen mit sich; man hat sich noch nicht mit der Vorstellung vertraut gemacht, dass die Kulturentwicklung ein solcher organischer Prozess sei.«[228]

Freud sah diesen Prozess der Kulturentwicklung durchaus ambivalent: Wir würden ihm auf der einen Seite »das beste verdanken, was wir geworden«. Auf der anderen Seite könnte er vielleicht sogar »zum Erlöschen der Menschenart« führen, denn »schon heute vermehren sich unkultivierte Rassen und zurückgebliebene Schichten der Bevölkerung stärker als hochkultivierte«.[229] Er vertrat damit 60 Jahre nach Darwin eine ganz ähnliche Position wie Darwin und wenig später auch Lorenz.

Der war 1939 noch ein erbitterter Gegner Freuds, beschäftigte sich mit ganz ähnlichen Fragen, wenn auch unter etwas anderen Gesichtspunkten und mit sehr viel expliziteren Schlussfolgerungen. Sein Referat in Bayreuth, das unter dem Titel »Über Ausfallserscheinungen im Instinktverhalten von Haustieren und ihre sozialpsychologische Bedeutung« gedruckt wurde, nimmt vorweg, worüber Lorenz in den folgenden Jahren bis 1943 wieder und wieder referieren sollte. Sein Text beginnt mit einer Kritik an der Reflexlehre von Pawlow, was noch nichts Neues wäre, wenn sie Lorenz nicht »ideologisch« begründen würde: Sie sei im Gegensatz zu der von ihm vertretenen »neueren deutschen Tierpsychologie« nämlich »wertzerstörend«, da sie »auslesefeindlich« wirke.[230] Das zentrale Thema seiner Ausführungen sind dann »erbliche Veränderungen im Systeme der angeborenen arteigenen Verhaltungsweisen, Veränderungen, die beim Tiere im Laufe der Haustierung und beim Menschen im Laufe des Zivilisationsprozesses auftauchen« – zwei Entwicklungsprozesse, die, vom Standpunkt des Biologen aus gesehen, sehr viel Gemeinsames hätten.[231] Illustriert werden diese Ähnlichkeiten zwischen Tier und Mensch unter anderem am Beispiel seiner Gänsezüchtungen und den Großstadtbewohnern:

> »Würde ich nicht durch fortlaufendes Abschaffen der überzähligen Hausganskreuzungen eine gewisse Selektion unter meinen Gänsen treiben, so wären binnen kurzem die Reinblüter durch die Raumkonkurrenz der hausblütigen Gänse völlig an die Wand gedrückt. Durchaus Analoges gilt mutatis mutandis auch für den Menschen in der Großstadt. Es ist statistisch festgestellt, dass Menschen mit moralischem Schwachsinn eine durchschnittlich sehr viel höhere Fortpflanzungsquote erreichen als Vollwertige.«[232]

Am Schluss des Vortrags steht schließlich ein Plädoyer für die Forschung an »unseren leichter durchschaubaren Mitgeschöpfen«. Nur auf diese Weise könne man »den Unterbau für die Pflege unserer heiligsten rassischen völkischen und menschlichen Erbgüter befestigen«.[233] Tatsächlich hatte Lorenz im Jahr 1939 auch sein DFG-Projekt im Sinne seiner eigenen Forderung inhaltlich erweitert: Ab diesem Jahr liefen zwei Untersuchungen parallel: jenes über »instinktmäßig angeborene Bewegungsweisen bei Vögeln« und das neue über »Instinktausfälle als Störungsfaktoren arteigenen Verhaltens«.[234]

Lorenz' Vortrag in Bayreuth war in gewisser Weise nur ein Testballon für eine Arbeit, die 1940 in der *Zeitschrift für angewandte Psychologie und Charakterkunde* unter dem Titel »Durch Domestikation verursachte Störungen arteigenen Verhaltens« erschien.[235] Eine erste Version dieses 80-seitigen Textes, der einer seiner politisch exponiertesten war, schloss er bereits im Jänner 1939 ab. Und er wusste ziemlich genau, worauf er sich mit dieser Publikation einließ, wie ein Brief an Erwin Stresemann verdeutlicht: »Mein Bayreuther Vortrag über dieselben Dinge war an sich ein Erfolg, aber einerseits standen da die ganz großen Schlager, die gleichzeitig die ganz großen Frechheiten sind, noch nicht drin.«[236]

Tatsächlich ist der 1940 erschienene Aufsatz eine nicht nur erweiterte, sondern auch zugespitzte Version jener Behauptungen, Wertungen und Forderungen, die Lorenz bereits in Bayreuth vorgetragen hatte. Abermals gilt seine Hauptsorge dem laut Lorenz überzivilisierten Großstadtmenschen, der sämtliche negativen Merkmale eines Haustieres in sich tragen würde. Diese »Verfallserscheinungen« würden zu den »dringendsten Volk und Menschheit bedrohenden Gefahren zählen«. Dann führt Lorenz auf fast 50 Seiten Beispiele aus seinem bisherigen Forscherleben an, die seine Argumentation anhand von Tierbeobachtungen untermauern sollen, ehe er in Kapitel 7 auf die »Domestikationsfolgen beim zivilisierten Menschen« zu sprechen kommt.

Lorenz stellt zunächst suggestive Vergleiche zwischen dem Großstadtmenschen und hochgezüchteten Haustieren an, die unter anderem »Mopskopf« und »Hängebauch« teilen würden. Diesen körperlichen »Minusvarianten« stünde sowohl beim Haustier als auch beim Menschen eine »Vermehrung der Instinkthandlungen der Begattung« gegenüber: »Es wäre ein überflüssiger Gemeinplatz,

Die »Verhausschweinung« des Menschen: Mit dieser Skizze wollte Lorenz im Jänner 1939 seinen Lehrer Oskar Heinroth überzeugen, dass der Großstädter zum »Menschenmops« verkommt.

auseinanderzusetzen, wie diese Hypertrophie gerade bei den zivilisiertesten Großstadtmenschen die größten und das soziale Verhalten am stärksten störenden Ausmaße erreicht.«[237]

Schließlich kommt er im Kapitel »Nutzanwendung« auf die Lösung dieser von ihm zuvor dargelegten Probleme zu sprechen – und bekennt sich dabei explizit zur nationalsozialistischen Rassenpolitik. Zwar bleibe die Frage offen, ob die Domestikation tatsächlich zu Schädigungen bzw. Mutationen der Erbsubstanz führe oder nicht. Rassenpflege bräuchte es in jedem Falle, weil in menschlichen Gesellschaften die natürliche Selektion verloren gegangen sei. Und dann folgen jene Absätze, die bis heute immer wieder zitiert und ihm zu Recht vorgehalten werden:

> »Sollte es mutationsbegünstigende Faktoren geben, so läge in ihrem Erkennen und Ausschalten die wichtigste Aufgabe des Rassepflegers überhaupt; denn das immer von neuem mögliche Auftreten von Menschen mit Ausfällen im arteigenen sozialen Verhalten bildet eine Schädigung für Volk und Rasse, die schwerer ist als die einer Durchmischung mit Fremdrassigen, denn diese ist wenigstens als solche erkennbar und nach einmaliger züchterischer Ausschaltung nicht weiter zu fürchten. Sollte sich dagegen herausstellen, dass unter den Bedingungen der Domestikation keine Häufung von Mutationen stattfindet, sondern nur der Wegfall der natürlichen Auslese die Vergrößerung der Zahl vorhandener Mutanten und die Unausgeglichenheit der Stämme verschuldet, so müsste die Rassenpflege dennoch auf eine noch schärfere Ausmerzung ethisch Minderwertiger bedacht sein, als sie es heute schon ist.«[238]

Abschließend wirbt er um Verständnis für diejenigen, die jene »biologische Rolle übernehmen, die in der Vorzeit der Menschheit von feindlichen Außenfaktoren gespielt wurde« – was sie naturgemäß unbeliebt mache.[239] Lorenz baut auf das Vertrauen in »unsere Besten«, denen man »die Gedeihen oder Verderben unseres Volkes bestimmende Auslese anvertrauen« müsse:

> »Versagt diese Auslese, misslingt die Ausmerzung der mit Ausfällen behafteten Elemente, so durchdringen diese den Volkskörper in biologisch ganz analoger Weise und aus ebenso analogen Ursachen wie die Zellen einer bösartigen Geschwulst den gesunden Körper durchdringen und mit ihm schließlich auch sich selbst zugrunde richten.«[240]

Wissenschaftlich betrachtet sind einige der Annahmen von Lorenz in diesem Text widersprüchlich und grundfalsch, was er auch selbst wohl geahnt hat: Bezogen sich Darwin und Freud noch auf Errungenschaften der Zivilisation, so tritt bei Lorenz – wie bei anderen NS-Autoren – die Großstadt als zusätzliche Quelle des Übels auf. Hier wird der Darwinist Lorenz, ohne es anscheinend selbst zu bemerken, zum Neo-Lamarckisten: Denn seiner Meinung nach könne diese ungünstige Umwelt der Großstadt womöglich für Schädigungen der Erbsubstanz sorgen, die laut Lorenz wohl vererbt werden und das Sozialverhalten negativ beeinflussen, was der nächste Fehlschluss ist – um nur auf zwei der gröbsten Fehler einzugehen.

Wie sich Lorenz die Umsetzung seiner rassenbiologischen Forderungen vorstellte, bleibt in den vorgeschlagenen Nutzanwendungen mehr als vage. Und wie konkret ein »ethisch Minderwertiger« von einem »Vollwertigen« zu unterscheiden wäre, wird auch nicht gesagt. Möglicherweise hatte Lorenz damit jene Personen im Kopf, gegen die am 14. Juli 1933 Gesetze »zur Verhinderung erbkranken Nachwuchses« sowie »gegen gefährliche Gewohnheitsverbrecher« beschlossen worden waren. Womöglich aber wollte er eine noch strengere »Selektion« walten lassen; wie dieses »Ausmerzen« konkret vollzogen werden sollte, ließ er unausgesprochen – und womöglich auch ungedacht.

Warum aber sah sich Lorenz überhaupt dazu veranlasst, sich – ganz im Gegensatz zu all seinen engeren Kollegen und Bezugspersonen, sei es nun Heinroth, Stresemann, Koehler, Hartmann, von Holst oder Kramer – »rassenpolitisch« derart zu exponieren? Die einfachste Antwort ist, dass Lorenz von seinen ideologisch verbrämten Spekulationen selbst überzeugt war: Die »Verhaustierung« des Menschen in der Großstadt blieb ihm zeit seines Lebens eine fixe Idee, von der er sich auch noch Jahrzehnte später nicht wirklich abbringen ließ.[241]

Ob Lorenz diese »Domestikations-Arbeit« von 1940 auch als wissenschaftliche Legitimation der ersten eugenischen NS-Gesetze von

1933 bzw. des Gesetzes »zum Schutz der Erbgesundheit des deutschen Volkes« (eines der Nürnberger Gesetze vom 18. Mai 1935) verfasst hat, wissen wir nicht mit Sicherheit. Sehr wohl aber wissen wir, dass er – ebenso wie sein prägender Vater[242] – bekennender Eugeniker und an der »Verbesserung der Menschheit« interessiert war. Der leidenschaftliche Tierzüchter und »Menschheitsarzt« hatte mit dem Problem der Domestikation aber auch ein Thema gefunden, mit dem er seine eigenen Forschungen sowohl vor seinem Vater wie auch vor den politischen Entscheidungsträgern glaubhaft legitimieren konnte – indem er tierpsychologische Erkenntnisse spekulativ auf den Menschen übertrug und von der Gans quasi aufs Ganze schloss.

PSYCHOLOGIEPROFESSOR IN KÖNIGSBERG

> »Das Jahr 1940 wird ganz sicher einmal einen Frühling bringen und, wie wir hoffen wollen, auch einen guten Frieden. Ganz schief kann es uns unmöglich gehen, und so sicher es Frühling wird, so sicher geht es mit Deutschland früher oder später ganz gewaltig aufwärts.«[243]

Die Neujahrswünsche, die Konrad Lorenz am 2. Jänner 1940 seinem Lehrer Oskar Heinroth übermittelte, waren sichtlich geprägt von den dramatischen Veränderungen, die nicht nur das »Dritte Reich« in den Monaten zuvor erfasst hatten. Mit dem Überfall der deutschen Wehrmacht auf Polen am 1. September 1939 und der Kriegserklärung durch Frankreich und Großbritannien zwei Tage später hatte der Zweite Weltkrieg begonnen.

Lorenz' erste Reaktion auf den Kriegsausbruch war, dass er im Arbeiter-Unfallkrankenhaus bei Lorenz Böhler zu hospitieren begann, um – falls er als Arzt einberufen werden sollte – seiner Aufgabe nicht völlig ahnungslos gegenüberzustehen. Der international renommierte Unfallchirurg, nach dem bis heute das AUVA-Krankenhaus Standort Lorenz Böhler in Wien benannt ist, war zeitlich nach Lorenz der NSDAP beigetreten und zudem förderndes Mitglied der SS.[244]

In Lorenz' Briefen aus der Zeit nach Kriegsbeginn kam ein Interesse am politischen und militärischen Geschehen zum Ausdruck. Und wie immer Optimismus, so auch in einem Brief vom September 1939, nachdem die Briten in das Kriegsgeschehen eingetreten waren:

»Wir sind in einer den Umständen angemessen guten, das heißt grundsätzlich hoffnungsvollen und zuversichtlichen Stimmung. Es ist mir sicher, dass uns die Engländer nicht mehr von der Landkarte wegradieren können. Dass sie es offensichtlich wirklich wollen, zeugt von einer grenzenlosen Selbstüberschätzung und Unorientiertheit, die ich beim Feinde gerne sehe, weil sie zum Fall führt!«[245]

Die Stimmung in Wien beschrieb er als ruhig und friedlich, und er hoffte zunächst auf ein Nachgeben der Westmächte, »zumal wenn wir unsere bewundernswerte Politik fortsetzen, ihnen in ihrem Lande nichts zu tun und die Drohung des Luftangriffes zurückhalten für den unwahrscheinlichen Fall, dass sie damit anfangen«.[246] In einem Brief mehr als zwei Monate später machte er sich dann etwas andere Gedanken: Es ärgerte ihn »nur rein rassenbiologisch, dass die zwei ersten und besten Germanenvölker der Welt sich gegenseitig schwer beschädigen, während die ganze nicht-weiße, schwarze, gelbe, jüdische und gescheckte Welt händereibend danebensteht und sich freut«. Doch eine Verständigung mit den Engländern sei erst dann möglich, »wenn ihr gotteslästerlicher Hochmut einen gründlichen Dämpfer bekommen hat. Und den kriegen sie jetzt!«[247]

Im Jänner 1940 kam er in einem Brief an seinen Berliner Förderer Max Hartmann halb ironisch sogar darauf zu sprechen, was passieren würde, wenn der Krieg für das Deutsche Reich »schief« ausgehen sollte, was er allerdings »aufrichtig und ohne Leichtsinn für völlig ausgeschlossen« hielt. Lorenz würde in diesem Fall »überhaupt nicht mehr Zoologe, sondern zunächst hauptberuflich illegaler Nazi« sein und »den heiligen Otto von Österreich« bekämpfen[248], also den Thronfolger Otto von Habsburg, dessen Wiedereinsetzung er im Fall einer Niederlage wohl für wahrscheinlich hielt. Lorenz' bis 1940 anhaltende Kriegseuphorie ist für einen Österreicher durchaus ungewöhnlich. Denn bei einem Gutteil der Bevölkerung hielt sich die Begeisterung über das kriegerische Geschehen von Beginn an in

Grenzen, was der Unterstützung für Hitler in vielen Fällen keinen Abbruch tat.[249]

Als politisch gewordener, von der NS-Begeisterung gepackter Wissenschaftler publizierte Lorenz ebenfalls Anfang 1940 zwei seiner exponiertesten Arbeiten: Die große »Domestikations-Arbeit« ging gerade in Druck. Kurz zuvor erschien noch ein anderer Artikel, in dem sich Lorenz politisch ähnlich explizit äußerte. Dieser Aufsatz erschien unter dem beiläufigen Titel »Nochmals: Systematik und Entwicklungsgedanke im Unterricht«[250] in der NS-Zeitschrift *Der Biologe*, die mittlerweile von der Lehr- und Forschungsgemeinschaft »Ahnenerbe« der SS herausgegeben wurde.[251] Lorenz, der seit 1939 auf der Titelseite des Fachblatts als Mitarbeiter angeführt war, bezog sich mit seinem Text auf einen Artikel von Ferdinand Roßner, Professor an einer Lehrerinnenbildungsanstalt in Hannover, der sich wiederum mit dem rassenkundlichen Unterricht in den Schulen befasste. Im scharfen Gegensatz zu Autoren wie dem antidarwinistischen NS-Erziehungstheoretiker Ernst Krieck hatte Roßner in seinem mit »Systematik und Entwicklungsgedanke im Unterricht« betitelten Text die Bedeutung der Systematik und der Evolutionstheorie zum Verständnis der Rassenkunde betont.[252]

Lorenz schloss sich Roßner in seiner Attacke gegen die Anti-Darwinisten an und ging noch darüber hinaus. Während sich Roßner vor allem für die Vermittlung von Systematik in der Rassenkunde einsetzte, verlangte der Verhaltensforscher vermehrten Unterricht in Evolutionstheorie, was Krieck völlig abgelehnt hatte. Lorenz' Meinung nach stünde Darwins Lehre mit der »wahren Rassentheorie« in Einklang. Man müsse freilich davon ausgehen, dass die Unveränderlichkeit der Rasse reine Fiktion sei, was eben gerade die Möglichkeit zu ihrer »Verbesserung«, aber natürlich auch die Gefahr der Degeneration böte:

> »Wir müssen diese Folgerungen hier deshalb besprechen, weil die gewaltige Verantwortung, die sie uns aufbürden, offensichtlich den leichtfertigen

> Leugnern des Entwicklungsgedankens in keiner Weise bewusst ist. Auf der einen Seite winken schwindelnd hohe Ziele aufartender Höherentwicklung [...]. Auf der anderen Seite und leider in weit greifbarerer Nähe lauern Degeneration, durch das Großstadtleben verursachter rassischer und moralischer Verfall, Geburtenrückgang, Karzinom und Weltkapitalismus und unzählige andere volksfeindliche Kräfte. Beides verlangt aktivste Stellungnahme, verlangt Taten von uns, für beides aber muss derjenige blind bleiben, der an die Unveränderlichkeit der Rasse als ›festes Formgesetz alles Lebendigen‹ glaubt.«[253]

Einmal mehr warnte Lorenz auch in diesem Text vor einem rassischen und moralischen Verfall, der seiner Meinung nach durch das Großstadtleben verursacht werde – eine, wie bereits gezeigt, wissenschaftlich unhaltbare Behauptung. Daran knüpfte er abermals vage bleibende rassenpolitische Konsequenzen. Ob man diesen Verfall rechtzeitig verhindern könne, hänge davon ab, »ob wir bestimmte, durch den Mangel einer natürlichen Auslese entstehende Verfallserscheinungen an Volk und Menschheit rechtzeitig bekämpfen lernen oder nicht«. Lorenz, der selbst einige Vorschläge in diese Richtung machte, sah in dieser Frage die Lage des »Dritten Reiches« sehr positiv: »Gerade in diesem Rennen um Sein oder Nichtsein sind wir Deutschen allen anderen Kulturvölkern um tausend Schritte voraus.«[254]

Im Zentrum stand bei ihm aber der »Wert des Entwicklungsgedankens in der weltanschaulichen Schulung«. Obwohl er konzedierte, dafür »nicht ganz der richtige Mann« zu sein, wollte er doch seine eigenen Erfahrungen über die Beziehungen zwischen Entwicklungsgedanken und nationalsozialistischer Weltanschauung einbringen. Und diese wären wiederum durch den Austrofaschismus geprägt, der sowohl den Darwinismus wie auch den Nationalsozialismus bekämpfte. Sarkastisch meinte er im Rückblick auf die Jahre 1933 bis 1938:

> »Die paar Jahre katholischen Regimes waren uns allen sehr gesund! Man muss in der damaligen Zeit die typischen Argumente der Gegner gehört haben, um die grundsätzliche und ursächliche Verflochtenheit von Nationalsozialismus und Entwicklungsgedanken voll zu erfassen.«[255]

Doch der Verhaltensforscher wollte auch nicht ausschließen, dass zwischen Darwinismus und Nationalsozialismus auf der einen und Christentum auf der anderen Seite nicht auch Verbindungen möglich wären. Denn im Kern schien Lorenz auch die christliche Glaubenslehre für darwinistisch zu halten:

> »Der wesentlichste ethische Wahrheitsgehalt des Christentums ist und bleibt der Satz ›Du sollst Deinen Nächsten lieben wie Dich selbst‹, und gerade dieses Gebot ist die wichtigste und unabweislichste Folgerung des Entwicklungsgedankens: Da uns Rasse und Volk alles, der Einzelmensch so gut wie nichts ist, ist dieses Gebot für uns eine ganz selbstverständliche Forderung. Und wenn es für uns ein ethisches Gebot gibt: ›Du sollst die Zukunft Deines Volkes lieben über alles‹, so ersetzen wir dabei nur die höchste Auswirkung unseres seiner Schöpfung immanenten Schöpfers für das, was die Christen ›Gott‹ nennen.«[256]

Lorenz hielt sich damit ganz und gar an einen der Leitsprüche der Nationalsozialisten, nämlich: »Der einzelne ist nichts, die Gemeinschaft ist alles.« Und einmal mehr meldete sich im Resümee seines Artikels der überzeugte Wissenschaftspopularisator in Lorenz zu Wort bzw. der Prediger für die Rassenlehre und die darwinistisch-nationalsozialistische Weltanschauung:

> »Zum Schluss sei noch einem nur zu oft *gehörten* Einwand begegnet: Niemand sage mir, die Erkenntnisse, deren Verbreitung ich hier anstrebe, seien ›wissenschaftlich‹ und es sei unmöglich, sie in die breiten Massen unseres Volkes zu tragen! Wenn es der Kirche möglich war, die verwickeltesten und

unverständlichsten und noch dazu volksfremden Mythen bis ins letzte Bauernhaus zu tragen, so können *wir* doch unmöglich an der Aufgabe verzweifeln, die wenigen handgreiflichen Tatsachen ebensoweit zu verbreiten, von denen jedes aufgeweckte und unvoreingenommene Schulkind durch den einfachsten Anschauungsunterricht überzeugt werden kann. Noch weniger sage man, die Verbreitung dieser Tatsachenkenntnisse sei nicht wichtig! Durch sie wird die natürlichste und deshalb die verlässlichste Untermauerung für unsere Weltanschauung geschaffen!«[257]

Dieser Text ist ein weiterer Schlüsseltext zur Analyse seines damaligen Verhältnisses zum Nationalsozialismus und seiner Ideologie. Der Artikel nimmt rassenbiologische Terminologie der Nationalsozialisten auf und warnt ein weiteres Mal vor der angeblichen rassischen Degeneration durch das Großstadtleben. Damit bewegte sich Lorenz abermals im Fahrwasser jener konservativ-faschistischen Kulturkritik, die damals auch prominente Intellektuelle wie Oswald Spengler vertraten. Der französische Soziologe Pierre Bourdieu hat diese Ablehnung der Großstadt hinsichtlich der Rhetorik des Philosophen Martin Heidegger, eines der führenden Exponenten dieses Denkens, folgendermaßen gedeutet:

»Das ideologische Ausschlachten der Sehnsucht nach ländlicher Natur und das Unbehagen an der städtischen Kultur und Zivilisation beruht auf der stillschweigenden Gleichsetzung der Rückkehr zur Natur mit der Rückkehr zum Naturrecht, eine Gleichsetzung, die unterschiedlich vollzogen werden kann: in der Restaurierung der an die bäuerliche Welt gebundenen mystifizierten Verhältnisse patriarchalischen oder paternalistischen Typs, aber auch brutaler in der Berufung auf Unterschiede und Triebe, die vorgeblich der Natur (und spezieller der animalischen Natur) universell eingeschrieben sind.«[258]

Für die Auseinandersetzung mit den Domestikations-Aufsätzen von Lorenz aus diesen Jahren gilt mit entsprechenden Abänderungen, was Bourdieu über Heideggers Schriften aus der NS-Zeit formuliert hat: Die Trennung von politischer und wissenschaftlicher Lektüre ist aufzugeben, zumal sich die Arbeiten gerade durch ihre Doppeldeutigkeiten auszeichnen und ihre fließenden Übergänge von wissenschaftlichen Erkenntnissen, ideologisch motivierten Behauptungen und vagen rassenpolitischen Forderungen.

Der Artikel ist aber auch deshalb von besonderem Interesse, weil er 1950 eine entscheidende Rolle dabei spielte, dass Lorenz keine Professur in Österreich erhalten sollte. Zudem hat ihn sein Autor selbst unmittelbar nach Erscheinen wie auch zehn Jahre später mehrfach – durchaus entlarvend – kommentiert. 1950 argumentierte er in mehreren Briefen an Kollegen wie Karl von Frisch, William Thorpe und Julian Huxley entschuldigend, dass er sich mit diesem Text nur naiv gegen einen Nazi-Bonzen – nämlich Krieck – gestellt habe, was ihm zu Nazi-Zeiten verschiedene Schwierigkeiten bereitet hätte.[259] Außerdem würde man bei der Lektüre des Artikels nur finden, »dass ich niemals ein Nazi war, sondern nur, dass ich im Kampf für die Evolutionstheorie (die für mich ganz ernstlich viel vom Schöpfer und der Schöpfung enthält) auch bereit wäre, in kommunistischer, katholischer oder welcher Terminologie auch immer zu sprechen«.[260]

Zwar gab es unter den Wissenschaftlern, die sich als NSDAP-Mitglieder zur uneinheitlichen Ideologie des Nationalsozialismus bekannten, unterschiedliche Auffassungen über die Gültigkeit der Lehre Darwins für die zu popularisierende Rassenlehre.[261] Krieck, einer der führenden NS-Erziehungstheoretiker und Professor für Philosophie und Pädagogik an der Universität Heidelberg, stellte sich vehement gegen die darwinische Deszendenzlehre. Den Zoologen Ernst Haeckel, den wichtigsten deutschen Darwin-Propagandisten, kritisierte Krieck unter anderem als »flachen Epigonen des Materialismus«. Es war aber sehr viel eher Krieck, der sich damit selbst Schwierigkeiten machte: So wies das von Alfred Rosenberg geleitete »Hauptamt Wissenschaft« diese Kritik am Darwinismus und an Ernst Haeckel scharf zurück.

Tatsächlich standen weit mehr und einflussreichere NS-Forscher und -Ideologen auf Lorenz' Seite – nicht nur der genannte Ferdinand Roßner, sondern beispielsweise auch der von Heinrich Himmler protegierte Anthropologe Gerhard Heberer, der 1938 SS-Obersturmführer wurde und bis 1945 Extraordinarius in Jena war. Lorenz vertrat also in seinem Bekenntnis zur Evolutionstheorie eine Meinung, die den tonangebenden radikalen NS-Rassentheoretikern grundsätzlich entsprach, auch wenn er ihr durch seine »Domestikationstheorie« und die von ihm behaupteten negativen Einflüsse des Großstadtlebens eine etwas andere Ausrichtung geben wollte.

Wie aber ist seine zweite Entschuldigung zu bewerten – dass Lorenz sich lediglich für die Evolutionstheorie Darwins eingesetzt habe? Auf der einen Seite mag schon stimmen, dass die »Religion« des Verhaltensforschers zuallererst der Darwinismus war. Auf der anderen Seite wird in diesem Text die Doppelrhetorik offensichtlich, der sich Lorenz in einigen seiner halb wissenschaftlichen, halb ideologischen Texte der NS-Zeit befleißigte. In unterschiedlicher Gewichtung enthielten diese Arbeiten sowohl wissenschaftlich abgesicherte biologische Erkenntnisse als auch ideologisch motivierte und zum Teil aus der Luft gegriffene Behauptungen sowie radikale, wenn auch letztlich vage politische Vorschläge und Forderungen. Lorenz war damit ein typischer Exponent dessen, was im Nationalsozialismus als »politische Biologie« bezeichnet wurde. Und er wusste sehr wohl, dass er sich mit diesen Texten den Nazis auf opportunistische Weise andiente.

Diese Interpretation drängt sich auch bei Lektüre der wenigen erhaltenen Stellungnahmen und Kommentare auf, die Lorenz selbst und seine Kollegen unmittelbar nach Erscheinen dieser Artikel abgaben und die lange unbekannt waren. Lorenz stieß, wie sich aus diesen Briefen schließen lässt, mit seinen politisch exponierten Texten bei seinen engeren Kollegen auf einige Kritik. Und er war sich allem Anschein nach wohl bewusst, wie weit sein Bekenntnis zum

Nationalsozialismus in diesen Texten ging. So meinte er in einem Brief an seinen Ornithologenfreund Gustav Kramer unmittelbar nach Erscheinen des Artikels:

> »[Dazu] ist zu bemerken, dass ihn A) der Herr (Dozent) in seinem Zorn erschaffen hat und dass ich mich B) dieser hemmungslosen Predigt nachträglich ziemlich stark scheniere, nicht weil sie falsch ist, sondern weil ich mich überhaupt scheniere, so meine Religion dargetan zu haben. [...] Dass er Hartmann und Kühn missfallen musste, war von vornherein klar. In meiner Perversität war das aber eher ein Grund, das Zeug doch zu veröffentlichen, weil es mein Gewissen beruhigte, das mir vorhalten wollte, es sei opportunistisch, so eine Nazipredigt gerade jetzt loszulassen.«[262]

Lorenz gestand damit schwarz auf weiß ein, dass er – aus opportunistischen Gründen – einen Text mit Nazi-Anbiederungen verfasst hatte. Und gegenüber Kramers eigener Reaktion meinte er ebenfalls eher defensiv: »Im Ganzen bin ich erstaunt, dass Du den Biologen-Aufsatz nicht überhaupt grunz-sätzlich [sic!] ablehnst!«[263] In der späteren Korrespondenz mit dem Philosophen Eduard Baumgarten wiederum, der 1940 zu einer Schlüsselfigur in der weiteren Karriere von Lorenz werden sollte, ist im Rückblick Baumgartens sogar davon die Rede, dass sich seine »nächsten und treuesten Freunde«, nämlich »Hartmann, Kühn, Koehler, Holst, Süffert, Kramer«, mahnend gegen Lorenz' »Selbstgefährdung als Wissenschaftler« gestellt hätten. Und während Lorenz gemeint habe, »sie seien nur gegen das ›Predigen‹ als solches gewesen«, hätte er, Baumgarten, von Kühn und Holst gehört, dass sie »wesentlich gegen Richtung und Art Deines Predigens im Biologen und in einem Teil Deiner Domestikationsstudie« gewesen seien.[264]

Im zitierten Schreiben an Gustav Kramer erhalten wir aber auch Aufschlüsse darüber, wie ernst es Lorenz tatsächlich mit seinen rassenpolitischen Vorstellungen meinte. An der von den Nazis proklamierten »Aufartung«, die er in seinem Artikel noch verteidigte, schien er doch selbst seine Zweifel gehabt zu haben:

> »Was die rassepolitische Seite der Frage anlangt, so glaube ich auch, dass man bewusst und wissenschaftlich nichts Aktives zur Höherentwicklung dazutun kann. Die wesentliche und heute drängende Aufgabe ist sicher zunächst die Verhinderung der rapiden Domestikation. Darüber reden wir weiter, wenn Du die Domestikationsarbeit gelesen hast. Ich kann sagen, dass ich das Wesen der Ethik, und ganz speziell der Ethik der Ehe, erst überhaupt verstanden habe, nachdem ich mir die domestikationsbedingten Verfallsmöglichkeiten klargemacht habe.«[265]

Bleibt die Frage, wie sich Lorenz die Verhinderung der Domestikation vorstellte bzw. was er mit den »aktivsten Stellungnahmen« und »Taten« meinte. Waren es nur Maßnahmen rund um die Partnerwahl und die Ehe, die Lorenz im Kopf hatte? Oder sollten auch andere Taten – Stichwort »Ausmerze« – gesetzt werden? Ein Brief an Eduard Baumgarten, ebenfalls aus dem Mai 1940, gibt diesbezüglich nicht wirklich eindeutige Antworten:

> »Man kann [...] praktisch rasse-politisch wirklich furchtbar wenig mehr machen, als was man eh tut. Höchstens, dass man es mit der Ausmerze noch etwas genauer nimmt. Aber glauben Sie nicht, dass das bloße Wissen um diese Dinge [...] auf breitere Schichten übertragen werden könnte und dann ganz gewaltig in der Richtung der Ausmerze bzw. Nicht-Heiratung des Unerwünschten wirken würde? Ich kann mir beim besten Willen nicht vorstellen, dass ein Kerl, der als Junge viel mit Wild- und Haustieren zu tun hat (ich meine mit wissenschaftlichem Verständnis) dann hergeht und eine, wenn auch noch so reizvolle Marlene Dietrich heiratet! Man könnte doch wohl was machen, wenn man die Dinge genügend wichtig nimmt, um die Menschenerziehung ganz grundlegend danach auszurichten!«[266]

Einerseits solle man es also mit der »Ausmerze« noch etwas genauer nehmen. Andererseits scheint er damit – in einem seltsamen Widerspruch zum Begriff – doch positive Eugenik zu meinen, also Maßnahmen rund um die Partnerwahl.

Der Text in *Der Biologe* und der Domestikations-Aufsatz waren die radikalsten Zeugnisse für Lorenz' wissenschaftliche Grenzüberschreitungen in Richtung NS-Ideologie. Dass er sich 1939 und 1940 so sehr in rassenpolitischen Fragen exponierte, stand gewiss im Zusammenhang damit, dass er in dieser Zeit Mitglied des Rassenpolitischen Amts (RPA) der NSDAP mit Redeerlaubnis geworden sein muss. Diese NS-Organisation wurde 1934 zur rassenpolitischen Aufklärungsarbeit in der Partei gegründet und entschied über richtige und falsche Rassenlehren – auch im Hinblick auf ihre politischen und psychologischen Auswirkungen in der Bevölkerung. Wann Lorenz die dafür nötige Ausbildung absolvierte, ist ein bisher ebenso ungelöstes Rätsel wie die konkreten Kontaktleute, die ihn dazu motivierten. Sicher ist nur, dass Ende 1940 in einem Personaldokument diese Mitgliedschaft erwähnt wird.

Am wahrscheinlichsten scheint es, dass Lorenz diesen Schritt irgendwann 1939 von Wien aus tat. Und es kann gut sein, dass seine enge Bekanntschaft mit dem Psychiater Alfred Auersperg abermals eine Rolle spielte. Auersperg war nämlich enger Kollege des angehenden Neurologen Walther Birkmayer, der 1936 in Medizin promovierte, im gleichen Jahr der SS beitrat und zwei Jahre später der NSDAP. Der angehende Neurologe wurde im Herbst 1938 Co-Leiter der erbgesundheitlichen Beratungsstelle des Rassenpolitischen Amts in Wien[267] und später dessen Hauptstellenleiter, ehe er seine NS-Karriere Ende 1939 wegen »nichtarischer« Vorfahren abrupt beenden musste.[268] Lorenz und Birkmayer waren jedenfalls Duz-Bekannte, was natürlich auch noch andere Gründe gehabt haben könnte. Auffällig ist jedenfalls Lorenz' psychiatrisches Interesse, das im Laufe der Kriegsjahre immer ausgeprägter wurde – und dass er in seinen

Arbeiten 1939 und 1940 ähnliche eugenische Positionen vertrat wie Birkmayer.

Dass Lorenz vor allem erst nach seinem Weggang aus Wien, also erst nach dem Herbst 1940, für das Rassenpolitische Amt tätig wurde, kann hingegen ausgeschlossen werden.[269] Lorenz referierte bereits 1939 für NS-affine Öffentlichkeiten – ob mit Genehmigung des RPA, ist unbekannt. Der Vortrag im Deutschen Klub Ende März 1939 wurde bereits erwähnt. Bereits zuvor trat er am 15. Jänner 1939 als Redner bei einer weniger glamourösen NS-Veranstaltung in der Nachbargemeinde Greifenstein auf. Im Gasthof Haberkorn sprach er über »Teil und Ganzheit (Das Führerprinzip in der Natur!)«.[270] Wann und ob er die für die RPA-Mitgliedschaft nötige einwöchige Rednerausbildung in Babelsberg bei Berlin absolvierte, ist allerdings nicht dokumentiert.[271]

Warum Lorenz in seinen späteren Arbeiten ab 1941 gemäßigtere Töne anschlug, darüber lässt sich in Ermangelung von Quellen nur spekulieren. Eine Rolle spielte gewiss, dass er von seinen Freunden und Kollegen, die zwar zum Teil Nazi-Sympathisanten, aber zumeist keine Parteigenossen waren, für seine Nazi-Bekenntnisse allem Anschein nach kritisiert worden war. Eine Rolle spielte aber gewiss auch, dass Lorenz im Jahr 1940 endlich seine heißersehnte Professur erhielt und deshalb »opportunistische Nazi-Predigten« nicht mehr nötig waren. Wie so vieles andere in Lorenz' Leben, so verlief auch das Zustandekommen dieser Bestellung ungewöhnlich, wie es auch der Lehrstuhl war. Ein Teil dieser Besonderheiten mag aber auch späterer Legendenbildung geschuldet sein. Bei dieser Professur handelte es sich nicht um ein neu geschaffenes Extraordinariat in Wien, sondern um ein richtiges Ordinariat im ostpreußischen Königsberg. Auch wenn Lorenz darauf nur per Zufall landete, war es für damalige Verhältnisse höchst ungewöhnlich, dass ein habilitierter Zoologe mit Spezialgebiet Tierpsychologie dafür berufen wurde. Wie aber kam diese Berufung zustande?

Lorenz wusste spätestens seit Mai 1940, dass er gute Aussichten auf eine Professur hatte. Denn damals kam der eben erst von Göttingen nach Königsberg berufene Philosoph Eduard Baumgarten zu einem überraschenden Besuch nach Altenberg und unterbreitete Lorenz das Angebot, mit ihm eine Art Doppelprofessur zu teilen. Baumgarten, ein Neffe des berühmten deutschen Soziologen Max Weber und ein Schüler Martin Heideggers, hatte sich nach einem längeren Aufenthalt in den USA 1933 in Göttingen über die Philosophie des Pragmatismus habilitiert und wurde daraufhin von seinem Lehrer und damaligen Rektor der Universität Freiburg als Gegner der Nationalsozialisten denunziert.[272] Baumgarten blieb bis 1940 als Dozent in Göttingen, ehe er als Nachfolger des Philosophen Arnold Gehlen nach Königsberg berufen wurde, während Gehlen seinerseits an die Universität Wien gewechselt war.

Das Zustandekommen seiner eigenen Berufung wusste Konrad Lorenz – wie es seine Art war – stets als kurzweilige Anekdote zu erzählen, die auch all seine Biografen gerne übernahmen.[273] Ein letztes Mal erzählte er die Geschichte in seiner unvollendeten Autobiografie wenige Monate vor seinem Tod: Eduard Baumgarten habe »als überzeugter pragmatischer Philosoph« gewisse Bedenken gehabt, »nach Königsberg in den Tiefschatten Kants zu übersiedeln«. Deshalb habe der »hervorragende Violinist und anerkannte Leiter eines Kammerquartetts« an seinen Musikerkollegen, den Bratschisten Erich von Holst, die Frage gestellt, »ob nicht die Möglichkeit bestünde, für die andere philosophische Professur in Königsberg einen Mann zu finden, der im Wesentlichen auf biologischen Anschauungen fuße und ein kritisches Interesse für den Kantschen Begriff des Apriorischen habe«. Von Holst hätte daraufhin geantwortet, dass er »einen Vogel von genau dieser seltenen Kombination von Eigenschaften auf Lager habe«, nämlich Konrad Lorenz in Altenberg.[274]

In Wahrheit war das natürlich nur ein kleiner Teil der ganzen komplizierten Geschichte, denn zu NS-Zeiten reichte eine freundschaftliche Unterredung bei einem Streichquartett nicht aus, damit jemand ein Ordinariat bekam. Lorenz' Berufung war Teil eines Personalaustausches zwischen der Alma mater Rudolphina in Wien und der Albertus-Magnus-Universität in Königsberg, der bereits Monate zuvor begonnen hatte. Die Fäden zog dabei der in Königsberg habilitierte Volkskundler und SS-Mann Heinrich Harmjanz, der insbesondere im Bereich der Geisteswissenschaften im Berliner Reichsministerium für Wissenschaft, Erziehung und Volksbildung das Sagen hatte.

Der Erste, der von Königsberg nach Wien übersiedelte, war der bereits erwähnte Gunther Ipsen, der nicht nur zum Professor für Philosophie und Volkskunde, sondern auch zum Direktor des Psychologischen Instituts ernannt wurde – also jene Stelle erhielt, die eigentlich Lorenz gerne gehabt hätte.[275] Wenig später folgte ihm der Philosoph Arnold Gehlen von Ostpreußen in die »Ostmark« nach, um ebenfalls eine frei gewordene Professur in Wien anzunehmen. Damit waren nun aber in Königsberg zwei Ordinariate vakant, für die der Philosoph Eduard Baumgarten jeweils an erste Stelle gesetzt wurde. Und so wurde Baumgarten, der letztlich Gehlens Lehrstuhl übernahm, auch die Aufgabe übertragen, für das Ipsen-Ordinariat einen geeigneten Psychologen zu suchen.[276]

Baumgarten scheint, wie sich aus Briefen aus dieser Zeit rekonstruieren lässt, tatsächlich mit von Holst über die Besetzung gesprochen zu haben. Noch in Göttingen hatten sich die beiden 1939 regelmäßig getroffen und Pläne für ein philosophisch-biologisches Doppelinstitut gewälzt.[277] Eigentlich wäre von Holst der Wunschkandidat Baumgartens gewesen.[278] Dieser lehnte jedoch ab und nannte Lorenz als Alternative – laut Baumgarten mit den Worten: »Sind Sie mit Blindheit geschlagen?«[279] Denn von Holst wusste, dass Baumgarten bereits im Frühjahr 1939 im Rahmen einer Lehrveranstaltung auf Arbeiten von Konrad Lorenz gestoßen war und über ihn sogar schon referiert hatte. Dazu kam, dass sich Lorenz zufällig ab Herbst 1939 mit

Kant zu beschäftigen begonnen hatte. Davon wusste wiederum von Holst, der mit Lorenz darüber korrespondierte: Lorenz war damals bemüht, Gemeinsamkeiten zwischen dem kantischen Apriori und dem Uexküll'schen Begriff des angeborenen Schemas aufzuzeigen.[280] Baumgarten fragte daraufhin den Königsberger Zoologie-Professor Otto Koehler um Rat, der Lorenz seit einigen Jahren sehr gut kannte und von der Idee begeistert war. Auch der Dekan der philosophischen Fakultät in Königsberg sagte Unterstützung für den unkonventionellen Berufungsvorschlag zu. Daraufhin nahm Baumgarten über von Holst Kontakt mit Lorenz auf und besuchte den einigermaßen überraschten Tierpsychologen im Mai 1940 in Altenberg, um ihm das Angebot zu unterbreiten.

Bleibt die Frage, ob die fachlichen Qualifikationen von Lorenz und die Unterstützungen durch den Dekan und Baumgarten ausgereicht haben, dass Lorenz diese Psychologieprofessur erhielt. Erstberufungen von Nicht-Parteigenossen wie im Fall von Hans-Georg Gadamer, der 1938 zum Professor für Philosophie in Leipzig ernannt worden war, zählten ab Ende der Dreißigerjahre jedenfalls zur absoluten Ausnahme in der Berufungspolitik an den nationalsozialistischen Universitäten. Auf der anderen Seite scheinen gerade im Bereich der Psychologie ab 1937 wieder stärker fachliche und weniger politische Kriterien für die Vergabe von Professuren ausschlaggebend gewesen zu sein.

Wie war es im Fall von Lorenz? Der »Ostmärker« war schlicht und einfach beides: Er war wissenschaftlich und auch im NS-Sinne politisch qualifiziert. Mit seinen knapp 37 Jahren galt er in Biologen- und Psychologenkreisen als Zukunftshoffnung der Tierpsychologie. Und er hatte für eine Berufung entsprechende politische Vorleistungen erbracht: Aus Lorenz' Berufungsakten geht hervor, dass die Parteimitgliedschaft und alle Tätigkeiten für die Partei genau registriert worden waren. Unter der Rubrik »Ämter in der Partei« wurde vermerkt, dass Lorenz »Mitarbeiter des Rassenpolitischen Amtes mit

Redeerlaubnis« sei. Wie sich aus den Unterlagen ersehen lässt, wurde auch nachgefragt, ob Lorenz den Eid auf den Führer abgelegt habe, was von der Universität Wien bestätigt wurde.[281]

Eduard Baumgarten meinte zwar vier Jahrzehnte später über die Berufungsverhandlungen im Reichserziehungsministerium, dass er nicht wisse, ob der zuständige Ministerialrat Harmjanz in Berlin Lorenz über Parteizugehörigkeit usw. befragt habe. Er wisse nur, »dass an einer etwaigen negativen Antwort Harmjanz die Berufung nicht hätte scheitern lassen; er war viel zu stark sachlich an dem Königsberger Plan als solchem interessiert; und in Formalien war er alles andere als ein Pedant.«[282] Angesichts solcher Aussagen darf allerdings auch die eigene Rolle Baumgartens nicht unterschätzt werden, den zwar Martin Heidegger denunziert hatte, der aber selbstverständlich Parteimitglied war und über gute Kontakte zu Nazi-Größen verfügte. Zudem wusste er über die Verbrechen des Nationalsozialismus schon sehr früh Bescheid: Baumgarten war kurz vor seiner Berufung in den baltischen Ländern gewesen und wusste von Massakern an jüdischen Bewohnern, wie er Ende 1973 in einem Brief an Lorenz zugab.[283] Und wie bereits erwähnt, hat sich Lorenz mit Baumgarten vor der Berufung ausführlich über Fragen der Domestikation und Ausmerzung ausgetauscht. Gerade dieses »missionierende Element« bei seinen wissenschaftlichen Forschungen mag ein Grund für Baumgarten gewesen sein, sich für Lorenz zu entscheiden.[284]

Am 31. August 1940 erhielt Lorenz im Auftrag des Reichsministers für Wissenschaft, Erziehung und Volksbildung die Aufforderung, ab dem 3. Trimester 1940 den Lehrstuhl für Psychologie der philosophischen Fakultät der Universität Königsberg wahrzunehmen.[285] Wenige Tage darauf, am 4. September, reiste Lorenz nach Ostpreußen. Mitte August war er indes noch unsicher, wie seine weitere Zukunft aussehen würde. Die Möglichkeiten bewegten sich zwischen einem Verbleib in Altenberg, dem Einrücken als Soldat und eben der Professur in Königsberg. »Ich möchte allmählich wissen, welches der Dreie steckt in dem Breie, den

Am Lehrstuhl von Immanuel Kant: 1940 trat Konrad Lorenz an der Albertus-Universität in Königsberg seine erste und einzige ordentliche Professur an.

ich 1941 auslöffeln werde«, schrieb Konrad Lorenz am 16. August 1940 an Erwin Stresemann. Unmittelbar zuvor hatte er seine Musterung absolvieren müssen, und es war ihm wohl bewusst geworden, wie schnell es passieren könnte, als Soldat rekrutiert zu werden.

Doch zunächst ging es nach Königsberg, fast 1000 Kilometer nordöstlich von Wien. Die Hauptstadt der Provinz Ostpreußen galt wegen ihrer exponierten Lage als der nordöstliche Eckpfeiler Großdeutschlands und als die »äußerste Hochburg des Deutschtums am Baltischen Meer«. Die Stadt zählte damals rund 370.000 Einwohner und war ein kulturelles und geistiges Zentrum. Die Albertus-Universität, an die Lorenz berufen worden war, würde 1944 ihr 400-jähriges Jubiläum feiern. Ihr größter Denker war der Philosoph Immanuel Kant, der ab 1755 als Dozent und ab 1780 als ordentlicher Professor in Königsberg lehrte. Lorenz' Berufung markiert nicht nur insofern einen Höhepunkt in seiner Karriere, als er zum ersten Mal in seinem Leben eine richtige Universitätsprofessur erhielt. Ob es der

Lehrstuhl von Immanuel Kant war, auf dem er durch einen Zufall landete, darüber lässt sich trefflich streiten: Inhaltlich hatte natürlich Baumgarten das Philosophie-Ordinariat inne und Lorenz jenes für Psychologie, das zu Kants Zeiten noch nicht existierte. Baumgarten selbst meinte später allerdings, dass es bei seiner eigenen Bestellung zu einer Vertauschung der Lehrstühle des Psychologen Ipsen und des Philosophen Gehlen kam, dem Lorenz letztlich de jure nachfolgte.[286]

Die Albertus-Universität war 1940 nach wie vor von Kant geprägt – und stand im Ruf, eine besonders strenge und politisierte Universität zu sein, wie auch der Hochschulführer des Jahres 1940/41 mit einigem Stolz festhielt:

> »Wir wollen es doch einmal ganz klar aussprechen. Manchem Studenten hat man gesagt: ›Studiere bloß nicht in Königsberg! Dort gibt's nur Dienst in den Kameradschaften. Dort musst Du nur Politik treiben und kannst Deine Wissenschaft an den Nagel hängen! Dort spricht man nur von Antreten, von Marschieren, von Pflicht und Zwang, von Einsatz und politischer Erziehung!‹ – Ja, meine Kameraden, wir leben aber auch in der Stadt eines Kant und seines Imperativs!«[287]

Der »Ostmärker« Lorenz kannte Königsberg bereits von den Besuchen bei seinem Freund Otto Koehler, der an der Albertus-Universität Zoologie-Professor war. Zu seinem Umzugsgut gehörten mehrere Kisten mit lebenden Gänsen, die im Königsberger Zoo untergebracht wurden. Zum Gepäck zählten außerdem Milchkannen voll Buntbarschen, für die er in der für diesen Zweck rasch ausgeräumten Bibliothek des Psychologischen Instituts gemeinsam mit seinem aus Wien mitgebrachten Assistenten Alfred Seitz in drei Tagen Aquarien errichtete. Am vierten Tag allerdings stand – zum Ärger der ohnehin etwas irritierten Kollegen – der Tagungsraum der geisteswissenschaftlichen Klasse der Königsberger Gelehrten Gesellschaft unter Wasser, der sich genau darunter befand.[288] Einen Monat nach seiner Ankunft gab Lorenz seinem Mentor Erwin Stresemann einen hoffnungsfrohen Zwischenbericht der ersten Wochen:

> »Meine erste Entensendung ist schon ohne Verlust hier eingewöhnt, Haltungsbedingungen erstklassig, ich habe schon neue Mandarinenten gekauft, was doch sicher ein Symptom für Enten-Optimismus ist. [...]. Wie Sie sehen, bin ich tüchtig bis zur Unkenntlichkeit. [...] Ich werde hier alle Gewässer, Schlossteich, Oberteich, Hammerteich und noch weitere öffentliche Anlagen, die nur dünn beschwant (höcker) sind, allmählich mit Graugänsen ›überziehen‹, Wege zur Stadtverwaltung sind leicht gangbar.«[289]

Zwar war ihm die Stadtverwaltung bei seinen Tierhaltungsproblemen durchaus behilflich, bei der Wohnungssuche für sich und seine Familie sah es weniger gut aus. Erst ein halbes Jahr nach seiner Ankunft fand sich eine halbwegs adäquate Wohnung mit drei Zimmern. Und so konnte er erst im März 1941 seine Frau und seine mittlerweile drei Kinder – Tochter Dagmar war im Jänner geboren worden – zu sich nach Königsberg holen. Zu fünft begnügte man sich zunächst mit drei Zimmern; im September 1941 konnte die Familie in eine der größeren Professorenwohnungen in der Cäcilienallee übersiedeln. Nun wurde auch Vater Adolf Lorenz nach Königsberg nachgeholt, der seit drei Jahren verwitwet war. Die Mutter von Konrad Lorenz war nach langem schweren Leiden bereits im Juli 1938 gestorben. Der greise Orthopäde, der mittlerweile 87 Jahre alt war, zeigte sich über die Übersiedelung alles andere als erfreut, wie sich Lorenz in seinen Memoiren erinnert: »Mein alter Vater, der Wiener Prachtbauten und die Entfaltung österreichischer Eleganz gewohnt war, sprach sich wiederholt abwertend über die Königsberger Lebensweise aus.«[290] Auch die Kinder Agnes und Thomas waren in Königsberg nicht sehr glücklich, »da sie sich als gewachsene Österreicher dem ostpreußischen Gymnasium nicht richtig einzufügen vermochten«.[291] Und auch er selbst wurde in Königsberg nicht allzu heimisch, zumal sich seine mitgebrachten Gänse von ihm entfremdet hatten:

> »Ich selbst fühlte mich im Stadtleben durchaus nicht wohl. Meine Wildgänse waren zwar mit Erfolg an den Zoologischen Garten in Königsberg übersiedelt worden, sie waren mir aber zu nichts mehr nütze, da sie mir nie vergaßen, dass ich sie eingefangen und übersiedelt hatte. Sie fraßen beliebigen Besuchern des Zoologischen Gartens aus der Hand und waren allgemein beliebt. Aber wenn sie mich sahen, machten sie lange Hälse und zogen dem nächsten offenen Gewässer zu.«[292]

Dennoch war Lorenz' kurze Zeit in Königsberg aufgrund der engen Zusammenarbeit mit dem Philosophen Baumgarten eine der produktivsten seiner Karriere. Wie Otto Koehler später formulierte, wurde an diesem interdisziplinären Doppelinstitut eine »große Bresche in die Chinesische Mauer zwischen Natur- und Geisteswissenschaften« geschlagen.[293] Hauptverantwortlich dafür war der Biologe Lorenz, der sich auf fachfremdes philosophisches und erkenntnistheoretisches Gebiet vorwagte. Von der interdisziplinären Kooperation schienen Baumgarten und Lorenz allerdings unterschiedlich profitiert zu haben – zumindest in der Erinnerung des Philosophen Baumgarten:

> »Dass nur ich – haufenweise – von Dir gelernt habe und Du von mir [...] offensichtlich überhaupt nichts, jedenfalls de facto nichts wissenschaftlich zu registrierendes und mitzuteilendes [...], ist natürlich recht desillusionierend für jemand, der sich eingebildet hatte, Übersetzungskünste [...] institutionalisieren zu können, zwischen der Sprache der Geisteswissenschaften und der Sprache der Naturwissenschaftler. [...] Der Ausflug nach Königsberg hat [...] Deine Wissenschaftsziele um keinen Kompassgrad verrückt.«[294]

Tatsächlich ging Lorenz seinen eigenen Weg weiter – auch in der Lehre: Die Psychologiestudenten in Königsberg mussten von nun an männliche Buntbarsche beim Revierverteidigen beobachten, sie sahen Enten grunzpfeifen und Kurzhoch machen oder jagten mit ihrem Professor einem Wildeber nach, den eine auf das Zoogehege gefallene Bombe befreit hatte.[295] Auf den Punkt gebracht hat Lorenz seine Zusammenführung von Tier- und Humanpsychologie damals mit der Formel »Es gibt nur eine Psychologie!« – seine oft zitierte Antwort auf die Frage seines Studenten Paul Leyhausen, der im Jänner 1941 wissen wollte, ob an Lorenz' Institut auch tierpsychologische Arbeitsmöglichkeiten bestünden.[296]

In der Stadt Immanuel Kants kam Lorenz um den großen Philosophen natürlich nicht herum: Als ordentlicher Professor an der Universität wurde Lorenz Mitglied in der Königsberger Kant-Gesellschaft, dem elitären und traditionsreichen Intellektuellenzirkel der Stadt. Und bald nach seiner Übersiedlung, im Dezember 1940, hielt er einen Vortrag über »Kantsche Entdeckungen im Lichte der gegenwärtigen Biologie«, worüber auch die *Allgemeine Königsberger Zeitung* berichtete:

> »Der Biologe aber stellt an Kant die Frage, ob die Vernunft mit ihren Denkgesetzen nicht das gleiche sei wie das in Jahrmillionen der Entwicklung gewachsene und gewordene Gehirn. [...] Kant krankte – nach Meinung des biologisch ausgerichteten Philosophen – daran, dass er sich auf die reinen Gesetze der Vernunft versteifte [...].«[297]

Lorenz dürfte sich durch die Darstellung geschmeichelt gefühlt haben, denn er schickte den Zeitungsartikel mit dem Vermerk »Herzlichste Grüße von Deinem Sohne Konrad!« an seinen damals noch in Altenberg weilenden Vater. In der Kant-Gesellschaft selbst erregte Lorenz' naturwissenschaftliche Herangehensweise an erkenntnistheoretische Probleme naturgemäß viel Widerspruch.[298] Die Diskussionen zogen sich im Königsberger Parkhotel oft bis spät in die Nacht hinein. Das Niveau der Unterhaltungen war hoch, wofür auch die

Beiträge der Königsberger Professorengattinnen mitverantwortlich waren, wie sich Lorenz später anerkennend erinnerte: »Die Damen sprachen durchaus nicht über Haushalt und Hausgehilfinnen. Ich wollte, ich wäre in Kantischer Philosophie so beschlagen gewesen wie sehr viele von ihnen, vor allem Annemarie Koehler, die Gattin meines Freundes Otto.«[299]

Wie Lorenz später einmal meinte, sei es »ausgeschlossen, ›im Nebenberuf‹ Kant zu lesen«. Und so habe er ein »sehr unmoralisches, aber erfolgreiches Verfahren betrieben, indem ich frech gesagt habe, was ich meine, und dann geschaut habe, was die Kantianer dazu sagen« – eine durchaus nicht unübliche Vorgehensweise von Lorenz. Seine Lehrmeister in Sachen Kant waren dabei die bereits genannte Annemarie Koehler und der medizinische Physiologe H. H. Weber, deren Gegenargumente gegen seine Thesen er »ganz einfach abgeschrieben« habe. »Und daraus wurde dann meine Arbeit ›Kants Lehre vom Apriorischen im Lichte gegenwärtiger Biologie‹«, die 1941 in den *Deutschen Blättern für Philosophie* erschien.[300]

Dieser Text war die erste erkenntnistheoretische Veröffentlichung von Lorenz; Jahrzehnte später sollte aus seinem mit diesem Text begründeten Ansatz die sogenannte »evolutionäre Erkenntnistheorie« werden, mit der ein Kreis von Lorenz-Schülern in den 1970er- und 1980er-Jahren reüssierte. Deren Kernthese besteht darin, dass die vorgegebenen Anschauungsweisen von Raum, Zeit und Kausalität, also das Apriori von Immanuel Kant, evolutionäre Wurzeln haben. So wie unser Auge in Anpassung an die Sonne entstanden sei, so hätten sich auch die apriorischen Denk- und Anschauungsformen des Menschen in Auseinandersetzung mit ihrer Umwelt entwickelt. Lorenz war darauf durch die ganz unterschiedlichen Wahrnehmungsapparate bei den Tieren gestoßen, die – je nachdem, wie ihre Sinnesorgane gebaut sind – völlig andere »Wirklichkeiten« hätten.[301]

In seiner Selbstbiografie meinte Lorenz zwar, dass er von dieser Arbeit anfangs nicht viel gehalten hätte: »Ich war weder stolz auf sie, noch tat ich ihrer irgendwann große Erwähnung.«[302] Aber es scheint ihm dann doch geschmeichelt zu haben, als ihm unerwartet große Anerkennung zuteilwurde: Kein Geringerer als der deutsche Physiker Max Planck veröffentlichte kurze Zeit nach Lorenz' Publikation einen Vortrag unter dem Titel »Sinn und Grenzen der exakten Wissenschaften«, in dem er zu ähnlichen Thesen wie Lorenz kam. Als Planck von Lorenz' Artikel erfuhr, hat er dem Biologen angeblich einen sechsseitigen anerkennenden Brief geschrieben.[303] Und es freute Lorenz wohl auch, dass die Arbeit in den 1960er-Jahren vom US-amerikanischen Philosophen Donald Campbell wieder ausgegraben und zum Beispiel von Noam Chomsky rezipiert wurde. Zudem stellte sich heraus, dass viele andere große Denker wie Karl Popper oder lange zuvor Ludwig Boltzmann oder Ernst Mach zu ähnlichen Ansichten gekommen waren.

Lorenz hat in Königsberg aber nicht nur an erkenntnistheoretischen Fragestellungen gearbeitet, sondern seine vergleichende Verhaltensforschung weitergetrieben: »Gerade in jenen so schweren Vorkriegs- und ersten Kriegsjahren hat er so viel und so umfassend geschrieben wie nie wieder«, meinte sein Königsberger Kollege Otto Koehler im Rückblick anerkennend.[304] Hatte er sich mit Erlangung der Professur ab Herbst 1940 also wieder ganz auf die Wissenschaft konzentriert und vom ideologischen »Predigen« abgelassen? Seine eigenen Aussagen und die seiner Königsberger Kollegen lassen jedenfalls diesen Eindruck entstehen. Und Lorenz selbst meinte in einem Interview mit dem Magazin *Newsweek* im Jahr 1974: »Der Krieg und Politik berührten uns in Königsberg so gut wie gar nicht.«[305] Sein »Entdecker« Eduard Baumgarten meinte: »In Königsberg hatte Lorenz zum Predigen keine Zeit mehr. Er musste sich in sein neues Fach [...] einarbeiten: ›Allgemeine vergleichende Psychologie‹.«[306] Ganz ähnlich die Einschätzung von Otto Koehler, der während der NS-Zeit durchaus mit den Nazis sympathisierte, aber weder Parteimitglied war noch einschlägig publizierte. In einem Gutachten über

Lorenz aus dem Jahr 1949 meinte er, dass diesem aufgrund seiner Mehrfachbelastung »niemand etwas hätte abgewinnen können, das außerhalb seiner Arbeit lag. Nicht einmal wissenschaftliche Vorträge nahm er an.« Außerdem habe Lorenz die Nazipropaganda »derart verachtet, dass er's nicht wert hielt, auch nur ein Wort darüber zu verlieren«.[307] Mit seinem Studenten Paul Leyhausen hat Lorenz immerhin über Politik gesprochen und angeblich vor allem kritisch über den Nationalsozialismus. Laut Leyhausen sei Lorenz schon weitgehend desillusioniert gewesen, als er ihn 1941 kennengelernt habe:

> »Er teilte herzlich meine Abscheu vor Goebbels, Rosenberg [...] und Julius Streicher [...], hoffte aber immer noch, dass Hitler selbst einsichts- und lernfähig sei. Rückblickend mag das unglaublich naiv und blauäugig erscheinen. [...] Über alle diese Dinge sprachen wir sehr offen miteinander. Eines jedenfalls weiß ich daher ganz sicher: Wäre Lorenz ein Gesinnungsnazi gewesen, so hätte ich wohl kaum weiterstudieren können.«[308]

Offensichtlich ist, dass in Lorenz' Publikationen, die er in Königsberg verfasste, die ideologische Komponente in den Hintergrund trat – sei es wegen der Erlangung der Professur, sei es wegen der Kritik seiner Freunde und Kollegen. Dennoch finden sich auch in einigen dieser Texte wieder Neuformulierungen seiner Domestikationsthese und der rassenpolitischen Bedeutung seiner Forschungsrichtung. So hieß es in einem in Königsberg verfassten Artikel zum 70. Geburtstag seines Unterstützers und Wegbereiters Oskar Heinroth:

> »Wir wagen getrost die Voraussage, dass auch in der Psychologie in Bälde die Gesetze des angeborenen Verhaltens, die für die tiefsten Schichten der menschlichen Persönlichkeit maßgebend sind, mit derselben Selbstverständlichkeit an Tieren untersucht werden, mit der man heute schon Entsprechendes in der Genetik tut. Ebenso wagen wir die Voraussage, dass

> diese Untersuchungen sowohl für theoretische wie für praktische rassenpolitische Belange fruchtbar sein werden.«[309]

Eine Bestätigung dieser Vorhersagen »in eigener Sache« hat Lorenz noch mit einem anderen umfangreichen Artikel geleistet, den er für einen Sammelband des SS-Anthropologen Gerhard Heberer verfasste, der sich darüber höchst angetan zeigte.[310] Dieses umfangreiche Werk mit dem Titel *Evolution der Organismen,* das 1943 erschien, war eine Mischung aus respektabler Wissenschaft und ideologischen Anbiederungen ans Regime, wie sie damals üblich waren.[311] Dem entsprach auch Lorenz' Beitrag »Psychologie und Stammesgeschichte«[312], in dem er eine Zusammenfassung dessen ablieferte, womit er sich in den letzten Jahren befasst hatte – bis hin zum notorischen Thema der Degeneration durch »Verhaustierung«:

> »Die Verfallstypen durchsetzen Volk und Staat dank ihrer größten Vermehrungsquote [...] in kürzester Zeit und bringen beiden aus analogen biologischen Gründen den Untergang, aus denen die ebenfalls ›asozialen‹ Zellen einer Krebsgeschwulst das Gefüge des Zellenstaates zugrunde richten. Keine unentrinnbare ›Logik der Zeit‹ bringt das ›Altern‹ der Kulturnationen mit sich, wie Spengler meinte, sondern höchst fassbare, dem Experiment zugängliche und somit sicher bekämpfbare Umweltfaktoren. Die rassenpolitische Notwendigkeit ihrer sofortigen genauen Erforschung liegt auf der Hand.«[313]

Lorenz geht in diesem Text aber auch darauf ein, dass er in seinem Domestikationsartikel aus dem Jahr 1940 ausschließlich von den *Gefahren* dieser Erscheinungen gesprochen habe. Um Missverständnissen zu begegnen, wolle er nun klarstellen, dass wir unserer Zivilisation auch sehr positive Merkmale, ja die Menschwerdung zu verdanken hätten.[314] Der Text blieb allerdings immer noch »einschlägig«, weshalb er für die zweite Auflage des Buches

1954 um die »rassenpolitisch relevanten« Behauptungen gereinigt wurde.[315]

Zumindest das mündliche Predigen konnte Lorenz auch in Königsberg nicht ganz lassen. Es sind einige öffentliche Auftritte dokumentiert, die Lorenz dort 1940 und 1941 absolvierte und die von der domestikationsbedingten Degeneration von Tier und Mensch handelten. Dazu zählte eine Rede, die er am 31. Oktober 1940 vor der altehrwürdigen Physikalisch-Ökonomischen Gesellschaft gehalten hat. Im Bericht der *Königsberger Allgemeinen Zeitung* vom 2. November 1940 hieß es darüber:

> »Kampfgeist und Mutterliebe, die Charaktereigenschaften, die zur Erhaltung der Art nötig sind, gehen durch die Zivilisation nicht nur beim Tier, sondern auch beim Menschen verloren. Deshalb darf man ohne weiteres Vergleiche ziehen. Die Rassenpolitik weiß, dass das ewige Auf und Ab, das Blühen und Verfallen der Kulturen, auf das satte Ausruhen der Siegervölker zurückzuführen ist. Heute erforscht der Biologe bewusst und wissenschaftlich genau die Ursachen dieser Erscheinungen.«[316]

Neben seinen öffentlichen Vorträgen gab Lorenz auch Interviews, so zum Beispiel in der *Preußischen Zeitung*, dem lokalen Parteiblatt, Mitte Februar 1941.[317] Darin war vor allem von der großen rassenpolitischen Relevanz von Lorenz' tierpsychologischen Beobachtungen an Enten die Rede. Diese Forschungen versprächen letztlich Aufklärung über die »Ursachen mancher bedrohlicher Verfallserscheinungen im Verhalten zivilisierter Menschen« und in Fragen der »rassischen Auslese«. Grundsätzlich seien Lorenz' Forschungen von »größter Bedeutung für die wissenschaftliche Unterbauung der Pflege unserer heiligsten rassischen, völkischen und menschlichen Erbgüter«. Und in einem Artikel im Dezember 1941 berichtete die *Preußische Zeitung* über Lorenz' Zusammenarbeit mit dem Philosophen Baumgarten. In ihrem »in Deutschland einmaligen Institut«

würde die Annäherung von Biologie und Philosophie gefördert, was die Grundlagen der biologischen Denkweise festige. Und gerade Lorenz' Domestikationsforschung finde bereits Anwendung auf den Menschen.[318] Wie diese Anwendungen konkret aussahen, bleibt der Text allerdings schuldig.

DER LOYALE WEHRMACHTSSOLDAT

> »Dass ich mit gleichaltrigen Nazis nicht mitgesungen habe, kann ich mir nicht als Verdienst anrechnen, keineswegs beruhte meine Ablehnung auf einer Abscheu von Gräueltaten, die noch kommen sollten. Im Gegenteil, die Propaganda ließ den Nationalsozialismus als etwas sehr Harmloses, ja Familiäres erscheinen, in dem die Liebe und Freundlichkeit zum Nachbarn aufs Panier geschrieben wurde. Das Wenige, was ich schon – ehe ich beim Militär war – von Untaten und Gräueln des neuen Regimes wusste, [...] konnte ich nicht glauben und wollte es vor allem nicht glauben. Der Vorgang, den Sigmund Freud ›Verdrängung‹ nannte, hat eine dämonische Macht über den Menschen, von der man sich keine Vorstellung macht.«[319]

Selten schrieb oder sprach Konrad Lorenz nach 1945 ausführlicher und offener über seine NS-Vergangenheit als in seiner Fragment gebliebenen Autobiografie, aus der dieses Zitat stammt. Dennoch verschwieg er auch da sehr viel von dem, was er in den Jahren zwischen 1938 und seiner Gefangennahme 1944 erlebt haben musste. An seinem Lebensende war es wohl endgültig zu spät, sich in aller Offenheit Fehler und Fehlurteile einzugestehen. Zudem hat Lorenz nicht erst im Rückblick, sondern schon während der NS-Herrschaft weggesehen oder Grausamkeiten verdrängt, wie er ja selbst andeutete. So hatte er gegenüber seinem Biografen Alec Nisbett behauptet, dass er »überraschend spät« von den Verbrechen des Nationalsozialismus erfahren habe. Es sei 1943 oder 1944 gewesen, als er erstmals mit Transporten von KZ-Häftlingen konfrontiert gewesen sei – »von Zigeunern und nicht von Juden« – und so letztlich »die totale Unmenschlichkeit der Nazis« begriffen habe.[320]

Eine andere Version hat Lorenz anscheinend seinem Freund Hans Zeisel erzählt, der als Jude und Linker 1938 vor den Nazis in die USA flüchten musste. Laut Zeisel begann die »große Ernüchterung« von Lorenz, als ein »Wachesoldat aus einem der Todeslager zum Armee-Doktor kam und ihm alles erzählte, weil er es nicht mehr aushielt«.[321]

In seiner späten Autobiografie ist von beiden Vorfällen, die sich vor seinem Fronteinsatz zugetragen haben müssen, keine Rede mehr. Obwohl Lorenz in seinen Memoiren kurz vor seinem Tod einige vergleichsweise klare Worte über seine »braune« Vergangenheit fand, so waren ihm in seinem Rückblick auf die Kriegszeit andere Begebenheiten wichtiger, insbesondere seine Bewährung als Soldat. Fast immer handelt es sich dabei um unkritische, fröhliche und optimistische Schilderungen abseits von Gewalt und Gräueln; Verbrechen der Wehrmacht werden fast beiläufig geschildert. Fast entsteht der Eindruck, der Krieg sei für Lorenz eine willkommene Abwechslung gewesen, bei der er sich im Gegensatz zu seinem Leben als Mann des Geistes endlich als Mann der Tat beweisen konnte.

Wie sein 18 Jahre älterer Bruder Albert war Konrad Lorenz ein bereitwilliger Soldat. Albert musste in beiden Weltkriegen als Arzt einrücken, obwohl er sich 1914 eigentlich als Kavallerist gemeldet hatte. Auch Konrad Lorenz gab bei seiner Musterung im August 1940 an, dass er der Wehrmacht als K(raft)rad- bzw. Motorradfahrer dienen wollte. Seine medizinische Ausbildung verschwieg er, weil er sich nach eigenen Aussagen »nicht imstande fühlte, als Arzt meinen Mann zu stellen«[322] – obwohl er sich bereits 1939 in einem mehrmonatigen Praktikum beim bekannten Wiener Unfallchirurgen Lorenz Böhler auf seinen Einsatz als Arzt vorbereitet hatte. Als es tatsächlich ernst wurde, traute er sich diese Tätigkeit offensichtlich nicht mehr zu. Oder vielmehr: Er zog es als ehemaliger Motorradrennfahrer schlichtweg vor, als einfacher Rekrut bei den Kradschützen einzurücken, was er anscheinend für gefährlicher und daher für reizvoller hielt.[323]

So kam es, dass der junge Königsberger Professor am 20. Oktober 1941 einrücken musste und seine gehobene Beamtenposition mit der eines Gefreiten bei der Wehrmacht tauschte. Diese hatte am 22. Juni 1941 die Grenze des inzwischen geteilten Polen überschritten und war in die Sowjetunion eingedrungen. Hitler hatte damit eine zweite Front eröffnet, und entsprechend groß war der Bedarf an neuen Rekruten. Lorenz' Schilderungen von seinen ersten Erlebnissen bei der Wehrmacht fast ein halbes Jahrhundert danach klingen wie ein Abenteuerbericht. Sie seien hier dennoch sinngemäß zusammengefasst, um einen Eindruck von Lorenz' Begeisterung für das Militär zu geben.

Am Morgen seiner Abreise aus Königsberg rasierte er sich seinen Vollbart ab und reiste rund 100 Kilometer südlich nach Osterode in Ostpreußen (dem heutigen Ostróda in Polen), wo er seinen Dienst als Rekrut antrat. Nachdem er seine Uniform und seine Ausrüstung erhalten hatte, wurde Lorenz – so steht es zumindest in seinen Memoiren – auf den weitläufigen Kasernenhof geführt, wo ein Feldwebel Fahrunterricht erteilte. Der hatte für den im Gesicht etwas bleichen, da frisch rasierten »Herrn Professor« gleich eine Spezialaufgabe, mit der er ihn anscheinend zu demütigen trachtete. Im Hof stand eine große Beiwagenmaschine, in Lorenz' Erinnerung eine 600-ccm-Einzylinder-NSU. »Fürchten Sie sich vor der da?«, fragte der Feldwebel. Lorenz nahm eine stramme Haltung an und verneinte. »Dann fahren Sie mal rund um den Hof.« Das tat Lorenz auch prompt, nicht ohne durch ein kühnes Manöver gehörig Eindruck zu schinden: Er fuhr eine Runde im Kreis und hob dabei gekonnt den Beiwagen an, und zwar spektakulärerweise auf der Innenseite. Danach stoppte er exakt vor dem Feldwebel und ließ den Beiwagen polternd zur Erde nieder.

Mit diesem geglückten »Versuch extremen Imponiergehabes«, wie Lorenz seine Aktion selbst im Rückblick bezeichnete, hatte er sich – zumindest nach eigener Darstellung – auf einen Schlag den Ruf eines perfekten Motorradfahrers erworben, war fortan als Ausbilder engagiert und durfte sich auch als Motorradmechaniker betätigen. Die Hauptaufgabe aber war Motorradfahren, was Lorenz ja schon als Halbstarker gerne getan hatte. Seine Maschine war eine schwere zweizylindrige BMW. Im Rückblick gestand er, dass ihm das Fahren auf diesem überstarken Motorrad mit Stahlhelm und Gewehr ausgesprochen Spaß machte. So schreibt er:

> »Es spricht offenbar tiefe Schichten der männlichen Instinktausstattung an, wenn sich der Reiz des Sports mit dem des militärischen Imponiergehabes summiert. Ich war stolz darauf, der beste Fahrer und – wohl nur durch einen Zufall – mit Abstand der beste Schütze der Kompanie zu sein. Nichts, worauf ich heute stolz bin! Oder doch ein wenig?«[324]

Seine soldatische Begeisterung brachte Konrad Lorenz während der ersten Wochen in Osterode sogar dazu, ernsthaft mit einer Offizierskarriere zu liebäugeln. An seinen Königsberger Professorenkollegen Eduard Baumgarten, der selbst Major bei der Luftwaffe und somit hochrangiger Militär war, schrieb er bereits nach zwei Wochen bei der Wehrmacht, dass ihn die »Tätigkeit des Offiziers als solche maßlos« interessiere:

> »Von unten gesehen, wird einem so herrlich klar, wie reinste Sachlichkeit, Intelligenz und Redlichkeit dem Führer in unglaublich kurzer Zeit ein geradezu unbegrenztes Vertrauen des Gefolgschaftsmannes erzeugen, während die kleinste persönliche Eitelkeit oder Arroganz [...] den gesamten Mann zu einer unwirklichen und vertrauenszerstörenden Bühnenfigur macht [...].«[325]

Die Rolle des Führens würde einem unglaublich viel abverlangen, und gerade das würde ihn reizen. Als Prosektor auf der Anatomie wäre er sogar mit 600 Studenten gut zurechtgekommen, doch »nicht entfernt so gut wie mein in Polen gefallener Freund Gustav Schmeidel, und der konnte es eben gerade, weil er so lange (den ganzen Ersten Weltkrieg) Frontoffizier gewesen war«.[326] Ob Lorenz diese Offizierspläne bei der Wehrmacht ernsthaft verfolgte, oder ob es sich dabei nur um eine Idee aus einer ersten Euphorie heraus gehandelt hat, ist heute nicht mehr mit Sicherheit zu sagen.

Baumgarten traute Lorenz eine Offizierskarriere zwar ohne Weiteres zu, doch befürchtete er, dass ihm dann keine Zeit mehr für die Wissenschaft bleiben würde. Nach der Grundausbildung hatte Lorenz noch häufig Kurzurlaub, um den dringendsten Professorenpflichten in Königsberg nachzukommen. Er konnte Prüfungen abhalten, Senatssitzungen beiwohnen und Vorträge halten. Um seine vielen Fische am Institut kümmerte sich sein treuer Mitarbeiter Alfred Seitz, der bei der Flugabwehr in Königsberg eingesetzt war.

Schon wenige Tage nach Lorenz' Einberufung hatte ihm Eduard Baumgarten angeraten, doch zur Heerespsychologie oder zur Militärpsychiatrie zu wechseln. So könnte man ihn in die Nähe von Königsberg versetzen lassen; außerdem hätte er als Arzt in der Feldpsychiatrie »endlich das richtige psychologische Laboratorium. Auch die Heerespsychologie wäre vielleicht wissenschaftlich betrachtet ein sehr ersprießliches Feld«, so Baumgarten.[327] Und so kam es, dass Lorenz sich im Jänner 1942 bei der Zentrale der Heerespsychologie in Berlin vorstellte. Womöglich durch eine Intervention seiner Königsberger Kollegen wurde der Psychologieprofessor zwar tatsächlich als Heerespsychologe aufgenommen, aber in die von Königsberg weit entfernte Stadt Posen versetzt, das heutige Poznań in Polen, rund 250 Kilometer östlich von Berlin.[328]

Posen sollte nach den Plänen der Nationalsozialisten zum »Mittler zwischen dem Reich und dem werdenden deutschen Osten« und zum intellektuellen Zentrum des sogenannten Warthegaus ausgebaut werden. Diese Region rund um Posen war genauso wie »Danzig-Westpreußen« nach der Kapitulation Polens Ende September 1939 dem Deutschen Reich eingegliedert worden. »Restpolen« hingegen wurde als sogenanntes »Generalgouvernement« zur wirtschaftlichen Ausbeutung freigegeben. Zugleich kam es zu »Bevölkerungsverschiebungen«, um die neuen Reichsgebiete zu germanisieren, zur gezielten

Ausrottung der polnischen Intelligenzija und zu Konzentrations- und Vernichtungsmaßnahmen gegen Juden und »slawisches Untermenschentum«. Die neuen Machthaber hatten ein Terrorregime aufgezogen. Fast täglich gab es Hinrichtungen und laufend Razzien.

Als Lorenz im April 1942 nach Posen kam, waren diese Maßnahmen zu einem Großteil bereits vollzogen. Alle in der Stadt ansässigen 3000 Juden waren bereits ermordet oder vertrieben worden. Die deutsche Minderheit hingegen, die zuvor ebenfalls bloß 3000 Personen zählte, war auf fast 100.000 Bewohner angewachsen.[329] Zwischen 1939 und 1945 war Posen eine geteilte Stadt zwischen den deutschen Besetzern und den unterdrückten Polen: Überall in der Stadt – an Gaststätten, Parkbänken, an der Umzäunung des zoologischen Gartens und an Straßenbahnwaggons – hingen Schilder mit der Aufschrift »Zutritt für Polen verboten«. Jeder »außerdienstliche« Umgang zwischen den beiden Bevölkerungsgruppen war per Verordnung verboten. »Vergiss nie: Der Pole ist Dein Feind!«, hieß es im Stadtführer von Posen aus dem Jahr 1940.[330]

In den uns bekannten Briefen von Lorenz aus Posen ist von all dem nie die Rede. Stattdessen berichtete er gleich wieder voll Euphorie und Zuversicht von seiner neuen Tätigkeit als Heerespsychologe, so etwa seinem alten Lehrer Ferdinand Hochstetter:

> »[O]bwohl eine solche Hinterlandsbeschäftigung in einem kriegsverwendungsfähigen Mann heutzutage gewisse Inferioritätskomplexe erzeugt, freue ich mich doch gewaltig auf meine neue Aufgabe. Auch sage ich mir, dass letzten Endes jeder dem Vaterland dann am besten dient, wenn er die Arbeit leistet, für die er spezialisiert ist, und zweifelsohne hat Großdeutschland heute mehr Motorradfahrer als gute Psychologen!«[331]

Bei der Heerespsychologie war Lorenz mit der Begutachtung von Offiziers- und Unteroffiziersanwärtern beschäftigt, aber auch mit Funkern und anderen zukünftigen Spezialisten im deutschen Heer.

Dieser Dienst sei über Erwarten interessant und lehrreich, schrieb er am 10. März 1942 seiner Frau, »ich ahne nämlich, dass ich hier genau das lernen werde, was mir zur richtigen Erfassung von Homo Sapiens L. noch fehlt«.[332] In Briefen aus jener Zeit betont Lorenz zwar auch die Schwierigkeit dieser Arbeit und die hohe Verantwortung, die er dabei hatte. Grundsätzlich überwog allerdings die Haltung, dass er »tierpsychologisch« ganz unglaublich viel lernen könne und daher von seinem militärischen Einsatz durchaus begeistert sei.[333]

> »[I]ch wüsste eigentlich wirklich nicht, was ich mir noch wünschen sollte, außer dass überhaupt der Krieg einmal zu Ende geht und man zur normalen Forschungstätigkeit zurückkehren kann. Aber selbst im Idealfall würde ich wohl engste Beziehungen zur Heerespsychologie weiter unterhalten, und zwar deshalb, weil auf keinem anderen Weg ein so reichliches und so gesund-normales Menschenmaterial zugänglich ist.«[334]

Interessanterweise ist in seiner Selbstbiografie von all den heerespsychologischen Untersuchungen an militärischen Fachkräften überhaupt keine Rede, sondern nur davon, dass Lorenz »mit widerwilligen, meist polnischen Probanden, langweilige experimentelle Untersuchungen durchführen musste«.[335]

Der greise Verhaltensforscher verwechselte mehr als vier Jahrzehnte später seine Tätigkeit bei der Heerespsychologie mit seiner Mitarbeit an einer rassen- bzw. völkerpsychologischen Untersuchung, die er bis dahin nie erwähnt hatte und die erst nach Lorenz' Tod von der Biologie-Historikerin Ute Deichmann in ihrem Buch *Biologen unter Hitler* erstmals dokumentiert wurde.[336] Diese Untersuchung war vom baltendeutschen Psychologen Rudolf Hippius initiiert und koordiniert worden und fand im Rahmen der »Reichsstiftung für deutsche Ostforschung« statt. Ihr Präsident war Arthur Greiser, der berüchtigte Gauleiter und Reichsstatthalter im »Wartheland«. Hippius hatte Lorenz bei dessen Ankunft in Posen diesbezüglich angesprochen und sei an seinem »Hierbleiben heftig interessiert« gewesen, wie Lorenz am 18. April 1942 an seine Frau schrieb, »wegen der gewissen Mischlingsuntersuchungen«.[337]

Die Befragungen von insgesamt 877 »Posener deutsch-polnischen Mischlingen und Polen« fanden zwischen dem 28. Mai und 25. September 1942 statt. Lorenz musste wahrscheinlich einmal wöchentlich abends zwischen 18 und 22 Uhr im Seminar für Psychologie und Pädagogik an der Reichsuniversität Posen jene »langweiligen experimentellen Untersuchungen« an den Probanden durchführen. Dabei wurden auch Bildtafeln verwendet, die zum einen Klecksbilder wie beim Rorschachtest darstellten, zum anderen Landschaftsdarstellungen und Aktfiguren. Ein ehemaliger Schulfreund von Konrad Lorenz aus Wien, Karl Jelinek, der als Co-Autor an der Untersuchung beteiligt war, führte sprachanalytische Versuche durch, bei denen die Testpersonen eine Ballade von Adam Mickiewicz vorlesen mussten, des bedeutendsten Dichters der polnischen Romantik.

Durch diese Untersuchungen wollte Hippius mit seinen Co-Autoren zeigen, »dass Volkstum, Gesinnung und Charakter in ihrer gegenseitigen Verflochtenheit als seelische Wirklichkeit grundsätzlich erforschbare Gegebenheiten sind«.[338] Entsprechend lesen sich auch die Untersuchungsergebnisse, die in einer für die damalige Zeit vergleichsweise wissenschaftlichen Terminologie abgefasst sind: Bei den deutsch-polnischen Mischlingen würde es – im Gegensatz zu den deutsch-estnischen oder deutsch-litauischen – zu einer besonders starken charakterlichen »Entharmonisierung« kommen. Mit anderen Worten: Die »vitale Verhaltenheit und vitale Triebhaftigkeit« der Polen vertrug sich schlecht mit den typisch deutschen Charakterzügen »Leistungsverlangen, Sachlichkeit, Gründlichkeit«.[339] Eine der zentralen Schlussfolgerungen von Hippius und Co. entsprach ganz der nationalsozialistischen Polenpolitik: »Es erscheint demnach im allgemeinen berechtigt, in Volkstumsfragen (ebenso wie in Rassenfragen) Gruppenbildungen und Grenzziehungen nach der absoluten

Der Forscher mit seiner kritischen Tochter: Als 12-Jährige stellte Agnes ihrem Vater unliebsame Fragen zu einer völkerpsychologischen Studie.

Größe des völkischen Blutanteils vorzunehmen.«[340]

Dennoch ist davon auszugehen, dass die Studie allenfalls eine nachträgliche (pseudo)wissenschaftliche Legitimation für die Verbrechen der Nazis in Deutschland war. Allerdings gab es durch den Überfall auf die Sowjetunion weiteren »völkerpsychologischen« Planungsbedarf für die neu eroberten Ostländer. Entsprechend heißt es in der Einführung zur Studie, dass sie »legale wissenschaftliche Prognosen der Auswirkungen von Lenkungsmaßnahmen ermöglicht«.[341] Und womöglich ist es auch kein Zufall, dass der von Heinrich Himmler beauftragte »Generalplan Ost«, der die rassenpolitische Neuordnung Europas wissenschaftlich legitimieren sollte, am selben Tag abgesegnet wurde, an dem auch Hippius' Untersuchungen in Posen begannen.

Wie stand nun Konrad Lorenz selbst zu diesen fragwürdigen Untersuchungen? Es ist nicht klar, ob er freiwillig an der Studie mitarbeitete, möglicherweise war es auch nur ein Gefälligkeitsdienst. Völker- und Rassenpsychologie war jedenfalls kein Thema, das ihn interessierte. Ob er solche Fragestellungen für sinnvoll erachtete, muss ebenfalls offenbleiben. Seine Tochter Agnes Cranach erinnerte sich jedenfalls daran, dass sie als zwölfjähriges Mädchen ihren Vater in Posen besucht und dabei gefragt habe, wie man

Mischlingsuntersuchungen beim Menschen machen könne, da die doch keinen Grunzpfiff und kein Kurzhochwerfen hätten, also die von Lorenz untersuchten angeborenen Schemata bei Entenvögeln. »Mein Vater hat mir wütend geantwortet, ich soll nicht so blöd fragen.«[342]

Warum man, wie Ute Deichmann beklagt, von Lorenz selbst zeit seines Lebens nie etwas über seine Mitarbeit bei der Studie erfuhr, bleibt offen. Dass er sie nie erwähnte, kann natürlich auch daran gelegen haben, dass sie für ihn unbedeutend war. Es könnte aber auch sein, dass ihm ihr Inhalt und ihre Förderung durch den berüchtigten Nazi-Bonzen Arthur Gütt nachträglich unangenehm war. Die Ergebnisse der Studie erschienen im Jahr 1943 unter dem Titel *Volkstum, Gesinnung und Charakter*, und Lorenz erhielt ein Exemplar des Buchs von Rudolf Hippius mit Widmung: »Meinem Forschungskameraden« und »Prag 4.4.1944«. Lorenz, der nicht zu den Co-Autoren des Buches zählt, wird bloß in der Einleitung als Mitarbeiter erwähnt.

Erwähnung findet darin auch eine Arbeit, die zu Beginn der Mitarbeit bei Hippius Ende Mai 1942 noch gar nicht abgeschlossen war. Lorenz' buchlanger Aufsatz mit dem Titel »Die angeborenen Formen möglicher Erfahrung« wurde parallel zu den Befragungen von Hippius im Mai und Juni 1942 »rasch-rasch« fertig geschrieben und sei deshalb »natürlich sehr unfertig«, wie der Verhaltensforscher nach der Veröffentlichung etwas abschätzig meinte.[343] Noch Anfang der 1960er-Jahre indes bezeichnete er diesen Text als »die beste Arbeit, die ich je geschrieben habe«.[344] Viele seiner Fachkollegen waren ebenfalls dieser Ansicht. Dazu zählte auch Erwin Stresemann, der meinte, Lorenz habe sich damit selbst übertroffen.[345] Für einige seiner späteren Schüler bot der Text ein prägendes Lektüreerlebnis. Der Psychotherapeut und Auschwitz-Überlebende Viktor E. Frankl zählte ebenfalls zu den begeisterten Lesern der Arbeit und schrieb 1950 in einem Brief an den Autor, dass er sich »an der Stelle, wo Sie vom Instinktverfall beim Menschen sprechen (so viel ich mich erinnere unter anderem im Zusammenhang mit erotischer Partnerwahl)«, »besonders angeregt gefühlt« habe.[346]

Worum geht es in dem 175 Seiten langen Aufsatz, der 1943 in der *Zeitschrift für Tierpsychologie* erschien und von Otto Koehler so intensiv redigiert wurde, dass Lorenz später meinte, er sei »zu einem ganz beträchtlichen Teil von Dir«?[347] Lorenz arbeitete darin seine Biologisierung menschlichen Erkennens und Verhaltens weiter aus und legte damit nicht nur die Fundamente für die Humanethologie, also die Biologie menschlichen Verhaltens. Der Aufsatz wurde zudem zum Grundlagentext der »evolutionären Erkenntnistheorie«. Hauptthema der Untersuchung ist denn auch »die angeborene Bindung bestimmter, arterhaltend sinnvoller Verhaltensweisen an bestimmte Reizsituationen, welche lebenswichtige Gegebenheiten kennzeichnen. Dieses ›angeborene Verstehen‹ biologisch relevanter Situationen soll gleichzeitig als biologisches und erkenntnistheoretisches Problem behandelt werden.«[348]

Lorenz kommt dabei im Gegensatz zu seinen bisherigen Publikationen ausführlich auf den Menschen zu sprechen, obwohl dieser »im Vergleich zu vielen höheren Wirbeltieren ganz sicher arm an angeborenen Schemata« sei.[349] Doch es gebe sie auch beim Menschen – so etwa in Form des sogenannten »Kindchenschemas«, das liebevoll-pflegerische Verhaltensweisen des Menschen auslöst.[350] Oder als Ekelreaktion auf bestimmte Tiere wie Spinnen. Daran anschließend wird die Sache etwas spekulativer: Lorenz geht auf »angeborene« ästhetische und ethische Schemata ein und behauptet danach, dass die »Trennung von ästhetischer und ethischer Empfindung durchaus künstlich sei«.[351]

Von da ist es nicht mehr weit zu Lorenz' Lieblingsthema dieser Zeit, der Domestikation: Ausgehend von Oswald Spenglers kulturkritischem Hauptwerk *Der Untergang des Abendlandes*[352] teilt der Verhaltensforscher zwar die These vom Verfall der Kulturen. Selbstbewusst behauptet er jedoch, die biologischen Gründe dafür zu kennen: Man könne »mit an Sicherheit grenzender Wahrscheinlichkeit behaupten, dass alle körperlichen und moralischen Verfallserscheinungen, die das Absinken von Kulturvölkern nach Erreichung des Zivilisationsstadiums bewirken, mit den Domestikationserscheinungen der Haustiere wesensgleich sind«.[353]

Bei einer kritischen Lektüre dieses Textes fällt auf, dass Lorenz zwar den Anthropologen Eugen Fischer zustimmend zitiert, der schon 1914 behauptet hatte, dass »[a]lle Merkmale, die beim Menschen als Rassenunterschiede vorkommen, als solche auch bei Haustierrassen« auftreten würden; »und umgekehrt, die meisten Haustierbesonderheiten findet man beim Menschen als Rasseneigenheiten wieder«.[354] Er lässt aber auch durchblicken, dass er – wie Schopenhauer – das blonde Haar und die blauen Augen als Domestikationserscheinungen sieht.[355] Abgesehen davon nimmt Lorenz aber wieder Bezug auf Fragen der Rassenpolitik – im Vergleich zu seinem Domestikationsartikel aus dem Jahr 1940 in etwas abgemilderter Form:

> »Da aber beim Menschen kein planvoller Züchter Vorsehung spielt, die Domestikationsfolgen vielmehr blind schalten dürfen, so müssen ganz einfach alle diese Ursachen die zu erwartende Wirkung haben, dass ein Kulturvolk kurz nach Erreichung der Zivilisationsphase zugrunde geht, woferne nicht eine bewusste, wissenschaftlich unterbaute Rassenpolitik diese Entwicklung der Dinge verhindert.«[356]

Lorenz musste sich auch deshalb mit der Fertigstellung seiner »Schema-Arbeit« beeilen, weil die Heerespsychologie, die seit Mitte der Dreißigerjahre expandiert hatte, mit 1. Juli 1942 kurzfristig und auf Befehl von höchster Stelle aufgelöst wurde.[357] Für Lorenz bedeutete dies, dass er »auf absehbare Zeit ins Narrenhaus kommen« werde, wie er Otto Antonius bereits im Mai 1942 schrieb: »Nicht so wie Du jetzt glaubst natürlich, sondern in meiner Eigenschaft als Arzt und Psychologe!« Er hoffte, »auch bei der Psychiatrie sehr viel dazuzulernen«.[358] Da er erst seit zwei Monaten als Personalgutachter tätig war, wurde er als einer der Ersten versetzt – und zwar in die neurologisch-psychiatrische Abteilung des Reservelazaretts in Posen.

In dieser Zeit pendelte er, wann immer er konnte, nach Königsberg, um seine Familie und sein Institut zu besuchen. Seine Frau kam mit den drei Kindern auch immer wieder nach Posen zu Besuch. Im Herbst 1942 jedoch begann in Königsberg die zweite Serie von Bombenangriffen der Alliierten. Nun waren es die US-Amerikaner, die wesentlich effizienter vorgingen als die Russen im Jahr zuvor. Margarethe Lorenz entschied sich daraufhin gegen den Willen ihres Mannes, mit den Kindern und Großvater Adolf nach Altenberg zurückzukehren. Ihr Gatte war darüber sehr erzürnt, weil er Frau und Kinder ab diesem Zeitpunkt kaum mehr sehen konnte. Margarethe Lorenz begann in Wien als Gynäkologin zu arbeiten. Sie übernahm die Praxisvertretung eines eingerückten Kollegen namens Erich Latzke, der vor 1938 illegaler Nationalsozialist gewesen war.

Im Herbst 1942 wurde außerdem Lorenz' niederländischer Arbeitskollege und enger Freund Niko Tinbergen von den Nationalsozialisten als Regimegegner verhaftet. Tinbergen hatte mit anderen Professoren gegen die Schließung der Universität Leiden protestiert. Die deutsche Besatzungsmacht, die 1940 in Holland einmarschiert war, hatte diese Schließung verfügt, weil die Universität sich geweigert hatte, alle jüdischen Professoren zu entlassen. Die deutschen Tierpsychologen – allen voran Otto Koehler – boten daraufhin sofort ihre Hilfe an, den inhaftierten Kollegen mit ihren guten politischen Kontakten freizubekommen. Lies Tinbergen, die Frau des inhaftierten Verhaltensforschers und eine erklärte Gegnerin des Nationalsozialismus, lehnte das von Otto Koehler gemachte Angebot umgehend ab: »Geben Sie sich keine Mühe, ihn loszukriegen. Erstens würde es [Ihnen] doch nicht gelingen und zweitens würde er es sicher nicht wünschen.«[359] Noch im Jahr zuvor hatte sich Lorenz bei Tinbergen offenbar nach dem Verbleib seines Freundes Bernhard Hellmann erkundigt, der bereits in den frühen 1930er-Jahren in die Niederlande ausgewandert war und sich in Rotterdam niedergelassen hatte. Tinbergen antwortete Ende Oktober 1941, dass er nicht wüsste, wo Bernhard Hellmann war. »In Rotterdam ist er sicher schon längst nicht mehr. Ich werde ihm mal schreiben. Ich hörte, dass es sehr bitter wäre.«[360]

Hellmanns weitere Lebensgeschichte ist mehr als bitter: Nachdem die Wehrmacht im Mai 1940 Rotterdam in Grund und Boden bombardiert und danach die Niederlande besetzt hatte, gingen die Besatzer unter dem aus Österreich stammenden Reichskommissar Arthur Seyß-Inquart besonders grausam gegen Jüdinnen und Juden vor: Der Anteil der in der Shoah ermordeten jüdischen Personen in den Niederlanden war höher als in jedem anderen von den Nazis besetzten Land. Zu den Opfern zählten auch Bernhard Hellmann und seine Mutter Irene, die erst 1939 nach Amsterdam geflohen war und sich so wie ihr Sohn und ihr Enkel Paul spätestens ab Mitte 1942 vor den Nazis verstecken musste.

Im November versuchte Bernhard mit dem damals siebenjährigen Paul nach Belgien zu fliehen. Der Plan scheiterte unmittelbar an der Grenze, woraufhin der Vater seinen Sohn zu einer Gastfamilie brachte. Damals sah der Sohn den Vater zum letzten Mal in seinem Leben. Bernhard Hellmann, der sich in der Nähe der Gastfamilie seines Sohns auf einem Bauernhof versteckte, wurde von Nachbarn verraten. Ende März 1943 deportierten ihn die Nazi-Schergen mit 1263 weiteren Juden ins ostpolnische Vernichtungslager Sobibor. Bis zum 2. April waren 1200 von ihnen ermordet worden, so auch der 39-jährige Bernhard Hellmann. Seine Mutter Irene Hellmann deportierten Nazi-Schergen im März 1944 nach Auschwitz. Vermutlich wurde sie dort noch am Tag ihrer Ankunft in einer Gaskammer ermordet.[361] Bernhard Hellmanns Frau Clarissa, von der er getrennt lebte, wurde ebenfalls nach Auschwitz deportiert, konnte aber überleben.

Niko Tinbergen wurde nach seiner Verhaftung im Herbst 1942 bis 1944 von den Nazis »nur« interniert. Sein Freund und Kollege Konrad Lorenz arbeitete in dieser Zeit als Militärpsychiater des Wehrkreises XXI in Posen. Er bekam es mit deutschen Soldaten zu tun, die an psychischen Störungen litten, die sich aus der Kriegsführung und den mit dem Militärleben verbundenen Belastungen ergaben. Sigmund Freud bezeichnete solche Psychiater, die es im Ersten Weltkrieg mit den sogenannten Kriegszitterern zu tun bekommen hatten, als »Maschinengewehre hinter der Front«. Wie Lorenz zu diesem neuen Tätigkeitsfeld kam, ist nicht ganz klar. Vermutlich hatte er die Stelle dem Stabsarzt Herbert Weigel zu verdanken, der laut den Erinnerungen des Verhaltensforschers »entgegen den geltenden Vorschriften seitens der Nazi-Ideologie von Sigmund Freud sehr viel hielt und seine Ansichten auch im Stillen erfolgreich lehrte«.[362] Er selbst sah sich zu einer solchen Tätigkeit wegen seiner langjährigen Beteiligung an der psychologisch-neurologischen Arbeitsgemeinschaft von Karl Bühler und Otto Pötzl befähigt, in der es um psychiatrische Probleme ging.

Auch über seine konkrete Tätigkeit im Lazarett und die Bedingungen dort wissen wir nur wenig; das meiste davon aus verstreuten Briefen.[363] Lorenz gab sich diesbezüglich zeit seines späteren Lebens sehr zugeknöpft. Ein Schreiben an Otto Antonius gibt zumindest einen kleinen Einblick in seine damaligen Arbeitsverhältnisse:

> »Mein Dienst ist so beschaffen, dass ich mit knapper Not am Sonntag die drei allernötigsten Briefe für Institut und Wissenschaft schreibe und im Übrigen jede nicht-schlafende Stunde unserer Nervenabteilung widme! [...] Von mir ist nichts weiter Neues zu berichten, außer dass ich abnorm fleißig bin.«[364]

Lorenz hatte in der psychiatrisch-neurologischen Ambulanz laut eigenen Angaben rund 40 neue Patienten täglich und war für »eine der größten Hysteriker-Heilungsstationen der ganzen Wehrmacht« zuständig, »fast völlig selbständig«, wie er Erwin Stresemann mit viel Selbstbewusstsein schrieb. Hinsichtlich seiner eineinhalbjährigen Arbeit für die Militärpsychiatrie weiß man nicht, wie viel Unangenehmes Lorenz während seiner Arbeit und in der späteren Erinnerung daran verdrängte. Als ihn sein Biograf Alec Nisbett 1974 darauf ansprach, entsann sich der Verhaltensforscher nur kurz Szenen, die »zu schrecklich sind, um sie zu erzählen. Sie sind Geister [...] Unholde! Das Schlimmste, was man sich vorstellen kann, ist ein menschliches Wesen, das seine Menschlichkeit verloren hat.«[365]

Von anderen militärpsychiatrischen Lazaretten ist bekannt, dass die Arbeitsweisen der Ärzte in solchen »Hysteriker-Heilungsstationen« mitunter unmenschlich und grausam waren. In erster Linie sollte nämlich festgestellt werden, ob ein Soldat nur simuliert oder tatsächlich einen Nervenzusammenbruch erlitten hat. Bestimmte Militärpsychiater versuchten die traumatisierten Soldaten mit allen Mitteln wieder kampffähig zu machen. Sie versetzten den Patienten Insulinschocks oder verwendeten das Kreislaufmittel Cardiazol in Überdosen, die starke Krämpfe auslösten. Der Königsberger Professor Friedrich Mauz beispielsweise zählte zu jenen Militärpsychiatern, die an der Tötung und Folterung ihrer Patienten beteiligt waren. Er und seine Kollegen setzten Elektroschocks auch ein, um Patienten Geständnisse von »bewussten Ausweichreaktionen« abzupressen, um sie dann dem Militärgericht zu übergeben.[366]

Lorenz arbeitete, wie erwähnt, nicht im Wehrkreis I (Königsberg) bei Mauz, den er nicht sonderlich schätzte[367] (auch wenn er ihm allem Anschein nach bei der Versetzung zu den Kradfahrern geholfen hatte), sondern im Wehrkreis XXI in Posen bei Herbert Weigel. Eine Passage aus Lorenz' Erinnerungen legt nahe, dass auch er in seiner neurologischen Ambulanz mit der Elektroschock-Therapie arbeitete, die allerdings noch lange nach 1945 zu üblichen psychiatrischen Behandlungsmethoden zählte.

> »Zu den psychiatrischen Fällen gehörte eine große Anzahl von Männern, die unter dem Stress des Soldatenlebens hysterische Phänomene […] entwickelt hatten. Wer glaubt, dass der Hysteriker ein Simulant sei, der sollte einmal mit ansehen, wie der Hysteriker ein gelähmtes Glied, ohne zu zucken, auf der Elektrode eines Elektrisierapparates liegen lässt. Der Hysteriker glaubt ehrlich daran, da er selbst von seiner Krankheit geheilt werden will, und er unterscheidet sich vom Simulanten in einem wesentlichen Punkt. Unter dem Einfluss von ›Peitsche und Zuckerbrot‹, d. h. vom Erteilen milder, aber schmerzhafter elektrischer Schläge und dem Bauen ›goldener Brücken‹ sind beide heilbar, der Simulant jedoch grollt dem Arzt bitter, und der Hysteriker empfindet ihn als Erlöser und ist ihm in geradezu unangenehmer Weise dankbar. Ich hatte keine Bedenken, hysterische Symptome zu heilen, da die geheilten Patienten ja nur mir dankbar und nur für mich geheilt waren. Es bestand keine Gefahr, dass sie je wieder in den Krieg mussten.«[368]

Was mit den »geheilten« Fällen wirklich geschah, lässt sich im Fall von Posen nicht mit Bestimmtheit sagen. Von einigen anderen Wehrkreisen ist jedoch bekannt, dass unheilbare Fälle als »unwertes Leben« getötet wurden und überführte Simulanten vor ein Militärgericht oder ins Konzentrationslager kamen.[369] In einer der ersten kritischen Arbeiten zur deutschen Wehrmachtjustiz heißt es, Militärpsychiater wie Militärjuristen hätten sich mit ihrer Begutachtungs- und Gerichtspraxis, die über 20.000 vollstreckte Todesurteile zur Folge hatte, reibungslos und tatkräftig in die »biologisch gewünschte Ausmerze-Strategie des Regimes« eingereiht.[370] Ob dieser Vorwurf auch auf Lorenz zutrifft, lässt sich aufgrund der schlechten Quellenlage weder bestätigen noch widerlegen.

Seine Tätigkeit als Militärpsychiater endete im Frühjahr 1944. Lorenz sah sich danach für durchaus befähigt, als Facharzt für Psychiatrie tätig zu sein, und äußerte sogar entsprechende Berufswünsche für die Zeit danach. Warum er am 1. April 1944 in den Bereich des Armee-Oberkommandos 3 an die Ostfront abkommandiert wurde, ist nicht ganz klar. Möglich ist, dass er am Ende seiner Facharztausbildung bzw. wegen späterer Ernennung zum Sanitätsoffizier noch einige Wochen Frontbewährung gebraucht hätte. Das vermutete sein Königsberger Professorenkollege Eduard Baumgarten.[371]

Der Verhaltensforscher selbst hielt es auch für denkbar, dass es die Revanche eines Vorgesetzten für ein Missgeschick mit Lorenz' Hund Stasi war. Der Professor im Dienst der Wehrmacht hatte diese wolfsähnliche Schäfer-Chow-Mischung verbotenerweise nach Posen mitgenommen, wo Stasi Junge bekam, für die der Generalarzt seinen Hundezwinger zur Verfügung stellte. Als der Generalarzt eines Tages die Welpen seiner Freundin zeigen wollte und ohne Lorenz' Begleitung den Zwinger betrat, warf ihn die Hundemutter angeblich auf den Rücken und ließ ihn eine Stunde lang nicht mehr aufstehen, ehe er aus der ziemlich peinlichen Situation befreit werden konnte. Kurze Zeit später jedenfalls wurde das »Herrl« zur Frontbewährung abkommandiert. Die als Diensthund getarnte Stasi und ihre sechs Jungen konnte er auf einem Fronturlaub immerhin noch mit nach Altenberg nehmen und im Schönbrunner Tiergarten in Wien bei Otto Antonius unterbringen.[372]

Lorenz wurde als Unterarzt in die von den Deutschen besetzte weißrussische Stadt Witebsk an der Duna geschickt, das heutige Wizebsk im Nordosten von Belarus. Damals befand sich dort der mittlere Abschnitt der Front gegen die Sowjetarmee, rund 500 Kilometer von Moskau entfernt. Als Lorenz die 206. Infanteriedivision erreichte, herrschte dort Grabesstimmung: Unmittelbar hinter dem Zug, in dem der Militärarzt saß, wurde die Bahnverbindung von der Roten Armee abgeschnitten. Die Russen schickten sich an, Witebsk

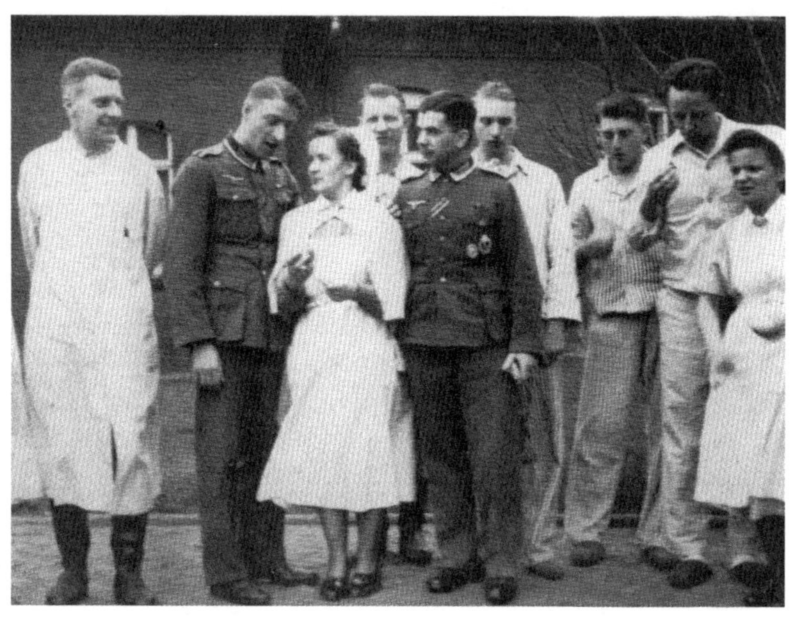

Der Tierpsychologe als Militärpsychiater: Von 1942 bis 1944 behandelte Konrad Lorenz (Erster von links) in einem Militärlazarett in Posen Kriegsneurotiker. Wie und mit welchen Folgen, ist bis heute ungeklärt.

zum Kessel zu machen. Am ersten Abend nach seiner Ankunft spielte ein Gastorchester die »Kleine Nachtmusik« von Mozart. Das Konzert fand bei Kerzenlicht statt, weil die Stromversorgung bereits unterbrochen war: Alle seien angesichts der buchstäblich ausweglosen Situation »maßlos traurig« gewesen, wie sich Lorenz erinnerte.

Sein eigener »erster und völlig falscher Eindruck von der Front« hingegen war, wie Lorenz selbst 45 Jahre später eingesteht, dass es dort gar nicht so gefährlich sei.[373] Entsprechend übermütig und ausgelassen klang es auch in seinen Feldpostbriefen, die er im Mai 1944 an seine vertrauten Kollegen Erwin Stresemann und Otto Koehler schickte. Da ist unter anderem davon die Rede, dass er sich in den ersten fünf Wochen seiner Frontabstellung endlich von seiner anstrengenden Arbeit in Posen erholt hätte und fast zehn Kilogramm schwerer geworden sei. Außerdem habe er nun endlich Zeit und Muße, täglich von 14:30 bis 17 Uhr an seinem neuen Buch, einer groß angelegten Einführung in die Verhaltensforschung, zu schreiben.[374] Aus diesen Tagen stammt auch der für längere Zeit letzte Kontakt von Lorenz mit der Heimat: Er gratulierte am 21. April seinem Vater zum 90. Geburtstag, an dem das greise Familienoberhaupt gleichzeitig mit der Goethe-Medaille und dem erstmals vergebenen Billroth-Preis ausgezeichnet wurde. »Bin als Erbbiologe stolz, einen solchen Vater zu haben«, war der lakonische Text des Glückwunschtelegramms. Der Vater hat den Erhalt der Depesche angeblich mit den Worten »Erbbiologe! Was wird der Bub mit seiner Erbbiologie je verdienen, möchte ich wissen!« quittiert.[375]

Dass der mittlerweile 41-Jährige in manchen Dingen durchaus noch ein Bub war, belegen seine Einschätzungen des Stellungskriegs. Selbst als Lorenz am 20. Mai 1944 vom Hauptlazarett auf einen Wagenhalteplatz in unmittelbarer Nähe der Frontlinie versetzt wurde, änderte sich nichts an seiner Kriegsbegeisterung. Denn auch den neuen, unmittelbaren Erfahrungen des Krieges und seiner Folgen konnte der draufgängerische Frontarzt durchaus etwas abgewinnen:

> »Seit vorgestern sitze ich dort, wo ›es‹ richtig schießt, ein neues und durchaus nicht unerfreuliches Erlebnis! Ich wurde um 1 Uhr nachts rausgeholt, mit dem Kommando, einen anderen Unterarzt auf seinem Truppenverbandplatz abzulösen, gerade zu jener Zeit und an jenem Ort, wo der Iwan gerade mit erheblicher Heftigkeit angriff. Zur Ablösung kam es nicht, weil die Stelle, an die der andere Unterarzt hinsollte, nicht mehr existierte bzw. unzugänglich war. Wir hatten aber auch zu zweit reichlich zu tun, 36 Stunden ohne Schlaf. Wir haben die Befriedigung, dass von den sehr vielen Versorgten nicht einmal drei Prozent nachträglich gestorben sind.«[376]

Lorenz stellt in diesem Brief aber auch erstaunliche Beobachtungen über sein »Erleben der Gefahr« an und ist merkwürdig stolz darauf, anders als die meisten seiner Kameraden zu reagieren, nämlich mit »beschwingter Euphorie«. Während nahe Einschläge und starkes Rieseln der Erde zwischen den Bunkerbalken auf die anderen Soldaten durchaus irritierend wirke, sei er die ganze Zeit über »hochgradig angeregt gewesen«. Seine Schlussfolgerung fällt entsprechend selbstbewusst aus:

> »Sie können sich vorstellen, dass es ungeheuer angenehm und das Rückgrat stärkend ist, von sich zu wissen, dass man für den Fall der wirklichen Gefahr eine gut funktionierende endokrine Basis für rasche Kampfhandlungen hat, und das kann man eben nur im Ernstfall ausprobieren, und deshalb musste ich auch hier heraus. Gar so gefährlich ist es aber nicht, wenn man etwa so wie auf einer ernsteren Hochgebirgstour dauernd vorsichtig ist und nichts Unnötiges riskiert.«[377]

Am 22. Juni 1944, dem »Barbarossatag«, begann die Gegenoffensive der Sowjetarmee gegen die geschwächte deutsche Ostfront. In kürzester Zeit wurden 28 Divisionen der deutschen Heeresgruppe »Mitte« zerschlagen und bis zu 500.000 deutsche Soldaten entweder gefangen genommen oder getötet. Diese sogenannte Operation Bagration, benannt nach General Pjotr Iwanowitsch Bagration, war die schwerste und verlustreichste Niederlage der Militärgeschichte Deutschlands und trug nicht nur maßgeblich zur deutschen Niederlage bei, sondern beeinflusste auch die politische Entwicklung: Die Hoffnungen, die Rote Armee zu einem Verhandlungsfrieden nötigen zu können, wurden mit dieser Niederlage zerstört.

Unter den Gefangengenommenen waren auch Konrad Lorenz und fast alle seine Kameraden von Witebsk. Über die Ereignisse dieser Tage liegen uns neben Lorenz' verschiedenen eigenen Darstellungen, die nicht immer ganz identisch sind, keinerlei unabhängige Zeugenaussagen vor.[378] Die mit Abstand umfangreichste Schilderung gab Lorenz abermals in seinem autobiografischen Manuskript. Und da wird die Gefangennahme zu einem dreitägigen Heldendrama, das sich so – oder so ähnlich – zugetragen haben könnte. Im Vergleich zu den fast zwei Jahren als Militärpsychiater, über die der Verhaltensforscher nur einige wenige Andeutungen verliert, fällt sein Bericht über seinen heroischen Fluchtversuch auffällig großzügig aus. Und die in diesen Textpassagen en passant geschilderten Verbrechen der Wehrmacht, an denen er als Wehrmachtsangehöriger zwar nicht unmittelbar beteiligt war, treten für den eigenen Heldenmut in den Hintergrund.

Laut Lorenz' Erinnerungen hatte man mittelbar vor der Offensive der Russen in Witebsk von der drohenden Gefahr Nachricht bekommen und rüstete sich am Morgen des 24. Juni am Hauptverbandsplatz zu einem letzten verzweifelten Ausbruchsversuch mit allen Fahrzeugen, die zur Verfügung standen. Er selbst wurde mit zwei jungen Assistenzärzten in einen alten Citroën abkommandiert, der allerdings bald seinen Geist aufgab, so dass er mit seinen beiden Kameraden alleine und zu Fuß weitermusste. Auf ihrem Marsch trafen sie auf einen Verwundeten, den Lorenz verbinden, aber nicht mitnehmen konnte. Danach war er zunächst allein auf sich gestellt, traf aber bald auf ein deutsches Heerlager, das sich als der Rest des Hauptverbandsplatzes Witebsk herausstellte. Einer seiner engsten Frontkameraden lag dort schwer verwundet – er hatte bei einem der ersten Sturmangriffe aus der Stadt heraus ein Bein verloren.

Doch Lorenz wanderte weiter, hinaus in das »Kuschelgelände Weißrusslands«, wie es in seinen Erinnerungen über die mit niederen Büschen bewachsene Landschaft heißt. Und dieser Marsch muss vor allem in den kurzen Nächten einigermaßen schauerlich gewesen sein. Die deutsche Wehrmacht handelte damals nämlich, wie auch der Verhaltensforscher im Rückblick unumwunden eingesteht, »nach dem grausamen Prinzip der ›verbrannten Erde‹«:

> »[E]s wurde alles angezündet, was da brennen wollte. Die sanftwellige Landschaft [...] war gespenstisch erhellt von den vielen Lichtpunkten

> der brennenden Häuser [...]. Durch diese geisterhafte Landschaft zog ein geisterhafter Strom von Flüchtlingen. Soldaten aller Altersklassen und Dienstgrade rannten wie eine Herde Schafe nach Nordosten – eine grässliche Illustration der unwiderstehlichen Macht, die Panik über Menschen ausübt.«[379]

Aberhunderte von Soldaten liefen in Todesangst zurück in Richtung Heimat – und Lorenz war »stolz, in die andere Richtung zu gehen. Das war meine Reaktion, um nicht von der Panik angesteckt zu werden«, wie er drei Jahrzehnte später seinem Biografen Alec Nisbett diktierte. Dann bemerkte er einen deutschen Feldwebel, der ihm gefolgt war. Lorenz wartete auf ihn, weil er solches Verhalten als dringend benötigte Anerkennung seines Ichs empfunden habe. Im Laufe einiger Stunden wuchs die Gruppe auf etwa 20 Mann an, die meisten von ihnen angeblich ältere und kriegserfahrenere Offiziere, die Lorenz als Führer des Trupps betrachteten, der da statt in Richtung Nordost in Richtung Südwest unterwegs war. Er meinte, auf diesem Weg irgendwann die deutsche Hauptkampflinie zu erreichen, die er in seinem Optimismus nur wenige Kilometer entfernt vermutete. Zumindest war das der Plan. Denn im unübersichtlichen Frontgetümmel wusste niemand so genau, wo Feind, wo Freund war.

An einer der weißrussischen Bodenwellen traf Lorenz' seltsame Gruppe auf einen verwundeten deutschen Hauptmann oder Leutnant, der noch einige Soldaten rund um sich befehligte. Er forderte Lorenz und seine Mannen dazu auf, einen Höhenzug vor ihnen zu nehmen. Der Morgen des zweiten Tages der Flucht war eben angebrochen, und Lorenz fiel – wie er sich 45 Jahre später erinnerte – passenderweise das Lied »Morgenrot, Morgenrot leuchtet mir zum frühen Tod« ein und schloss vor seiner ersten richtigen Kampfhandlung innerlich mit seinem Leben ab.

Seine Truppe besaß nur ein Maschinengewehr, mit dem aber niemand außer ihm umgehen konnte. Also stürmte er mit seinen

Kameraden den flachen Hügel, fiel hin, warf das Maschinengewehr weg und erreichte dennoch den sich längs der Höhenlinie hinziehenden russischen Graben. Zur Überraschung der Anstürmenden waren sie den Russen in den Rücken gefallen, die prompt die Flucht ergriffen. Bald danach aber brach ein russischer Lastwagen aus dem Gebüsch und folgte der gegenüberliegenden Seite des Grabens, offensichtlich mit dem Plan, die Truppe aufzurollen. Lorenz schnappte sich das Gewehr eines gefallenen Soldaten und schoss auf den Lastwagen, dessen Fahrer daraufhin die Lenkung verriss und stehen blieb. »Es war mein einziger Schuss, den ich abgefeuert hatte, gleichzeitig schossen viele andere in gleicher Richtung«, notierte Lorenz knapp ein halbes Jahrhundert später, »und ich hoffe, dass nicht ich es war, der den Mann traf.«[380]

Nachdem der Lastwagen ausgeschaltet worden war, beschloss Lorenz, die kleine Erhebung hinunterzulaufen, in der Hoffnung, die zurückgebliebenen Kameraden würden ihm nachfolgen. Doch er blieb alleine und wurde prompt von einer Bodenabwehrkanone auf der gegenüberliegenden Erhebung ins Visier genommen. »[So] empfing ich die Ehre, dass auf mich persönlich ›Ja, ich meine Sie!‹ geschossen wurde«, und zwar mit einem »Radschbumm«, wie es in den Memoiren heißt. Ähnlich launig geht es darin weiter:

> »Das ärgert einen wahnsinnig, wenn man nur eine Pistole hat, um zurückzuschießen. Das Schlimmste war, dass der Kerl mich beinahe getroffen hätte. Er setzte nämlich eine Granate so dicht vor meine Füße, dass der Streukegel aus Schlamm und Granatsplittern wie eine Wand vor mir stand [...]. Ich fiel um und glaubte mich zunächst schwer verwundet, da meine linke Hand über und über von Blut bedeckt war. Dieses stammte allerdings nur aus Hautporen, aus denen es durch das Vakuum gesaugt wurde, das die Granate erzeugte. [...] Der Kanonier hielt mich offenbar für tot, denn er belästigte mich nicht weiter.«[381]

Kurzfristig ertaubt, hat Lorenz dann seine versprengten Kampfkameraden wiedergefunden und ist mit ihnen durch das Buschwerk weitergezogen, im Schutze der mittlerweile angebrochenen Nacht. Am Morgen erst machte Lorenz seinen »Kindern«, wie er seine Fluchtkameraden im Rückblick bezeichnete, relativ trockene Lagerstellen mit Sichtdeckung gegen oben. Doch diese Anstrengung war vergeblich, denn die »Kinder« hatten sich, während Lorenz noch schlief, am Vormittag in die Sonne gelegt und waren prompt von einer »Rollbahnkrähe«, einem der langsamen Aufklärungsflugzeuge der Russen, entdeckt worden.

> »Ich sah den Kopf des Flugzeugpiloten, der über den Rand der offenen Maschine zu mir herunterblickte. Ich hielt eine Ansprache an meine Leute, in der ich sie aufforderte, auf dem eingesehenen Platz stehenzubleiben und sich gefangennehmen zu lassen, wenn die Russen kämen, was sie sicher in Kürze tun würden. Mir selbst aber sollten sie gestatten, mein Schleichen nach Hause fortzusetzen.«[382]

Lorenz trennte seine Rangabzeichen und alles Glitzernde von seiner Uniform ab, kroch einige hundert Meter weit vom Versammlungsplatz weg, vergrub sich in einem großen Haufen von Schilf und Stroh und schlief ein, ehe er von einem lauten Geschrei in russischer und deutscher Sprache wieder geweckt wurde: Der Rest seiner Gruppe war unblutig gefangen genommen worden. Die Rotarmisten suchten zwar auch nach dem versprengten Einzelkämpfer, fanden ihn jedoch nicht. Mit dem Einbruch der Dunkelheit setzte Lorenz seine Flucht fort, »richtungsgetreu wie ein Zugvogel« in südwestlicher Richtung. Er stieß auf ein Moor, warf seine Stiefel weg, da sie bald voll mit Schlamm und zum Schleichen ohnehin nicht geeignet waren, stieß schließlich auf eine Straße, die ziemlich genau nach Süden führte. Ein russischer Militärkonvoi rollte vorüber, und Lorenz schloss sich – nicht ohne seine Kopfbedeckung zu verstecken – in der Dunkelheit dem vorbeimarschierenden Feind an.[383] Nach einer Weile stellte er sich an den Straßenrand und gab vor, sein Geschäft zu erledigen, der nächste Russe ging vorbei – und Lorenz schlug sich in die Büsche.

Als er fernen Kanonendonner hörte, wähnte er sich der Hauptkampflinie nahe und kombinierte folgerichtig, »dass, wo die Russen auf etwas zu schießen hatten, Deutsche vorhanden sein müssten«. Nun galt es also nur noch, den Frontwechsel vorzubereiten und zu überstehen. In Lorenz eigener, schier unglaublicher Schilderung trug sich das dann so zu:

> »Es war noch finster genug, dass ich mich unbesorgt unter die russischen Soldaten mischen und durch die Batterie hindurchgehen konnte. Ich erkundete aus dem Mündungsfeuer die Schussrichtung, und als ich unbehelligt die Mündungen der westlichsten Geschütze ein paar Meter hinter mir hatte, legte ich mich nieder und schlief unmittelbar unter dem Kanonendonner fest ein. [...] Als ich erwachte, war es schon ziemlich hell, und bis ich den der Batterie vorgelagerten Schützengraben erreichte, war es leider noch heller. Der Graben war dünn besetzt, es stand nur etwa alle 60 m ein Soldat, der mit Leuchtspur in die Richtung schoss, in die mich das Kanonenfeuer wies. [...] Das folgende Durchqueren des russischen Grabens war wohl das unangenehmste Erlebnis meiner Kriegserfahrung. Ich weiß noch, dass ich aus dem Graben sehr vorsichtig und langsam herauskroch und viele Meter weiter vorsichtig auf dem Bauche robbte, dass ich dann aber die Selbstbeherrschung verlor, aufsprang und, so schnell ich konnte, im nahen Getreidefeld Deckung nahm.«[384]

Was Lorenz nicht wissen konnte: Die Russen vermeinten nur, auf eine Gruppe eingekesselter Deutscher zu schießen. In Wirklichkeit zielten sie auf den ihnen entgegenkommenden russischen Graben: Die Russen hatten die Deutschen eingekreist und sie so lange aufgerieben, bis schließlich Russen auf Russen schossen. Lorenz näherte sich also halb laufend, halb robbend der Stellung, die er – so wie die Russen in seinem Rücken – für eine deutsche hielt. Und als er den auf ihn feuernden Soldaten kriechend bis auf ein paar Meter nahe gekommen war, rief er »Nicht schießen, deutscher Soldat!«, worauf das Feuer verstummte. Als Lorenz dann aber im Dämmerlicht Gestalten auftauchen sah, die er eindeutig als Russen erkannte, verließ ihn die Vernunft: Statt sich in der ausweglosen Situation zu ergeben, suchte er abermals seine Rettung in der Flucht. Leuchtspurgeschosse wurden in seine Richtung abgefeuert. Der heldenhaft Flüchtende hatte in dieser Situation nichts anderes zu tun, als – wie er in seiner Autobiografie schreibt – Rainer Maria Rilke zu verfluchen, genauer: Zeilen aus der Novelle *Die Weise von Liebe und Tod des Cornets Christoph Rilke* (1899), die er wenige Tage zuvor gelesen hatte. Dort stellt sich der Fähnrich mit den Worten »unter Klingen die Augen zusprangen waren eine lachend Wasserkunst« dem Tod. Lorenz jedenfalls schwört in seinen Erinnerungen, dass er, unmittelbar bevor ihn ein Schuss in den Unterarm traf, die Worte »eine Scheiß lachende Wasserkunst« dachte. Der Angeschossene verbarg sich daraufhin in einem nahe gelegenen Kornfeld, dann übermannte ihn abermals die Erschöpfung, und er schlief sofort ein.

Am nächsten Tag stand die Sonne bereits hoch am Himmel, als ihn fremde Stimmen weckten:

> »Ich sah mich umgeben von russischen Gestalten, die mit beruhigender Stimme riefen: ›Komm heraus, Kamerad!‹. Einer von ihnen sagte in ziemlich gutem Deutsch: ›Warum Du erst rufen »Nicht schießen!« und dann laufen davon, durak?‹ [russisch für Dummkopf, Anm.]. Ich hatte Gelegenheit zu antworten und auch zu lächeln. Ich sagte ›Da da, durak!‹«[385]

Der Krieg war für ihn damit endgültig und glimpflich zu Ende gegangen. Die Wahrscheinlichkeit für einen Soldaten der deutschen Wehrmacht, im Kessel von Witebsk ums Leben zu kommen, war um einiges höher als zu überleben: Nach sowjetischen Angaben starben bei den Kampfhandlungen um Witebsk etwa 18.000 deutsche Soldaten und 10.000 wurden gefangen genommen. Die Stadt selbst war nach dem Ende der Kämpfe fast vollständig zerstört. Von 170.000 Einwohnern, die im Juni 1941 die Stadt bewohnt hatten, waren im Juli 1944 nur 118 übrig geblieben.

Für Lorenz hingegen schien einzig zu zählen, dass er sich bewiesen hatte, tapfer sein zu können. Bis dahin habe er angesichts des Muts der Uniformierten angeblich laut eigener Aussage unter Minderwertigkeitsgefühlen gelitten. Nach den drei Tagen seiner heroischen Flucht aber habe er die Erfahrung gemacht, dass auch er mutig sein konnte, wie er seinem Biografen Alec Nisbett 1974 sagte. Und es bräuchte davor auch keine besondere Hochachtung, weil es ziemlich einfach sei.[386]

In seiner Selbstbiografie 15 Jahre später musste sich der etwas älter und weiser gewordene Verhaltensforscher dann aber doch über sein allzu draufgängerisches Verhalten und sein Heldentum wundern:

> »Ich hatte alles getan, um nicht gefangen zu werden. Niemand konnte mir den Vorwurf der Feigheit machen. Dass mir dieser Gedanke überhaupt kam, ist bemerkenswert. Ich betrachte es als überhaupt höchst merkwürdig, ja als ein wenig schandbar, dass ich es als anstrebenswert empfand, tapfer zu sein.«[387]

DIE JAHRE DER BEWÄHRUNG

»Jetzt ist alles aus!« Das war die verzweifelte Reaktion des Berliner Zoologen Oskar Heinroth, als er erfuhr, dass sein Lieblingsschüler und die große Zukunftshoffnung der Ethologie an der Ostfront vermisst wurde. Rund zehn Wochen nach der Gefangennahme von Konrad Lorenz war die offizielle Meldung seiner Frau überbracht worden. In diesem Brief an Margarethe Lorenz, der vom 31. August 1944 datiert ist, heißt es über den Verbleib des Unterarztes der Reserve:

> »Er gehörte zur Besatzung von Witebsk und hat mit ihr, wie nach Entwicklung der Kampfhandlungen anzunehmen ist, den feindlichen Sperrriegel in westlicher Richtung durchbrochen. Seither fehlt von ihm wie von anderen Kameraden seit dem 24. Juni 1944 jede Nachricht. Alle Nachforschungen sind bisher vergeblich gewesen. Immer noch kommen Rückläufer von Witebsk durch die stellenweise sehr dünnen feindlichen Linien und bringen Klarheit in das Dunkel manchen Soldatenschicksals. [...]
>
> Ich weiß, sehr verehrte gnädige Frau, dass Ungewissheit über ein Schicksal schwerer zu ertragen ist als das Wissen um den Tod eines lieben Menschen. Wenn ich Ihnen durch obigen Hinweis einen Lichtblick gab, so bitte ich nicht zu verkennen, dass die Länge der Zeit, die seit dem Vermisstsein verstrichen ist, vieles im Dunkeln verhüllt lässt.
>
> Wir Sanitätsoffiziere der Kompanie, die Ihren Gatten nur wenig kannten, haben ihn im Kameradenkreis bei der San.Komp.2/206 in einer Weise schätzen gelernt, die unsere Bitte an Sie, sehr verehrte gnädige Frau,

> rechtfertigt, unser aufrichtigstes Beileid zu dem schweren Verlust, der Sie und Ihre Angehörigen getroffen hat, hinzunehmen.«[388]

Unter Lorenz' Freunden und Kollegen sprach sich die Hiobsbotschaft von seinem vermeintlichen Tod an der Ostfront schnell herum. Sein niederländischer Kollege Bierens de Haan schickte einen Brief mit der Mitteilung über dessen trauriges Schicksal an Julian Huxley, der sie an die Zeitschrift *Nature* weiterleitete. Weit über ein Jahr lang, nämlich bis zum November 1945, mussten seine Angehörigen, Freunde und Kollegen davon ausgehen, dass Konrad Lorenz den Krieg wahrscheinlich nicht überlebt hat.

Tatsächlich aber hatte er die Wirren des Frontgeschehens trotz seines draufgängerischen Verhaltens mit viel Glück nahezu unbeschadet überstanden. Der Soldat, der sich – wie heldenhaft und wagemutig auch immer – gegen seine Gefangennahme gewehrt hatte, wurde zunächst zu einer anderen Gruppe von Rotarmisten in ein erstes Lager nahe der Front gebracht. Man fand Lorenz' verborgene Dienstabzeichen, und bald stellte sich heraus, dass der neue Gefangene ein Universitätsprofessor war. Ein Major hielt daraufhin angeblich eine in gutem Deutsch gehaltene Rede, in der er Lorenz und seine Mitgefangenen belehrte, dass in der Sowjetunion aus Achtung vor der Wissenschaft ein Professor keinesfalls an die Front geschickt würde, ehe er mit den Worten »inter arma silent muse« – also »Inmitten der Waffen schweigen die Musen«[389] – schloss. Der akademisch qualifizierte Gefangene war bei den Russen von Anfang an wohlgelitten, zum einen wegen seines Professorentitels, zum anderen auch deshalb, weil er sich bald als Arzt verdient machen sollte.

Lorenz war einer von rund drei Millionen Wehrmachtssoldaten, die – vor allem im letzten Kriegsjahr – in sowjetische Kriegsgefangenschaft gerieten. Laut sowjetischen Angaben waren darunter knapp 157.000 Österreicher. Ihre Behandlung entsprach grundsätzlich dem Völkerrecht, auch wenn es keine internationalen Kontrollen gab.

Porträt ohne Bart: Das Ausweisfoto aus dem Jahr 1944 zeigt den Kriegsgefangenen und angehenden Lagerarzt Konrad Lorenz.

Der Alltag in den Kriegsgefangenenlagern war allerdings von Hunger und schwerer körperlicher Arbeit geprägt. Kriegsgefangene wurden in der Sowjetunion vor allem zum Aufbau zerstörter Städte, im Bergbau und in der Forstwirtschaft eingesetzt. In der Gefangenschaft starben mindestens 410.000 Angehörige der Wehrmacht, nach sowjetischen Angaben knapp 11.000 Österreicher. Konrad Lorenz hat nicht wenigen das Leben gerettet.

Zunächst stand aber sein eigenes auf dem Spiel. Die nächste Station seiner russischen Lagerodyssee war eine Fabrik, in der aus Fichtenstämmen Sperrholz hergestellt wurde. Lorenz musste als Lagerarzt rund 200 kranke und verwundete deutsche Gefangene versorgen, seine schwersten Patienten waren solche mit Schwarzwasserfieber. Sein verwundeter Arm schmerzte immer stärker, und die Versorgung der Patienten fiel ihm immer schwerer. Als er die Meldung erhielt, dass 200 weitere deutsche Gefangene eingetroffen waren, die ebenfalls ärztliche Hilfe benötigten, kam das für ihn in seiner angeschlagenen Verfassung einer Katastrophe gleich. Dennoch eilte er in den Hof des Lagers – und erblickte zu seiner Erleichterung alle jene Männer, die am Hauptverbandsplatz von Witebsk tätig gewesen waren. Einer der deutschen Ärzte, die neu ins Lager gekommen waren, diagnostizierte an Lorenz' Unterarm eine schwere Bindegewebsentzündung, was der Aushilfsarzt angeblich damit quittierte, sofort in die Rolle des Patienten zu wechseln und in Ohnmacht zu fallen. Als er aufwachte, lag er am Operationstisch. Er war zwar bald wieder auf den Beinen, behielt aber eine große, lange schwärende Wunde an der Innenseite des Unterarms zurück.

Gleich in der ersten Zeit als Lagerarzt bekam Lorenz einen rätselhaften Patienten zu sehen, der kaum gehen konnte und dem fast alle Reflexe fehlten. Lorenz kannte diese Symptome eher zufällig aus seiner Zeit als Assistent von Herbert Weigel in Posen. Es lag ein akuter Fall von Polyneuritis vor, einer Entzündung des Rückenmarks, die durch die Kombination von Stress, Überbeanspruchung, Kälte und Vitaminmangel ausgelöst wird. Zunächst führt diese Nervenerkrankung zum Kraftverlust aller quergestreiften Muskeln, danach kommt es zum Nachlassen aller Sehnenreflexe, und im finalen Stadium führt sie letztlich zu einem qualvollen Tod durch Lähmung einschließlich der Atemmuskulatur.[390]

Den russischen Ärzten war diese Krankheit unbekannt – wohl auch deshalb, weil die Russen sehr widerstandsfähig und deshalb gegen diese Form der Neuritis immun seien, wie Lorenz später nicht ganz vorurteilslos meinte. Seine russischen Vorgesetzten glaubten stattdessen an eine ansteckende Krankheit bzw. an Diphtherie, weil ihnen ein Totalausfall aller Reflexe nur als Folge dieser Krankheit bekannt war. Lorenz jedenfalls wusste aus seiner Zeit in Posen diese Symptome richtig zu deuten, und er wusste auch, wie sie zu behandeln waren: nämlich mit viel Vitamin C, Ruhe und Warmhalten der Patienten – und hatte deshalb bei den Russen gleich einen Stein im Brett.[391]

Auch aus diesem Grund wurde er nach kürzeren Aufenthalten in zwei Lagern nahe der Front Mitte November 1944 ins Lager Chalturin (Lager 307/2) nahe der Stadt Kirov übersiedelt. Deutsche Kriegsgefangene waren dort mit dem Bau eines Kraftwerks beschäftigt. Lorenz wurde im dazugehörigen Lazarett mit einer Abteilung von 600 Betten betraut, wo zahlreiche Patienten mit Polyneuritis lagen und täglich neue Fälle hinzukamen. Während Ascorbinsäure leicht aufzutreiben war, war es schwierig, für ausreichende Wärme zu sorgen: Die Kranken hatten nur dürftige Krankenbekleidung und dünne Decken. Auf Lorenz' Bitten hin wurde das Lazarett besser beheizt. Bis auf zwei Kameraden, die bereits an Atemschwierigkeiten litten, gelang es Lorenz, alle seine Polyneuritis-Fälle durchzubringen. Und so konnte er später mit berechtigtem Stolz darauf hinweisen, »dass ich vielen Menschen das Leben gerettet habe«.[392]

Die erste Zeit der Kriegsgefangenschaft im Winter 1944/45 war aber auch für ihn selbst kurzfristig lebensbedrohlich: Er hatte zu allem Überfluss eine Scharlacherkrankung durchzustehen und wog damals gerade noch 55 kg oder noch weniger. Angeblich hat er während dieser Zeit versucht, junge Ratten zu zähmen, die ihn in der schlecht beheizten Lagerbaracke wärmen sollten.[393] Nachdem diese Krankheit überwunden war, ging es aber nur noch aufwärts. Und so schreibt Lorenz in seinen Memoiren über die Zeit in Chalturin »als einer der erfreulichsten meines Lebens«, was er wie folgt begründet: »Für die Stimmung eines Menschen kommt es nicht darauf an, wie gut sein Lebensstandard, absolut gesehen, sein mag. Ausschlaggebend ist, ob er sich in einem aufsteigenden oder absteigenden Stadium befindet.«[394]

Immerhin wurden mit Jahresbeginn 1945 auch die Essensrationen der Kriegsgefangenen etwas großzügiger bemessen: Laut Vorschrift sollten sie ab diesem Zeitpunkt 600 Gramm Schwarzbrot, 90 Gramm Haferschleim, 30 Gramm Fisch, 15 Gramm Schweineschmalz, 15 Gramm Öl, 17 Gramm Zucker und 600 Gramm Kartoffeln erhalten. In den Krankenlagern betrug die Fleischrate 150 Gramm und die Zuckerrate 30 Gramm. Außerdem erhielten die Gefangenen 300 Gramm Milch.[395] Dennoch waren Mangelerkrankungen durch ungenügende Nahrung gang und gäbe. Lorenz war davon nicht betroffen, weil er die karge Lagerkost durch unorthodoxe Zusatznahrung ergänzte.

Er verspeiste – je nach späterer Darstellung – die verschiedensten Tiere, die eher selten auf heutigen Speisekarten zu finden sind: Heuschrecken, Ameisen, das ausgekochte Fett aus den Röhrenknochen

Orte der Bewährung: In insgesamt 13 solcher sowjetischen Gefangenenlager war Lorenz fast vier Jahre lang als Arzt tätig und hatte Hunderte Patienten zu betreuen.

toter Rinder (als Brotaufstrich), Schlangen am Spieß, das Fleisch eines Bussards (den Lorenz für einen Lagerkommandanten präparieren musste), mit der Hand gefangene Fische, in Lehm gebratene Igel nach Zigeunerart, Weinbergschnecken und Würmer.[396] Die eindrucksvollste Anekdote ist vielleicht die vom Verzehr einer Tarantel, womit er seinem Namenspatron Konrad alle Ehre machte, der einst als Bischof von Konstanz selbst eine Spinne verschluckt haben soll[397]: Ein russischer Wächter hat Lorenz angeblich dabei beobachtet, wie er die gefährliche Riesenspinne fangen wollte, und wollte ihn warnen. Doch der hungrige Professor packte das haarige Tier mit sicherem Griff, biss seinen fleischigen Hinterleib ab und aß ihn. Das habe den Wächter so sehr verstört, dass er – zumindest laut Lorenz – schreiend in die kasachische Steppe davonlief.[398] Der findige Tierexperte wollte seine tierischen Nahrungsmittelzusätze auch seinen Mitgefangenen schmackhaft machen, doch er scheiterte zumeist daran.

Lorenz war aber nicht nur als Arzt beliebt. Denn die meisten Leute, für deren Gesundheit er verantwortlich war, litten nicht unter physischen Leiden, sondern unter der »sehr ernsten Erkrankung eines hoffnungslosen Heimwehs«, so der Verhaltensforscher im Rückblick. Und obwohl er lange Zeit selbst nicht daran glaubte, dass er seine Heimat je wiedersehen würde, war er in der Rolle des Seelsorgers tätig und vermittelte den Heimwehkranken eine Hoffnung, die er selber nicht empfand. Tatsächlich gingen noch Jahrzehnte später bei ihm Dankesbriefe von vielen ehemaligen Kameraden ein, die sich an die Zeit im Lager Chalturin oder in den anderen zwölf Stationen seines Gefangenen- bzw. Lagerlebens erinnerten. So schrieb ihm etwa ein gewisser Heinrich Roosen mehr als 20 Jahre danach:

> »Sie haben uns damals 1944 manche Stunde der Freude und Ablenkung geschenkt mit Ihren Erzählungen und Experimenten mit den Mäusen. Damals haben Sie uns schon von Ihrer Wildgans Martina erzählt. Ich freue mich heute noch darüber. Entsinnen Sie sich auch noch der furchtbaren Nervenkrankheit, die auf einmal aufkam, bei der viele Kameraden an den verschiedenen Gliedern des Körpers gelähmt waren? Durch Ihre ärztlich-wissenschaftliche Kunst hat der Russe [...] eingesehen, dass es sich nicht um eine ansteckende Krankheit handelte. Ich glaube, man darf sagen, so sind viele Kameraden gerettet worden.«[399]

Lorenz war in Chalturin – selbstverständlich immer unter einem russischen Chefarzt bzw. einer Chefärztin – für die neurologische Abteilung zuständig, während sein Kollege Hans Theis, der mit ihm in Witebsk operiert hatte, in der chirurgischen Abteilung assistierte. Theis' Abteilung war zwar wesentlich kleiner, doch Lorenz hatte mit seinen 600 Patienten anscheinend eher weniger Arbeit als sein Kollege von der Chirurgie. Manchmal half er bei Operationen mit, einmal bei einer besonders blutigen Amputation eines Unterschenkels. Der operierende russische Arzt schien trotz Warnung von

Lorenz nichts von der Existenz der Kniekehlenarterie zu wissen, aus der nach Durchtrennung Blut bis an die Wand spritzte. Bald freilich hatte der Arzt sie in der Pinzette und auch schon abgebunden. »Die Operation verlief völlig erfolgreich. Mir war dies wiederum eine Mahnung, dass man sich auf Wissen nichts einbilden kann. Dem russischen Arzt ersetzte jedenfalls eine wahrhaft übermenschliche Geschicklichkeit das anatomische Wissen«, so Lorenz in seinen Erinnerungen.[400]

Mit dem Patienten, einem damals 20-jährigen Niederösterreicher namens Harrer, der ganz aus der Nähe von Altenberg stammte, verband Lorenz in der Folge eine enge Verbindung. Der Kriegsinvalide entwickelte nämlich eine hysterische Reaktion als Folge der Amputation und verweigerte die Nahrung, obwohl ihm von den Russen die besten Speisen angeboten wurden. Soldat Harrer magerte rapide ab und sah bald aus »wie die Mumie eines Neunzigjährigen«. Lorenz war verzweifelt und griff daraufhin zu einem Mittel, das er selbst bei seinen Hysterikerbehandlungen in Posen »nie hatte anwenden dürfen«, wie er schrieb:

> »Ich trat an das Bett des elenden Wurmes und mimte einen Wutanfall. Ich fletschte die Zähne, trommelte mir buchstäblich wie ein Gorilla an die Brust und brüllte: ›Wenn du das Essen nicht augenblicklich aufisst, [mach ich Dich zu] Krenfleisch!‹ Der Kranke, der über meine Verwandlung in einen Urwaldaffen sichtlich erschrocken war, griff hastig nach der Speise und aß. Tatsächlich war der Erfolg schlagend: Der Patient aß nun regelmäßig, aber wie ich hätte voraussagen können, nur mir zuliebe und nur, wenn ich als potentielle Drohung an seinem Bett stand.«[401]

Dem nach einigen Wochen zu Kraft gekommenen Kameraden musste Lorenz nun aber wieder abgewöhnen, nur unter seiner persönlichen Drohung zu essen – und griff ein zweites Mal auf die bewährte Therapie zurück: Wieder mimte er einen Wildgewordenen, beschwerte sich zornig darüber, dass der Patient beim Essen solche Schwierigkeiten mache, drohte abermals mit dem Krenfleisch – und hatte abermals Erfolg.

Einige Monate später traf der unkonventionelle Arzt seinen ehemaligen Patienten in einem Repatriierungslager, wo die Ärzte aus Chalturin vorübergehend untergebracht waren, der invalide Noch-Gefangene aber auf seine Heimreise vorbereitet wurde. Harrer war dem Landsmann trotz seiner unorthodoxen Behandlungsmethode überaus dankbar und revanchierte sich mit einem riskanten Freundschaftsdienst: Er überbrachte Margarethe Lorenz in Altenberg die erste Nachricht vom Überleben ihres Mannes: ein Zettelchen, das er zerknüllt in seiner Backentasche versteckte.

So kam es, dass die Familie im November 1945 – also erst nach 14 Monaten quälender Ungewissheit – vom glücklichen Schicksal des bis dahin Vermissten erfuhr.[402] In dieser Zeit der Hoffnungslosigkeit hatte Lorenz' Frau Margarethe ihre zwei älteren Kinder, die inzwischen 14-jährige Agnes und den 16-jährigen Thomas, nach Schruns in Vorarlberg geschickt. Sie konnte so verhindern, dass ihr Sohn zum Volkssturm bzw. Schanzenbau nach Ungarn eingezogen wurde, zwei Himmelfahrtskommandos.[403] Im März 1945 fuhr sie dann selbst nach Vorarlberg und wollte auch ihren greisen Schwiegervater mitnehmen. Der sei allerdings mit den Worten »hier habe ich gelebt, hier werde ich sterben« wieder aus dem abfahrbereiten Auto ausgestiegen. Als Margarethe Lorenz im Juli 1945 allein und illegal zurückkam, war der Patriarch von Altenberg noch am Leben. Er wollte sogar den US-Präsidenten Franklin D. Roosevelt einschalten, mit dem er aufgrund seiner USA-Reisen bekannt war, um seinen Sohn suchen zu lassen. Der Brief wurde allerdings nie abgeschickt.[404]

Adolf Lorenz starb am 19. Februar 1946 im 92. Lebensjahr und hatte noch vom Überleben seines jüngeren Sohnes gehört, ihn aber nicht mehr wiedergesehen. Sein »Bub«, der erst im Mai 1946 Nachricht erhalten hatte, dass seine Familie den Krieg unbeschadet überstanden hatte, war tief betroffen, als er mit mehrmonatiger Verspätung vom Hinscheiden des Familienoberhaupts erfuhr: In den darauffolgenden Tagen hielt er abends im Lager Vorträge über das schillernde Leben und Werk seines Vaters. Stets wurden seine Vorträge mit den Worten »Wenn du als Jüngling deinen Vater ehrst ...« beschlossen, wie sich ein Kamerad, der spätere Arzt Werner Straube, fast ein halbes Jahrhundert danach erinnerte.[405] Er war einer derjenigen, für den die Bekanntschaft mit Lorenz zu einer der wichtigsten in ihrem Leben wurde:

> »Wir haben uns beide vom ersten Tag an ausgezeichnet verstanden. Schnell war mir klar, wen ein gütiges Schicksal mir an die Seite gegeben hatte! Es entwickelte sich in kurzer Zeit eine Vater-Sohn-Beziehung. Er wurde mein väterlicher Freund und Lehrer und ich sein hochinteressierter Schüler!«

Straube war aber nicht der Einzige, der von Lorenz in der Kriegsgefangenschaft geprägt wurde: Viele Freundschaften und Kontakte, die dort geknüpft wurden, bestanden auch noch Jahrzehnte später. Eine besonders innige Beziehung verband Lorenz mit dem ungarischen Oberstabsarzt Jószef Kondás, den Lorenz in einem Lager unweit von Eriwan kennenlernte – eine Freundschaft, die bis zum Tod von Kondás, der kurz vor Lorenz starb, fortbestand. In den ungarisch gefärbten Worten des Mediziners:

> »In der Kriegsgefangenschaft war schrecklich, aber die Möglichkeit, dass ich mit Dir bekannt geworden, war die wichtigste Gelegenheit in meinem Leben. Ich glaube, dass das Schicksal wollte so, weil so für mich hatte für mich leichter und verträglicher gemacht die dunkleren Tage. Ich will nicht große Wörter sagen, was bedeutet mir Deine Freundschaft, welche war und ist immer die einzige in meinem Leben.«[406]

Anfang Juni 1946 war Lorenz im Lager Dzoragees in Armenien angekommen und verbrachte die folgenden 15 Monate in drei verschiedenen Teillagern ganz im Süden der Sowjetunion. Er sprach in der Zwischenzeit ziemlich perfekt Russisch, hatte als Arzt zwar viel zu tun, verfügte nebenbei aber doch über genügend Freizeit, um an einem umfangreichen Manuskript weiterzuarbeiten, das nach seinen Plänen der erste Band zu einer umfassenden vierbändigen Darstellung der vergleichenden Verhaltensforschung werden sollte. Seine russischen Vorgesetzten hatten durchaus nichts gegen solche Ambitionen, wie sich Lorenz in seiner Autobiografie erinnert:

> »[A]llerdings musste ich mir das Material dazu selber beschaffen. Ich schrieb auf Zementsäcken, die ich mit einem vom Lagerschneider geborgten Bügeleisen plättete. Ich schrieb zum Teil mit aus Schreibstuben entwendeter Tinte, zum Teil mit Kaliumpermanganat, das allerdings rasch ausblasste.«[407]

Was Lorenz da so mühsam zu Papier brachte, blieb nach dem Ende der Kriegsgefangenschaft lange Zeit unveröffentlicht, bildete aber Jahre später die Grundlage für viele seiner Arbeiten, vor allem *Die Rückseite des Spiegels* (1973) und *Vergleichende Verhaltensforschung* (1978). In Buchform erschien das rund 750-seitige Manuskript, das für einige Jahrzehnte verloren gegangen war, dann 1992 unter dem Titel *Die Naturwissenschaft vom Menschen*, posthum herausgegeben von seiner Tochter Agnes Cranach.

Als das Manuskript fertig war und die Heimkehr in Aussicht gestellt wurde, beantragte Lorenz in einem Brief an die Sowjetische Akademie der Wissenschaften, seine Arbeit mit nach Hause nehmen zu dürfen. Er wurde daraufhin im September 1947 nach Krasnogorsk beordert, einer Vorstadt von Moskau. Unmittelbar vor seiner Abreise wurde eine Einschätzung des Gefangenen vorgenommen, die sich auch in seinem Personalakt wiederfindet:

> »Der Kriegsgefangene Lorenz wird als guter Mensch charakterisiert. Er ist diszipliniert, fleißig, politisch gut informiert, nimmt an antifaschistischer

> Arbeit aktiv teil, genießt bei den anderen Lagerinsassen Autorität und ist bei ihnen beliebt. Seine Vorträge und Berichte wurden von den Lagerinsassen geschätzt. [...] Er kennt sich in theoretischen Problemen sehr gut aus, und er hat politisch die richtigen Ansichten. Lorenz ist im Lager als Propagandist unter den deutschen und österreichischen Kriegsgefangenen tätig. Er spricht Französisch und Englisch. Wir haben keine kompromittierenden Unterlagen über K. A. Lorenz.«[408]

Lorenz' Kameraden bedauerten ihren Mitgefangenen und sagten ihm voraus, dass er nun nie mehr nach Hause kommen würde; er selbst glaubte das ohnehin.[409] Er erhielt einen Probusk, also eine Bewilligung für die Mitnahme des Manuskripts und des Vogelkäfigs mit seinem zahmen Star Friedrich, und reiste, begleitet von einem Leutnant, in Richtung Moskau ab. Am zweiten oder dritten Tag hielt der Zug in Baku. Da der ihn begleitende Offizier schon am ersten Tag der Reise an Malaria erkrankt war, musste sich Lorenz allein zur Verpflegungsstelle in der Stadt begeben – in der deutschen Uniform ein nicht ganz unproblematisches Unterfangen. Der Tag war wunderschön, und ganz in der Nähe des Bahnhofs war ein Springbrunnen, in dessen Becken sich Lorenz waschen wollte. Er hatte eine Seife bei sich, aber kein Rasierzeug, denn das hatte man den Gefangenen abgenommen. Lorenz wurde bei seiner Reinigungsaktion beobachtet, und zwar von einem angeblich hünenhaften russischen Kriegsinvaliden mit mongolischen Gesichtszügen. Der Soldat richtete eine Krücke auf Lorenz – und machte zu dessen Überraschung den Vorschlag, sich gegenseitig zu rasieren. Denn der Russe hatte zwar ein Rasiermesser, aber keine Seife. Lorenz wurde es einigermaßen mulmig, doch es gab keinen Ausweg mehr:

> »Der russische Soldat setzte sich auf den Beckenrand, seifte sich das Gesicht ein, und ich begann, ihn so vorsichtig wie nur möglich zu rasieren. Das tat ich mit angehaltenem Atem. ›Wenn ich ihn schneide, wird das alles ein

> schlechtes Ende nehmen.‹ Glücklicherweise passierte nichts. Jetzt begann er, mich zu rasieren. Ich saß wie angewurzelt auf dem Brunnenrand und fühlte, wie die Schneide des Messers über meine Kehle glitt. Mir trat der Angstschweiß auf die Stirn. Aber alles ging gut.«[410]

Glücklich in Krasnogorsk angekommen, wurde Lorenz bald dem Lagerkommandanten gemeldet, weil das Verhalten des neuen Gefangenen als einigermaßen erklärungsbedürftig, wenn nicht als gefährlich verrückt galt. Das rührte vor allem daher, dass der Verhaltensforscher Fliegen fing und sie – als Nahrung für seinen zahmen Vogel – in eine Zündholzschachtel sperrte. Oberstleutnant Platonoff wusste, dass das nur der erwartete Professor sein konnte, und ließ ihm das verschiedenartigste Vogelfutter zukommen. Das freilich kochte der Beschenkte für sich selbst und aß es dankbar auf: »Für einen dicken Hirsebrei hatte ich immer noch Platz.« In diesem Offizierslager (Lager 27/2) stellte der Professor eine maschinenschriftliche Abschrift des Manuskripts her, die dann der Zensur vorzulegen war, danach ging es noch ins Prominentenlager direkt in Moskau (Lager 453).[411] Während dieser Zeit knüpfte er unter anderem Freundschaft mit dem kommunistischen Philosophen Martin Radsprecher, der kurze Zeit nach seiner Rückkehr nach Wien starb.

Weihnachten 1947 – der Termin der geplanten Abreise – rückte näher, doch das maschinenschriftliche Manuskript war immer noch nicht zurück von der Zensurbehörde. Sollte Lorenz weiter in der Sowjetunion bleiben müssen? Gänzlich unerwartet bestellte ihn der zuständige Oberstleutnant Platonoff zu sich, was bei Lorenz schlimme Befürchtungen auslöste. Die Begegnung sollte vielleicht auch deshalb zu einer von Lorenz' Lieblingsanekdoten werden, die er selbst wieder und wieder mit Rührung erzählt hat – ein letztes Mal in seinen autobiografischen Fragmenten wenige Monate vor seinem Tod[412]:

> »Mir fiel das Herz in die Hosen! […] Ich erwartete selbstverständlich Unangenehmes. Platonoff aber empfing mich in einer gänzlich unerwarteten Weise. Er stand auf, gab mir die Hand und sagte ›Professor, setzen Sie sich. Ich habe eine Frage an Sie. Können Sie mir [von] Mann zu Mann versichern, dass in dem Manuskript, das Sie der Zensur eingeschickt haben, dasselbe steht wie im Original?‹ Ich antwortete: ›Nein, ich habe zwei Kapitel gekürzt und zusammengezogen, und das Ganze ist beim Abschreiben allmählich besser geworden, wie das ja häufig der Fall ist.‹ Der Oberstleutnant lachte laut über meine Naivität. ›Nein‹, sagte er, ›ich meine, ob das Manuskript wirklich nur [Wissenschaftliches] enthält und nicht etwa Tagebuchnotizen usw.‹. Da lachte ich ebenfalls und sagte: ›Jawohl, das kann ich Ihnen mit gutem Gewissen ehrenwörtlich versichern.‹ Daraufhin ließ er mein Originalmanuskript verpacken und schrieb einen Probusk, der sicherlich alle seine Kompetenzen überschritt, ich sollte nicht durchsucht werden und das Manuskript mit nach Hause nehmen dürfen. Ich habe nie vorher und nie nachher erlebt, dass ein Mann dem Ehrenwort eines anderen ein gleiches Vertrauen entgegengebracht hätte.«[413]

Dieses Bewilligungsschreiben galt aber auch noch für zwei andere außergewöhnliche »Mitbringsel« des außergewöhnlichen Gefangenen, nämlich zwei Käfige mit je einem zahmen Vogel sowie eine aus Hartholz geschnitzte Ente für seine Frau. Und das Besondere war, dass Platonoff dem Transportbegleiter sagte, dass er dem nächsten Transportbegleiter sagen musste, dass Lorenz nicht zu untersuchen wäre. Was der zweite Transportbegleiter dem dritten etc. sagen musste.

Für Lorenz, der hoffte, unmittelbar nach den Weihnachtstagen wieder zu Hause zu sein, gab es allerdings noch eine sehr unangenehme Wartezeit. Die hochwasserführende Theiß hatte im Dezember 1947 die Eisenbahnbrücke nahe dem ungarischen Repatriierungslager Marmarosz-Sziget weggerissen. Aus der ersehnten Heimkunft vor dem Ende des Jahres wurde nichts. In den darauffolgenden

Winterwochen reparierten ehemalige Pioniere aus den Lagern die alte Brücke. Mehr als ein Vierteljahrhundert später erinnerte sich ein nach der Kriegsgefangenschaft nach Südamerika ausgewanderter Kamerad namens Emil Hermann an diese Wochen »zwischen Zweifel und Hoffnung« – und an Konrad Lorenz:

> »Stundenlang wanderte er im verbotenen Niemandsland, dem mit Stacheldraht abgezäunten Schussfeldstreifen zwischen den Wächtertürmen und Lagerinnenhof. Mit gesenktem Kopf, den Blick auf den kargen Boden gerichtet. Von weitem schien er mit seinen bedächtigen Schritten gleich einem Storch, der nach Futter Ausschau hielt. Bewusst ahmte er die Gewohnheiten seiner von ihm studierten Tierwelt nach, denn er war schließlich auf Futtersuche für seine vielen Vögel, die er aus den russischen Weiten bei sich hatte. [...] Mit Bewilligung der Lagerleitung gab nun unser Professor allabendlich wissenschaftlichen Unterricht, der sich uns wie eine Offenbarung darbot, da die meisten Wiedergutmachungssoldaten in den letzten Jahren nie über ein anderes Thema hinaus dachten, als einer irgendwie möglichen Magenberuhigung. [...] Lorenz öffnete seinen begeisterten Zuhörern die Augen über das Wunderbare der Natur, erzählte von seiner Schäferhündin Tito, der Graugans Martina, dem Dohlenkind Tschock, dem Dackel Kroki und seinen damaligen Reisegefährten, die zwitschernd um sein Haupt jubilierten.«[414]

Nach zwei Monaten war die Behelfsbrücke fertig, und endlich konnten die Entlassenen ihre Reise in die Heimat fortsetzen. Nach fast vier Jahren ging nun, im Februar 1948, die Lagerodyssee zu Ende – und es wäre nicht Lorenz, wenn er nicht auch diesen harten Zeiten etwas Gutes abgewonnen hätte:

> »Zwei Jahre statt vieren hätten ja auch genügt. Aber ich muss sagen, dass ich in den Jahren der Kriegsgefangenschaft so viel gelernt habe, dass ich sie, so merkwürdig das klingen mag, aus meinem Leben nicht missen möchte.

Schon nach dem Prinzip von Wilhelm Busch: ›Gehabte Schmerzen, die hab ich gern‹. Ich kann sehr häufig die kleineren Unzukömmlichkeiten des Lebens dadurch in die richtige Perspektive rücken, dass ich sie mit den Erlebnissen der Kriegsgefangenschaft vergleiche.«[415]

EINE KURZE HEIMKEHR

> »Samstag abends ist Konrad gekommen, gesund an Leib und Kopf, lustig und geräuschvoll. Er ist wieder bei uns, wie es vor seinem Auszug im Jahre 1940 war. Er ist auch wenig gealtert, nur viel graue Haare hat er. Er war ganz zerlumpt und verstunken.«[416]

Mit diesen Worten berichtete Margarethe Lorenz in einem Brief an Lorenz' Kollegen Otto Koehler von der lange ersehnten Heimkunft ihres Mannes am 18. Februar 1948. Und sie erzählte auch vom ersten Eindruck, den seine jüngste Tochter Dagmar vom Heimkehrer hatte: »Mir steigt ein eigentümlicher Geruch in die Nase«, waren die Worte des inzwischen sechsjährigen Mädchens, das seinen Vater zum ersten Mal bewusst wahrnahm. Außer den zerlumpten Kleidern am Leib hatte Lorenz, der mit dem 10. Russlandheimkehrer-Transport nach Österreich gelangte, nur wenig bei sich: Das wichtigste Gepäckstück war das 750-seitige Manuskript, das er in der Kriegsgefangenschaft verfasst hatte, dazu kamen seine beiden Vögel in zwei selbstgebastelten Drahtkäfigen, eine Maiskolbenpfeife in Eigenanfertigung, ein Blechlöffel, das Nötigste an Toilettengegenständen sowie die von ihm geschnitzte Ente aus Hartholz für seine Frau.[417] Diese hatte in ihrem Brief noch anderes über ihren eben heimgekehrten Mann zu erzählen:

> »Er genießt alles, was er hier gefunden hat, die Kinder, das Haus, die Kleider, das Bad, das Essen. Er isst nunmehr ununterbrochen, nach der besten Mahlzeit isst er weiter Brot und Hundefutter. Er wird furchtbar

fett werden wie alle Heimgekehrten hier. Laut haben wir über den Ernst des Lebens nicht viel geredet. Nach allen Freunden hat er sofort gefragt, da hat er ja auch schon viel gewusst. [...] Konrad fühlt sich erwachsen und gealtert oder gereift. Ich finde, dass er dasselbe begabte Kind ist wie immer. Die Kinder und ich sind sehr glücklich. Ein langer böser Traum ist aus.«[418]

Und auch für Konrad Lorenz schien es so, als ob die vergangenen Jahre nur ein schlechter Traum gewesen wären. Denn für ihn hatte sich nach all der Zeit, die er fern von Altenberg verbrachte, kaum etwas verändert:

»So sitze ich hier im alten Hause, in den alten Kleidern, gehe auf den alten Wegen, an meiner Seite läuft ein Hund des gleichen alten Stammes, die Dohlen jüpen im Schornstein ihre alte Frühlingsbotschaft, und ich klappere auf meiner alten Remington. Wenn nicht der Star und die Ohrenlerche, die Kameraden in meiner armenischen Wanderzeit, in ihren Käfigen neben meinem Schreibtisch säßen, könnte man glauben, die ganze Kriegsgefangenschaft sei nur ein Traum!«[419]

Einer der Ersten, an den sich Lorenz nach seiner Heimkunft wandte, war sein inzwischen 87 Jahre alter Lehrer Ferdinand Hochstetter. Der Heimgekehrte erinnert sich – ohne Details zu nennen – an »moralisch verzwickte Situationen, in denen es oft ganz verdammt schwierig war zu entscheiden, was man noch tun darf und was man anständiger Weise nicht tun darf«. Welche Vorfälle er dabei im Kopf hatte, ob in der Militärpsychiatrie in Posen oder in den Lagern in der Sowjetunion, ist unklar. In solchen Fällen habe er sich einfach »vorgestellt, was Sie in der betreffenden Lage tun und sagen würden«. Das ging so weit, dass er »ganz automatisch« Hochstetters Sprechweise angenommen habe, wenn er etwas Verantwortungsschweres zu sagen hatte.

Ebenso viel wie Hochstetter hätte Lorenz aber seiner Frau Margarethe verdankt: »Es fällt mir schwer, von etwas anderem zu reden und zu schreiben, als von ihr. Es ist geradezu unvorstellbar, was sie in den vergangenen Jahren geleistet hat.«[420] Ihrem Schwiegervater habe sie einen immerhin versöhnlichen Lebensabend bereitet, während Konrads Bruder Albert diesbezüglich anscheinend »völlig versagte«. Zudem stand die resolute Frauenärztin und Mutter mit den russischen Besatzern – Altenberg befand sich in der sowjetischen Besatzungszone – so manche Auseinandersetzung durch, um ihre Kinder und das Anwesen zu schützen. Zudem hatte sie bereits 1941 einen verpachteten Acker gegen einen ertragreichen Obstgrund getauscht und einen Gemüsegarten angelegt, dessen Erträge die Familie nach dem Krieg und auch nach der Heimkunft ihres Gatten versorgten: »Ich lebe wieder einmal von ihrer Arbeit, so wie ich zur Zeit meiner Privatdozentur von ihrer Arzterei gelebt habe«[421], schrieb ihr Mann an den Lehrer der beiden, Ferdinand Hochstetter. Aber auch von einer neu entflammten Liebe zwischen den Ehepartnern ist die Rede:

> »Worauf ich nicht gefasst war und was mich erheblich auf- und umgewühlt hat, war, dass ich sie blühend jung und schöner als je vorgefunden habe! Es ist ausgesprochen billig bezahlt, für dreieinhalb Jahre Gefangenschaft jenes Schönste im menschlichen Leben, das man sonst im allergünstigsten Fall einmal voll und ungetrübt erlebt, doppelt zu erkaufen. Es erscheint mir wie ein Witz, dass, von unserer Verlobung aus gerechnet, unsere silberne Hochzeit bereits anderthalb Jahre vorbei ist. Ich bin beinahe entschlossen, mich vor unserer goldenen Hochzeit noch einmal auf ein paar Jahre einsperren zu lassen. Steht dafür!«[422]

Margarethe Lorenz war es auch, die sich lange vor der Heimkehr ihres Gatten Sorge um dessen weitere Beschäftigung gemacht hatte. So fragte sie bei Otto Koenig, einem seiner Schüler, halb im Scherz nach, ob ihr Mann nach seiner Rückkunft bei ihm nicht Laborant werden könne.[423] Der 1914 geborene Koenig war vor 1938 als begeisterter Hörer in Lorenz' Volkshochschulkursen gesessen und hatte dort auch die entscheidenden Anregungen zur Gründung einer biologischen Forschungsstation ganz nach den Vorstellungen von Konrad Lorenz erhalten.[424] Im Mai 1945 besetzte der Nicht-Akademiker Koenig mit seiner Frau acht Baracken auf dem Wilhelminenberg im Westen Wiens, in denen während des Kriegs ein Flakbataillon stationiert war. Dieses Gelände inmitten von Wald, Wiese und Wasser wurde nach und nach zum Institut umgewandelt – zum Teil aus eigenen Mitteln, zum Teil unterstützt durch Interventionen von Ernst Fischer, dem kommunistischen Staatssekretär für Volksaufklärung, Unterricht, Erziehung und Kultus.[425]

Blick zurück nach vorn: Der etwas angegraute und gertenschlanke Konrad Lorenz im Jahr 1948 in Wien, nach der späten Rückkehr aus Russland.

Otto Koenig war der Erste, an den sich Lorenz nach seiner Heimkehr wandte. Am 19. März 1948 besuchte Lorenz zum ersten Mal die »Wilhelminenberger«, deren Erwartungen »weit übertroffen« wurden, wie es im Tagebuch der Forschungsstation hieß – nicht nur deshalb, weil der Verhaltensforscher neben dem Gastmahl auch »Ameisen in freier Wildbahn« verspeiste.[426] Ein paar Wochen später fand seine erste Vorlesung am Wilhelminenberg statt. Zu den Zuhörern zählten damals neben Otto Koenig und dessen Frau Lili alle damaligen Mitarbeiter der Biologischen Station wie Friedrich Haiderer, Ilse und Heinz Prechtl sowie der damals knapp 20-jährige Biologiestudent Irenäus Eibl-Eibesfeldt, der sich in seiner

Autobiografie an diese ersten Lehrveranstaltungen von Lorenz nach dem Krieg erinnerte:

> »Vier Stunden Vorlesung! Sie wurden uns nicht lang. Lorenz hatte zwar sein Russland-Manuskript vor sich, aber er sprach zumeist frei mit jugendlicher Begeisterung und Frische. Mit großem schauspielerischen Talent mimte er die Verhaltensweisen der Tiere nach, über die er sprach. Er las jeden Samstag. Bei schönem Wetter saßen wir auf Bänken im Freien. Lorenz eroberte mit seinem Temperament, seiner Ungezwungenheit und seiner Mitteilsamkeit schnell unsere Herzen und unseren Verstand.«[427]

Lorenz unterrichtete aber nicht nur am Wilhelminenberg, er setzte sich im Ausland für die ständig unter Finanznöten leidende Forschungsstation ein, die im April 1948 vom britischen Biologen Julian Huxley besucht wurde, der noch im selben Jahr zum ersten Leiter der UNESCO wurde. Lorenz schrieb auf Huxleys Anraten Bittbriefe an David Lack und an James Fisher vom »British Trust for Ornithology«. Darin schilderte er die selbstlose Aufbauarbeit der Koenigs, aber vor allem die prekäre finanzielle Lage der Forschungsstation. Und er bat – im Eigeninteresse – um dringende Hilfe:

> »Wenn ich zu meiner originären Forschungsarbeit zurückkehre, werde ich vollständig von der Biologischen Station Wilhelminenberg abhängig sein, um einen Arbeitsplatz zu haben! Wenn sie zerstört wird, wüsste ich nicht, wohin ich mich sonst wenden sollte, und es gibt viele interessante Fragen, die ich in nächster Zeit untersuchen möchte!«[428]

Die Briten bemühten sich redlich, Unterstützung für den Wilhelminenberg zu leisten. Es gab aber auch Überlegungen, Otto Koenig nach England zu holen, um ihn als Stationswart des Severn Wildfowl Trust – eines Naturschutzparks in Slimbridge in der Nähe von Bristol – zu beschäftigen.

Lorenz' eigene Situation schwankte im Sommer 1948 wieder einmal zwischen Enttäuschung, Hoffnung und Bangen. Zunächst zerschlugen sich seine Pläne ein weiteres Mal, Leiter des Tiergartens Schönbrunn zu werden: Statt Lorenz trat der erst 29-jährige Veterinärmediziner Julius Brachetka ohne jede Zoo-Erfahrung die Nachfolge von Lorenz' väterlichem Kollegen Otto Antonius an, der in den letzten Kriegstagen aus Angst vor den anrückenden Rotarmisten Selbstmord begangen hatte. Anfang August 1948 gab es aber schon wieder bessere Nachrichten: Wie ihm Hofrat Richard Meister, der Vizepräsident der Österreichischen Akademie der Wissenschaften (ÖAW), mitteilte, plante die Akademie, neue Institute einzurichten – darunter auch eines für vergleichende Verhaltensforschung unter der Leitung von Konrad Lorenz.

Dieses Institut sollte sich nicht nur durch die in Aussicht gestellte Finanzierung durch die »Wissenschaftshilfe der österreichischen Industrie und Banken« erhalten, sondern – ähnlich wie in der Zeit vor dem Krieg – zum Teil auch durch zahlende Arbeitsgäste aus dem Ausland. »Aufgrund des Aufschwungs, den die Vergleichende Verhaltensforschung in Amerika, England und vor allem in Holland genommen hat«, glaubte Lorenz garantieren zu können, »dass wir mindestens 4 bis 5 bezahlte Arbeitsplätze dauernd besetzt haben.« Lorenz bat Meister umgehend, ausländische Gutachten einzuholen.[429] Unklar blieb aber weiter die Finanzierung, zumal sich die »Wissenschaftshilfe« als unsicher herausstellte.

Unterdessen waren immerhin die britischen Kollegen von der Ornithologie erfolgreich gewesen: Der britische Romancier und Dramatiker J. B. Priestley war gewillt, seine in Österreich anfallenden Tantiemen, die er sich nicht nach Großbritannien überweisen lassen konnte, einem sinnvollen Zweck zuzuführen. Und da Priestleys Frau leidenschaftliche Vogelbeobachterin war, wollten die beiden das Geld Koenigs Station zur Verfügung stellen. Im Oktober 1948 begab sich dann William Thorpe persönlich in die von den vier Alliierten besetzte Stadt, um sich vor Ort ein Bild zu machen, konkret: ob

Koenig tatsächlich für eine Position in England geeignet wäre bzw. ob seine Forschungsstation finanziert werden sollte.

Der britische Biologe war von der Arbeit der Koenigs zwar einigermaßen beeindruckt, musste aber erkennen, dass der Stationsleiter aufgrund seiner Persönlichkeit nicht »transplantierbar« war, da er sich »extrem dickköpfig und unkooperativ« verhielt und außerdem einen Groll gegenüber der akademischen Zoologie hegen würde. Von Lorenz hingegen war Thorpe völlig eingenommen: Er sei eine extrem anregende Person, und »die Reise nach Österreich wäre schon ein Erfolg gewesen, wenn sie kein anderes Ergebnis gehabt hätte als die paar Tage, die ich bei ihm in Altenberg verbrachte«.[430] Und so unterstützten die Briten auch jenen Plan vom eigenen »Institut für Verhaltensforschung«, den Lorenz seit dem Sommer 1948 vorantrieb. In Absprache mit dem ÖAW-Vizepräsidenten Meister sollte, entgegen den ursprünglichen Absichten, nun doch das meiste Geld aus Priestleys Tantiemen für Lorenz' Station in Altenberg aufgewendet werden. In der Begründung für diesen Schwenk machte Thorpe klar, welch große Stücke er auf Lorenz und seine Forschungen hielt:

> »Vergleichende Verhaltensforschung ist ein Untersuchungsfeld, das, wie ich glaube, in allernächster Zukunft eine grundlegende Rolle in der Entwicklung der Biologie spielen wird. [...] Es ist für mich jetzt schon klar, dass die nächste große Weiterentwicklung vom Studium des Verhaltens kommen wird, das auf der einen Seite mit der Physiologie und der Genetik, auf der anderen Seite mit der Psychologie verbunden sein wird. Professor Lorenz ist die gegenwärtige Entwicklung dieses neuen Bereichs mehr zu verdanken als jedem anderen Mann. Alle fundamentalen Konzepte dieses Bereichs verdanken sich entweder direkt ihm oder wurden durch ihn maßgeblich verbessert oder geklärt.«[431]

ÖAW-Vize Meister musste auf der einen Seite eingestehen, dass aus der »Wissenschaftshilfe« für das in Aussicht genommene

Institut für Lorenz wohl nichts werden würde. Zur Frage, wem die Akademie nun Priestleys Tantiemen geben sollte, schloss sich Meister dem britischen Vorschlag an: »Wenn ich die beiden Institute vergleichen soll, so glaube ich, dem Institut in Altenberg den Vorrang der wissenschaftlichen Bedeutung und der Dringlichkeit geben zu müssen.«[432] Es sollte bis zur Akademie-Sitzung am 11. Februar 1949 dauern, ehe das »Institut für Vergleichende Verhaltensforschung« in die Reihe der von der Akademie geführten wissenschaftlichen Institutionen aufgenommen wurde und die Gelder von Priestley zu fließen begannen, die von Margarethe Lorenz verwaltet wurden.

Ihr Mann war in der Zwischenzeit auf vielen anderen Ebenen tätig: Sein wissenschaftliches Hauptprojekt bestand nach wie vor darin, an seinem in Russland begonnenen Manuskript weiterzuarbeiten, das nur den ersten Band einer Tetralogie der vergleichenden Verhaltensforschung bilden und vor allem erkenntnistheoretische Fragen behandeln sollte. Lorenz hoffte noch einige Wochen lang, dass die sowjetischen Behörden ihm sein verbessertes Typoskript nachschicken würden, doch diese Hoffnung blieb unerfüllt. Und er erkannte bald, dass noch viel Arbeit nötig sein würde, um den ersten Band publikationsfähig zu machen: Die Forschung war in den vergangenen Jahren unaufhaltsam weitergegangen. Lorenz war gleichwohl überzeugt, recht bald ein fertiges Manuskript abliefern zu können, und hatte mit Springer auch schon einen deutschen Verlag gefunden: »Erster Band bis Mai abzuliefern (Geht ziemlich leicht!)«, schrieb er in einem Brief im Februar 1949. Der einzige Nachteil sei, dass er dem Verlag kein fixes Datum für die Drucklegung »entsteißen« konnte.[433]

Einige seiner Freunde und Kollegen waren allerdings auch angesichts des gewählten Themas etwas skeptisch, wie Erich von Holst, einer seiner wichtigsten Weggefährten vor, während und nach dem Krieg. In einem Brief an Otto Koehler meinte der Physiologe über Lorenz:

»Ich [...] stelle mit Erschrecken fest, dass er wie der Elefant im Porzellanladen in erkenntnistheoretischen Problemen herumtappt, in denen er offensichtlich nicht zu Hause ist, sich manche Blöße gibt, zum Teil selbst widerspricht. [...] Ich finde es einen wahren Jammer, dass dieses Genie des Schauens sich in solch kitzliches Fahrwasser begibt, wo es seiner ganzen Natur nach nicht schwimmen kann, und sein Buch, das bestimmt großartig werden wird, von Anbeginn in solcher Weise belastet.«[434]

Ob es nun die Arbeitsüberlastung war oder doch die Einwände der Kollegen: Dieses Buch erschien bei Springer in einer etwas anderen Fassung erst genau drei Jahrzehnte später. Das »Russische Manuskript« selbst, das in den 1960er-Jahren wie erwähnt verloren ging und erst nach Lorenz' Tod wiedergefunden wurde, hat seine Tochter Agnes Cranach 1992 herausgegeben. Das 750-seitige Konvolut sollte ihm nach dem Krieg allerdings für viele größere und kleinere Publikationen gute Dienste leisten.[435] Auf dessen Grundlage bestritt er auch seine Vorlesungen am Institut für Wissenschaft und Kunst (IWK), einem außeruniversitären Institut, das 1946 in Wien gegründet wurde und vor allem der wissenschaftlichen Erwachsenenbildung diente. Lorenz war dazu von seinem Zoologie-Kollegen und nun Universitätsprofessor Wilhelm Marinelli eingeladen worden.

Von Herbst 1948 an wurde dort unter dem Titel »Vergleichende Verhaltensforschung« jene Arbeitsgemeinschaft für Tierpsychologie fortgeführt, die am Wilhelminenberg ins Leben gerufen worden war. Ab Ende März 1949 hielt Lorenz dann erste Lehrveranstaltungen zur vergleichenden Tierpsychologie ab. Zu seinen Zuhörern, die jedes Semester zahlreicher wurden, zählte unter anderem der spätere österreichische Unterrichtsminister und Bürgermeister von Wien, Helmut Zilk.

Während Lorenz von außeruniversitären Einrichtungen mit offenen Armen empfangen wurde, dauerte es mit der akademischen Re-Etablierung bzw. »Re-Habilitation« etwas länger. Da Ostpreußen nach 1945 an die Sowjetunion fiel und Königsberg nach 1945 zu Kaliningrad wurde, war Lorenz wieder auf seine Alma Mater, die Universität Wien angewiesen, an der er Medizin und Zoologie studiert und sich 1937 habilitiert hatte. Da er allerdings nach dem »Anschluss« ein von der NS-Bürokratie anerkannter »Dozent neuer Ordnung« und danach Professor an einer reichsdeutschen Universität geworden war, musste seine Lehrbefugnis neu bestätigt werden.

Zu diesem Zweck wurde eine Kommission eingesetzt, die aus zehn Professoren unter dem Vorsitz des Dekans der philosophischen Fakultät bestand und am 12. November 1948 tagte. Da Lorenz bereits vor dem »Anschluss« habilitiert worden war, entfiel die Erstattung von Gutachten. Obwohl einige explizite Lorenz-Unterstützer in der Kommission saßen, verlief die Sitzung durchaus kontroversiell: Hubert Rohracher, ab 1943 außerordentlicher Professor für Psychologie an der Universität Wien und seit 1947 ordentlicher Professor und Institutsvorstand, äußerte Bedenken. Lorenz sei in Königsberg Professor für Psychologie gewesen, und die Deutsche Gesellschaft für Psychologie habe sich unmissverständlich gegen die Erteilung einer Lehrbefugnis ausgesprochen, weil Lorenz' Publikationen nationalsozialistisches Gedankengut enthalten würden. Es war vor allem der aus Graz gebürtige Psychologe Johannes von Allesch, der als Vorsitzender der Deutschen Gesellschaft für Psychologie Lorenz scharf kritisierte – auch mit dem Argument, dass er von Humanpsychologie nichts verstehe. Rohracher jedenfalls stellte einen Antrag auf Vorlage aller seiner Publikationen aus der NS-Zeit, ehe Lorenz die Dozentur wieder verliehen werden könnte. Der Pflanzenphysiologe Karl Höfler stimmte dem Psychologen zu, während der Zoologe Otto Storch, der sich am vehementesten für Lorenz einsetzte, »zwischen der Persönlichkeit und diesen nationalsozialistischen ›Seitensprüngen‹« unterschieden haben wollte. Die politischen Äußerungen seien lediglich aus dessen »fachlicher Einstellung hervorgegangen«. Ein Kommissionsteilnehmer widersprach und erinnerte an Lorenz' Berufung nach Deutschland. Mit Wilhelm Marinelli hatte Lorenz einen zweiten Verbündeten, der seinerseits die Kritik der deutschen Psychologen zu relativieren versuchte: Das Urteil der deutschen Psychologen sei »durch Fachantagonismus bestimmt«, und die Humanpsychologen wollten nur Revanche dafür nehmen, dass der Tierpsychologe Lorenz in der NS-Zeit »richtiger Psychologe« gewesen sei. Daran anschließend versuchte Marinelli ein Machtwort zu sprechen: Es bestünde keine Gefahr, dass Lorenz in Zukunft nationalsozialistische Anschauungen vertreten würde.[436] So viele Ehrbezeugungen machten auch auf Hubert Rohracher Eindruck. Der Psychologe zog seinen Antrag zurück und dem Ansuchen um Wiederverleihung der Lehrbefugnis wurde stattgegeben.[437] Tags darauf schloss sich das Professorenkollegium der philosophischen Fakultät dem Antrag mit 38 Ja- gegen drei Nein-Stimmen und drei Stimmenthaltungen an.

Damit war die Re-Habilitation von Lorenz allerdings noch nicht abgeschlossen, denn es fehlte noch die Zustimmung des Unterrichtsministeriums. Dieses hatte bereits im Mai 1948 eine Bescheinigung der Bezirkshauptmannschaft Tulln erhalten, wonach Lorenz nicht in den NS-Listen verzeichnet wäre. Diese augenscheinliche Falschinformation ging wohl auf eine Intervention der Familie zurück, wie sie damals nicht unüblich war. Margarethe Lorenz dürfte sich an die zuständige Bezirkshauptmannschaft Tulln gewandt haben, um die Sache im Sinne der Familie zu erledigen. Allem Anschein nach hatte sie – wie viele Angehörige von ehemaligen Parteigenossen – große Angst, dass ihr Mann von den sowjetischen Besatzern postwendend nach Russland zurückgeschickt werden könnte, weil er NSDAP-Mitglied gewesen war.[438]

Im Unterrichtsministerium beargwöhnte man die Information aus Tulln und ließ Anfang Jänner 1949 Informationen beim Innenministerium einholen, »ob über das staatsbürgerliche Verhalten des Genannten Nachteiliges bekannt ist und ob über sein Verhältnis zur

NSDAP usw. Unterlagen, eventl. von der Zentraldokumentensammlung in Berlin vorliegen«.[439] Und siehe da: Im Innenministerium kam man tatsächlich zu einer anderen Einschätzung – »dass Dr. Konrad Lorenz [...] nach ho. aufliegenden nat.soz. Aktenstücken Mitglied der NSDAP seit 1.5.1938 (Mitgl. Nr. 6,170554) gewesen ist«. So wurde eine weitere Intervention bei der lokalen Bezirksbehörde nötig, deren Resultat am 11. Mai auch im Innenministerium einlangte: Die Recherchen in Tulln hätten ergeben,

> »dass Dr. Lorenz wohl ein Aufnahmeansuchen in die NSDAP gestellt hat, dass ihm jedoch niemals eine Mitglieds- oder Anwärterkarte ausgehändigt wurde. Da nach den Organisationsbestimmungen der NSDAP erst durch die Aushändigung der Mitgliedskarte die Mitgliedschaft begründet wurde, kann von einer rechtswirksamen Aufnahme in die NSDAP nicht gesprochen werden.«[440]

Diese in Österreich nach 1945 nicht ungebräuchliche Form der »Entnazifizierung« von ehemaligen Parteigenossen hält natürlich keiner juristischen Prüfung stand. Lorenz war de jure selbstverständlich Mitglied der Partei gewesen. Doch Lorenz glaubte damit bewiesen zu haben, dass er kein Mitglied der NSDAP gewesen sei – auch wenn ihm die Mitgliedskarte mit ziemlicher Sicherheit ausgefolgt worden war. Jedenfalls schrieb er noch am selben Tag an seinen Freund und Kollegen Otto Koehler in Freiburg:

> »Zum Glück hat sich meine hiesige politische Behörde, die Bezirkshauptmannschaft Tulln, in der anständigsten Weise ins Zeug gelegt, um die Sache richtigzustellen. Jetzt ist die Sache in Ordnung gebracht, hat mich aber mehrere graue Haare gekostet. [...] Das Gute an der Sache ist, dass die Frage meiner Registrierungspflichtigkeit jetzt endgültig und schwarz auf weiß im für mich positiven Sinne entschieden ist.«[441]

Der »Persilschein« für Lorenz wäre zu diesem Zeitpunkt indes gar nicht mehr nötig gewesen: Aufgrund der Minderbelastetenamnestie, die am 28. Mai 1948 vom Alliierten Rat genehmigt worden war, endete mit einem Schlag für knapp eine halbe Million Österreicher die Entnazifizierung.[442] Lorenz durfte ab dem Wintersemester 1949/50 wieder lehren – allerdings im Fach Zoologie. Wie sich am Re-Habilitationsverfahren zeigte, hatten die deutschsprachigen Psychologen Lorenz nicht verziehen, dass er als promovierter Zoologe in Königsberg eine Professur für Psychologie innegehabt hatte und das Programm einer »vergleichenden Psychologie« von Tier und Mensch noch dazu mit nationalsozialistischen Untertönen vertreten hatte. Das führte letztlich dazu, dass im deutschsprachigen Raum – nicht zuletzt wegen Lorenz – nach 1945 eine Art disziplinäre Brandmauer zwischen der Erforschung des menschlichen und tierischen Verhaltens errichtet wurde, die bis heute nachwirkt, während es noch Lorenz' Lehrer, dem interdisziplinär denkenden Psychologen Karl Bühler, ein Anliegen gewesen war, Lorenz als Tierpsychologen zu habilitieren.

Im Vergleich zur schlampigen Entnazifizierungspraxis in Österreich, die spätestens ab 1948 weitgehend außer Kraft gesetzt wurde, hatten Lorenz' Kollegen in Deutschland zum Teil sehr viel rigorosere Befragungen über sich ergehen zu lassen: Der diesbezügliche Akt von Otto Koehler beispielsweise, dem Zoologieordinarius aus Königsberg, enthält Dutzende Seiten an peinlich genauer Befragung über Mitgliedschaften bei NS-Vorfeldorganisationen und auch seitenlange Rechtfertigungen Koehlers, obwohl der deutsche Biologe weder Parteimitglied war noch sich in seinen Artikeln vor 1945 politisch in ähnlicher Weise exponiert hatte wie Lorenz.

Ihr gemeinsamer Kollege Bernhard Grzimek wiederum, der während des Krieges an der *Zeitschrift für Tierpsychologie* mitgearbeitet hatte und Regierungsrat im Landwirtschaftsministerium gewesen war, machte bei seiner Entnazifizierung falsche Angaben, wurde dabei erwischt und zu DM 5000,– Strafe wegen Fragebogenfälschung verurteilt. Außerdem hat man den wichtigsten deutschen Zoologiepopularisator der Nachkriegszeit damals als Zoodirektor in Frankfurt am Main suspendiert.[443] Lorenz wusste zwar durch Koehler von diesem Fall. Für ihn schien aber klar, dass er aufgrund des »Persilscheins« seiner Bezirkshauptmannschaft einfach kein Parteimitglied gewesen wäre. Und so teilte er wohl nicht nur seinem Kollegen Koehler, der ihn explizit darauf ansprach, nonchalant mit: »Ich war nicht Parteigenosse, und es ist überhaupt fraglich, ob ich registrierungspflichtig bin.«[444] Insgesamt war die Vergangenheitsbewältigung der deutschen und österreichischen Biologen weder unter ihnen selbst noch bei ihren ausländischen Fachkollegen nach 1945 ein großes Thema.[445] In erster Linie wurde nach vorne geblickt. Man wollte die prekäre wirtschaftliche Situation durch die Offenlegung unbequemer Wahrheiten oder gar durch Selbstanklage nicht noch weiter verschlechtern.

Auch für Lorenz war das Überleben als Forscher hart genug, trotz der Tantiemen, die ihm Priestley über die Akademie zukommen ließ. Dieses Geld durfte nur für Sachzwecke ausgegeben werden – so unter anderem für die Reparatur des Kamins der Altenberger Villa, der durch die immer noch ansässige Dohlenkolonie einigermaßen in Mitleidenschaft gezogen worden war. Dennoch fanden sich bald etliche qualifizierte Mitarbeiter, die alle vom Wilhelminenberg kamen, wo sie sich mit dem sehr dickköpfigen und unkooperativen Otto Koenig zerstritten hatten. Allerdings wohl auch deshalb, weil sie sahen, dass Lorenz als Wissenschaftler und Lehrer qualifizierter war.

Unter den »Koenig-Opfern«, die Anfang 1949 bei Lorenz in Altenberg landeten, war Wolfgang Schleidt, der später mit seinem Lehrer nach Deutschland ging, danach Professor in Maryland und zuletzt in den 1980er-Jahren der Nachfolger Otto Koenigs an der Biologischen Station Wilheminenberg wurde. Schleidt beschäftige sich Ende der 1940er-Jahren mit den für das menschliche Ohr nicht wahrnehmbaren Lautäußerungen der Rötelmäuse. Aus einem alten Bettgestell, das er mit einem Handwagen von einem Misthaufen nach Hause brachte, baute er ein großes Terrarium und aus weggeworfenen Radiobestandteilen einen funktionsfähigen Apparat zur Aufnahme und Registrierung der hochfrequenten Mäusetöne. Das Zimmer in einem Nebengebäude, das von Schleidt bewohnt wurde, bezeichnete Lorenz entsprechend als das »Mausoleum«.

Zwei weitere Untermieter waren das junge Ehepaar Ilse und Heinz Prechtl; er arbeitete über ein sinnesphysiologisches Thema und sie über Sperlingsvögel. Außerdem wurde der »Aquarianer« Alois Stejskal als freiwilliger und unbezahlter Mitarbeiter geführt, den Lorenz noch aus der Vorkriegszeit kannte. Zuletzt kamen Irenäus Eibl-Eibesfeldt und seine Frau Eleonore hinzu, die alle in der Lorenz-Villa bzw. in angrenzenden Gebäuden untergebracht waren. Wenn damals zwar die Bezahlung nicht stimmte, so war wenigstens die Arbeitsatmosphäre gut: »Wir waren alle fleißig und arbeiteten freudig und mit Erfolg. Ich glaube, dass selten ein Quotient zwischen wissenschaftlichen Ergebnissen und finanziellen Ausgaben dem unseren glich«, heißt es dazu in Lorenz' Erinnerungen.[446]

Geld war tatsächlich wenig da: Die Haupteinkünfte der Familie bestanden aus dem Landwirtschaftsbetrieb, den Lorenz' Frau führte. In erster Linie waren das aber Naturalien. Und das Geld der Priestleys für das Institut war in Sachaufwendungen für die Forschung zu stecken. Um die Haushaltskasse etwas aufzubessern, schrieb Konrad Lorenz deshalb im Jahr 1949 ein populärwissenschaftliches Buch mit Tiergeschichten, das er in seinen Briefen an Kollegen – wenn überhaupt – nur beiläufig erwähnte, weil es ihm so nebensächlich erschien.[447] Die Idee dafür ging auf eine eher zufällige Begegnung zurück: Eine Bekannte von Lorenz, die Kinderpsychologin Sylvia Klimpfinger, die ebenfalls bei den Bühlers studiert hatte, brachte ihn mit einer ihrer Schulfreundinnen zusammen, die eigentlich Juristin war, aber einen Verlag gründen wollte. Man sprach über Kinderbücher, und Lorenz ärgerte sich darüber, wie schlecht viele dieser Bücher aus biologischer Sicht seien.[448] Gerda Borotha-Schoeler, die angehende Verlegerin, bot Lorenz an, ein solches, besseres Buch von ihm zu drucken.

Lorenz machte sich ans Werk und schrieb einfach seine besten Tiergeschichten auf – vor allem auch jene, die er wieder und wieder in der russischen Kriegsgefangenschaft vorgetragen und die dort begeisterte Hörer gefunden hatten: berührende und wunderbar erzählte Geschichten vom Gänsekind Martina oder von der Dohle Tschock, aber auch allgemeine Betrachtungen zur Tierhaltung oder zur Sprache der Tiere. Davon leitete sich auch der Titel des Buches ab – *Er redete mit dem Vieh, den Vögeln und den Fischen* –, ein nicht ganz richtig überliefertes Zitat aus der Bibel über den Prediger Salomon. Denn eigentlich sprach der ja über das Vieh, die Vögel und die Fische.

Der Verhaltensforscher selbst tat das in diesem Büchlein, das zu einem weltweiten Bestseller werden und sich millionenfach verkaufen sollte, in einer neuartigen Form: Anstatt die Tiere zu vermenschlichen, wie das in den meisten Tierbüchern bis dahin geschah, dachte sich Lorenz – so wie er das auch in seinen wissenschaftlichen Untersuchungen tat – gleichsam in die Tiere hinein und versuchte, sie so zu beschreiben, wie sie wirklich sind. Die zum Teil köstlichen Anekdoten, die sich in den Jahrzehnten passionierter Tierbeobachtung, Tierhaltung und Tierzüchtung angesammelt hatten, waren zugleich das Material für eine gelungene Popularisierung von Erkenntnissen der vergleichenden Verhaltensforschung. Und das Büchlein enthält sogar eine damals neue, im Grunde bahnbrechende wissenschaftliche Entdeckung. In der mit Abstand längsten Erzählung geht es um die Dohlen, denen auch Lorenz' erste wissenschaftliche Publikationen gewidmet waren. Und eher beiläufig hält Lorenz darin folgenden Sachverhalt fest:

> »Junge Dohlen haben […] keinerlei angeborene Reaktion auf die sie bedrohenden Feinde. […] Die Kenntnis des Feindes, die bei [anderen] Vögeln instinktmäßig angeboren ist, muß von den jungen Dohlen persönlich erlernt werden. Und zwar, seltsamerweise, durch wirkliche Überlieferung: Die Eltern geben ihre persönlichen Erfahrungen den Kindern weiter, von Generation zu Generation.«[449]

Wie Julian Huxley im Vorwort der englischen Ausgabe, die unter dem Titel *King Solomon's Ring* erschien, hinwies, hat Lorenz damit das erste Mal überhaupt in der Geschichte der Zoologie beobachtet, dass es auch bei höheren Tieren Informationsweitergabe und damit Tradition gibt. Daraus wurde gerade in den letzten Jahren – vor allem in den Arbeiten von Primatologen wie Frans de Waal – ein bedeutender Forschungsschwerpunkt der Verhaltensforschung.[450] Lorenz freilich, dem es in erster Linie auf den Nachweis von angeborenem Verhalten ankam, hat diese Beobachtungen nie systematisch weiterverfolgt, die nicht wirklich in sein Forschungsprogramm passten.

Das Buch erschien im Herbst 1949 und wurde trotz der völlig unerfahrenen Verlegerin zu einem internationalen Best- und Longseller. Im Jahr 2006 wurde es von einer Expertenjury der Royal Institution of Great Britain zu einem der drei besten populärwissenschaftlichen Bücher aller Zeiten gewählt, geschlagen vom Buch *Das periodische System*, autobiografischen Erzählungen des italienischen Chemikers und Auschwitz-Überlebenden Primo Levi. Die Verkäufe von *Er redete mit dem Vieh, den Vögeln und den Fischen* besserten allerdings eher länger- als kurzfristig die Haushaltskasse der Familie Lorenz gehörig auf. Die finanzielle Situation im Hause entspannte sich auch noch nicht, als er ab dem Wintersemester 1949/50 wieder an der Universität lehren durfte und dafür die beantragte Remuneration zugesprochen erhielt, wie er Ende 1949 Erwin Stresemann mitteilte:

»Ich selbst habe seit Oktober als Dozent einen Lehrauftrag, der mit öS 500,– Gehalt verbunden ist (nach heutiger Währung 80 Mark), davon soll ich 5 Leute füttern und kleiden (praktisch tut es die Greterl). Ich habe übrigens von diesem Gehalt noch keinen Heller gesehen, so rasch läuft unser Amtsschimmel nicht.«[451]

Anfang 1950 schien sich das Blatt zugunsten von Lorenz zu wenden: Sein Kollege Karl von Frisch, der nach 1945 in Graz lehrte, nahm ab Mai 1950 eine Professur in München an. Der weltberühmte Erforscher der Bienensprache hatte sich bereits 1948 in der Akademie der Wissenschaften für Lorenz starkgemacht, weil er fürchtete, dass man Lorenz »über kurz oder lang ein Angebot aus dem Ausland machen wird. Es wäre sehr zu bedauern, wenn die österreichische Forschung diesen führenden Forscher verlieren würde, wie leider schon so viele andere.«[452] Nun nahm von Frisch selbst die Gelegenheit wahr, etwas für den Verbleib von Lorenz zu tun, und bot ihm seine Nachfolge in Graz an.

Lorenz war sofort Feuer und Flamme, zumal er in Altenberg »mit seinem Institutchen« ja immer noch völlig in der Luft hängen würde und es durchaus fraglich sei, ob diese Sache in Gang zu halten sei, wie er von Frisch schrieb:

»Daher greife ich selbstverständlich mit beiden Händen zu, wenn sich eine solche Gelegenheit ergeben sollte. [...] Sie ahnen nicht, was die Aussicht auf wirkliche Arbeitsmöglichkeit bedeutet, wenn man mit zwei geheizten Aquarien operiert und scharf überlegen muss, ob man es sich erlauben kann, ein drittes zu heizen.«[453]

Zunächst lief auch alles nach Plan: Die achtköpfige Grazer Kommission zur Nachfolge von Frischs setzte sich dafür ein, Lorenz als alleinigen Kandidaten dem Ministerium vorzuschlagen. Die Fakultät der Universität Graz indes beharrte auf einem Dreiervorschlag, allerdings wieder mit Lorenz an erster Stelle. Von Frisch hatte zusätzlich neun Gutachten aus Österreich, Deutschland, der Schweiz, Holland und England eingeholt, die seinen Favoriten »mit einer Einmütigkeit, wie ich sie bei Berufungsvorschlägen noch nie erlebt habe, [...] weit über alle anderen in Betracht kommenden Kandidaten« stellten.[454] Lorenz war im Frühjahr jedenfalls guter Dinge, dass er die Professur erhalten würde, und schätzte die diesbezügliche Wahrscheinlichkeit im März 1950 auf 95 Prozent.[455] Und auch einen Monat später war er noch guter Dinge:

> »Von Graz immer noch nichts Neues, es ist immer noch nicht heraus, ob ich nächste Woche schon hinfahren muss, um Frisch zu supplieren oder nicht. [...] Im Ganzen scheint die Sache ganz günstig zu stehen, von ernsten Querschüssen ist im Augenblick noch nichts bekannt. Ich selbst bin psychisch bereits völlig auf Graz eingestellt.«[456]

Doch es kam wieder einmal anders als geplant. Was die genauen Gründe dafür waren, ist bis zum heutigen Tag nicht restlos geklärt. Die nicht wirklich aufgearbeitete »braune« Vergangenheit von Lorenz hat zweifellos eine wichtige Rolle dabei gespielt, dass man sich im Ministerium letztlich doch für einen anderen entschied. Damit verbunden war aber noch ein anderer wichtiger Beweggrund: Im Unterrichtsministerium, in dem ausschließlich katholisch-konservative Männer das Sagen hatten, die meist schon im Austrofaschismus Spitzenpositionen innegehabt hatten, war man wohl auch eindeutig gegen Lorenz als Verfechter der Evolutionstheorie Darwins eingestellt.

Als sich abzuzeichnen begann, dass der ÖVP-Unterrichtsminister Felix Hurdes und sein mächtiger Sektionschef der Hochschulsektion, Otto Skrbensky, der vor dem »Anschluss« für die politischen Säuberungen an den Hochschulen zuständig gewesen war, sich gegen Lorenz entscheiden könnten, gingen jedenfalls zahlreiche

Interventionen für den Altenberger Forscher ein. Allen voran setzte sich Karl von Frisch für Lorenz ein, daneben bemühten sich aber auch der Wiener Zoologieordinarius Otto Storch und ÖAW-Vizepräsident Richard Meister, das Ministerium umzustimmen. Empfehlungsschreiben für Lorenz aus dem Ausland wurden über Meister, der zu diesem Zeitpunkt auch noch Rektor der Universität Wien war, ins Ministerium umgeleitet, so unter anderem von William Thorpe, Niko Tinbergen und Otto Koehler. Da Niko Tinbergen – in der Zwischenzeit Dozent in Oxford – davon gehört hatte, dass die NS-Vergangenheit von Lorenz bei der Entscheidung eine Rolle spielen würde, ging Tinbergen darauf explizit ein und schrieb unter anderem:

> »Wir haben während des Krieges regelmäßig korrespondiert. Weil er wusste, dass ich anti-Nazi war, hat er nie über politische Meinungen geschrieben. Ich sah aber aus seinen Schriften und konnte auch aus seinen Briefen lesen, dass er im Anfang im Nationalsozialismus viel Gutes sah. [...] Ich wurde 1942 von den Deutschen verhaftet, er wurde einberufen und so verloren wir Kontakt. Nach seiner Rückkehr aus Russland nahmen wir sofort wieder Kontakt auf; ich habe ihn 1949 und 1950 persönlich und eingehend gesprochen und glaube nun, als wichtigstes ›Gutachten‹ sagen zu müssen, dass ich ihn nicht weniger hoch schätze als früher, und dass wir wenn möglich noch enger befreundet sind als vor dem Kriege. Ich zögere nicht zu sagen, dass ich ihn als hochstehenden Menschen betrachte, und dass ich die Universität Graz nur beglückwünschen könnte, wenn sie einen solchen Menschen als Ordinarius an sich verbinden würde. Dabei weiß ich sicher das Wesentliche aus seiner politischen Vergangenheit, und ich weiß auch, wie entsetzt er war, als er das andere Gesicht des Nationalsozialismus aus eigener Anschauung kennenlernte.«[457]

Ob Tinbergen tatsächlich alles Wesentliche der Vergangenheit von Lorenz wusste, muss an dieser Stelle offenbleiben. Dass Lorenz entsetzt gewesen sei, als er das andere Gesicht des Nationalsozialismus kennengelernt habe, dafür finden sich jedenfalls in den Briefen aus den Jahren 1943 und 1944 keinerlei Belege. Seine Begeisterung, als Angehöriger der Wehrmacht für das nationalsozialistische Deutschland zu kämpfen, blieb jedenfalls aufrecht.

Fest steht, dass Tinbergens Bemühungen sowie die anderer Kollegen letztlich nichts fruchteten: Die Professur ging an Wilhelm Kühnelt, der Assistent des entschiedenen Lorenz-Befürworters Otto Storch war. Nach Bekanntgabe der Entscheidung im August 1950 wartete der enttäuschte Lorenz gegenüber seinen Kollegen brieflich mit folgender Erklärung auf: Über seinen Kollegen Marinelli hätte er erfahren, »Nazi oder nicht sei dem Ministerium wurscht«. Man wolle aber nicht, dass den angehenden steirischen Mittelschullehrern die Biologie ausgerechnet in so deszendenztheoretischer Form serviert werde, wie dies in der vergleichenden Verhaltensforschung der Fall sei. Wogegen der Minister also tatsächlich was habe, sei diese »gefährliche Wissenschaft« selbst.[458]

Karl von Frisch hatte zunächst eine andere Erklärung, nämlich »dass der Unterrichtsminister persönlich anscheinend lieber den Professor Kühnelt möchte«.[459] Nachdem er im Juli eine letzte vergebliche Intervention zugunsten von Lorenz im Ministerium eingebracht hatte, dürfte er aber etwas anderes erfahren haben. Man ließ die Berufung im Ministerium vermutlich doch an der belasteten Vergangenheit von Lorenz scheitern bzw. einer einschlägigen Publikation aus dieser Zeit: »Ausschlaggebend scheinen Zitate aus einer Arbeit zu sein«, so der Bienenforscher in einem Brief an den Gänseforscher, »die im Sinne damaliger Gedankengänge gedeutet wurden.«[460]

Lorenz war sofort im Bilde, wie aus seiner Antwort wenige Tage später hervorgeht: »Ich weiß wohl, welche Schrift es ist, aus der man da meine bösen Nazi-Eigenschaften deduziert, was bei kluger Auswahl der Zitate gewiss glänzend gelingen muss.« Er glaubte sofort zu wissen, dass es sich um den Aufsatz »Nochmals: Systematik und

Entwicklungsgedanke im Unterricht« gehandelt haben musste, der 1940 in der NS-Zeitschrift *Der Biologe* erschienen war – auch wenn es da noch andere belastende Artikel gegeben hatte.[461] Unmittelbar nach der Veröffentlichung hatte der Verhaltensforscher ja noch gemeint, dass er sich »dieser hemmungslosen Predigt nachträglich ziemlich stark scheniere« und dass ihm damals sein Gewissen vorhalten wollte, »es sei opportunistisch, so eine Nazipredigt gerade jetzt loszulassen«.[462] Nun, zehn Jahre später, gab Lorenz eine ganz andere, beschönigende Erklärung für das Zustandekommen des Textes und seiner Folgen:

> »Es hatte damals Ernst Krieck, Rektor der Heidelberger Universität und Oberbonze des NS-Lehrerbundes, plötzlich eine Aktion gegen die Deszendenztheorie und insbesondere gegen die Affenabstammung des Menschen in die Wege geleitet, da diese der ›Würde des Deutschen Menschen‹ abträglich sei. Der Trottel hat mich so in Harnisch gebracht, dass ich, ohne zu ahnen, wer es sei, einen Gegenaufsatz an die Redaktion des *Biologen* geschickt habe, in welcher Zeitschrift der Kriecksche Aufsatz erschienen war. Meine Antwort wurde gedruckt und hat mir zu Nazi-Zeiten verschiedene Schwierigkeiten bereitet, da ich einen anerkannten Bonzen scharf angegangen hatte. Da ich natürlich, um überhaupt gehört zu werden, in jener Schrift erheblich mit den Wölfen heulte, so kann mir dies heute bös' angekreidet werden. Na ja! Wer weiß, wofür es gut ist.«[463]

Lorenz ahnte zu diesem Zeitpunkt wohl noch nicht, wie sehr er mit diesen letzten, fatalistischen Worten recht behalten sollte. Es mag wie eine schlechte Ironie der Geschichte klingen: doch ausgerechnet jene Artikel, in denen Konrad Lorenz am explizitesten »mit den Wölfen heulte«, dürften das Sprungbrett für jene wissenschaftliche Weltkarriere gewesen sein, die ihm als einfacher Professor in Graz womöglich verwehrt geblieben wäre.

INTERNATIONALER AUFBRUCH

> »Der Mensch weiß wirklich nie, was gut und was schlecht für ihn ist. Was habe ich mich doch geärgert und gekränkt, als ich trotz des primo-loco-Vorschlages mit der Professur in Graz durchfiel. Und heute betrachte ich das österreichische Unterrichtsministerium als meinen Wohltäter.«[464]

Nicht einmal ein halbes Jahr nach seinem Scheitern in Graz konnte sich Lorenz im Rückblick nur mehr darüber freuen, dass man sich in Österreich gegen ihn entschieden hatte:

> »Denn hätte ich Graz bekommen, so wäre ich doch todsicher mein Leben lang höchst dankbar in dem dortigen, wenn auch schönen, so doch für meine Zwecke sehr engen Institut sitzengeblieben. Mit dem Maßstabe meiner hiesigen Wirkungsstätte gemessen, ist nicht nur Graz, sondern überhaupt jedes zoologische Universitätsinstitut, und wäre es das schönste, geradezu kläglich.«[465]

Als sich im Sommer 1950 abzeichnete, dass er in Graz keine Professur erhalten würde, setzte umgehend ein heftiges internationales Werben um Lorenz ein. Und das führte letztlich zu einer Anstellung in Deutschland, die ihm jene traumhaften Arbeitsmöglichkeiten bot, wie er sie gerade andeutete. So geht zumindest die Geschichte in den einschlägigen Darstellungen sowohl von Lorenz selbst wie auch von seinen Biografen.[466] Das ist nicht falsch, aber ergänzungsbedürftig. Denn durch eine genauere Betrachtung der intensiven Korrespondenz, die von September bis November 1950 das Werben um Lorenz begleitete, macht klar, dass Lorenz selbst viel daransetzte, ins Ausland gehen zu können.

Zwar gab es abermals konkrete Pläne, Lorenz statt der Professur in Graz ein Extraordinariat in Wien zukommen zu lassen. Dennoch schrieb er Ende Juni 1950 an seinen Freund und Förderer William Thorpe in Cambridge, dass er jetzt ernsthaft versuchen müsse, Österreich zu verlassen: »Ich bin müde, 75 % meiner Energie darauf zu verschwenden, populärwissenschaftliche Bücher zu schreiben und mich mit meinen finanziellen Problemen herumzuschlagen«, klagte Lorenz, der unmittelbar nach seinem Buch mit Tiergeschichten ein ähnlich erfolgreiches Hundebuch verfasste, das 1950 unter dem Titel *So kam der Mensch auf den Hund* erschien und kurze Zeit später auch in englischer Übersetzung.

Seine jüngsten Kontakte mit Tinbergen und Holst hätten ihm gezeigt, unter welchen wunderbaren Bedingungen die beiden arbeiten können, und ihn in seinem Entschluss bestärkt. Deshalb behelligte er Thorpe mit einem sehr direkten Anliegen: »Die Frage, die ich Dir stelle – so wie Niko – ist: Glaubst Du, dass es möglich wäre, eine Anstellung in England zu erhalten, auch vorübergehend, am besten an der Seite von einem von Euch beiden?«[467]

Postwendend setzte Thorpe alle Hebel in Gang, um Lorenz nach England zu holen. Rund 15 Biologen – darunter so renommierte wie J. B. S. Haldane, Peter Medawar oder Peter Scott – wurden eingeschaltet, um für Lorenz eine geeignete Arbeitsmöglichkeit und Anstellung zu suchen. Ein solcher Arbeitsplatz wurde nach einigem Hin und Her auch gefunden: Lorenz sollte entweder im Naturschutzgebiet Slimbridge oder an der nahe gelegenen Universität Bristol arbeiten – beides bezahlt von der »Nature Conservancy«, einer 1949 gegründeten britischen Regierungsbehörde. Der Job war zunächst einmal auf drei Jahre begrenzt und mit 900 Pfund pro Jahr bezahlt. Eingefädelt wurde das Arrangement von Lorenz' britischem Freund Peter Scott.

Warum sich die Briten so sehr um Lorenz bemühten, erklärt sich indirekt durch ein Gutachten, das von Niko Tinbergen verfasst wurde, der damals gerade eine Stelle an der Universität Oxford angetreten hatte und sich dort vehement für die Etablierung der Ethologie als Fach einsetzte: Konrad Lorenz sei »ohne Zweifel die führende Persönlichkeit bei der Erforschung tierischen Verhaltens«, schrieb Tinbergen. Sein Werk habe Forschungen in der ganzen Welt angeregt. Lorenz besitze »breites Wissen über normales und abnormales Verhalten, in vielen Tiergruppen und auch beim Menschen. Insgesamt ein äußerst begabter Mann. Spricht fließend Englisch. Faszinierender Vortragender […].«[468]

In Deutschland, wo seine engsten Kollegen von Lorenz ähnliche Willensäußerungen zum Selbstexport aus Österreich erhalten hatten, liefen die Bemühungen ebenfalls auf Hochtouren. Erich von Holst meldete sich bei Lorenz mit einem ersten Angebot, um die britische Konkurrenz auszustechen. Motiviert war er von der Überzeugung, »dass wir uns weniger denn je leisten können, hervorragende deutsche Forscher ins Ausland abwandern zu lassen«[469] – als ob es fünf Jahre nach Kriegsende Österreich noch nicht wieder gäbe und Lorenz ein Deutscher sei.

Der Physiologe war mit Lorenz seit dem legendären Vortrag im Harnack-Haus 1936 in engem Kontakt gestanden. In den Jahren danach waren die Versuche nur knapp gescheitert, für ihn, Lorenz und Gustav Kramer ein gemeinsames Kaiser-Wilhelm-Institut einzurichten. Nach Lorenz' Rückkehr aus der Kriegsgefangenschaft hatte man diese Pläne vage weiterverfolgt, allerdings zunächst ohne Erfolg. Von Holst selbst hingegen wurde 1948 Leiter des Instituts für Meeresbiologie der Max-Planck-Gesellschaft (MPG), nach 1945 die Nachfolgerin der Kaiser-Wilhelm-Gesellschaft.

Ende August 1950 hatte von Holst nun in der Generaldirektion der MPG in Göttingen zu eruieren versucht, ob man etwas für Lorenz tun könnte – zumal es sein alter Traum war, »dass wir zu dreien, Konrad,

Kramer und ich irgendwo nahe an einer Universität ein Institut für Verhaltensphysiologie aufmachen«.[470] Doch zu diesem Zeitpunkt schien die Einrichtung eines solchen Max-Planck-Instituts noch völlig ausgeschlossen. Man wollte Lorenz stattdessen in Altenberg mit Geldmitteln unterstützen, um zu verhindern, dass er das britische Angebot annahm, und bot Anfang September einen jährlichen Zuschuss von 6000,– DM.[471] Wie sich Lorenz erinnerte, sagte er »zu diesem Vorschlag vor allem deshalb ja, weil ich damals schon die Prechtls, die Eibls und Wolfgang Schleidt bei mir hatte und ich diese meine Mitarbeiter nicht nach England mitnehmen konnte«.[472]

Wenige Tage später sah die Sache allerdings schon wieder anders aus. Von Holst hatte sich in der Zwischenzeit mit dem adeligen Amateurwissenschaftler Baron Gisbert von Romberg getroffen, der in Buldern, einem kleinen Ort 20 Kilometer südlich von Münster, ein Wasserschloss besaß. Von Holst besprach mit Romberg allfällige Möglichkeiten der Zusammenarbeit. Der Physiologe lenkte nach und nach das Gespräch auf Lorenz, und Romberg bot prompt Räumlichkeiten in seinem Anwesen an, das aufgrund seiner weitläufigen Parkanlagen ideal für Lorenz' Forschungen war. Von Holst war sofort Feuer und Flamme: Gemeinsam mit Gustav Kramer bot er an, den möglichen Institutsbetrieb von Lorenz zunächst aus ihren eigenen Budgets zu finanzieren. Die MPG sollte nur für die Bezahlung der Mitarbeiter aufkommen. Der MPG-Präsident höchstselbst, Chemie-Nobelpreisträger Otto Hahn, unterstützte das Anliegen und garantierte bei einer Besprechung Ende Oktober quasi aus eigener Tasche DM 20.000,– für das erste Jahr, nach heutigem Wert gut 60.000 Euro. Dazu wären dann aber immer noch die Gelder von Kramer und von Holst (insgesamt DM 9000,–) gekommen.

Unmittelbar danach, also Anfang November 1950, besserten die Engländer ihr Angebot aber nochmals nach, so dass sich Lorenz plötzlich in einem erfreulichen, aber ernsten Dilemma befand: Vier seiner engsten Freunde und Kollegen rissen sich um ihn, zwei davon musste er enttäuschen – entweder Tinbergen und Thorpe in England oder von Holst und Kramer in Deutschland. Und so wandte sich Konrad Lorenz Mitte November 1950 abermals mit einer ernsten Karrierefrage an seinen deutschen Mentor Erwin Stresemann, der ihm schon vor 15 Jahren das Richtige geraten hatte – nämlich die Anatomie zugunsten der Ethologie aufzugeben:

> »So erfreulich die Gesamtlage ist, befinde ich mich augenblicklich in einer der schwersten moralischen Zwickmühlen meines Lebens, eine griechische Tragödie ist ein Schießdrack dagegen! [...] Wenn ich könnte, würde ich mich in der Medianen entzweischneiden. Das Gleichgewicht der beteiligten Freunde, Niko und Bill auf der einen, Gustav und Erich auf der anderen Seite, ist aufs Milligramm genau ausgewogen. Ganz abgesehen von dem moralischen Konflikt ist auch der diplomatische so, dass ich mich ihm nicht gewachsen fühle. [...] So, und jetzt sag mir, was ich tun soll, ich bin völlig am Ende meines Witzes.«[473]

Zu diesem Zeitpunkt war die Entscheidung indes bereits so gut wie gefallen: Lorenz hatte für die Max-Planck-Gesellschaft unterschrieben und übersiedelte noch Ende November 1950 nach Buldern in Westfalen. »Neuer Verlust für Österreichs Wissenschaft«, titelte daraufhin die Wiener Tageszeitung *Die Presse* am Abreisetag, dem 25. November 1950, auf ihrer ersten Seite. Im Blattinneren war unter dem Titel »Weltbekannter Forscher verlässt Österreich« ein großer Artikel dem Weggang von Lorenz gewidmet. Darin hieß es unter anderem:

> »Tausende kennen den Mann, der mit dem Vieh, den Vögeln und den Fischen redet, Tausende lieben seine Tierbücher, in allen Werken der einschlägigen Literatur des Auslands wird die von ihm begründete vergleichende Verhaltensforschung [...] gerühmt, seine Vorträge erregen in München ebenso Aufsehen wie in Oxford. Dieser Mann war an der

> Wiener Universität nur Dozent. Er war es – denn gestern hat er Österreich verlassen.«[474]

Wenige Tage später war dann der Weggang von Lorenz sogar im österreichischen Parlament Gegenstand einer Rede des ehemaligen Staatssekretärs für Volksaufklärung, Unterricht, Erziehung und Kultus, Ernst Fischer. Der kommunistische Abgeordnete nutzte die Gelegenheit, um gegen seinen Nachfolger, Unterrichtsminister Felix Hurdes von der ÖVP, kräftig zu polemisieren. Er beklagte sich darüber, dass man »zwei weltberühmte Gelehrte, den Grazer Zoologen Karl Frisch und den Tierpsychologen Konrad Lorenz«, aus Österreich abwandern ließ – und ging auf die »besonderen Hintergründe« im Fall von Konrad Lorenz ein:

> »Sein Fach, die Tierpsychologie, ist in vatikanischen Kreisen nicht allzu beliebt, da man Tieren keine Psyche, keine Seele zugesteht und weil außerdem das mitunter sehr menschenähnliche Verhalten von Tieren dort Ärgernis erregt. (*Heiterkeit bei der ÖVP.*) [...] Die Ausrede für dieses skandalöse Verhalten gegenüber einem großen Gelehrten ist: Er war ein kleiner Nazi. Offenbar hätte seine Chance besser ausgeschaut, wenn er ein großer Nazi und ein kleiner Gelehrter gewesen wäre.«[475]

Am 19. Dezember 1950 fand die entscheidende Senatssitzung der Max-Planck-Gesellschaft statt, in der darüber entschieden wurde, ob Lorenz ordentliches Mitglied und sein Institut nicht nur provisorisch, sondern direkt von der MPG finanziert werden sollte. Eine Ablehnung des Antrags schien im Vorfeld alles andere als ausgeschlossen. Ob dabei Fragen nach der »braunen« Vergangenheit von Lorenz eine Rolle spielten, geht aus den Sitzungsprotokollen allerdings nicht hervor. Dass die Entscheidung keineswegs so unumstritten war, wie später gerne dargestellt, belegt auch ein Brief Erich von Holsts wenige Tage nach der Sitzung: Es fiele ihm schwer, »an das Verhalten einiger lieben Kollegen zurückzudenken, ohne dass mir noch nachträglich die Galle ins Blut tritt. Hoffen wir, dass der Kriegsgott uns gnädig bleibt und auch in Zukunft anderswo sein Feld sucht.«[476] Zur Erklärung, wie es zur letztlich doch positiven Entscheidung für Lorenz kam, hatte dieser – wie so oft – eine gute Anekdote auf Lager: Angeblich musste jener Sitzungsteilnehmer, der am heftigsten gegen Lorenz opponierte, im entscheidenden Moment die Toilette aufsuchen.[477]

So wurde also die »Station Lorenz« bzw. die »Forschungsstelle für Vergleichende Verhaltensforschung« als Außenstation des Max-Planck-Instituts für Meeresbiologie in Wilhelmshaven angegliedert – und Lorenz hatte endlich jene Arbeitsmöglichkeiten, um die er sich fast zwei Jahrzehnte bemüht hatte. Doch auch mit England wurde letztlich noch eine Kompromisslösung gefunden: Lorenz fuhr im Frühjahr 1951 für sechs Wochen nach Slimbridge zu Peter Scott, um mit ihm gemeinsam Filme über Schwimmvögel zu drehen.[478]

Wie aber kam es, dass man sich sowohl in Deutschland als auch in England so sehr um Lorenz bemüht hatte, ehe sich schließlich die deutschen Kollegen durchsetzten? Was war in den Jahren zuvor in Sachen Verhaltensforschung international geschehen? Wie schon die Gutachten der Briten andeuten, war Lorenz aufgrund seiner Publikationen vor und während des Kriegs zum (Mit-)Begründer einer neuen Teildisziplin der Biologie avanciert, die sich gerade zu etablieren begann und auf Deutsch Ethologie bzw. vergleichende Verhaltensforschung genannt wurde. Bei der Institutionalisierung des Faches machte sich nach 1945 Niko Tinbergen in besonderem Maße verdient. Er war es, der 1947 die neue Disziplin anlässlich einer Vorlesungsreihe an der New Yorker Columbia University in den USA vorstellte. Auf diese Vorträge ging dann auch die erste zusammenfassende wissenschaftliche Darstellung dieses neuen Forschungsgebiets zurück, das Lehrbuch *The Study of Instinct*, das 1951 auf Englisch und 1952 unter dem Titel *Instinktlehre* auf Deutsch erschien.

Tinbergens früherer Lehrer und Forscherkollege Lorenz war die andere internationale Schlüsselfigur der neuen Disziplin. Etliche seiner Artikel waren bereits ins Englische übersetzt worden. Von seiner internationalen Wirkung zeugt auch, dass Lorenz im Science Citation Index für die Jahre zwischen 1945 und 1954 als einer der am öftesten zitierten Biologen des deutschsprachigen Raums ausgewiesen ist.[479] Und das, obwohl es für sein Fach noch nicht einmal eine richtige Scientific Community gab.

Eine wesentliche Rolle bei der Institutionalisierung der Ethologie spielten die ersten internationalen Konferenzen des Faches, beginnend mit dem Symposion »Physiologische Mechanismen des tierischen Verhaltens«, das vom 18. bis zum 22. Juli 1949 in Cambridge in England stattfand. Dort trafen sich erstmals Physiologen und Ethologen aus Europa und Nordamerika, um gemeinsam über die Fortschritte dieses neuen Forschungsfeldes zu sprechen – unter ihnen neben Konrad Lorenz aus Österreich noch Niko Tinbergen und Gerard Baerends aus den Niederlanden, William Thorpe und J. Z. Young aus Großbritannien, Otto Koehler aus Deutschland sowie Karl Lashley und Paul Weiss aus den USA. Weiss war übrigens ein gebürtiger Wiener, fünf Jahre älter als Lorenz, und hatte an der Universität Wien 1922 bei Hans Przibram promoviert. Die Habilitation des damaligen Mitarbeiters der Biologischen Versuchsanstalt scheiterte am fachlichen Einspruch von Lorenz' Doktorvater Jan Versluys; der wahre Grund dürfte dabei die jüdische Herkunft des Habilitationswerbers gewesen sein, der 1928 Österreich verließ.[480]

In einigen der Referate dieser an sich der Physiologie gewidmeten Konferenz ging es um Konzepte, die von Lorenz und Tinbergen entwickelt worden waren. Und in den nachmittäglichen Nomenklatur-Sitzungen standen viele von Lorenz geprägte Begriffe wie Reflex, Taxis, angeborener auslösender Mechanismus, Auslöser, Übersprungsbewegung und Instinkt zur Diskussion und wurden definitorisch festgelegt. Für Lorenz, der auf diesem Symposium nicht nur referierte, sondern auch seine Filme über die Ethologie der Graugans zeigte, war die Konferenz ein voller Erfolg, was in einem zehnseitigen Bericht an die Österreichische Akademie der Wissenschaften zum Ausdruck kam: Die vergleichende Verhaltensforschung habe den physiologischen Forschern »wesentlich Neues« bieten können, insbesondere Lashley und Weiss hätten »das denkbar größte Interesse« für die Forschungen von Tinbergen und Lorenz gezeigt. Und er sei auch aufgefordert worden, »ein kurzes englisches Buch über die Entwicklung unserer Kenntnis des angeborenen auslösenden Mechanismus und die Instinktbewegungen zu verfassen«.[481]

Eine Folge dieses Kongresses war, dass im September 1950 auf Einladung Gustav Kramers und Erich von Holsts, der in Cambridge krankheitsbedingt gefehlt hatte, ein erstes »richtiges« Ethologentreffen, wenn auch in sehr kleinem Rahmen, stattfand. Neben den Mitarbeitern der Einladenden, Konrad Lorenz und Otto Koehler, kamen aus dem Ausland Niko Tinbergen (damals gerade von den Niederlanden auf dem Sprung nach Oxford) und William Thorpe. Die 19 Teilnehmer dieses kleinen Symposiums, das später als »nullte internationale Ethologenkonferenz« bezeichnet wurde, diskutierten zehn Tage lang über den bisherigen Erkenntnisstand der vergleichenden Verhaltensforschung. Und sie taten dies so erfolgreich, dass seit damals alle zwei Jahre internationale Ethologenkonferenzen stattfinden – heute allerdings in Form von Riesenkongressen mit Hunderten Teilnehmerinnen und Teilnehmern.

Die Konferenz in Cambridge, die in gewisser Weise die Initialzündung für diese ganze Entwicklung war, hatte aber noch eine ganz andere Folge für Lorenz, der gemeinsam mit seiner Frau angereist war und im Sommer 1949 insgesamt sechs Wochen in England verbrachte. Lorenz hatte Einladungen zu einer Konferenz in Oxford unmittelbar nach Cambridge, von William Thorpe, von den Priestleys auf der Isle of Wight, die ihn damals in Wien unterstützten, und von Sir Peter Scott, einem Ornithologen, begnadeten Tiermaler und

Besitzer einer der schönsten Entensammlungen der Welt. Bei diesem Englandaufenthalt kam es aber auch zu einer Begegnung mit einer Frau, die sein Leben für mehr als ein Jahr ziemlich durcheinanderbringen sollte – und den Mythos von der »wahrhaft lebenslänglichen Treue des Ehepaars Lorenz zueinander«[482] infrage stellt.

Der erste Eindruck, den Konrad Lorenz von Helen Spurway hatte, ließ anderes erwarten als eine Affäre. So wie vielen anderen Zeitgenossen fiel dem Tierexperten an der Forscherin zunächst ihre »absolut schreckliche Perlhuhnstimme« auf. Doch die Genetikerin, Schülerin des brillanten wie exzentrischen und politisch engagierten Biologen John Burdon Sanderson Haldane und seit 1945 dessen zweite Ehefrau, hatte sichtlich andere Reize.[483] Jedenfalls legen dies die Liebesbriefe nahe, die ihr Lorenz von da an schrieb. Und ähnlich dem griechischen Göttervater Zeus, der seinen Geliebten in tierischer Verkleidung beiwohnte, bemühte Lorenz zumindest allerlei animalische Allegorien, um seiner Liebe Ausdruck zu verleihen: »Ich bin so stolz auf Dich, Liebes, mein Schatz. Wenn ich ein Stichling oder ein Batta [Siamesischer Kampffisch, Anm.] wäre, würde ich zweifellos mein Hochzeitskleid zeigen.« Oder an anderer Stelle: »Ich kann einfach nicht anders, als stolz zu sein, nachdem ich realisierte, wie sehr Du mich liebst. Die Rückenflosse ist wie die eines Hemichromis [ein barschartiger Juwelenfisch, Anm.]: stachelig, aber mit Juwelen übersät.« Ihre erste romantische Begegnung hatten die beiden möglicherweise in Kew Gardens, dem berühmten botanischen Garten von London. Jedenfalls legt das ein Brief nahe, in dem Lorenz Spurway von der Lektüre von H. G. Wells' autobiografisch gefärbtem Roman *The New Machiavelli* berichtet, in dem es vor allem um Sex und Politik geht. Die Protagonisten des Buches, Dick und Isabel, entdeckten nämlich just in Kew Gardens ihre Liebe füreinander. Lorenz habe laut eigener Schilderung das Buch in »verdammenswerter Gefühlsregung von sich geworfen«, weil die tragische Liebesszene »so analog zur unseren war« – und sich just im botanischen Garten zutrug. Doch es gab noch eine weitere Parallele zum richtigen Leben: Dicks Frau heißt Margaret, und deren quälende Anwesenheit war im Roman wie im Leben »das andauernde Hindernis, das uns im Weg stand«.

Allzu oft dürften sich Spurway und Lorenz indes nicht getroffen haben, was aber gewiss nicht an mangelnder Sehnsucht gelegen haben dürfte. Als Anlässe für ihre Stelldicheins kamen für die beiden nur wissenschaftliche Kongresse oder Arbeitsbesuche in Vogelreservaten oder Ähnliches infrage. Lorenz stellte Spurways Zuneigung aber immer wieder vor ernste Prüfungen, so etwa, als sie ihm eine Katze namens Janet geschenkt hatte, die den geübten Tierhalter anscheinend überforderte, wie aus einem besonders zerknirschten Brief von Lorenz hervorgeht:

> »Ich muss Dir jetzt etwas so Furchtbares berichten, dass ich fürchte, dass Du mich hinschmeißen wirst, wenn Du nicht ohnehin bereits zu diesem Entschluss gekommen bist: Ich habe Janet verloren, indem ich sie aus dem Fenster des Orient Express springen ließ. [...] Zwischen Aachen und Köln machte sie in ihrer Kiste plötzlich einen fürchterlichen Krawall, wurde offensichtlich von Konvulsionen gebeutelt, und im nächsten Moment ergoss sich eine Urinflut über den Hut einer Dame, die neben mir saß. Ich öffnete alarmiert die Kiste, und Janet schoss daraus hervor wie eine Rakete. [...] Ich jagte ihr durch den ganzen Zug nach, kroch unter die Sitze und zwischen die Beine der weiblichen Passagiere – ohne Kosten und Mühen zu scheuen. Und als ich sie fast schon hatte, sprang sie durch ein offenes Fenster. Beinahe wäre ich ihr nachgesprungen. Ich war so übermäßig traurig, als ob ich ein menschliches Wesen verloren hätte.«

Die leidenschaftliche Affäre ging aber nicht wegen dieses Vorfalls im Juni 1950 zu Ende. Ganz ähnlich wie im Roman von H. G. Wells scheiterte sie an den Ehepartnern oder genauer: dem einsetzenden Schuldbewusstsein des Liebhabers. Die ganze Geschichte war allem Anschein nach nicht allzu sorgsam vor den beiden jeweiligen Gatten verborgen worden. Lorenz schrieb Spurway unter anderem, dass sie »nicht öfter anrufen sollte als nötig«. Während Haldane die Affäre anscheinend mit Toleranz durchstand, dürfte Margarethe in erster Linie ihre Familie verteidigt – und so ihren Mann in letzter Konsequenz auf ihre Seite gebracht haben. Abermals behalf sich Lorenz mit einem Vergleich aus dem Tierreich:

> »Wenn Du eine ziemlich vereinfachte und daher erbarmungslose Erklärung für mein Verhalten haben willst, dann ist es nicht die eines Gentleman, sondern die von [einem] Schwan, der bei einer fremden Schwänin Hof hielt, als er weit weg war vom Nest und jung, der sie aber attackierte, als sie ihm nahe kam. G.[retl] attackiert Dich ebenfalls rein territorial.«

Es dürfte also die familiäre Solidarität gewesen sein, die im Sommer 1950 für das Ende der Affäre sorgte. Im Vorfeld eines langersehnten Rendezvous wurden die Briefe immer sorgenvoller, ehe Lorenz schrieb: »Es bricht mein Herz, und ICH KOMME NICHT!«

Vier Monate später gibt es einen weiteren schmerzvollen Brief, nachdem Spurway »seine Aussicht auf wirkliche Glückseligkeit zerstört hat«, indem sie ihn anscheinend bis Wien verfolgt hatte: »Dafür kann ich nicht anders, als Dich zu hassen, tut mir leid. Zugleich fühle ich mich Dir gegenüber unermesslich schuldig. Und, es muss gesagt werden: Ich habe völlig aufgehört, Dich zu begehren.« Diese kurze, aber heftige Beziehung war nicht nur – wie in Wells' Roman – auf privater Ebene, sondern auch politisch eine einigermaßen delikate Angelegenheit. Spurway und Haldane waren erklärte Linke und Haldane sogar Mitglied der Kommunistischen Partei. Dennoch oder gerade deshalb korrespondierten Spurway und Lorenz auch offen über Fragen der Eugenik, der genetischen Weiterentwicklung und seine NS-Vergangenheit: »Wenn ich überhaupt Sympathien für die Nazis gehabt habe«, so Lorenz in einem Brief an Spurway, »dann deshalb, weil ich dachte, dass die Eugenik eine gute

Staatsreligion wäre. Ich habe wirklich nicht geahnt, dass sie Eugenik nur als Entschuldigung dafür verwendeten, ›minderwertige‹ Rassen zu töten.« Oder: »Wenn ich sage, dass Eugenik eine gute Religion ist, nimmst Du an, dass ich ein Hitler-Anhänger bin [...]. Ich bin mir ziemlich sicher, dass Dein Gott absolut der gleiche ist wie meiner, und das ist die Weiterentwicklung der Menschheit.«[484]

Die Rolle, die Haldane bei all dem spielte, gibt ebenfalls einige Rätsel auf. Angeblich war der damals bereits über 60 Jahre alte Forscher – auch wegen einer Verletzung, die er sich im Ersten Weltkrieg zugezogen hatte – zeugungsunfähig, und Spurway wollte unbedingt ein Kind haben. Demnach wäre die Affäre mit Lorenz auch von Haldane gutgeheißen worden. Jedenfalls wollte er noch Ende Oktober 1950 Lorenz mit 100 Pfund aus eigenen Mitteln unterstützen, aber nur unter der Voraussetzung, dass Lorenz davon nichts erführe.[485] Und im November 1950, als die Affäre seiner Frau mit Lorenz wohl endgültig am Ende war, setzte er sich bei Thorpe dafür ein, dass Lorenz von einer Dozentur für Verhaltensforschung an der London University informiert werden sollte, die er bestimmt erhalten würde. Haldanes Name sollte abermals nicht erwähnt werden.[486] Wie wir wissen, hat sich Lorenz anders entschieden und zog sich dadurch anscheinend die heftige Missgunst von Haldane und Spurway zu: Zumindest hätten die beiden 1953 laut dem Zeitzeugen William S. Verplanck angeblich behauptet, dass »Konrad Lorenz durch und durch ein Nazi war und Ethologie durch und durch eine Nazi-Antiwissenschaft«.[487] In den publizierten Texten von Haldane über Lorenz und die Ethologie aus der Mitte der 1950er-Jahre ist die Kritik an Lorenz deutlich differenzierter und fundierter: Einer der Hauptvorwürfe lautete, dass seine Trennung zwischen instinktivem und erlerntem Verhalten viel zu scharf sei.[488]

Trotz solcher privaten Turbulenzen entwickelte sich die Ethologie zu Beginn der 1950er-Jahre als neues Fach prächtig: Praktisch alles, was die damaligen frühen Fachvertreter angingen, waren neue und spannende Problemstellungen. Die Anzahl der Ethologinnen und Ethologen stieg, aber blieb überschaubar, die Diskussionen waren intensiv. Neben der *Zeitschrift für Tierpsychologie*, die im Oktober 1949 unter der Herausgeberschaft von Otto Koehler und Konrad Lorenz wieder zu erscheinen begann, gründete Tinbergen mit seinen Kollegen 1950 die Zeitschrift *Behaviour*, um für ethologische Forschungsergebnisse auch im englischsprachigen Raum ein Publikationsorgan zu haben.

Das Wichtigste für Lorenz aber war, dass er in Buldern erstmals in seiner Karriere über adäquate und ausreichend finanzierte Arbeitsmöglichkeiten für sich und seine Mitarbeiter verfügte. Die »Station Lorenz« bzw. die »Forschungsstelle für Vergleichende Verhaltensforschung« war, wie erwähnt, als Außenstation dem Max-Planck-Institut für Meeresbiologie in Wilhelmshaven angegliedert. Eine leitende Max-Planck-Stelle, wie sie Lorenz damit erhielt, ist bis heute für viele Wissenschaftler ein Karrieretraum, bietet sie doch ideale Forschungsmöglichkeiten: das volle Gehalt eines Universitätsprofessors – freilich ohne Lehrverpflichtungen und ohne mühseliges Ansuchen um Projektmittel. Neben dem Vorteil, sich ganz auf die Forschung konzentrieren zu können, dürfen sich Leiter eines Max-Planck-Instituts ihre Mitarbeiter frei aussuchen, was für Lorenz besonders wichtig war. Endlich konnte er seinen bis dahin unbezahlten Mitarbeitern Ilse und Heinz Prechtl, Irenäus Eibl-Eibesfeldt und Wolfgang Schleidt eine bezahlte Anstellung bieten.[489]

Schlossherr und zugleich Gastgeber in Buldern war der exzentrische Baron Gisbert Friedrich Christian von Romberg, der Enkel des legendären Gisbert von Romberg, der es aufgrund seiner Streiche und Ausschweifungen zum Titelhelden eines Romans (*Der Tolle Bomberg* von Josef Winckler) und damit zu überregionaler Berühmtheit brachte. Die Romberg-Familie hatte zu Beginn der industriellen Revolution mit dem Kohlebergbau viel Geld verdient, da der »tolle Bomberg« maßgebliche Erfindungen bei der Fördertechnik gemacht hatte.

Sein Enkel hielt es mehr mit der Wissenschaft und beschäftigte sich unter anderem mit der physiologischen Erforschung des Augenzitterns bei Bergleuten. Das führte ihn zu allgemeineren Untersuchungen von Augenbewegungen beim Menschen, wo sich sein Interesse mit jenem von Erich von Holst traf. Romberg erfand geniale Versuchsanordnungen, Untersuchungsinstrumente und Marterwerkzeuge, die wohl auch Frankenstein gefallen hätten.[490] Außerdem war er ein Frauenfeind, stattdessen aber dem Alkohol zugetan. Doch es ging bei ihm auch recht nobel zu: Für die Mahlzeiten wurden die Wissenschaftlerinnen und Wissenschaftler an die Tafel des Barons geladen. Dessen Diener servierte mit weißen Handschuhen ausgesuchte Speisen auf Porzellan, von dem angeblich schon Napoleon Bonaparte gespeist hatte. Nach dem Essen gab es ausführliche Gespräche über Baron Gisberts Erlebnisse als Plantagenbesitzer in Afrika oder über seine eigenen Forschungen, wie sich der Lorenz-Mitarbeiter Wolfgang Schleidt erinnerte.[491]

Der Baron erwies sich aber auch als aktiver Unterstützer der Wissenschaftler bei ihrer »mehr oder weniger fieberhaften Aufbauarbeit«, wie Konrad Lorenz in einem Brief an den Präsidenten der Österreichischen Akademie der Wissenschaften vom März 1951 dankbar berichtete:

> »Schlechterdings alles, Aquarien, Gehege, Tische werden von den Rombergschen Handwerkern hergestellt. Wir bezahlen nur Rohmaterial und gelegentliche Überstunden. Das Glashaus für die Aquarien und unsere vorläufige Wohnung hat der Baron auf eigene Kosten ›wie neu‹ herrichten lassen.«[492]

Die Familie Lorenz wohnte in einem Seitentrakt des Schlosses, der sogenannten »Mühle«, der über den vorüberfließenden Bach erbaut worden war. Zunächst waren nur Wolfgang Schleidt und Ilse Prechtl mit nach Buldern gekommen, wenig später folgte Heinz Prechtl, und

Internationalisierung einer jungen Disziplin: Konrad Lorenz 1952 an seinem kleinen Forschungsinstitut in Buldern/Westfalen mit Esther und Mike Cullen, einem jungen Gastforscherpaar aus England.

Ende Mai 1951 stieß dann auch Irenäus Eibl-Eibesfeldt mit seiner Frau zur familiären Forschergruppe. Die beiden bezogen mit ihren mitgebrachten Tieren – einer Eichhörnchenfamilie und Wanderratten – zunächst eines der Zimmer in der »Mühle«. Küche und Bad wurden mit den Gastgebern geteilt. Zu dieser Zeit kam auch MPG-Präsident Otto Hahn zu Besuch und war von den frei umherlaufenden Eichhörnchen sichtlich beeindruckt.[493] Lorenz allerdings, der dem Präsidenten seine neue Arbeitsstätte präsentierte und sich besonders enthusiastisch zeigte, soll Hahn gefragt haben, ob er wirklich naiv sei oder nur so tun würde.[494]

Immerhin: Das Ehepaar Eibl konnte mit seiner Menagerie bald in ein allein stehendes Gebäude im Schlosspark umziehen, das früher eine Kegelbahn und als solche »recht herrschaftsmäßig« angelegt war. Auch hier gab es nur einen Wohnraum, der ebenfalls wieder mit Tieren bevölkert wurde – unter anderem mit einem Buschbaby.

Dieser Halbaffe hatte allerdings die unangenehme Angewohnheit, in die Handflächen zu urinieren, sich dann die Fußsohlen einzureiben und nachts im Zimmer herumzuspazieren. Die großzügigsten Unterkünfte in Buldern schienen jedenfalls die Wasservögel zu haben, Lorenz' wichtigste Forschungsobjekte. Auch von den diesbezüglichen Plänen wurde Akademiepräsident Richard Meister im Detail informiert:

> »Die kleineren Enten, die im Garten keinen Schaden machen, kommen einfach auf die Schlossteiche. Für die Gänse, die ich ja in Mengen zu halten gedenke, wird ein ganzer Komplex sauerer Wiesen [...] in Sumpfgelände verwandelt. Für die Viecher sind also geradezu luxuriöse Wohngelegenheiten vorhanden. [...] Mit einem Worte, es wird einfach herrlich!«[495]

Das Einzige, was ihn trotz der »wirklich geradezu idealen Forschungsbedingungen« störte, war sein Abschied aus dem heimatlichen Altenberg, der ihm »immer noch nicht leicht« wäre.
»Die vergleichende Verhaltensforschung hat ja wirklich von dort aus ihren Ausgang genommen, und es ist keine leere Rede, wenn ich sage, dass ich lieber mit einer sehr bescheidenen Dotation in Altenberg sitzen geblieben wäre, als hierher zu gehen. Ich bin ein großer Lokalpatriot, und es wäre mir wirklich eine große Freude gewesen, wenn die Erhaltung meines kleinen Instituts unter der Patronanz der Österreichischen Akademie der Wissenschaften durchführbar gewesen wäre.«[496]

Das kleine Wasserschloss und seine Gartenanlagen erwiesen sich für Lorenz' Arbeitsprogramm tatsächlich als Glücksfall. Die zahlreichen Kanäle, die von einem kräftigen Bach durchflossen wurden, »schrien geradezu nach einer Besiedelung mit Wasservögeln«, erinnerte sich Lorenz in seiner Selbstbiografie. Zwischen dem Schloss und nahen Bahngeleisen lag eine große Wiese, die durch Aufwerfen eines Dammes und durch einen Durchstich zum Mühlbach hin in eine

Sumpflandschaft verwandelt wurde – sehr zur Freude eines naturschutzbegeisterten US-amerikanischen Freundes, der im Normalfall dagegen ankämpfte, wenn ein Sumpf in eine Kulturlandschaft verwandelt wurde. In Buldern geschah tatsächlich das Gegenteil. Und dazu wurde in der Mitte des Sumpfes eine durch Brücken zugängliche Wohnhütte errichtet, »die zwar klein, aber heizbar und elektrisch beleuchtet war und den Anforderungen eines Menschen, der allerdings ein begeisterter Beobachter sein musste, durchaus genügte«.[497] Diese Teichanlage, von der Lorenz schon in Altenberg geträumt hatte, wurde die Geburtsstätte seiner Gänsekolonie, deren Erhaltung und Beobachtung in den nächsten Jahrzehnten zu seinen wichtigsten Forschungsvorhaben gehörte. Auch nach einem Jahr in Buldern war Lorenz' Enthusiasmus trotz der für die Wissenschaftler eher bescheidenen Lebensverhältnisse noch nicht verflogen, denn die Arbeits- und Forschungsbedingungen waren weiterhin ideal – zumindest aus seiner Perspektive. In einem Brief an seinen mittlerweile über 90-jährigen Anatomielehrer Ferdinand Hochstetter schrieb Lorenz im Dezember 1951:

> »Es ist wirklich eine große Freude, unbeschwert arbeiten zu können und alle Versuchstiere so zu halten und zu füttern, wie man es theoretisch sollte, aber bisher nie gekonnt hat. Die Früchte dieser Möglichkeit beginnen sich schon zu zeigen, vor allem meine Cichlidensammlung [Cichliden sind Buntbarsche, Anm.] – wir haben jetzt 28 Arten in tadellosen, gesunden Exemplaren – gibt mir Gelegenheit zu stündlichen neuen und mir wertvollen Beobachtungen. […] Seit einer Woche habe ich auch eine ganz wunderbare Filmkamera und bekomme von der Forschungsgemeinschaft Negativmaterial, so dass alles, was des Filmens wert ist, laufend aufgenommen werden kann. Der Film ist ja für den Verhaltensforscher das, was für den Anatomen das Präparat ist. Sehr viele Einzelheiten, die zur Analyse von Instinktbewegungen wesentlich sind, werden einem erst klar, wenn man sie im Film mehrere Male hintereinander gesehen hat.«[498]

Der Einstein der Tierseele: Konrad Lorenz 1951 mit ungewöhnlicher Barttracht und einem zahmen Geparden im Berner Zoo anlässlich einer erfolgreichen Lesetournee durch die Schweiz.

Lorenz drehte in diesen Jahren in Buldern selbst und ohne Kameramann einige Entenfilme. Der Film diente jedoch nicht nur als Anschauungs- und Beweismaterial für die Forscher, sondern auch als Lehrmittel und als Medium für die weitere Popularisierung des Faches. So kam es bereits zu Beginn der Bulderner Zeit über Vermittlung von Lorenz zu einer Kooperation zwischen seinem Assistenten Eibl-Eibesfeldt mit dem später populären Tierfilmer Heinz Sielmann. Die beiden stellten nicht nur einen Schul- und Hochschulunterrichtsfilm über Hamster her, sondern auch einen populären »Kulturfilm« unter dem Titel *Konzert am Froschtümpel,* der 1954 auf den Berliner Filmfestspielen mit dem ersten Preis in seinem Genre ausgezeichnet wurde.[499] Lorenz war von Beginn an Mitarbeiter an der von Gotthard Wolf begonnenen Sammlung wissenschaftlicher Filme, die später zum Institut für den Wissenschaftlichen Film in Göttingen wurde.[500]

Konrad Lorenz selbst war damals im deutschsprachigen Raum längst keine unbekannte Persönlichkeit mehr, wovon die zahlreichen Zeitungsartikel Zeug-nis geben, die anlässlich seiner Übersiedlung nach Buldern in etlichen regionalen und überregionalen Zeitungen Deutschlands erschienen. Rein optisch war er zu dieser Zeit allerdings nicht der Lorenz, wie wir ihn heute kennen: Er trug einen

Schnurrbart und sah damit auf einigen Abbildungen Albert Einstein durchaus nicht unähnlich. Die damalige Bekanntheit des »Einsteins der Tierseele« – wie das Nachrichtenmagazin *Der Spiegel* später einmal schreiben sollte – ging vor allem auf seine beiden populären Tierbücher *Er redete mit dem Vieh, den Vögeln und den Fischen* (1949) sowie *So kam der Mensch auf den Hund* (1950) zurück, einem der bis heute besten Bücher über Hunde.

Da Lorenz erst mit dem 1. April 1951 von der Max-Planck-Gesellschaft bezahlt wurde, ging er im Jänner und Februar 1951 mit den beiden Büchern im Gepäck zur Aufbesserung der Haushaltskasse auf Vortragstournee in die Schweiz. Er trat dort vor ausverkauften Häusern auf, so unter anderem dem bis auf den letzten Platz gefüllten Auditorium Maximum der ETH Zürich, wie die *Weltwoche* berichtete. Wenige Monate, nachdem seine Affäre mit Helen Spurway zu Ende gegangen war, erzählte »der heute bedeutendste Tierpsychologe auf unvergleichlich humorvolle, drastische und gleichzeitig zärtliche Weise vom Eheleben der Stichlinge und Buntbarsche, Dohlen und Kolkraben und Silbermöwen«, so der *Weltwoche*-Reporter. Und weiter hieß es in dem Bericht:

> »Wir erfuhren, dass der Stichling, erst nachdem er sein eigenes Territorium erobert hat, in zinnober- und karminrot und bleuélectrique erstrahlend sein Nest baut und auf Brautschau geht. Wir hören vom Eheleben der Buntbarsche, die, um ein Buntbarschenleben lang miteinander auszukommen, einen Prügelknaben brauchen, weil sie einander unweigerlich umbringen, wenn kein äußerer Feind da ist, an dem sie ihren Aggressionstrieb auslassen können.«[501]

Schon damals stand allerdings auch die »Seriosität« seiner so populären Forschungsarbeit zur Diskussion. Bei einer dieser Veranstaltungen in der Schweiz wurde Lorenz dem Publikum mit den Worten vorgestellt: »Wohl kaum einer von Ihnen weiß, dass unser verehrter

Schriftsteller Konrad Lorenz auch ein recht angesehener Wissenschaftler ist.«[502]

Der Verhaltensforscher war in dieser Zeit deshalb stets bemüht, die Wissenschaftlichkeit seines Faches zu betonen. Er selbst nannte sein Fach nun nicht mehr Tierpsychologie, sondern vergleichende Verhaltensforschung. Wie er einem Journalisten gegenüber meinte, betrachte er die Bezeichnung »Tierpsychologe« als »eine Herabsetzung der Exaktheit meiner Forschungen«. Zwar sei uns Menschen völlig unzugänglich, was in der Seele eines Tieres vorgeht. Wohl aber könne man über objektivphysiologische Dinge berichten. »Man kann, wenn man exakt beobachtet, sagen, was beispielsweise ein Fisch in der nächsten Sekunde tun wird, nicht aber, welche Art von Freude ein Hund erlebt, wenn er ein Karnickel gerissen hat.«[503] In jenem bereits zitierten Bericht der Zeitschrift *Weltwoche* wurde Lorenz auch mit der Feststellung konfrontiert, dass seine Wissenschaft so einfach erscheine, worauf er antwortete:

> »In der Wissenschaft ist eben der Satz ›Aller Anfang ist schwer‹ umzukehren. Wenn es einem gegeben ist, ein neues Gebiet zu erschließen, so ist der Forscher zunächst selber der Laie. Eine junge Wissenschaft ist aus diesem Grund dem Laien immer leichter darzustellen als eine alte, die mit Bergen traditionellen Wissens beladen ist.«[504]

Die junge Disziplin hatte aber auch all jene Probleme einer Wissenschaft, die in den Kinderschuhen steckt und sich rapide weiterentwickelt. Mit der Anzahl der Forscher nahm auch die Zahl der Veröffentlichungen zu, die verwendeten Begriffe wurden fortwährend umgestaltet – was notwendigerweise zu Verwirrungen führen musste. Das waren im Wesentlichen die Gründe, die Konrad Lorenz und Niko Tinbergen, die beiden unumstrittenen Protagonisten der vergleichenden Verhaltensforschung, im Jahr 1951 veranlassten, für das Frühjahr 1952 eine erste offizielle internationale Ethologenkonferenz in Buldern einzuberufen, zu der alle wichtigen Fachvertreter aus Europa angereist kamen. Auch wenn die Infrastruktur rund um die Tagung zu wünschen übrigließ – die Toiletten im Schloss hatten beispielsweise keine abschließbaren Türen –, so trugen die zehntägigen Diskussionen im Schloss Buldern maßgeblich zur internationalen Konsolidierung des Faches bei.

1952 kam es dort auch zu einer bisher wenig bekannten privaten Begegnung: Hans Zeisel, der vor dem Einmarsch der Nazis ein enger Freund des um zwei Jahre älteren Lorenz gewesen war und nach dem »Anschluss« wegen seiner jüdischen Herkunft und seiner sozialdemokratischen Gesinnung vor den Nazis in die USA fliehen musste, suchte bei seinem ersten Besuch in Europa Lorenz in Buldern auf. Das sei damals sein erster dringender Weg gewesen, wie sich der Rechts- und Sozialwissenschaftler später erinnerte, denn er sei 1938 tief erschüttert gewesen, als sie voneinander Abschied genommen hatten, und habe sich durch die ganzen Kriegsjahre hindurch gedacht: »Wenn alle Deutschen dem großen Wahn gefolgt wären, könnte ich es ertragen, aber wenn's der große Konrad getan hätte, müsste ich meine Grundvorstellungen von der Welt ändern.« Laut den Erinnerungen Zeisels, der an der legendären Studie *Die Arbeitslosen von Marienthal* (1933) mitgearbeitet hatte, haben Lorenz und er die Frage »in der ersten langen Nacht während des Besuchs durchgesprochen und, soweit dies ging, geklärt«. Da Zeisel von den starken Wurzeln gewusst habe, die ihn dorthin getrieben haben – gemeint war damit insbesondere der deutschnational eingestellte Vater –, habe er sich eben gesagt: »Ja auch ein bedeutender und guter Mann kann einmal irren.« Zeisel, der durch dieses klärende Gespräch seine Vorstellungen von der Welt allem Anschein nach nicht ändern musste, habe Lorenz von da an, »wann immer jemand hier oder drüben Dich wegen dieser Jahre angriff, […] mit voller Überzeugung verteidigt«.[505]

Trotz der eher bescheidenen räumlichen Verhältnisse expandierte die Forschungsstätte in Buldern: Neben seinen Assistenten Wolfgang

Schleidt, Ilse Prechtl und Irenäus Eibl-Eibesfeldt aus Wien stießen bald auch einige neue Doktoranden zur Arbeitsgruppe rund um Lorenz. Das wiederum wurde möglich, weil der Verhaltensforscher 1953 Gastprofessor an der Universität Münster wurde und dort auch unterrichtete. Einer der Ersten, die auf diese Weise nach Buldern kamen, war Wolfgang Wickler, der wegen Lorenz von der Botanik auf die Verhaltensforschung umsattelte. Weitere Nachwuchskräfte wie Uli Weidmann, Beatrice Oehlert, Margaret Zimmer und Helga Fischer folgten.

Die Wohnbedingungen blieben zum Teil prekär: So stand der Familie Lorenz in der »Mühle« beispielsweise nur ein Raum als Kombination von Badezimmer, Küche und Esszimmer zur Verfügung. Die Arbeits- und Forschungsbedingungen waren ähnlich eng, nachgerade familiär organisiert: Täglich fanden sich die jungen Forscher bei der Lorenz-Familie zu Kaffee und Tee in der »Mühle« ein, mit Margarethe Lorenz als »großzügiger, unverdrossener Gastgeberin«, wie sich Irenäus Eibl-Eibesfeldt erinnerte. Ansonsten war der Tagesablauf von Forschungsarbeit in lockerer Atmosphäre und dem unkonventionellen Führungsstil von Lorenz geprägt:

> »Wir sonnten uns über Mittag bei den Gänsen und genossen die lebendige Art, in der Lorenz sein Wissen vermittelte. Im Übrigen ließ er uns frei wachsen und unseren Weg suchen. Jeder konnte im Grunde tun, was er wollte. Hatte einer neue Ideen, fand er in Lorenz einen aufgeschlossenen freundlichen Berater. [...] Lorenz hatte eine natürliche Autorität. Sie beruhte auf Freundlichkeit, Wissen und Temperament. Er brauchte nichts dazutun, um sie zu bekräftigen.«[506]

Schlecht allerdings war der charismatische Institutsleiter in den »banaleren« Dingen, vor allem in Geldangelegenheiten. Möglicherweise war es ihm aufgrund seiner eigenen Familie, wo Reichtum fast immer eine Selbstverständlichkeit war, eine höchst unangenehme, ja peinliche Pflicht, um Gelder ansuchen zu sollen: Wenn Lorenz nach Göttingen zur Verwaltung der Max-Planck-Gesellschaft fuhr, war deshalb sein ältester Assistent Wolfgang Schleidt mit dabei. Gelegentlich wurde der junge Schleidt dann von Otto Hahn, dem Präsidenten der Max-Planck-Gesellschaft, zur Seite genommen. Er sollte dann sagen, wie viel Geld Lorenz für sein Institut tatsächlich brauchte, weil der MPG-Präsident ahnte, dass jene Summen, die in den Haushaltsplänen standen, nicht ausreichen konnten.[507]

Buldern sollte jedoch nicht allein aus diesen Gründen ein Provisorium bleiben, denn schon bald gab es einen jähen und überraschenden Rückschlag, der das Projekt ernstlich gefährdete: Der großzügige Hausherr Gisbert von Romberg starb im Juni 1952. Kurz darauf kam es zu ernsten Konflikten zwischen den Mietern und dem Erben, der vor allem an der Jagd interessiert war, was sich mit den Forschungen der Ethologen nicht gut vertrug. Wenige Wochen später erwog die Max-Planck-Gesellschaft wegen fehlender Mietgarantien bereits den Aus- und Umzug des Instituts. Das war Lorenz – trotz aller Begeisterung, die er erst vor gut einem Jahr über Buldern geäußert hatte – durchaus nicht unrecht. Denn der absehbare Auszug aus dem Wasserschloss in Westfalen bot einen neuerlichen Anlass, das gemeinsame Institutsprojekt des Triumvirats von Holst, Kramer, Lorenz in Angriff zu nehmen, das man 15 Jahre zuvor erstmals ins Auge gefasst hatte.

DAS OBERBAYERISCHE FORSCHERDORF

> »Erich, die Gegend ist noch schöner, als ich sie in Erinnerung gehabt habe, und noch besser für Wasservögel geeignet. Dabei ist sie klimatisch einfach herrlich. Ich kann vor Planen nicht schlafen und leide geradezu unter der Tatsache, dass das Ganze viel zu schön ist, um wahr zu sein. Ich möchte wie Polykrates mehrere Diamantringe an marine Fische verfüttern, damit nichts dazwischenkommt.«[508]

Konrad Lorenz' Begeisterung kannte wieder einmal keine Grenzen – und er hatte seinem »Chef« Erich von Holst im Mai 1955 tatsächlich sehr Erfreuliches zu berichten: Lorenz war gerade aus Bayern zurückgekommen, wo er auf »sehr komische Weise« gerade den Erwerb für ein neues, gemeinsames Forschungsinstitut am kleinen oberbayerischen Eßsee, rund fünfzig Kilometer südlich von München, abgeschlossen hatte:

> »Zuerst Verhandlungen mit dem Bürgermeister von Aschering, dann mit den Bauern Johann Glaas und Katherina Schmied, letztere dicke Wirtin mit sagenhaft malerischem Kropf, dann Besprechung mit dem Notar in Starnberg, Dr. Thalmeier, Abholung der Bauern und Unterzeichnung des Kaufvertrages durch den hierzu beauftragten und ermächtigten Architekten Schrank für die Max-Planck-Gesellschaft und die Bauern andererseits. Es hat mich gewundert, dass die Bauern so glatt ja gesagt haben, und zwar zu einem, meinem Gefühl nach, sehr billigen Preis.«[509]

Damit war Mitte Mai 1955 zwar nicht der Grundstein für das seit knapp zwei Jahrzehnten geplante gemeinsame Forschungsinstitut von Lorenz und von Holst gelegt, aber einmal das Grundstück gekauft. Dem Ankauf waren fast drei Jahre des Suchens vorausgegangen. Doch nun konnte der Traum Wirklichkeit werden, der auch den eher zurückhaltenden Physiologen Erich von Holst – nebenbei ein begnadeter Instrumentenbauer – nicht unbeeindruckt ließ:

> »Wenn ich so alle Möglichkeiten – falls die pekuniären Verhandlungen gut gehen – überdenke, so wird auch mir ganz polykratesoid zumute; auf jeden Fall bin ich voll bester Absichten, mich anzustrengen und auf absehbare Zeit weder Geige noch Bratsche noch Cello zu bauen.«[510]

Knapp drei Jahre zuvor und nur einen Monat nach dem Tod von Baron Gisbert von Romberg im Juni 1952 hatte sich Lorenz mit seinem Assistenten Wolfgang Schleidt in Richtung Süden aufgemacht, um nach einer neuen Heimstätte zu suchen. Nach ersten Schwierigkeiten mit dem ebenfalls dem Alkohol, aber auch der Jagd zugeneigten Erben von Rombergs schien es an der Zeit, sich um eine neue Wirkungsstätte umzusehen. Für Lorenz' Forschungen brauchte es einen See oder eine Teichlandschaft, im Idealfall mit leerstehenden Gebäuden oder Baugrund. Zudem sollte der Ort nicht weit von einer Universitätsstadt entfernt sein – und wegen Lorenz' Sehnsucht nach der österreichischen Heimat im süddeutschen Raum liegen.

Auch in der Max-Planck-Gesellschaft war man willens, die alten Pläne eines gemeinsamen Instituts von Kramer, Lorenz und von Holst zu realisieren, zumal die Bulderner Forschungsstätte nicht nur aufgrund ihrer Lage mitten in Westfalen kein Teil eines Instituts für Meeresbiologie war. Zwar konnte man sich im September 1952 mit dem Romberg-Erben noch einmal auf eine Vertragsverlängerung um drei Jahre einigen, doch stand die Neugründung bevor. Innerhalb des Triumvirats gab es allerdings beträchtliche Spannungen, die zum Teil auf den dominanten, wohl auch arroganten Charakter Erich von Holsts zurückzuführen waren, dem Sohn eines baltendeutschen Psychiaters und Barons aus Riga. Margarethe Lorenz »gruselte es bei dem Gedanken«, im geplanten Institut »dann für immer mit Holst verheiratet zu sein«, wie sie einer Freundin der Familie besorgt nach Wien berichtete:

> »Ich weiß genau, dass das nicht gutgeht. Das letzte Mal in Wilhelmshaven vor Weihnachten ist zwar nichts passiert, aber ich spüre genau, dass es in ihm arbeitet. Er muss in alle Sachen hereinreden, die er gar nicht versteh'n kann. Ein gefährlicher Nachbar. Diesmal ging es nicht um mich, oder nur nebstbei, sondern um Gustavs Ehe, und da hättest Du gestaunt, welches Interesse Erich an ihrer Zerrüttung genommen hat.«[511]

Ihre Bedenken waren nicht unbegründet: Der im Brief angesprochene Gustav Kramer hatte zwar 1937 das gemeinsame Institut vorgeschlagen, aufgrund der Animositäten stieg er jedoch aus und hielt Distanz: Jahre später wurde er zwar formell Teil des Instituts, seine Untersuchungen zum Orientierungssinn der Tauben hätte er aber in einiger Entfernung zu Lorenz und von Holst in Tübingen durchgeführt. Es kam jedoch nicht dazu: Kramer stürzte am 19. April 1959 in Italien auf der Suche nach Wildtaubengelegen aus einer Felswand in den Tod.

Bereits im Oktober 1952 brachten von Holst und Lorenz einen Vorschlag zur Gründung eines Institutes für Verhaltensphysiologie bei der Max-Planck-Gesellschaft ein und umrissen darin die Inhalte und die infrastrukturellen Anforderungen der geplanten Einrichtung: Da »das Studium völlig frei gehaltener, unbehindert lebender Tiere (vor allem Vögel) ebenso wichtig ist wie Laboratoriumsversuche«, sollte das Gelände des Instituts »in einer vom Verkehr wenig berührten Gegend, aber mit Rücksicht auf den erforderlichen wissenschaftlichen Kontakt und die bescheidenen Bibliotheksverhältnisse des Instituts in erreichbarer Nähe einer Universität sein«. In ihrem Antrag wurden auch die möglichen Anwendungen ihres neuen Fachs herausgestellt: Verhaltensphysiologie sei ein Grenzgebiet, »das auch das kausale Verständnis menschlichen Tuns mit einbezieht und damit medizinischen und sozialpsychologischen Zwecken dienen will«.[512]

Die Institutsbezeichnung war »irreführend«, wie nicht nur Lorenz später klarstellen sollte.[513] Was er mit seiner Forschergruppe machte, hatte mit Physiologie so gut wie nichts zu tun. Seine Disziplin war die vergleichende Verhaltensforschung bzw. die Ethologie, auch wenn diese für Lorenz mit der Verhaltensphysiologie in einem »Wechselverhältnis gegenseitiger Aufhellung« stand: Die eine Teildisziplin sei jeweils eine Voraussetzung für die andere. Warum nur die physiologische, nicht aber die beschreibende oder vergleichende Verhaltensforschung in dem Institutsnamen Eingang fand, mag auch mit der umstrittenen Wissenschaftlichkeit des Lorenz'schen Ansatzes zu tun gehabt haben. Während die Physiologie als harte Naturwissenschaft gilt, haftete der Ethologie immer der Geruch der Liebhaberwissenschaft und der Amateurhaftigkeit an – etwas, das von Lorenz später selbst betont wurde.[514]

Im Mai 1953 eskalierte der Streit zwischen dem Vermieter von Romberg und den Forschern ein weiteres Mal. Die Mitarbeiter von Lorenz durften nur mehr jenen Teil des Romberg-Besitzes betreten, der von der Max-Planck-Gesellschaft gepachtet worden war. Wohl aus diesem Grund schlug man in der MPG kurze Zeit später vor, die Abteilungen von Lorenz mit jener von Holsts zu einem neuen Institut für Verhaltensphysiologie zusammenzulegen, was für den 1. April offiziell beschlossen wurde. Geschäftsführender Direktor wurde Erich von Holst, der darauf »natürlich gar keinen Wert« gelegt hatte, wie er Lorenz schrieb. Er meinte vielmehr, damit im Interesse seines Kompagnons zu handeln:

> »[A]ber ich denke, für Dich wäre das eine noch unbequemere Last, und da wir ja doch alles einzelne miteinander bereden werden und ich nicht

Eine schwierige Forscherehe: Konrad Lorenz mit dem früh verstorbenen Physiologen Erich von Holst, der bis 1961 das Seewiesener Max-Planck-Institut für Verhaltensphysiologie leitete.

> sehe, worin je Uneinigkeit entstehen könnte (und da ich mich durch eine stärkere organisatorische Mitarbeit irgendwie mehr verwachsen fühlen würde mit dem, was da entstehen soll), so ist es vielleicht richtig, wenn ich die Geschäftsführung mache.«[515]

Lorenz war es »praktisch völlig wurscht«, dass er zunächst nur den Titel Abteilungsleiter trug. Da sich aber herausstellte, dass es steuerlich »ganz unerwartet große Vorteile hätte«, den Titel »stellvertretender Direktor« zu tragen, suchte er darum an.[516] Wenige Tage nach der endgültigen Beschlussfassung der Max-Planck-Gesellschaft im April 1953 begab sich Lorenz, dem mehr denn je an einer raschen Standortlösung gelegen war, abermals nach Süddeutschland. Nachdem er mehr als ein Dutzend Seen zwischen Freiburg im Breisgau und Passau besichtigt hatte, fand er nun seinen Traumplatz für das Institut, den Eßsee in Oberbayern.

> »Beim Nachhausefahren nach Buldern ist mir Westfalen so scheußlich vorgekommen, dass mir erst so richtig zum Bewusstsein kam, um wieviel lustiger und arbeitstüchtiger man wäre, wenn man in einem so schönen Land leben dürfte. Wir müssen alles tun, was in unserer Macht steht, um dorthin zu kommen! Es wäre zu herrlich!!«[517]

Lorenz' Forschungen und damit die Ethologie überhaupt standen nach der Institutsneugründung und der bevorstehenden Übersiedlung vor einem weiteren wichtigen Schritt: Endlich sollten die Grundlagen für großzügige Forschungsmöglichkeiten geschaffen werden. Damit hatte das Forschungsfeld, das Lorenz in den 1930er-Jahren fast im Alleingang erschlossen hatte und von anderen, Wissenschaftlern wie Institutionen, lange unbeachtet geblieben war, die erste Phase der Institutionalisierung abgeschlossen: Was zu Beginn bei einigen wenigen Zoologen und Psychologen in Deutschland, den Niederlanden und Großbritannien Anerkennung fand, wurde nun mit großzügiger Unterstützung bedacht. Darüber hinaus wurden auch weite Kreise außerhalb der Wissenschaft aufmerksam.

Eine endgültige Bestätigung erfuhr die Ethologie in den frühen 1950er-Jahren dadurch, dass sie zum Gegenstand der Kritik wurde. Vertreter des in den USA dominierenden Behaviorismus sahen sich herausgefordert – und reagierten entsprechend. Die erste und zugleich substanziellste Abrechnung mit der Lorenz'schen Ethologie stammte vom Psychologen Daniel S. Lehrman.

Lehrman hatte Lorenz' Texte bereits Anfang der 1940er-Jahre gelesen und war von ihnen ursprünglich sehr angetan. So schrieb er in einer Besprechung von Lorenz' Artikel »Vergleichende Verhaltensforschung«[518] im April 1941, dass Lorenz damit sowohl eine theoretische Haltung wie auch einen methodischen Ansatz geliefert habe, »die versprechen, zentral für die Untersuchung und das Verständnis des Verhaltens zu werden«.[519] Zehn Jahre später – die Ethologie war durch die USA-Aufenthalte Tinbergens mittlerweile auch in Nordamerika bekannt – stand Lehrman den Konzepten von Tinbergen und vor allem denen von Lorenz sehr viel kritischer gegenüber. Für diesen Meinungsumschwung mag Lorenz' Domestikationsaufsatz aus dem Jahr 1940 ausschlaggebend gewesen sein. Der Hauptkritikpunkt des Psychologen, dessen Aufsatz unter dem Titel »Eine Kritik an Konrad Lorenz' Theorie des instinktiven Verhaltens« im Dezember 1953 in der renommierten Zeitschrift *The Quarterly Review of Biology* erschien, setzte auf grundsätzlicher Ebene an. Pointiert könnte man sagen, dass er leugnete, irgendeine Verhaltensweise als »angeboren« zu bezeichnen.

Lorenz hatte in seinen Arbeiten Ende der 1930er-Jahre im Wesentlichen zweierlei behauptet: Zum Ersten ging er davon aus, dass man Angeborenes und Erlerntes grundsätzlich unterscheiden könne. Zum Zweiten argumentierte er – wenn auch noch nicht in der vielzitierten Arbeit »Über die Bildung des Instinktbegriffes«[520] –, dass das Instinktverhalten nicht kettenreflexartig abläuft, sondern spontaner Natur sei. In bestimmten Teilen des Zentralnervensystems würde autonom eine für jede Instinkthandlung spezifische »Erregung« produziert, die sich letztlich in der Instinkthandlung entladen müsse – so wie die Leerlaufhandlung des Stars, der nach Mücken schnappt, obwohl gar keine da sind. Diese Ansicht entwickelte Lorenz vor allem aufgrund der Kritik und der Versuche von Holsts über die »zentralnervösen Automatismen« später zum sogenannten »Triebstaumodell« weiter.

Diese beiden Kernbehauptungen der Lorenz'schen Triebtheorie mussten bei der behavioristischen Tierpsychologie, wie sie damals in den USA dominierte, notwendigerweise auf scharfe Kritik stoßen. Lehrman, der Niko Tinbergen bei der amerikanischen Version des ersten Ethologie-Lehrbuchs *The Study of Instinct* (1951) geholfen hatte, war für eine solche Kritik besonders prädestiniert.[521] Lehrmans Haupteinwand war, dass die strikte Trennung des Verhaltens in angeborene und erlernte Bestandteile künstlich sei: Man könne den einen Teil nur durch das strikte Ausschließen des anderen definieren, was in der Natur gerade nicht passiere. Und selbst wenn ein Tier unter Erfahrungsentzug aufgezogen würde, könne man nie mit Sicherheit sagen, wie viel es schon in der Embryonalphase im Ei oder in der Gebärmutter gelernt habe.[522]

An Lehrmans Kritik am »Angeborenen« darf nicht übersehen werden, dass sie der inhaltliche Kern einer grundlegenden Differenz zwischen der europäischen und der US-amerikanischen Herangehensweise bei der Erforschung tierischen Verhaltens war. Während in den USA die einschlägigen Wissenschaftler der Ausbildung nach Psychologen waren, vornehmlich mit Labortieren arbeiteten und sich vor allem für deren Lernprozesse interessierten, waren es in Europa zumeist studierte Zoologen, die vornehmlich Vögel, Fische und Insekten in ihrer natürlichen Umwelt beobachteten – und sich vor allem auf das »Angeborene« konzentrierten.

Für Lorenz sollte diese Kritik zu einer ernsten Herausforderung werden, da seine engsten Freunde wie Tinbergen mit Lehrmans Meinungen durchaus sympathisierten und viel eher als er zu Kompromissen bereit waren. Immerhin auf persönlicher Ebene konnte auch Lorenz gut mit dem umgänglichen US-Amerikaner. Als sich die beiden 1954 in Paris bei einer Tagung erstmals persönlich trafen, soll Lorenz sinngemäß zu dem weit mehr als 120 kg schweren Lehrman gemeint haben: »Ach, Sie sind ja ein dicker Mann. Mit Ihnen kann man ja reden.«[523] Und wenn sich die beiden in der Auseinandersetzung auch nichts schenkten, so blieb sie doch von wechselseitigem Respekt getragen und hat letztlich zu Klarstellungen in der ethologischen Begriffsbildung und zu einer fruchtbaren Annäherung der Standpunkte geführt. Was freilich dauerte: Lorenz benötigte fast zehn Jahre, um auf Lehrmans Vorwürfe erstmals zu antworten[524], obwohl er bereits im September 1954 eine große Vortragstournee in die USA unternahm. Etliche seiner wissenschaftlichen und populärwissenschaftlichen Arbeiten waren bereits ins Englische übersetzt worden: *King Solomon's Ring*, die englische Version von *Er redete mit dem Vieh, den Vögeln und den Fischen,* wurde an US-Universitäten sogar als Einführungsbuch verwendet. Die Übersetzung von *So kam der Mensch auf den Hund* erschien unter dem Titel *Man Meets Dog* im November 1954 in den USA – unmittelbar nach Ankunft von Lorenz, der mit seiner Frau und seiner jüngsten Tochter, Dagmar, per Schiff angereist war.

Lorenz reiste »primär auf zwei Einladungen hin«, wie er von Holst mitteilte, der relativ kurz davor noch nichts von Lorenz' mehrmonatiger Reise wusste: »den Messenger Lectures in Cornell und den Dunham Lectures in Harvard Medical School«. Dazu kam ein Symposium über angeborenes Verhalten, das von der Josiah Macy Jr. Foundation veranstaltet wurde. Diese philanthropische Privatstiftung war 1930 gegründet worden und förderte in den 1950er-Jahren unter anderem auch Kriegstrauma- und Psychotherapie-Forschungen. Lorenz hatte bereits 1953 eine größere Summe der Macy Foundation erhalten.[525] Weiter hieß es in Lorenz' Brief:

> »Erfreulicherweise fährt Niko auch mit hinüber, und zusammen werden wir vielleicht doch einige amerikanische Geister davon überzeugen, dass es auch angeborene Mechanismen im ZNS [Zentralnervensystem, Anm.] gibt und nicht alles conditioned ist. Der Kampf gegen den sturen Dogmatismus der Behavioristen wird aber bestimmt ebenso zäh wie der, den Du gegen die Reflexmeier zu führen hast.«[526]

Lorenz hatte sich ein strapaziöses Programm zugemutet, damit seine neue Wissenschaft endlich auch in den USA Fuß fasste. Obwohl Niko Tinbergen bereits unmittelbar nach dem Zweiten Weltkrieg mit einigen Gastaufenthalten begonnen hatte, für ihre Disziplin Werbung zu machen, war die Ethologie vergleichsweise unbeachtet geblieben.[527]

Lorenz' Tournee begann in Madison, wo das Treffen der American Ornithologist's Union stattfand. Und er konnte gleich einen wichtigen Erfolg verbuchen. Einen seiner mitgebrachten Filme über Instinktbewegungen bei Enten zeigte er dem Psychologen Frank Beach, der bis dahin der Ethologie sehr skeptisch gegenübergestanden war und behauptete, dass sie dem »Instinkt bloß den Gestank« nehmen wollte. Als er allerdings von Lorenz das Grunzpfeifen, Kurzhochwerden und andere charakteristische Instinktbewegungen vorgeführt bekam, kapitulierte er angeblich sofort.[528] Tatsächlich nahm Beach – übrigens gemeinsam mit Daniel Lehrman – als erster US-Amerikaner im Jahr darauf an der nächsten internationalen Ethologenkonferenz teil und wurde zu einem der wichtigen Brückenbauer zwischen der US-amerikanischen und der europäischen Verhaltensforschung. Danach ging es für Lorenz weiter an die Cornell University in Ithaca, ehe Boston und Cambridge und die Harvard University folgten. Margarethe Lorenz hatte einer Freundin der Familie nur Gutes zu berichten:

> »Wir treffen natürlich schon die Besten, aber das ist überall so, und dennoch sind diese hier die nettesten von allen. So viele nette, anständige Gesichter wie hier in Cambridge (Harvard University) siehst Du in einem Jahr nicht sonstwo. Burschen wie Mädchen eine reine Freude, sag ich Dir. Aber auch die alten Leute sind zum Teil zum Verlieben, ja sogar die Juden sind herzig. Und lustig sind sie sowieso überall. Zu uns sind alle so nett, wie es gar nicht geht.«

Besonders stolz macht sie aber ihr Mann, der »massive Erfolge« habe:

> »Du würdest es nicht glauben, nicht einmal Du, die es am ehesten glaubt. [...] Er spricht auch sehr gut, bis jetzt war kein schwacher Tag, kaum einmal. Alle sagen, dass er der beste Messenger und der beste Dunham Lecturer war seit Kolumbus. Und diese waren lauter Größen. [...] Konrad plagt sich sehr, aber es gefreut ihn auch. [...] Alle machen ihm schrecklich den Hof, ein Wunder, dass es ihm nicht in den Kopf steigt.«[529]

Es war nicht nur die Gattin, die sich von seinen Auftritten beeindruckt zeigte. So meinte der Evolutionsbiologe Ernst Mayr über die zwei Wochen, die Lorenz in Cambridge verbrachte: »Wir erfreuten uns an Lorenz, und er erfreute sich an Harvard.«[530] Auch ein Nachwuchswissenschaftler war angetan von Lorenz' Vorträgen im Haupthörsaal der Biologischen Laboratorien – vor allem im Vergleich zu jenen von Niko Tinbergen: der damals 25-jährige Edward O. Wilson, der in den 1970er-Jahren mit seiner Soziobiologie wesentlich zum Imageverlust von Lorenz und der Ethologie beitragen sollte. In seiner Autobiografie erinnerte sich Wilson:

> »Tinbergen, ein präziser, seine Worte sorgsam wägender [Niederländer] kam als erster. Seine ausführliche Darstellung der Verhaltensforschung hinterließ bei mir einen nachhaltigen Eindruck von dem großen Stellenwert der neuen Disziplin. [...] Dann kam Lorenz. [...] Er war ein begnadeter Rhetor, leidenschaftlich, zornig und eindringlich. Er hämmerte uns Begriffe ein, die bald in der Verhaltensforschung berühmt werden sollten: Prägung, Ritualisierung, Aggressionstrieb, Leerlaufhandlung und die Namen von Tieren: Graugans, Dohle und Stichling. Er proklamierte eine neue Methode der Verhaltensforschung. Der Instinkt, so sagte er, sei rehabilitiert; die Rolle des Lernens sei von B. F. Skinner und anderen Behavioristen stark überschätzt worden; wir müssten nun in einer anderen Richtung weitermachen.«[531]

Seine eigenen Gedanken hätten sich bei Lorenz' Ausführungen überschlagen: Zum einen wäre durch ihn die Untersuchung tierischen Verhaltens wieder in die Naturgeschichte eingebettet worden: »Naturforscher, nicht Psychologen mit ihren simplifizierenden Labyrinthversuchen an weißen Ratten, sind am besten geeignet, das Verhalten von Tieren zu untersuchen« – eine Botschaft, die beim jungen Biologen Wilson gut ankam. Zum anderen trafen die Erläuterungen zu den angeborenen Auslösemechanismen den jungen

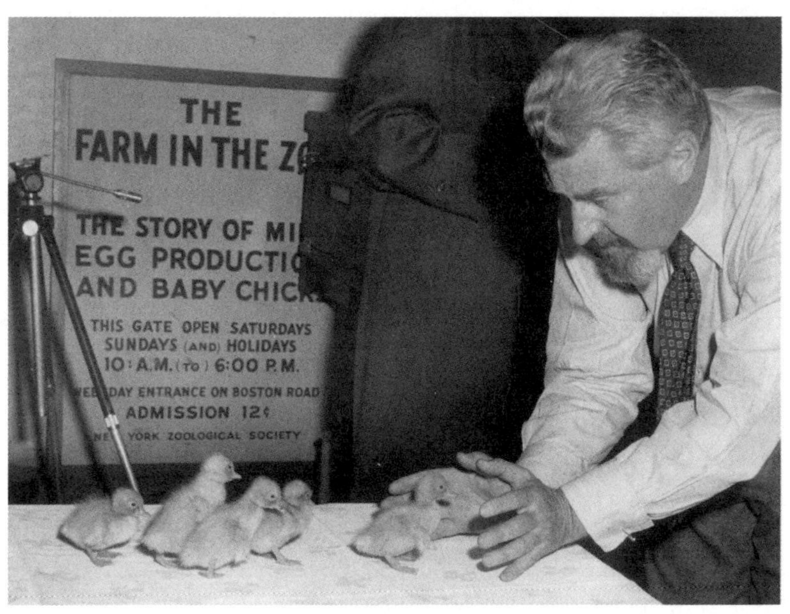

Medienstar mit Millionenpublikum: Konrad Lorenz mit fünf auf ihn geprägten Entenküken im Bronx Zoo.

Ameisenforscher »wie ein Donnerschlag« und lieferten ihm den entscheidenden Denkanstoß für seine weiteren Forschungen: »Wenn Vögel und Fische so stark durch akustische und optische Schlüsselreize gesteuert waren, müssten Ameisen und andere soziale Insekten zu einem größeren Ausmaß durch chemische Reize gesteuert sein.«[532]

Lorenz zog nicht nur Fachleute in seinen Bann: Umfangreiche Zeitungsberichte – darunter etliche auf Seite eins[533] – begleiteten ihn weiter nach Toronto, an die Universität Chicago, an die Smithsonian Institution in Washington, nach Baltimore, an die Yale University in New Haven und kurz sogar nach Trinidad zur Forschungsstation der New Yorker Zoologischen Gesellschaft, kam, wohin ihn William Beebe eingeladen hatte. Den krönenden Abschluss der mehr als dreimonatigen Reise bildeten einige Tage in New York. Dort hatten seine Auftritte besonders großen Erfolg: So hatte Lorenz bei einem

Besuch im Bronx Zoo fünf frischgeschlüpfte Entchen auf sich geprägt, was der Zeitung *Herald Tribune* eine große Geschichte unter dem Titel »He Talks Baby Ducks Into Thinking He's Mother« – er überredet Entenbabys zu glauben, dass er ihre Mutter sei – wert war.[534] Tags darauf trat er mit den fünf Entlein in der Fernsehshow »Adventure« des American Museum of Natural History auf, die auf CBS ausgestrahlt wurde und ein Millionenpublikum erreichte.

Ehe Lorenz Ende Jänner 1955 nach Europa zurückkehrte, wurde er noch Ehrenmitglied der New York Zoological Society und gab einige Radio- und Fernsehinterviews. Diese Werbekampagne von Lorenz für sein Fach blieb nicht ohne Folgen. Als im Sommer 1955 der vierte internationale Ethologen-Kongress in Groningen stattfand, nahmen erstmals vier US-Amerikaner teil, unter ihnen Frank Beach und Daniel Lehrman. Auf den folgenden Kongressen, die alle zwei Jahre abgehalten wurden, wuchs die Zahl der US-Teilnehmer beständig an. 1963 war die US-amerikanische Delegation, die 56 von 245 Teilnehmern stellte, bereits die drittgrößte von allen. Die Ethologie hatte in den USA Fuß gefasst – vor allem dank der Bemühungen von Lorenz und Tinbergen, die sich in ihren Persönlichkeiten kongenial ergänzten. Um es halb auf Englisch zu sagen: Tinbergen war der seriöse *teacher* und Lorenz der mitreißende *preacher*.

Lorenz war von den Arbeitsverhältnissen seiner Kollegen in den USA beeindruckt, wie er an Otto Koehler schrieb: Dort könnten »die Verhaltensforscher alles Beobachtete auch gleich filmen, was halt eine Frage des Geldes« sei. Immerhin gelang es ihm, ein paar internationale und US-amerikanische Geldquellen für seine eigenen Forschungen anzuzapfen: Von der Weltgesundheitsorganisation zum Beispiel erhielt er in diesen Jahren dreimal 6000 US-Dollar.[535] Und die Ford-Foundation richtete in den 1950er-Jahren ein Programm für die Verhaltensforschung ein und bezahlte 54 einschlägig tätigen Wissenschaftlern einen Zuschuss in der Höhe von 4250 US-Dollar, darunter Lorenz.[536]

Nach der Rückkehr stand in Deutschland die nächste große Herausforderung bevor: die Übersiedlung seines Instituts von Westfalen an den Eßsee in Oberbayern. Nach der Klärung der finanziellen und bürokratischen Grundlagen konnte noch im Jahr 1955 mit den ersten vorbereitenden Arbeiten begonnen werden. Die Vorhut bildete der geschickte und baukundige Assistent Wolfgang Schleidt, der in der Zwischenzeit seine Kollegin Margaret Zimmer geheiratet hatte. Weihnachten 1955 verbrachte das Ehepaar Schleidt bereits am Eßsee oder in Seewiesen, wie die Wissenschaftler ihr entstehendes Forscherdorf später nennen sollten. Die Namensgebung hatte vor allem damit zu tun, dass man eine Postanschrift brauchte. Von Holst und Lorenz hatten bei ihrer Wahl allerdings übersehen, dass es in der Nähe Orte mit ähnlichen Namen gab, was zu dauernden Missverständnissen führte.

Baubeginn am Eßsee war im Februar 1956. Am Nordrand des Sees wurden vier größere zweigeschossige Gebäude errichtet, die architektonisch im bayerischen Landhausstil gehalten waren und sich halbwegs in die malerische Landschaft fügten. Konkret waren es zwei Laboratoriumsbauten – also die Häuser für Lorenz und von Holst –, ein Wohnhaus sowie ein Gebäude für die nötigen Werkstätten. Das Haus von Lorenz erhielt einen Anbau für Terrarien und Aquarien, zahlreiche Vogelvolieren und einen Spezialbau mit schallisolierten Kammern sowie einen schalltoten Raum. Im Hause von Holst wurden besondere elektrophysiologische Laboratorien und Dunkelkammern für Tierexperimente sowie Wahrnehmungsversuche beim Menschen eingerichtet.[537]

Lorenz übersiedelte im Dezember 1956. Er bezog den ersten Stock des »Hauses Lorenz«, das ähnlich nah dem See lag wie das »Haus Holst«, das die Wohnungen und Arbeitsräume des Direktors und seiner Mitarbeiter beherbergte. Ehe die Forscher in ihrer Kolonie einigermaßen installiert waren, sollte einige Zeit vergehen. So berichtete Margarethe Lorenz im Dezember 1957, also ein Jahr nach der Übersiedlung, an Lorenz' frühen Mentor Erwin Stresemann:

»Wir sind nun so halbwegs oder 3/4wegs installiert. Das Aquarium ist noch lang nicht fertig, aber es verspricht, sehr herrlich zu werden, und Konrad ist mit Feuereifer dabei, es zu vollenden. [...] Unsere Wohnung ist sehr hübsch geworden. Schon ein bissi eng für unsere Elefantenherden-artige Familie, aber wir haben wenigstens einen Raum, in den wir alle gleichzeitig hineingehen.«[538]

Die Übersiedlung der Schwimmvögel war bereits im Winter 1955/56 vonstattengegangen. Dabei gab es einen historischen Verlust: Das letzte überlebende Junge der Graugans Martina erstickte an einer Wurmpille, die ihm vor dem Transport verabreicht worden war, erzählte Lorenz Otto Koehler. Und: »Wir haben es ausgestopft, teils in uns hineingestopft.«[539] Komplizierter war die Angelegenheit mit den Fischen, da die Aquarien in Seewiesen erst spät fertig wurden. So mussten die Tiere zunächst von Buldern in eine Schule in der Stadt Siegen transportiert und dort zwischengelagert werden, ehe sie nach Seewiesen gebracht werden konnten.[540]

Das eindrucksvollste der Seewiesener Aquarien grenzte übrigens unmittelbar an Lorenz' Arbeitszimmer, wo es einen spektakulären Blickfang bot: Durch eine riesige Glasscheibe konnte man das Treiben im zwei mal zwei mal zwei Meter großen Süßwasserbecken beobachten. Das neue Institut war nicht nur in puncto Infrastruktur großzügig ausgestattet: Als das Institut am 16. September 1958 im Beisein einiger Nobelpreisträger wie Werner Heisenberg und Adolf Butenandt feierlich eröffnet wurde, gehörten dem Institut neben einem Hausmeister, drei Putzfrauen, einer Köchin, sieben Handwerkern und einem Verwalter bereits neun technische sowie acht wissenschaftliche Assistenten an. Während sich unter den technischen Assistenten, die vor allem mit der Vogelhaltung beschäftigt waren, auch einige Frauen befanden, bestand nahezu die gesamte wissenschaftliche Stammbelegschaft – mit Ausnahme der Doktoranden und Post-Docs – aus Männern. Hinzu kamen zahlreiche Gäste aus dem Ausland.

Die ersten Einwohner des Forscherdorfs: Seewiesen im Jahr 1958. Seewiesen wurde von einer rasch wachsenden Zahl an Wissenschaftlern und deren Familienmitgliedern bevölkert.

Insgesamt arbeiteten zum Zeitpunkt der Eröffnung des Instituts bereits 30 Wissenschaftler in Seewiesen. Alle verfügten sie über Spezialwissen für die jeweilige Tiergruppe, die sie untersuchten. Wolfgang Schleidt etwa befasste sich mit den angeborenen Auslösemechanismen, die auf Gehörreize ansprechen, Friedrich Schutz forschte über Prägung bei Enten, Jürgen Nicolai arbeitete mit Singvögeln, Wolfgang Wickler war für die Aquarien zuständig, Irenäus Eibl-Eibesfeldt, der 1957 noch mit dem Tauchpionier Hans Hass auf den Galapagosinseln forschte und 1958 mit ihm im Indischen Ozean unterwegs war, für Säugetiere. Eine besonders wichtige Rolle in Seewiesen kam Hermann Kacher zu: Er war Fotograf und Tiermaler, Zeichner und zoologischer Illustrator und hatte außerdem eine Ausbildung als Kameramann. Unter seiner Regie entstanden in Seewiesen Hunderte Laufmeter Filmmaterial über Tierverhalten.

Seewiesen war das Freiluftlaboratorium der Verhaltensforscher, aber ebenso ihr Wohn- und Lebensort. Lorenz verlangte von seinen Mitarbeitern, ihre Tiere stets um sich zu haben, entsprechend gab es keine geregelten Arbeitszeiten. Gearbeitet wurde zu jeder Zeit, wenn es notwendig war, also wenn Fische ablaichten oder Gänseküken schlüpften. Die Familien der Wissenschaftler mussten nach Seewiesen ziehen, was allerlei Schwierigkeiten machte: Im kleinen Forscherdorf herrschte aufgrund der »intensiven Reproduktionstätigkeit« dauernd Platzmangel. Die älteren Kinder mussten in die weit entfernte Schule gebracht werden, so dass man sich schließlich dazu entschloss, im rund 20 Kilometer entfernten Starnberg ebenfalls Wohngelegenheiten für Mitarbeiter und ihre Angehörigen zu schaffen.

Davon abgesehen war, wie Otto Koehler schrieb, in Seewiesen »das Märchen vom Tierparadies Wirklichkeit geworden«, vor allem für die Gäste des Instituts:

> »Wer ans Ufer des von Wasservögeln wimmelnden Eßsees tritt, dem kommt ein Blässhuhn entgegen und balzt ihn an. Schwimmt oder rudert der Mensch in den See hinaus, lassen sich die ungezählten Enten kaum stören, man fühlt sich zugehörig, ein junger Haubentaucher begleitet einen. Der Anblick oder der Ruf des Pflegers lockt mit ihm befreundete Vögel herbei. Auf Menschen geprägte Gänsekinder folgen dem Führer auf Schritt und Tritt.«[541]

Weniger wohlwollend hätte sich sagen lassen, dass die Szenerie von Seewiesen in gewisser Weise eine Beobachtungsstätte für alle Arten von Tierperversionen war. Die unterschiedlich geprägten Schwimmvögel entwickelten unterschiedliche sexuelle Vorlieben: Manche, die auf Menschen geprägt waren, wollten fortan nur mehr mit ihnen oder ihren Gummistiefeln kopulieren. Dann wieder war eine Stockente mit einer Graugans verheiratet worden, die auch mit einem Gänserich eine Beziehung pflegte. Es gab zwei Enteriche, die in männlicher Umgebung aufwuchsen, homosexuelle Neigungen hatten – und sich ein Jahrzehnt lang den Hof machten.[542] Und die Liebestragödie zwischen dem chinesischen Höcker-Gänserich Cyrano und der skandinavischen Saatgans Cinderella brachte es sogar zu einem Zeitungsbericht.[543]

Die paradiesischen Zustände, die riesigen Tierbestände und die enormen Beobachtungsmöglichkeiten hatten vermutlich auch negative Auswirkungen auf Lorenz' Produktivität, wie Otto Koehler mutmaßte. Während der Verhaltensforscher in der russischen Kriegsgefangenschaft nur von einem Star und einer Feldlerche vom Schreiben abgehalten worden sei und dort unter widrigsten Umständen ein ganzes Buch verfasste, bestünde hier womöglich zu viel Ablenkung. Es sei kein Zufall, dass man in Seewiesen »im Gegensatz zu jedem Zoo wohl mit Bedacht die Kopfzahlen seiner freifliegenden Wasservögel, des beispielhaft vielgestaltigen Fischbestandes der Aquarien und allen sonstigen Getiers geflissentlich verschweigt«.[544] Lorenz war bereits in Buldern wenig zum Forschen und zum Publizieren gekommen, was ihm selbst unangenehm war, wie er Otto Koehler anvertraute:

> »[I]ch kann es nicht verantworten, mir von der Max-Planck-Gesellschaft [...] den teuren Unterhalt eines Aquarienhauses [...] und die vielen teuren Anatiden [Entenvögel, Anm.] zahlen zu lassen, wenn ich selbst nicht den Großteil des Tages mit Beobachtungen verbringe. Dass mir das Forschen Spaß macht und das Schreiben nicht, ändert an dieser Verpflichtung nichts. Ich sehe schon den Moment kommen, in dem Übelwoller darauf hinweisen, dass ich schon seit Jahren keine eigenen Originalforschungen veröffentlicht habe.«[545]

Lorenz' vielleicht wichtigste Arbeit aus der frühen Seewiesener Zeit war keine ethologische Studie, sondern eine Art Rechtfertigung seiner eigenen, wissenschaftlich nicht unumstrittenen Art des Beobachtens als Königsweg der Ethologie. Dieser Text, der 1959 unter dem Titel

»Gestaltwahrnehmung als Quelle wissenschaftlicher Erkenntnis« erschien, war seinem Psychologielehrer Karl Bühler gewidmet, der 1938 gerade noch vor den Nazis flüchten konnte. Lorenz hatte mit Bühler nach dem Krieg wieder Kontakt, und dieser besuchte seinen Schüler kurz vor seinem 80. Geburtstag sogar in Seewiesen.

In gewisser Weise begab sich Lorenz in seinem Text zurück in die 1930er-Jahre, als er bei Bühler Seminare besuchte, die ihn mit der Gestaltpsychologie vertraut machten und ihn dazu anregten, die US-Literatur zum Thema Tierverhalten kritisch zu lesen und auf Basis seiner Beobachtungen Grundkonzepte der Ethologie zu erarbeiten. Mit der Etablierung der vergleichenden Verhaltensforschung war es spätestens in den 1950er-Jahren in seinem ureigenen und von ihm mitbegründeten Forschungsbereich zu Verwissenschaftlichungen gekommen: Experimente und Quantifizierungen lösten die qualitativen Beobachtungen ab, wie sie Lorenz seit den 1930er-Jahren betrieben hatte und von ihm immer noch verteidigt wurden. Wie schon in einigen anderen Arbeiten zuvor formulierte Lorenz ein weiteres Mal, dass das Quantifizieren keinen Primat als Quelle wissenschaftlicher Erkenntnis besäße, dass hingegen »die Wahrnehmung komplexer Gestalten eine nicht nur wissenschaftlich legitime, sondern völlig unentbehrliche Rolle spielt«.[546]

Für den Goethe-Anhänger war und blieb die Gestaltwahrnehmung das Alpha und das Omega aller Erkenntnisschritte. Sie war seine ureigene Methode, mit der er wiederholt immer wieder höchst überraschende Zusammenhänge erschaut hat. Gerade in der Biologie, wo lebende Entitäten mehr als die Summe ihrer Teile sind, hat sich dieser nichtreduktionistische, ganzheitliche Zugang von Lorenz bewährt. Aber die Methode hatte auch ihre Probleme, die zum Teil ideologischer und zum Teil erkenntnistheoretischer Natur waren. Der Begriff der Ganzheit war zumindest nach 1945 ideologisch belastet: Die Nationalsozialisten hatten ihn propagiert und für ein ganzheitliches Naturverständnis plädiert. Schwerer wog, dass Lorenz bei seinem intuitiven Erschauen Fehler passierten, die er ungern eingestand – so etwa seine in *So kam der Mensch auf den Hund* vertretene Annahme, dass der Haushund nicht nur vom Wolf, sondern auch vom Schakal abstamme, was in der Zwischenzeit widerlegt ist. Und wenn der Gestaltseher Lorenz etwas sah, von dem er überzeugt war, konnte er mitunter auch unangenehm besserwisserisch werden: »Gestalten kann man nicht analysieren, die muss man schauen«, hieß es, und: Dafür brauche man ein klinisch geschultes Auge, das Lorenz sich zwar zugestand, anderen aber nur in Ausnahmefällen.[547]

Einer, der ihm darin ebenbürtig war, war sein Seewiesener Partner Erich von Holst, ein »Gestaltseher von höchster Begabung« und »gleichzeitig kausalanalytischer Forscher«, wie Lorenz anerkennend festhielt.[548] Während Lorenz, der vor allem intuitiv Begabte, das Erschaute nur in Ausnahmefällen experimentell überprüfte und so ein wenig agierte wie Dr. Wagner in Goethes *Faust* (»und was sie [die Natur] dir nicht offenbaren mag, das zwingst du ihr nicht ab mit Hebeln und mit Schrauben«), so musste es von Holst analysieren. Das ging so weit, dass der Physiologe experimentelle Untersuchungen auch am eigenen Körper durchführte. Vor allem seine Augen setzte der fanatische Wahrheitssucher rücksichtslos für Versuche ein.[549]

Bei den Experimenten kamen ihm »seine unerschöpfliche Phantasie und Erfindergabe, verbunden mit seiner unglaublichen manuellen Geschicklichkeit«, zu Hilfe, so Lorenz anerkennend.[550] Von Holst baute die ersten Schwingenflugmodelle, die wie Vögel flogen, um zu beweisen, dass er die Mechanik des Vogelflugs durchschaut hatte. Und als exzellenter Viola-Spieler und Instrumentenbauer rekonstruierte er Bratschen, die so wie altitalienische Modelle klangen, um zu beweisen, dass er die Gesetzlichkeiten der Klangbildung richtig erfasst hatte. Seine Meisterschaft im Instrumentenbau ging angeblich so weit, dass ein bekannter Konzertgeiger sein angestammtes historisches Instrument daheim ließ, um mit einem Instrument auf Tournee zu gehen, das von Holst gebaut hatte.[551]

Wenn Seewiesen heute im Nachhinein vor allem mit dem Namen Konrad Lorenz verbunden wird, so galt das nicht unbedingt für den Anfang, als von Holst formell der Direktor des Instituts war. Mitunter wurde die Beziehung zwischen den beiden als Forscherehe bezeichnet, doch traf das die Wahrheit nur zum Teil: Von Holst war der Chef und gab den Ton an, und Lorenz sekundierte.[552] Lorenz hingegen war wegen seinen popularisierenden Arbeiten der in der Öffentlichkeit Präsentere. Das führte in der frühen Seewiesener Zeit zu einem entlarvenden Zwischenfall, über den die Historikerin Doris Kaufmann berichtete.[553]

Anfang 1957 erschien in der *Süddeutschen Zeitung* ein Artikel mit der Überschrift »Das große Rätsel der Tierseele«; als Autoren wurden Konrad Lorenz und sein ehemaliger Assistent Heinz Prechtl genannt. Einen Tag nach Erscheinen wandte sich Erich von Holst als Institutsdirektor auch im Namen von Lorenz an die MPG-Generalverwaltung. Diese sollte eine Richtigstellung und eine finanzielle Entschädigung von 10.000 DM von der SZ einklagen, da Lorenz nicht Autor des Aufsatzes sei und diesen nie gesehen habe. Stil und Inhalt des Artikels seien niveaulos, der zudem allerlei Unrichtigkeiten aufwiese. Aus diesem Betrugsmanöver der SZ könnte für Lorenz, das Institut und die MPG erheblicher Schaden erwachsen. Und in einem Beschwerdebrief an die SZ verlangte von Holst eine Richtigstellung der Autorschaft und strich wiederum die »völlig irreführende Überschrift« des inkriminierten Artikels heraus. Der erst danach informierte Lorenz war darob etwas peinlich berührt. Denn er musste eingestehen, dass er den Artikel sehr wohl selbst vor rund fünf Jahren verfasst hatte. Den irreführenden reißerischen Titel hingegen verantwortete er keinesfalls, teilte Lorenz dem erzürnten Institutsdirektor mit. Redaktionelle Änderungen am Inhalt des Artikels könne er aber erst nachweisen, wenn es gelänge, sein altes Manuskript wiederzufinden, was anscheinend nicht gelang.

Die Unterschiedlichkeit zwischen von Holst und Lorenz trat aber auch bei den sogenannten Institutskolloquien zutage, die jeden Mittwochnachmittag stattfanden. Für die Mitarbeiterinnen und

Mitarbeiter, die vortrugen, und die Referierenden von außen war es die Feuerprobe, vor der kritischen Runde bestehen zu können. Insbesondere von Holst konnte in den Diskussionen erbarmungslos die Schwächen des Vortragenden bloßstellen. Lorenz hingegen war auch bei schwächeren Präsentationen bemüht, Positives zu suchen, zu finden und herauszustreichen.

Diese lebhaften Diskussionen bildeten den gemeinsamen Kern des Forscherdorfes, das sonst relativ strikt in die Sphären des Direktors und seines Stellvertreters getrennt war. Wie der spätere Lorenz-Nachfolger Wolfgang Wickler meinte, war es gut, dass Lorenz und von Holst zwei getrennte Häuser hatten, denn die Arbeitsweise und die Mentalität der beiden war zwar komplementär, für eine engere Zusammenarbeit aber nicht geeignet.[554]

Die Zeit dafür war in Seewiesen ohnehin kurz: Drei Jahre nach der Eröffnung des Instituts gab der seit Kindheit herzkranke von Holst seinen Posten als Direktor zurück. Er starb am 26. Mai 1962 in einem Krankenhaus im nahen Herrsching, noch vor seinem 54. Geburtstag. Im Rückblick wurde das als das Ende der großen Jahre gedeutet, weil die auf personeller Ebene bestehende Einheit von Seewiesen zerfiel. Allerdings hatten sich die beiden seit ihrer legendären Begegnung 1936 »wissenschaftlich erheblich weiterentwickelt, und zwar insoferne in divergierende Richtung, als wir nun auch an anderen als den [...] Grundproblemen der Verhaltensphysiologie interessiert waren«.[555] Wissenschaftlich hatten sie sich in den letzten Jahren nicht mehr allzu viel zu sagen.

Die Nachfolge von Holsts als Direktor teilten sich Konrad Lorenz und der Verhaltensphysiologe Jürgen Aschoff, den von Holst und Lorenz 1958 an ihr Institut geholt hatten. Der Österreicher war kein wirklich geeigneter Leiter eines so großen Forschungsinstituts. Forschungsorganisation und Bürokratie waren bei ihm eher schlecht aufgehoben, weshalb sie zum Teil von seiner Frau, zum Teil von seinen engsten Mitarbeitern, zuerst Wolfgang Schleidt und dann Wolfgang Wickler, mit übernommen wurden. Der spätere Lorenz-Nachfolger kümmerte sich besonders um die Projektabwicklung; schließlich übertrug ihm Lorenz die finanziellen Angelegenheiten, um keine Verluste mehr schreiben zu müssen.[556] Immerhin fand Lorenz ironische Formulierungen, um der finanziellen Notlage am jeweiligen Jahresende Ausdruck zu verleihen. So meinte er im Dezember 1962, also im Jahr, als er von Holsts Direktorium übernommen hatte: »Meine Institutskasse ist im heurigen Jahr aus verschiedenen Gründen völlig überbeansprucht. Es ist ein Understatement zu sagen, wir sind in der Kreide: Wir sind in der mittleren Jura.«[557]

Obwohl das Institut Seewiesen viel größer war als das Institut in Buldern und trotz des ländlichen Ambientes eine Art Elfenbeinturmatmosphäre ausstrahlte, wurde es von Lorenz wie ein Familienbetrieb weitergeführt. Lorenz pflegte sich bei Tagesanbruch an die antike Reiseschreibmaschine zu setzen und an seinen Manuskripten zu tippen, ehe es um neun Uhr Frühstück gab. Das wurde im Wohnzimmer des Lorenz-Hauses serviert und mündete oft in einer informellen Mitarbeiterbesprechung.[558] Ähnlich ging es abends zu, wenn nicht selten zehn, manchmal sogar bis zu 20 Familienmitglieder und Mitarbeiter rund um den Tisch Platz nahmen.

Der Traum vom Forschungsparadies am Eßsee war jedenfalls in Erfüllung gegangen. Lorenz war sich seines Glücks bewusst – und hatte weiterhin Angst, dass sich das Schicksal gegen ihn wenden könnte, wie er Alexander Löwenstein, einem Kameraden aus der Kriegsgefangenschaft, schrieb:

> »Ich fahre nur einmal wöchentlich zu meiner Vorlesung nach München und lebe sonst in unserem kleinen Forschungsdorf unter meinen Wildgänsen und in meiner herrlichen Aquarienabteilung, habe sechs wissenschaftliche und sieben technische Assistenten, kurzum, ich müßte eigentlich wie Polykrates einen wertvollen Ring in den See werfen, weil ich mich wirklich vor dem Neid des Schicksals fürchte.«[559]

JENSEITS VON GUT UND BÖSE

»Gewalt ist kein Naturgesetz«: So lautet der Titel einer Erklärung, die im Mai 1986 anlässlich einer in Sevilla stattfindenden Konferenz über Gehirn und Aggression von 20 Wissenschaftlern aus aller Welt veröffentlicht wurde. In der Präambel zu dieser Deklaration erklärten die Autoren, die aus den verschiedensten Disziplinen kamen, dass sie sich damit »gegen den Missbrauch von Ergebnissen biologischer Forschung zur Legitimation von Krieg und Gewalt« wenden wollten. »Einige dieser Forschungsergebnisse, die wir als solche nicht bestreiten«, hätten zur Schaffung einer pessimistischen Stimmung in der öffentlichen Meinung beigetragen. Im Kern besteht die »Erklärung von Sevilla«, die in der Folge von über hundert wissenschaftlichen Vereinigungen übernommen wurde, in der Zurückweisung von fünf biologistischen Hypothesen über Krieg, Gewalt und Aggression. Wissenschaftlich nicht haltbar seien demnach die folgenden Annahmen:

1. Der Mensch habe das Kriegführen von seinen tierischen Vorfahren ererbt.
2. Krieg oder anderes gewalttätiges Verhalten sei beim Menschen genetisch vorprogrammiert.
3. Im Lauf der menschlichen Evolution habe sich aggressives Verhalten gegenüber anderen Verhaltensweisen durchgesetzt.
4. Das menschliche Gehirn sei »gewalttätig«.
5. Krieg sei durch einen »Trieb« oder »Instinkt« verursacht oder irgendein anderes einzelnes Motiv.

Die zwanzig Wissenschaftler zogen in ihrer Deklaration den Schluss, dass die Menschheit biologisch gesehen nicht zum Krieg verdammt sei; sie könne von falsch verstandenem biologischen Pessimismus befreit und in die Lage versetzt werden, »mit Selbstvertrauen [...] an die notwendige Umgestaltung der Verhältnisse zu gehen. Und diese Aufgabe habe auch mit dem Bewusstsein der einzelnen Akteure zu tun, das entweder von Pessimismus oder von Optimismus gesteuert sein kann.«[560]

Die »Erklärung von Sevilla« fand weit über die wissenschaftliche Welt und über das internationale Friedensjahr 1986 hinaus Beachtung: Unter anderem wurde sie im November 1989 auch von der UNESCO verabschiedet. Doch auch kritische Stimmen blieben nicht aus, die meinten, dass sich die 20 Wissenschaftler lediglich einen biologistischen Strohmann zusammengebastelt hätten, um ihn dann zerstören zu können. Für andere wiederum war offensichtlich, dass damit auf jenes gleich epochemachende wie umstrittene Buch Bezug genommen wurde, das genau zwei Jahrzehnte zuvor unter dem Titel *On Aggression* in englischer Übersetzung erschienen war, das seinen Autor Konrad Lorenz endgültig zu einem wissenschaftlichen Weltstar machte. Bis heute ist dieses Werk, das auf Deutsch *Das sogenannte Böse* betitelt ist (ursprünglich sollte es *Homo homini lupus* heißen[561], also der Mensch ist dem Menschen ein Wolf), sein bis heute mit Abstand meistzitiertes Buch, das eine ganze Flut an Forschungen und Publikationen über Aggression in den verschiedensten humanwissenschaftlichen Disziplinen auslöste und dessen Wirkungsgeschichte selbst schon wieder zum Gegenstand eines Buchs wurde, das Ende 2021 unter dem Titel *Killer Instinct* veröffentlicht wurde.[562]

Doch fanden sich diese »wissenschaftlich unhaltbaren« Thesen tatsächlich in seinem umstrittenen und vieldiskutierten Bestseller, der jahrelang die wissenschaftliche Diskussion über Gewalt bei Tier und Mensch prägte? Oder waren die fünf kritisierten Annahmen bloß biologistische Zuspitzungen, die Lorenz und anderen Ethologen in den Mund gelegt wurden? Mit der »Erklärung von Sevilla« stand aber auch die gesellschaftliche Funktion der Wissenschaft zur Diskussion: Ist die Wissenschaft tatsächlich dazu verpflichtet, zur Schaffung einer optimistischen Stimmung in der öffentlichen Meinung beizutragen? Oder soll sie sich nicht vielmehr um die Produktion möglichst zuverlässiger Erkenntnisse kümmern?

Das sogenannte Böse erschien in jenem Jahr, in dem Konrad Lorenz 60 Jahre alt wurde. Und mit der Veröffentlichung dieses Werks begann für ihn auch ein neuer Lebensabschnitt: der des öffentlichen Wissenschaftlers, der eine internationale Größe ist, und des ums Wohl der Menschheit besorgten Predigers. Zugleich trat die eigentliche wissenschaftliche Forschungsarbeit noch weiter zurück als in den Jahren zuvor: »Es ist natürlich wahr, dass man sich in gewissem Sinne ›zur Ruhe setzt‹, wenn man so viel Zeit auf Zusammenschreiben und Predigen verwendet, statt neue Originalarbeiten zu schreiben«, meinte Lorenz denn auch in einem Brief an Otto Koehler, unmittelbar nachdem *Das sogenannte Böse* erschienen war.[563]

Wie Lorenz in der Einleitung seines Buches andeutet, ging die Idee dafür auf einen mehrmonatigen USA-Aufenthalt im Winter 1960/61 zurück. Der wohlbestallte Max-Planck-Institutsleiter war von der Menninger Foundation eingeladen worden, um als Alfred P. Sloane Visiting Professor an der Columbia University in New York über seine Forschungen vorzutragen. Daneben besuchte er mit seiner Frau, die in die USA mitgekommen war, Vorlesungen von Psychiatern und Psychoanalytikern. Am Ende der Reise, im Februar und März 1961, machten die beiden in Florida noch ein paar Wochen »Urlaub«, den der Verhaltensforscher vor allem dazu nutzte, um schnorchelnd das Verhalten von Korallenfischen auf den Riffen zu studieren. Diese Beobachtungen verarbeitete Lorenz zum auch literarisch beeindruckenden Einstieg seines Buches: Als Ich-Erzähler erzählt er davon, wie er mit Taucherbrille und Flossen über »eine Märchenlandschaft« dahinschwebte, dabei von Hunderten Fischen begleitet wurde – und was geschah, als ein besonders bunter Korallenfisch einem anderen

Auf Tauchurlaub in Florida: Konrad Lorenz wurde spät in seinem Leben ein leidenschaftlicher Schnorchler, um Rifffische im natürlichen Habitat zu beobachten.

näher kam: nämlich wütende Angriffslust und Aggression bei dem, der sein Territorium verteidigte.

Konrad Lorenz nimmt mit dem Buch ein Thema auf, das ihn seit Beginn seiner Forschungen beschäftigte: das aggressive Verhalten von Tieren und Menschen. Und wie bei den meisten seiner Arbeiten nach dem Zweiten Weltkrieg waren auch die Grundideen für *Das sogenannte Böse* bereits in den Dreißigerjahren formuliert worden: 1935, also fast drei Jahrzehnte vor Erscheinen des Bestsellers, hatte Lorenz im *Neuen Wiener Tagblatt* einen populärwissenschaftlichen Text unter dem Titel »Moral und Waffen der Tiere« veröffentlicht, in dem er bereits einige der zentralen Thesen seiner späteren Arbeit vorwegnahm.[564] Und der Schluss dieses Zeitungsartikels sollte zu einer hellsichtigen Prophezeiung werden, deren Erfüllung den ums Wohl der Menschheit besorgten Wissenschaftler ein Vierteljahrhundert später dazu motivierte, sich erneut mit dem Thema zu befassen. Lorenz schrieb damals – vier Jahre vor Ausbruch des Zweiten Weltkriegs:

> »Es wird der Tag kommen, da von zwei kriegführenden Gegnern jeder den anderen glatt vernichten kann. Es kann der Tag kommen, da die gesamte Menschheit auf zwei solche Lager verteilt ist. Werden wir uns dann verhalten wie die Hasen oder wie die Wölfe? Das Schicksal der Menschheit wird sich mit dieser Frage entscheiden.«[565]

Nach dem Krieg war genau diese Situation eingetreten: Die beiden siegreichen Supermächte USA und UdSSR standen sich mit ihren jeweiligen Bündnissystemen im Kalten Krieg gegenüber. Und die Entwicklung der Waffentechnik – beide Machtblöcke verfügten mittlerweile über ein erhebliches Arsenal an Kernwaffen – machte es 1963 längst möglich, dass ein Gegner den anderen vollständig vernichten konnte. Vielleicht war es aber auch eine persönliche Begegnung, die sich während des erwähnten USA-Aufenthalts zugetragen hat, von der Lorenz zum Buch mitinspiriert wurde: Anlässlich eines Abendessens bei seinem emigrierten Freund Hans Zeisel in Chicago traf Lorenz den aus Ungarn emigrierten Physiker Leó Szilárd, der 1939 jenen von Albert Einstein unterzeichneten Brief an Präsident Roosevelt mitverfasst hatte, mit dem die Physiker auf den Bau einer Atombombe drängten. Szilárd war danach an der erfolgreichen

Konstruktion der Bombe beteiligt, riet danach aber vergeblich von ihrem Einsatz im Krieg ab. Laut Zeisel haben sich Szilárd und Lorenz bei diesem Abendessen bestens verstanden.[566]

Es war also gewiss auch die Weltlage, die Konrad Lorenz dazu gebracht hatte, sich erneut mit dem Thema Aggression und Krieg zu befassen – ausgehend freilich von seinen Beobachtungen und Deutungen des aggressiven Verhaltens bei Tieren. Wie er in der Einleitung schreibt, möchte er den Leser nämlich »möglichst genau auf demselben Wege führen, den ich selbst gegangen bin«, um ihm »zum Verständnis der tieferen Zusammenhänge« zu bringen. Und weiter heißt es da:

> »Die induktive Naturwissenschaft beginnt stets mit der voraussetzungslosen Beobachtung der Einzelfälle und schreitet von ihr zur Abstraktion der Gesetzlichkeiten vor, der sie alle gehorchen. [...] Wirklich überzeugend wäre mein Buch, wenn der Leser allein aufgrund der Tatsachen, die ich vor ihm ausbreite, zu denselben Schlussfolgerungen käme wie ich.«[567]

Der Verhaltens- und Aggressionsforscher löst sein Vorhaben stilistisch brillant ein: Nach und nach lässt er seine Leserschaft an seinen suggestiv vorgetragenen Beobachtungen teilhaben und konfrontiert sie erst danach mit seinen eigenen Behauptungen, die heute zum Teil immer noch umstritten sind oder widerlegt wurden, zum Teil aber auch Allgemeingut geworden sind. An die beeindruckenden Schilderungen seiner Tauchabenteuer vor Florida schließen sich Deutungen der in der Tierwelt beobachteten Phänomene an.

Und gleich vorneweg gibt es eine Klarstellung, die auf den ersten Blick trivialer erscheint, als sie tatsächlich ist: Für den Verhaltensforscher gilt nicht jenes Verhalten als aggressiv, das sich gegen andere Arten richtet – also z. B. das von Raubtieren, die ihre Beute jagen und töten. Es geht ihm um das aggressive Verhalten von Artgenossen, die sich – wie die Korallenfische – aus ihren jeweiligen

Revieren vertreiben, die sich um Nahrung oder um Fortpflanzungspartner streiten. Aggression ist für Lorenz also eine intraspezifische und daher »soziale« Verhaltensbereitschaft, die unter anderem für die gleichartige Verteilung der Tiere im Raum sorgt oder in der Auswahl der besten und stärksten Tiere zur Fortpflanzung.

Lorenz geht also davon aus, dass Aggression nichts grundsätzlich Schlechtes, sondern vielmehr arterhaltend sei, weshalb das Buch im deutschen Original auch den Titel *Das sogenannte Böse* trägt. Entsprechend werden Goethes Verse »Ein Teil von jener Kraft, / Die stets das Böse will und stets das Gute schafft« aus dem *Faust* (anlässlich der ersten Begegnung mit Mephisto) zitiert. Die Aggression sei indes noch »besser«: Sie erscheine nämlich »ganz eindeutig als Teil der system- und lebenserhaltenden Organisation aller Wesen, der zwar, wie alles Irdische, in Fehlfunktionen verfallen und Leben vernichten kann, der aber doch vom großen Geschehen des organischen Werdens zum Guten bestimmt ist«.[568]

Für den Verhaltensforscher ist die Aggression ein Instinkt, der spontan auftreten kann, jedenfalls durch sein rhythmisches Hervorbrechen bzw. seine Staubarkeit gekennzeichnet sei: Immer wenn es zu einem längeren Entzug der auslösenden Reize komme, müsse sich die Aggression ihren Weg bahnen. Illustriert werden diese Behauptungen immer wieder mit fragwürdigen, aber sehr suggestiven Beispielen: So muss eine seiner Tanten als Beispiel für das zirkuläre Wiederkehren von aggressivem Verhalten herhalten, da sie ein Dienstmädchen nie länger als acht bis zehn Monate beschäftigt habe: Zuerst sei sie aufs Höchste entzückt gewesen, ehe sie das arme Mädchen nach Verstreichen der Zeit unter ganz großem Krach fristlos entlassen habe.[569]

Gilt gerade dieses »Triebstaumodell« von Lorenz in der Zwischenzeit als weitgehend überholt, so weist es aber auch auf die Nähe seiner Überlegungen zu Sigmund Freuds Triebtheorie hin. Lorenz, der seine erste Freud-Ausgabe noch mit schimpfenden Randbemerkungen versehen hatte[570], hielt seinen früheren Fast-Nachbarn – die

Stadtwohnung der Familie Lorenz war keine fünf Gehminuten von der Freuds entfernt gelegen – mittlerweile »für ein großes Genie«, wie er in einem Brief an Niko Tinbergen schrieb.[571] Und in der Einleitung zu seinem Buch konstatiert der Biologe »unerwartete Übereinstimmungen zwischen den Erkenntnissen der Psychoanalyse und der Verhaltensphysiologie«.[572] Grundsätzliche Ablehnung jedoch findet der von Freud eingeführte Todestrieb, dem Lorenz ganz bewusst seinen Aggressionstrieb gegenüberstellt, der im Unterschied zu Freuds Thanatos ebenso lebens- wie arterhaltend sei.

Der Ethologe geht indes noch weiter: Für ihn ist selbst die Opposition von Liebe und Hass aufzugeben, da man das eine ohne das andere nicht denken könne: »Wir kennen kein einziges Wesen, das der persönlichen Freundschaft fähig ist, der Aggression aber entbehrt.«[573] Die meisten Tiere leben allerdings in Gesellschaftsordnungen, die auf einfacheren Prinzipien aufbauen und die vom Tiersoziologen in »aufsteigender Reihenfolge« beschrieben werden. Die häufigste und primitivste Form der Vergesellschaftung im Tierreich sei die »anonyme Schar«, die sich bei den meisten niederen Tieren wie Insekten findet. Eine »Schar« ist nach Lorenz' Verständnis dabei keine zufällige Anhäufung von Individuen, sondern zeichnet sich durch die Bezugnahme der Individuen aufeinander aus. Anonyme Scharbildungen kämen mitunter aber auch bei höheren Tieren vor. Und selbst der Mensch könne in Ausnahmefällen – wie bei Massenpanik – auf diese Form zurückfallen.

Es gäbe bei Tieren aber auch Beziehungen zwischen Individuen, die ein Leben lang andauern, ohne dass dabei persönliche Bindungen entstehen, wie das bei den Smaragdeidechsen, den Störchen oder den Nachtreihern der Fall ist. In diesen »Gesellschaftsordnungen ohne Liebe« machen sich die Partner buchstäblich nichts auseinander: Der Lebensgefährte könnte genauso gut ein anderer sein, was auch ständig vorkomme. Das dritte Gesellschaftsmodell, das Lorenz beschreibt, ist das der Ratten. Ihr Sozialleben sei durch den kollektiven Kampf einer Gemeinschaft gegen eine andere geprägt, der bis zu Vernichtung gehen kann. Zwar seien Ratten »wahre Vorbilder in allen sozialen Tugenden«, wenn es um die eigene Gemeinschaft geht, gegenüber Angehörigen einer anderen Sozietät verwandeln sie sich aber in wahre Bestien, wie Lorenz anhand zahlreicher Beispiele eindrucksvoll schildert.

Im umfangreichsten und wichtigsten Kapitel des Buches (»Das Band«) beschreibt Lorenz schließlich eine Gesellschaftsordnung, in der persönliche Liebe und Freundschaft verhindern, dass sich ihre Mitglieder beschädigen und bekämpfen. Diese »menschliche« Form einer Sozietät wird vor allem am Beispiel der Graugänse im Detail geschildert, die im Idealfall das ganze Leben mit demselben Partner verbringen und ihm auch durch dieses Band verbunden sind, das jenen Leistungen analog sei, »die bei uns Menschen mit den Gefühlen der Liebe und Freundschaft in ihrer reinsten und edelsten Form einhergehen«.[574]

Mit dem Ende dieses elften Kapitels ist Lorenz' Zusammenschau der Aggression bei Tieren fürs Erste abgeschlossen. »Die wiedergegebenen Tatsachen sind schlecht und recht gesichert, soweit dies von den Ergebnissen einer Forschungsrichtung behauptet werden könne, die so jung sei wie die vergleichende Verhaltensforschung«, heißt es am Beginn des zwölften.[575] Und während das bisher Gesagte »als Naturwissenschaft gelten« dürfe, so der Autor, wendet er sich in den abschließenden drei Kapiteln dem Aggressionstrieb beim Menschen zu und den Gefahren, die aus ihm erwachsen. Diese im engeren Sinne biosoziologischen Erwägungen beginnen mit einer »Predigt der Humilitas«, also einer Predigt der Demut: Der menschliche Hochmut verhindere nämlich, uns mit Darwins und Freuds Einsichten abzufinden, dass wir mit den Tieren eines Stammes sind und noch von den gleichen Instinkten getrieben werden wie unsere vormenschlichen Ahnen.[576] Dem schließt sich Lorenz mit der noch stärkeren Behauptung an, »dass das soziale Verhalten des Menschen keineswegs ausschließlich von Verstand und kultureller Tradition diktiert wird, sondern immer noch allen jenen Gesetzlichkeiten gehorcht, die in allem phylogenetisch entstandenen instinktiven Verhalten obwalten, Gesetzlichkeiten, die wir aus dem Studium tierischen Verhaltens recht gut kennen«.[577]

Das Problem des Menschen sei, dass die Anpassungsfähigkeit unserer Instinkte nicht mit der rapiden Weiterentwicklung auf kultureller Ebene Schritt halten würde. Und an dieser Stelle nimmt Lorenz exakt jene Argumentation auf, die er fast drei Jahrzehnte zuvor bereits in anderen Worten formuliert hatte:

> »Nur ein Wesen hat Waffen, die nicht an seinem Körper gewachsen sind, von denen eben deshalb auch der Bauplan seiner Instinkte nichts weiß, für deren Gebrauch es keine entsprechend machtvolle Hemmung bereit hat. Das ist der Mensch. Unaufhaltsam wächst die Furchtbarkeit seiner Waffen. Instinkte aber brauchen zu ihrem Entstehen Zeiträume, wie Organe sie zu ihrem Entstehen brauchen [...]. Die Waffen haben wir nicht von der Natur mitbekommen; wir haben sie in freier Tat geschaffen. Was wird uns leichter fallen, die Schaffung der Waffe oder die Schaffung des Verantwortlichkeitsgefühls, der Hemmung, ohne die unser Geschlecht an seiner eigenen Schöpfung zugrunde gehen kann?«[578]

Im 14. und letzten Kapitel zitiert Lorenz schließlich noch ein letztes Mal aus Goethes *Faust*, so wie er es schon bei der Mehrzahl der vorangegangenen Abschnitte des Buchs getan hat. »Bilde mir nicht ein, ich könnte was lehren, / Die Menschen zu bessern und zu bekehren«, heißt es bei Goethe. Lorenz indes ist, was seine Person angeht, vom Gegenteil überzeugt. Jedenfalls hat der Autor am Ende seines Buches einige Vorschläge parat, wie der Aggressionstrieb so umzulenken wäre, dass sich die Menschheit doch nicht selbst vernichtet: Im Wesentlichen baut er dabei vor allem auf den ritualisierten Sport, die Wissenschaft und die Kunst – sowie das Lachen: Der Humor würde noch nicht ernst genug genommen. Danach rekapituliert er nochmals den Inhalt seines Buches:

> »Von der Darstellung dessen, was ich weiß, bin ich in stufenweisem Übergang zur Schilderung dessen übergegangen, was ich für sehr stark wahrscheinlich halte, und schließlich, auf den letzten Seiten, zum Bekenntnis dessen, was ich glaube. [...] Ich glaube, kurz gesagt, an den Sieg der Wahrheit [...], dass zunehmendes Wissen den Menschen echte Ideale geben und die ebenfalls zunehmende Macht des Humors ihnen helfen wird, unechte zu verlachen. Ich glaube, dass beides zusammen schon hinreicht, um in wünschenswerter Richtung Selektion zu treiben.«[579]

Bis heute gibt es keinen wirklichen Konsens darüber, was von solchen Thesen zu halten ist. »Ich habe es inzwischen aufgegeben, *Das sogenannte Böse* meinen Studenten als Seminarlektüre zuzumuten«, schreibt Lorenz' Schüler Norbert Bischof 1991 in einem umfassenden Psychogramm seines Lehrmeisters: »Es wimmelt von Unstimmigkeiten, oberflächlichen Argumenten, gedanklicher Disziplinlosigkeit.« Gleichwohl gibt Bischof zu bedenken, dass in diesem Buch bahnbrechende Ideen formuliert werden – auch wenn sie »in einem buntscheckigen Narrengewande irriger und leichtfertiger Formulierungen daherkommen«.[580] Etwas positiver fällt das Urteil des Primatologen Frans de Waal aus, der meinte, Lorenz habe bis heute in dem Punkt recht, dass Aggression ein angeborenes menschliches Potential sei. Vor allem aber habe er ganz allein eine ungeheure Fülle von Forschungsarbeiten über aggressives Verhalten angeregt.[581]

Tatsächlich ist heute nur mehr schwer nachvollziehbar, welche enorme Wirkung dieses Buch hatte, das bis weit in die 1970er-Jahre hinein innerhalb und außerhalb der Wissenschaft für Aufregung sorgte. Diese Wirkmächtigkeit ist umso erstaunlicher, als das Werk – wie schon seine beiden ersten populärwissenschaftlichen Bestseller *Er redete mit dem Vieh, den Vögeln und den Fischen* (1949) sowie *So kam der Mensch auf den Hund* (1950) – in einem kleinen Wiener Verlag erschien, der so gut wie keine Werbung trieb. Dennoch schaffte es das Buch 1964 in die *Spiegel*-Bestsellerliste. Und zwei Jahre nach der Erstveröffentlichung war es bereits in der siebenten, 1968 bereits in der 27. bis 30. Auflage. Zahlreiche Übersetzungen, Neuauflagen und -ausgaben folgten.

Die Gründe für den damaligen Publikumserfolg liegen auf der Hand. Das Buch, das ohne Fußnoten und Bibliografie auskommt, ist brillant geschrieben. Es wimmelt von Aperçus; Sätze wie: »Überhaupt ist für den Forscher ein guter Morgensport, täglich vor dem Frühstück eine Lieblingshypothese einzustampfen – das erhält jung«[582] oder »Das lang gesuchte Zwischenglied zwischen dem Tier und dem wahrhaft humanen Menschen – sind wir«[583] sind in diverse Zitatensammlungen eingegangen. Und das Thema hat damals zweifellos den Nerv der Zeit getroffen: einerseits wegen des Kalten Krieges, andererseits aber wohl auch wegen der nach wie vor unbewältigten NS-Vergangenheit. In Deutschland herrschte noch immer die von Alexander und Margarete Mitscherlich diagnostizierte »Unfähigkeit zu trauern«.[584] Dank des Buches von Lorenz wurden die deutschen und österreichischen Leser ein Stück weit für ihre eigene gewalttätige Geschichte entlastet: Man konnte sich fortan auf die »Natur des Menschen« berufen, die nun einmal für Demagogen anfällig sei, wie der Verhaltensforscher zu zeigen versuchte – ohne dass im Buch der Name Hitler je fallen würde. Stattdessen ist von Alexander dem Großen und Napoleon die Rede, sowie davon, dass »die vernünftige und unlogische menschliche Natur« sie dazu getrieben habe, »Millionen von Untertanen dem Versuch zu opfern, die ganze Welt unter [ihrem] Zepter zu einen«.[585] Und etwas weiter unten heißt es in seltsamer Schönfärberei der NS-Herrschaft: »[S]elbst den tollkühnsten Demagogen ist es bisher noch nie eingefallen, die gesamte Kunst der Parteien oder Kulturen, gegen die sie hetzten, als wertlos oder ›entartet‹ zu bezeichnen«[586] – also genau das, was im Dritten Reich tatsächlich geschehen war.

Dem »Bösen« auf der Spur: Konrad Lorenz im Jahr 1966, in dem die englische Übersetzung seines Aggressionsbuchs erschien, das ihm internationalen Ruhm, aber auch heftige Kritik eintrug.

Das sogenannte Böse bot aber nicht nur auf kollektiver Ebene Entlastung. Das Buch kann stellenweise wohl auch als eine Art autobiografischer Entschuldigung gelesen werden. Zwar wusste man von Lorenz' Nahverhältnis zum Nationalsozialismus und sah das Buch im schlimmsten Fall als eine Art biologistischen Entschuldigungsversuch für die Verbrechen des Nationalsozialismus an. Was allerdings erst durch die unveröffentlichten Memoiren von Lorenz und die Briefe aus jener Zeit klar wird, ist die Tatsache, dass der Verhaltensforscher ein überaus loyaler, ja begeisterter Soldat war, der sich nachträglich selbst über seinen Kriegsenthusiasmus wundern musste. Ebendiese militante Begeisterung könne einen in seiner blinden Reflexhaftigkeit zu einem leichten Opfer für Demagogen machen, wie Lorenz aus eigener Erfahrung wusste. Immerhin kannte er nun ein Gegenmittel:

> »Wenn mich beim Hören alter Lieder, oder gar von Marschmusik, ein heiliger Schauer überlaufen will, wehre ich der Verlockung, indem ich mir sage, dass auch die Schimpansen schon, wenn sie sich zum sozialen Angriff aufstacheln wollen, rhythmische Geräusche hervorbringen. Mitsingen heißt dem Teufel den kleinen Finger reichen.«[587]

Der Verhaltensforscher verschickte sein Buch auch an einige Persönlichkeiten seiner Zeit, unter anderem an Albert Schweitzer, den Friedensnobelpreisträger des Jahres 1952. Der war von der Lektüre durchaus angetan, dankte in einem Brief aus Lambaréné für das Buch, das ihn sichtlich interessierte: »Ich gebe mich ja gewöhnlich mit der befehlenden Ethik ab. Sie beschäftigen sich mit der natürlich entstehenden. Dies ist Neuland für mich, das ich zu schätzen weiß. Ich habe viel daraus gelernt.«[588]

Vor allem aber in der Forschergemeinde wurde das populärwissenschaftliche Buch auf Jahre hinaus leidenschaftlich diskutiert. Die Frontlinie zwischen Ablehnung und Zustimmung verlief dabei mit wenigen Abweichungen entlang der Grenze zwischen den zwei Kulturen der Natur- und Geisteswissenschaften. Ablehnung kam einmal mehr vonseiten der Psychologie, Soziologie und Anthropologie, auch wenn sich einige Fachvertreterinnen und Fachvertreter – wie der bereits genannte Psychoanalytiker Alexander Mitscherlich – durchaus wohlwollend mit dem Buch befassten. Ins Kreuzfeuer der

Kritik gerieten dabei vor allem die Tier-Mensch-Vergleiche des Ethologen, der ein Vierteljahrhundert nach seinen ersten Domestikationsanalogien bei Tier und Mensch erstmals wieder forciert auf die gesellschaftspolitische Relevanz der Ethologie hinweisen wollte, wie er auch in einem Brief an Niko Tinbergen schrieb:

> »Dass die ethologische Erforschung des Menschen äußerst urgent ist, war ja auch der Grund, dass ich dieses Buch überhaupt veröffentlicht habe. Die Hauptaufgabe ist ja doch, the right people unter den Soziologen und Humanpsychologen und Psychiatern auf die Dringlichkeit einer ganz bestimmten Fragestellung in der Erforschung menschlichen Verhaltens aufmerksam zu machen.«[589]

In seinem engeren Kollegenkreis war man eher skeptisch, ob die Analogieschlüsse vom Tier auf den Menschen, wie sie Lorenz nicht nur in den letzten Kapiteln seines Buches anstellte, zulässig seien. Sein Schüler Wolfgang Wickler meint jedenfalls, dass mit diesem Buch der Prophet und Prediger bei Konrad Lorenz durchgeschlagen habe – wenn auch mit einem durchaus ehrenwerten Ansinnen: Lorenz hätte angesichts der Weltlage gemeint, man habe nicht darauf warten können, bis seine Hypothesen auch beim Menschen nachgewiesen wären, weil der sich sonst womöglich vorher ausgerottet hätte.[590] Immerhin gab auch Lorenz selbst in vertraulichen Briefen an seine engsten Freunde und Kollegen zu, dass seine Behauptungen über die menschliche Natur eben nur Behauptungen und wissenschaftlich alles andere als abgesichert seien. So meinte er gegenüber Niko Tinbergen offenherzig: »Es liegt mir jedoch selbstverständlich völlig fern zu leugnen, dass das, was ich über die Aggression beim Menschen sage, Hypothese ist. Wenn auch eine, die mir sehr begründet vorkommt.«[591]

Hatte *Das sogenannte Böse* auch wegen der voreiligen Schlüsse vom Tier auf den Menschen bzw. »von der Gans aufs Ganze« (wie später einmal *Der Spiegel* titelte) schon im deutschsprachigen Raum für großes Aufsehen gesorgt, so fiel die internationale Rezeption des Buches noch heftiger aus. Lorenz hatte für die englischen Ausgaben – in den USA und Großbritannien erschienen 1966 zwei unterschiedliche Übersetzungen bei zwei verschiedenen Verlagen – das fünfte und die beiden letzten Kapitel umgeschrieben und dem Buch einen wissenschaftlicheren Anstrich gegeben, indem er es durch eine Liste empfohlener Literatur, eine Bibliografie und einen Index ergänzte.

Dass das Werk auch in der angloamerikanischen Welt zu einem Bestseller und Konrad Lorenz endgültig zu einer intellektuellen Fixgröße wurde, war wohl auch den damals aktuellen Umständen geschuldet: Die USA nahmen seit 1964 am Vietnamkrieg teil – und erstmals in der Geschichte wurden Bilder vom Krieg per Fernsehgerät in die Wohnzimmer geliefert, was Lorenz in Interviews durchaus als positive Form der Abschreckung sah. Für ihn war das Töten im Krieg so unpersönlich geworden, dass die Hemmungen durch den nicht mehr vorhandenen Gesichtskontakt nicht gegeben gewesen waren, was nun durch die flimmernden Bilder in gewisser Weise rückgängig gemacht wurde.

Die Besprechungen von *On Aggression* in den wichtigen Zeitungen und Magazinen fielen überwiegend positiv, wenn nicht gar euphorisch aus: Der Rezensent der *New York Times* meinte über das Werk: »Es ist ein epochemachendes Buch. Und es ist auch ein zutiefst zivilisierendes.« In der *New York Times Book Review* hieß es: »Mr. Lorenz ist mit seinem großen Wissen über Tiere und seiner tiefen Sympathie für die conditio humana erfolgreicher als jeder andere Autor, den ich kenne, menschliches Handeln in biologischen Begriffen zu erklären.«[592] Ähnlich positiv äußerte sich Joseph Alsop in der Zeitschrift *New Yorker*, der meinte, »eine warme Menschlichkeit, ein milder Humor und eine tiefe Nachdenklichkeit schienen durch fast jedes Wort, das er schreibt«. Ähnlich erfolgreich lief auch die Rezeption des Buches in Großbritannien, wie ihm Niko Tinbergen mitteilte, der mittlerweile eine Professur in Oxford innehatte und sich fortan selbst der Aggressionsforschung zuwenden wollte:

> »Dein Aggressionsbuch ist ein Riesenerfolg – die ›feindlichen‹ Reviews sind genauso komplimentös wie die freundlichen. [...] Ich selber bleib bei meiner Meinung, dass Du mit großer Überzeugungskraft eine komplexe und offensichtlich auf große Erfahrung und tiefem Nachdenken gegründete Hypothese veröffentlicht hast, die mir natürlich wahr vorkommt, die aber auch viele Zweifler und Verwirrte zwingt, die Ethologie ernst zu nehmen. [...] Angesichts des Weltproblems der Aggressivität sollte ich eigentlich meine ganze Arbeitsgruppe im Stich lassen und eine multidisziplinäre Research-Gruppe gründen, die das Aggressionsproblem von allen Seiten weiter in Angriff nehmen sollte: Historiker, Soziologen vielerlei Art, Psychologen, Ethnologen usw.«[593]

Eine differenzierte, unter dem Strich jedoch sehr positive Besprechung des Buches kam im Übrigen auch von der US-amerikanischen Kulturanthropologin Margaret Mead, obwohl sie in ihren Studien über die Inselbewohner auf Samoa auch behauptet hatte, dass sie ohne Rivalität und Aggression lebten. Mead kritisierte den Verhaltensforscher zwar dafür, das Kriegführen nicht in seiner wahren Komplexität erkannt zu haben, würdigte aber, dass er es möglich gemacht habe, über menschliche Aggression als Teil seiner Natur nachzudenken, und damit die Tür zur Diskussion aufgestoßen habe.[594] Lorenz würdigte umgekehrt auch die Besprechung von Mead – für ihn eine der wenigen sachlichen Kritiken, die Irrtümer berichtigten und richtigstellten, wie Lorenz in einer privaten Mitteilung meinte. Die Anthropologin habe ihn auf einen blinden Fleck aufmerksam gemacht, »als sie mir vorwarf, ich hätte kein Wort davon gesagt, dass die angreifende Partei beim Kriegsführen auch Beute machen will und dass also neben der intraspezifischen Aggression auch ganz andere Triebe eine große Rolle spielen. Damit hat sie vollkommen recht, und ich finde, es sei saudumm von mir gewesen, daran nicht gedacht zu haben.«[595]

Während Mead, die eigentlich eine völlig diametrale Position zu Lorenz vertrat, mit ihm aber schon seit Jahren in Kontakt gestanden war, dem Buch durchaus einiges abgewinnen konnte, fielen die Reaktionen einiger ihrer engeren Fachkollegen richtiggehend aggressiv aus. In besonderer Weise profilierte sich der Kulturanthropologe Ashley Montagu von der Columbia University in New York als Lorenz-Kritiker. Zwei Jahre nach Erscheinen von *On Aggression* gab er einen Sammelband unter dem Titel *Man and Aggression* heraus, der zum Teil vernichtende Kritiken enthielt. So etwa meldete sich der Ethnologe Omer C. Stewart zu Wort, der seit 1930 über das Volk der Ute geforscht hatte, einen Stamm von Prärie-Indianern, die laut Lorenz bzw. dem von ihm zitierten Psychoanalytiker Sidney Margolin an einem Übermaß aggressiver Triebe leiden würden und sich diese womöglich sogar genetisch »angezüchtet« hätten. Waren für Lorenz die Ute-Indianer deshalb »das unglücklichste aller Völker«, so zeichnete der Ute-Experte Stewart ein ganz anderes Bild von diesen Prärie-Indianern, die – wie etliche andere Indianervölker – vor allem unter einem massiven Alkoholproblem litten.[596]

Lorenz war über diesen Sammelband jedenfalls einigermaßen empört. In Briefen bezeichnete er die Autoren der Beiträge als die »13 Blödmänner-Bande von Ashley Montagu«, aus dessen Vorname auch einmal Ashloch wurde. Lorenz war sich seiner Sache aber so sicher, dass er 50 Exemplare des von Montagu herausgegebenen Readers kaufte und sie kommentarlos an seine Freunde schickte – in der Überzeugung, dass diese schon bemerken würden, wie falsch seine Kritiker lägen. Er war sich zugleich bewusst, dass ihm die Kritik nicht nur geschadet, sondern im Gegenteil bei »der Verbreitung des Buches ungemein genützt« habe, wie er in einem Brief an einen Kollegen zugibt. Danach geht er in diesem Schreiben auf einen weiteren Vorwurf ein:

»Wissenschaftliche Neider spucken darüber erst recht und sagen mir nach, ich hätte das Buch um des Geldverdienens wegen geschrieben, was nun wirklich eine reine Verleumdung ist. Das Predigen ist mir nämlich wirklich und ehrlich stinklangweilig, und ich tue es aus reinem Pflichtbewusstsein. Das besagt natürlich nicht, dass ich mich nicht über den Erfolg des Buches freue, auch über den finanziellen. Z. B. habe ich mir auf diesen hin einen 250 S Mercedes gekauft, der wirklich das Fahrzeug aller Träume ist.«[597]

DER PATRIARCH VON SEEWIESEN

»Ich möchte Konrad Lorenz sein.« Das war die Antwort des britischen Schriftstellers W. H. Auden, nachdem er von der britischen Zeitung *Sunday Telegraph* im Dezember 1963 nach seinen Tagträumen gefragt worden war.[598] Seit den 1960er-Jahren erfreute sich Lorenz größter Bewunderung innerhalb wie auch außerhalb der Wissenschaft. Unter seinen engeren Fachkolleginnen und -kollegen nahm er nicht erst seit dem Erscheinen von *Das sogenannte Böse* eine herausragende Stellung ein. Doch zu einem intellektuellen Weltstar wurde er in diesem Jahrzehnt. In einem Brief an Lorenz brachte der britische Verhaltensforscher und populärwissenschaftliche Bestsellerautor Desmond Morris diesen Ausnahmestatus 1968 treffend auf den Punkt:

> »Du musst Dir vergegenwärtigen, dass Du zu Deinen Lebzeiten eine Legende in der wissenschaftlichen Welt geworden bist, ein Gigant! Du wirst oft völlig zu Recht als eines der wenigen lebenden Genies der ganzen biologischen Wissenschaft bezeichnet. Was denkst Du, wie sich Deine Naked Ape-Kollegen in Deutschland fühlen, wo sie das wissenschaftliche Gebiet mit Dir teilen müssen?«[599]

Verehrung und Respekt wurden Lorenz in hohem Maße zuteil. Er war das wirkungsvollste Sprachrohr seines Faches und leitete mit dem Max-Planck-Institut in Seewiesen auch eines der weltweit führenden Forschungszentren des neuen Forschungszweigs. Zu seinem 60. Geburtstag im November 1963 lieferten 49 Freunde und Kollegen aus insgesamt zehn Ländern Beiträge, aus einem

Der hochdekorierte Forscher: Nach zahlreichen Ehrendoktoraten erhielt Lorenz 1969 den Orden Pour le Mérite, die höchste wissenschaftliche Auszeichnung, die Deutschland zu vergeben hat.

geplanten Sonderheft der *Zeitschrift für Tierpsychologie* wurden deren sechs.[600]

In dem Porträt, das der Festschrift voranging, sparte der sonst so strenge Otto Koehler nicht mit Bewunderung für seinen Mitherausgeber, schwärmte von dessen »unerschöpflicher Tierliebe«, seinem »analytischen Verstande« und davon, dass Lorenz so viel von Anatomie verstehe wie keiner von ihnen. Der Blick des Systematikers sei ihm angeboren, in der Physiologie sei er zu Hause wie in der Psychologie, er habe psychiatrisch gearbeitet, in der Philosophie dürfe er mitreden, und im »Erfassen bewegter Gestalten ist er unser aller unerreichter Meister«. Koehlers Resümee: »So sicher, wie alle Kolumbuseier nach ihrer Erfindung selbstverständlich sind, musste Konrad Lorenz mit dieser seiner einzigartigen Begabung zum Begründer seiner Ethologie werden.«[601]

Lorenz wurde mit Ruhm geradezu überhäuft und erhielt so mit einiger Verspätung jene Anerkennung, die ihm versagt geblieben war, als er in den späten 1930er-Jahren seine eigentlichen Pionierleistungen vollbrachte. In Zusammenhang mit *Das sogenannte Böse* wurden ihm zwischen 1963 und 1973 fünf Ehrendoktorate verliehen, und im selben Zeitraum wählten ihn einige der international renommiertesten wissenschaftlichen Vereinigungen wie die Royal Society (1964), die National American Academy of Sciences der USA (1966), die Königliche Akademie der Wissenschaften in Schweden (1968) oder der Orden Pour le Mérite (1969) zu ihrem Mitglied. Dazu kamen zahlreiche Preise, Orden, Verdienstkreuze und Medaillen.

Wer bei intellektuellen Gesprächen auf Cocktailpartys mitreden wollte, musste damals Konrad Lorenz gelesen haben. Zu seinen Bewunderern zählte damals die Prominenz aus Wissenschaft und Kultur, Herbert von Karajan verschlang seine Bücher ebenso wie Yehudi Menuhin. Und der Schriftsteller Arthur Koestler, den Lorenz nicht leiden konnte, begann einen Brief an Lorenz mit der Feststellung: »Überflüssig zu sagen, dass ich einer Ihrer vielen Bewunderer bin.«[602] Für die Medien war er längst einer der begehrtesten Forscher: Der *Playboy* fragte bei Lorenz ebenso nach Textbeiträgen an wie das Satiremagazin *Pardon*; regelmäßig waren in Seewiesen Reporter aus der halben Welt zu Gast, die über Lorenz und seine Forschungen berichteten. Lorenz' Status als intellektueller Weltstar zeigte sich auch daran, dass ihm die Zeitschrift *The New Yorker* Anfang 1969 ein umfangreiches Porträt widmete, das ohne Weiteres auch als kleines Buch hätte erscheinen können: Der Journalist Joseph Alsop hatte Lorenz für mehrere Tage in Europa besucht und ließ auf 54 Seiten (inklusive üppiger Werbeeinschaltungen) Lorenz in aller Ausführlichkeit zu Wort kommen.[603]

Nach dem Eintritt ins siebente Lebensjahrzehnt wurden seine ethologischen Originalarbeiten noch weniger, stattdessen publizierte er häufiger über erkenntnistheoretische oder methodische Fragen. Und er wandte sich, wie in den letzten Kapiteln von *Das sogenannte Böse*, mehr und mehr der menschlichen Gesellschaft, dem sozialen Verhalten der Menschen und vor allem: ihrem Fehlverhalten zu. War Lorenz mit seinem Bestseller auch zum öffentlichkeitswirksamen Zeit- und Gesellschaftskritiker geworden, so verstärkte sich diese Seite seines Schaffens im Laufe der folgenden Jahre: Lorenz meldete sich immer öfter als umstrittener Gesellschaftsdiagnostiker zu Wort.

Keineswegs vernachlässigte er dabei seine Tiere in Seewiesen. Er kannte weiterhin die meisten seiner Gänse »persönlich« am Aussehen, verbrachte viel Zeit mit der Beobachtung der Tiere, nicht nur bei den Schwimmvögeln am See, sondern auch bei den Fischen in den zahlreichen Aquarien. Seine Frau kümmerte sich um die wirtschaftlichen und steuerlichen Angelegenheiten, sein erster Assistent Wolfgang Wickler und Lorenz' Sekretärin Margaret Schleidt machten dasselbe auf Institutsebene.[604] Der Institutsdirektor hatte alles, was er brauchte: Allein in seiner eigenen Abteilung gab es mittlerweile fünf wissenschaftliche und acht technische Assistenten, fünf Doktoranden, zwei Stipendiaten, zwei Mechaniker, zwei Schmiede, 200

Gänse, 1000 Enten, dazu Tauben, Fische und Hunde sowie allerlei andere Tiere. Zahlreiche Gäste aus dem In- und Ausland kamen an den Eßsee, um hier bei Lorenz zu forschen. Keinesfalls durfte der Eindruck entstehen, seine Lebensarbeit sei »nichts als eine hübsche Spielerei«. Einem Reporter der *Süddeutschen Zeitung* diktierte er im Frühjahr 1966: »Schreiben Sie nur nichts von Idylle.« Sein Arbeitstag dauere von 7 Uhr bis 22 Uhr.[605] Lorenz machte dem Journalisten auch klar, dass er sich immer darüber ärgere, wenn man ihn als »glücklichen Forscher« darstellte.

Zu Beginn dieses Jahres war es in Seewiesen zu Veränderungen gekommen. Norbert Bischof, der seit 1958 am Eßsee forschte, wurde zum Assistenten ernannt, nachdem Lorenz eine sechste Assistentenstelle bewilligt bekommen hatte. Das Besondere an dem neuen Assistenten war, dass er zwar Zoologie studiert, aber in Psychologie promoviert hatte. Mit Bischof verbunden war eine zweite, längst überfällige Innovation in Seewiesen: Der neue Assistent sollte zwar die Motivationsanalyse und Soziologie an Graugänsen weitertreiben, allerdings erstmals einen Computer zu Hilfe nehmen. Denn auf »beiden Gebieten hat die angesammelte Information solche Ausmaße angenommen, dass sie nur mehr von einem Mann gemeistert werden kann, der imstande ist, sie an Rechenmaschinen zu verfüttern, und es auch versteht, deren Verdauungsprodukte richtig zu deuten«, wie Lorenz seinem Kollegen Bernhard Hassenstein 1966 schrieb.[606]

Drei Jahre später berichtete Lorenz in einem Brief an Karl von Frisch über seinen Forschungsalltag in Seewiesen, wo »alles seinen gewohnten und recht erfreulichen Gang« gehe. Mit der zunehmenden Verwendung statistischer Methoden auf seinem Forschungsgebiet konnte der schon als Schüler vergleichsweise schlechte Mathematiker allerdings weiterhin nichts anfangen:

»Motivationsanalyse sowohl an Fischen wie an Gänsen benützt immer mehr die Korrelationsforschung als Mittel, was ich durchaus verstehen

> und billigen kann, begibt sich damit aber auf mathematische Gebiete, auf die ich ihr leider nicht mehr zu folgen vermag. Wenn ein Integral- oder ein Differentialzeichen auf der Tafel unseres Kolloquiumraums erscheint, schalte ich automatisch ab.«[607]

Lorenz versuchte immerhin, mit den neuen Auswertungsmethoden Schritt zu halten, doch es war wohl zu spät, um seinen Forschungsstil noch wesentlich zu verändern. Das Einzige, was er verändert und den neuen Zeiten angepasst habe, sei seine Sprache gewesen, meint sein Nachfolger Wolfgang Wickler: Hätte sein Lehrer früher gesagt: »Heute habe ich etwas ganz Tolles gesehen«, so lautete die Formulierung nun: »Heute habe ich eine statistisch hochsignifikante Beobachtung gemacht.«[608] Lorenz kleidete aber nicht nur seine Beobachtungen in neue Worte, er lieferte zu dieser Zeit auch Begründungen, warum die beobachtende Methode weiterhin Gültigkeit beanspruchen könne. Unter dem Titel »The fashionable fallacy of dispensing with description« (»Der modische Irrtum, auf Beschreibung zu verzichten«) argumentierte er, warum man in der Biologie im Vergleich zur Physik aufgrund der Forschungsgegenstände weiter auf ganzheitliche Beobachtungen angewiesen sei.[609] Die quantifizierende Methode und den damit einhergehenden Reduktionismus hingegen tat er als eine Modeerscheinung ab, wofür er immerhin bei einigen seiner älteren Kollegen Anerkennung erntete.[610]

Neben der methodischen Herausforderung hatte Lorenz in den 1960er-Jahren vor allem aber mit der Kritik an seinen Arbeiten zu kämpfen, die der US-amerikanische Psychologe Daniel Lehrman bereits 1953 formuliert hatte. Erst Anfang der 1960er-Jahre veröffentlichte er seine Antwort darauf, die weitere vier Jahre brauchte, bis sie dann erst 1965 in Buchform auf Englisch erschien.[611] In diesem Zusammenhang kam es auch zu einer ersten ernsteren Auseinandersetzung mit Niko Tinbergen, da sich Lorenz berechtigter Kritik gegenüber als sehr viel starrköpfiger erwies als sein Freund und Mitstreiter:

»Zum ersten Mal in unserem Leben sind wir *wirklich* verschiedener Meinung!«, schrieb Tinbergen in seiner ersten Reaktion auf Lorenz' Antwort auf Lehrman.[612] Und weiter:

> »Ich halte, so wie Du, unerbittlich daran fest, dass viele US-amerikanische Psychologen unkritisch angenommen haben, dass ›alles gelernt sein muss‹ oder zumindest ›umwelt-induziert‹. [...] Unsere Betonung auf ›angeborenes‹ Verhalten war eine (gesunde) Reaktion darauf. Sie ist nicht länger hilfreich.«[613]

Lorenz hielt trotz Lehrmans berechtigter Kritik eisern daran fest, die Begriffe »angeboren« und »erlernt« weiterhin als Gegensatzpaar zu verwenden, während Tinbergen argumentierte, dass »umweltbedingt« das Gegenteil von angeboren sei. Schon damals hatte die Mehrzahl der Ethologen – zumal in Großbritannien – an Lorenz' diametraler Gegenüberstellung zu zweifeln begonnen.[614] Hatte Lehrman 1953 seiner Meinung nach geleugnet, irgendeine Verhaltensweise als angeboren zu bezeichnen, warf ihm Lorenz nun im Grunde genau das Gegenteil vor, nämlich dass für Lehrman alles erlernt sei. Und »in der tadelnswerten Absicht, den Gegner lächerlich zu machen«, wie er in seiner Autobiografie schrieb, erfand er den Begriff der »innate schoolmarm«, also der »angeborenen Lehrerin«, um darauf hinzuweisen, dass es so etwas nicht geben könne.[615]

Von der »Ablehnung seiner Instinkttheorien durch viele, wenn nicht alle Fachkollegen« tief gekränkt und selbst von Freund Tinbergen verlassen, sei ihm in dieser Lage das berühmte Gedicht »If« von Rudyard Kipling zur geistigen Stütze geworden, schreibt er in seinen Erinnerungen weiter und zitiert dessen erste Zeilen: »If you can keep your head / when all about you men are losing theirs / and blaming it on you, / If you can trust yourself when all men doubt you ...«* Den

* »Wenn Du den Kopf behalten kannst, / während alle um Dich her ihren verlieren / und es auf Dich schieben, / wenn Du Dir vertrauen kannst, / während alle an Dir zweifeln ...«

nächsten Vers allerdings ließ Lorenz sowohl in seinen Erinnerungen als auch im Leben unberücksichtigt: »but make allowances for their doubting, too« – »aber berücksichtige auch ihre Zweifel«.

Lorenz blieb im Gegensatz zu Tinbergen während der 1960er- und 1970er-Jahre ein unversöhnlicher Kritiker des Behaviorismus und aller anderen Spielarten der Psychologie, die sich vor allem mit Lernvorgängen beschäftigten. Entsprechend wurden alle Ethologen, die sich um eine Aussöhnung mit der »stimulus-response-Psychologie« bemühten, mit Verachtung gestraft. Ein typisches »Opfer« war der britische Verhaltensforscher Robert Hinde, der sich mit seinem umfangreichen Grundlagenwerk *Animal Behaviour, a Synthesis of Ethology and Comparative Psychology* (1966) um einen Brückenschlag zwischen der europäischen Ethologie und der US-amerikanischen Psychologie bemühte. Lorenz bemerkte in einem Brief an Tinbergen, dass Hinde die Ethologie kastriere, indem er ihr alle wesentlichen Konzepte wegnähme.[616]

Wie sehr sich Lorenz in seinem Antibehaviorismus verrannte, zeigt jener Eintrag, mit dem er für die Ausgabe 1970/71 in das *Who is Who in America* aufgenommen wurde. In einem Satz sollte er zusammenfassen, was er in seinem Leben erreichen will. Lorenz benötigte letztlich drei Sätze:

> »Ich denke, dass das Hauptziel meines Lebens darin besteht, die pseudodemokratische Doktrin zu widerlegen, dass der Mensch keine Instinkte hat und dass alles menschliche Verhalten auf Lernen beruht. Diese Doktrin droht Amerika undemokratisch zu machen und hat die Sowjetunion nichtkommunistisch gemacht. Sie ist die Wurzel der meisten Irrtümer, die die Menschheit mit Auslöschung bedrohen.«[617]

Erst sehr viel später und aus der Distanz von mehr als einem Jahrzehnt gab auch Lorenz selbst zu bedenken, dass man die Seewiesener Zeit, »diese Periode des glücklichen Forschens«, wegen ihrer Einseitigkeit

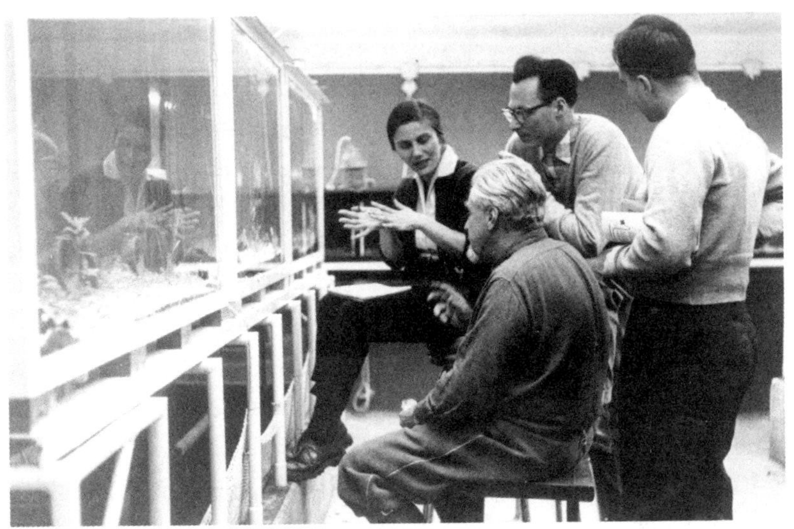

Buntbarschbeobachtung in Oberbayern: Konrad Lorenz mit seiner Schwiegertochter Beatrice Oehlert-Lorenz und den Mitarbeitern Hermann Kacher und Wolfgang Wickler.

durchaus auch kritisieren könne. Man habe sich verpflichtet gefühlt, die Lernprozesse und die Zusammenhänge zwischen den angeborenen Verhaltensmechanismen und den verschiedenen Formen des Lernens fast vollständig zu ignorieren, so Lorenz im selbstkritischen Rückblick.[618] Das Paradoxe daran war, dass er damals schon über das Lernen und die Informationsweitergabe bei Tieren sehr viel mehr wusste als die meisten seiner Kollegen. All die Untersuchungen über »Tradition« und »Kultur« bei Tieren waren ihm im Detail bekannt, passten aber einfach nicht in sein antibehavioristisches Forschungsprogramm.[619]

Und so blockierte der Patriarch von Seewiesen spätestens in seinen Sechzigern die weitere Entwicklung seines Fachs. In den Worten des Primatologen Frans de Waal wurde der »Silberrückenmann« zu einem »Hemmschuh«, wie es nun einmal das typische Schicksal der Gurus in den Wissenschaften sei, die besonders viel für ein Fach geleistet haben, letztlich aber zum Opfer von intellektuellen Vatermorden oder Vatermordversuchen wurden, die auch im Falle von Lorenz nicht ganz ausbleiben sollten.[620] Wenn man Lorenz für seine Innovationsresistenz in den 1960er- und 1970er-Jahren kritisiert, dann darf man allerdings auch nicht vergessen, dass er, als er in Seewiesen Institutsdirektor wurde, bereits fast 60 Jahre alt war. Und welcher Forscher fängt in diesem Alter noch einmal etwas völlig Neues an oder gibt gerne die eigenen bahnbrechenden Erkenntnisse preis?

Der Naturwissenschaftler Lorenz hatte seine innovativsten Phasen zweifellos in den 1930er-Jahren, als er als interdisziplinärer Grenzgänger zwischen Anatomie, Zoologie, Psychologie, Philosophie und Zoologie ein völlig neues Forschungsfeld gleichsam im Alleingang erschloss. Viele der aufwendigen Forschungsprojekte in Buldern und Seewiesen dienten letztlich nur dazu, Lorenz' alte Konzepte zu überprüfen und zu verfeinern, was sie nicht eben innovativ machte. Mit zunehmendem Alter wuchs wohl auch eine gewisse Sturheit. Hatte er in *Das sogenannte Böse* behauptet, dass es für jeden Forscher ein guter Morgensport sei, täglich vor dem Frühstück eine Lieblingshypothese einzustampfen, weil das jung erhalte[621], stellte er sich immer seltener der Kritik. Und so verpasste man in Seewiesen fast vollständig, was sich an den britischen und US-amerikanischen Biologiedepartments abspielte. Dort begannen sich von der Spieltheorie geprägte evolutionsbiologische Vorstellungen durchzusetzen, die man am Eßsee vor lauter Gänsen gar nicht zur Kenntnis nahm, wie der Lorenz-Assistent Norbert Bischof eingestand, weil »keiner von uns das *Journal of Theoretical Biology* zu lesen pflegte«, in dem Mitte der 1960er-Jahre einige bahnbrechende Aufsätze veröffentlicht wurden.[622] War Lorenz als Tierverhaltensforscher zu dieser Zeit zwar immer noch die führende Autorität, so hatte man doch längst begonnen, am Thron dieses Königs Salomo zu sägen.

Allerdings darf man Lorenz nicht unterstellen, er habe nach seinem 60. Geburtstag wissenschaftlich nichts Neues mehr zustande gebracht. Denn mit seiner gleich umstrittenen wie populären Übertragung ethologischer Erkenntnisse auf den Menschen, mit der er in den 1960er-Jahren wieder verstärkt begann, hatte er der Ethologie abermals ein neues Betätigungsfeld eröffnet. Dabei kamen immer häufiger weltanschauliche Fragen mit ins Spiel, die in Seewiesen bei den sogenannten »Leib-Seele-Kolloquien« diskutiert wurden. Im Wissenschaftsalltag in Seewiesen spielten sie damals aber keine allzu große Rolle.[623]

Lorenz' eigener Forschungsschwerpunkte hatte sich mit *Das sogenannte Böse* aber auch mehr und mehr von der klassischen Ethologie hin zur Psychiatrie, Psychoanalyse und Soziologie verschoben, wo die Beobachtungen und Hypothesen des Verhaltensforschers lebhaft diskutiert wurden. Und auch von dieser Seite kam nun Anerkennung: Von seinen ersten fünf Ehrendoktoraten erhielt Lorenz drei von psychiatrischer Seite, eines von medizinischer und nur eines von allgemein-biologischer. Lorenz entwickelte sich Ende der 1960er-Jahre nicht nur zum wissenschaftlichen Überflieger, sondern endgültig auch zu einem der führenden akademischen Jetsetter, die Arthur Koestler 1972 in seinem Roman *The Call Girls* auf die Schaufel nahm.

Im September 1968 erkrankte er an einer schweren Gelbsucht: Überarbeitung hatte zu einer Gastritis geführt; diese wiederum zu einem Zwölffingerdarmgeschwür, das letztlich die Hepatitis auslöste. Fast vier Monate musste er in einer Klinik in Tübingen verbringen, eine lange Zeit, die er unter anderem für die Lektüre von Thomas Manns Roman-Tetralogie *Joseph und seine Brüder* nutzte, die ihm über weite Strecken von seiner Frau vorgelesen wurde. In jenen Wochen starb im selben Krankenhaus der deutsche Biologe Alfred Kühn, den Lorenz seit den Dreißigerjahren als einen seiner wichtigsten Lehrer verehrte. Kühn war Mitglied des Ordens Pour le Mérite, einem Kreis von 30 deutschen und 30 ausländischen Wissenschaftlern, denen damit eine der höchsten internationalen Auszeichnungen für Forscher zuteilwurde. Lorenz sollte Anfang 1969 zu Kühns Nachfolger gewählt werden.

Nach seiner Gesundung verbrachte er nach Weihnachten 1968 noch acht weitere Wochen zur Erholung in Altenberg. Auch der Krankheit konnte der »positive Denker« Lorenz etwas Gutes abgewinnen: Sie sei der menschlichen Seele manchmal ganz zuträglich, denn man bekomme ad oculos demonstriert, dass nervöse Hast zu nichts führe. Und man habe Zeit zum Nachdenken.[624] Die hat Lorenz auch dazu genutzt, um sich aus seiner ethologischen Sicht Gedanken über die Ereignisse des Jahres 1968 und die Revolte der studentischen Jugend zu machen.

Als ihm die Ehre widerfuhr, für den Herbst 1969 zum Nobel-Symposium nach Stockholm eingeladen zu werden, das mit dem Nobelpreis allerdings nichts zu tun hat, sagte er sofort zu und hatte auch gleich ein Thema parat: nämlich die Feindschaft zwischen den Generationen und die Gründe dafür.[625] Zum ersten Mal sprach er über ebendieses Thema bei einem Treffen der sogenannten Frensham Group im März 1969. Diesem exklusiven, vom holländischen Industriellen Oscar van Leer ins Leben gerufenen Kreis von Wissenschaftlern gehörten unter anderem der Medizin-Nobelpreisträger André Cournand, der Soziologe Robert K. Merton, der Biologe Paul Weiss oder der australische Neurophysiologe und Medizin-Laureat Sir John C. Eccles an. Diese Gruppe beschäftigte sich in regelmäßigen informellen Treffen mit möglichen Zukunftsperspektiven für die Menschheit, so eben auch diesmal im italienischen Bellagio.

Lorenz positionierte sich in seinem Beitrag, der im Original »The Enmity between Generations and Its Probable Ethological Causes«[626] hieß, abermals als biologischer Soziologe bzw. soziologischer Biologe. Zugleich übernahm der studierte Mediziner wieder die Rolle des »Menschheitsarztes«, der Krankheiten diagnostiziert und Therapien vorschlägt. Und wieder einmal ging es in seiner für ihn typischen dramatisierenden Rhetorik ums Ganze:

»Durch den Zusammenbruch der kulturellen Tradition ist unsere Kultur von einer unmittelbaren Zerstörung bedroht. Diese Bedrohung geht von der Gefahr aus, die auf einen Stammeskrieg zwischen zwei nachfolgenden Generationen hinausläuft. Die Gründe für diesen Krieg scheinen aus der Perspektive des Ethologen wie auch der des Psychiaters in einer Massenneurose der schlimmsten Art zu liegen.«[627]

Diese Diagnose wirke aber nur auf den ersten Blick pessimistisch, so Lorenz weiter, denn Neurosen seien heilbar, wenn man ihre unbewussten Wurzeln dem bewussten Verstand zugänglich mache. Für den Verhaltensforscher waren mit der Revolte der Jugend insbesondere zwei gesellschaftliche Funktionszusammenhänge aus dem Gleichgewicht geraten: die Mechanismen, durch die Kultur bewahrt wird bzw. sich neuen Bedingungen anpasst, sowie die Lust-Unlust-Ökonomie. Lorenz verknüpfte auf seine für ihn typische Art grundsätzliche evolutionsbiologische und ethologische Erwägungen mit allerlei Beobachtungen rund um die Studentenrevolte – von der Kleidung der Hippies bis zu ihrem Sexualverhalten – und zog seine umstrittenen Schlüsse daraus.

Das Phänomen der revoltierenden Jugend sah er dabei durchaus ambivalent. Einerseits war für ihn offensichtlich, dass die dramatisch wachsende Weltbevölkerung, der ökonomische Wettlauf und die Zerstörung der Biosphäre nicht immer so weitergehen könnten. Andererseits würde ein völliger Traditionsbruch, wie ihn Vertreter der Studentenrevolte forderten, auch keine Lösung darstellen. Daneben beklagte er aber noch eine ganze Reihe anderer Zeiterscheinungen: eine Verflachung der Gefühle bei den Jungen durch deren Unfähigkeit, sich Anstrengungen zu stellen, ihre Verweichlichung und eine damit einhergehende »unendliche Langweile«. Er beklagte aber auch, dass sich die Eltern zu wenig Zeit für ihre Kinder nähmen, die sich nicht mit ihnen identifizieren könnten. Deshalb müssten sich die Jugendlichen in Subkulturen zusammenschließen, was sie wieder für Indoktrinierungen besonders anfällig machen würde.

Fand die Präsentation dieser Thesen bei der Frensham Group im kleinen Kreis statt, war bei seinem Vortrag in Stockholm die Öffentlichkeit zugegen. Auf dem Nobel-Symposium, das unter dem Titel »Der Platz des Wertes in einer Welt der Tatsachen« stand, teilte sich Lorenz eine Abendvorlesung mit der Kulturanthropologin Margaret Mead. In der Berichterstattung über das Symposium im Nachrichtenmagazin *Der Spiegel* stand einmal mehr Lorenz im Zentrum, der vor einem unmittelbar bevorstehenden Desaster – »dem Untergang des Abendlandes« – gewarnt habe.

In der launigen Zusammenfassung, die unter dem Titel »Sprüche der Weisen« stand, war unter Bezugnahme auf Lorenz außerdem davon die Rede, »dass soziales Leben nur dann möglich ist, wenn sich alle dem Boss, dem ›Alpha-Tier‹ unterordnen«: Nur durch solche Unterwerfung gewinne auch in der menschlichen Gesellschaft, so Lorenz laut dem *Spiegel*-Artikel, der Vater jenes Maß an Autorität, das er brauche, um die »traditionellen Riten und Normen des Sozialverhaltens« an die Kinder weiterzugeben. Das einigermaßen ambivalente Resümee des Berichterstatters: »Damit lieferte der Amateur-Soziologe Lorenz endlich auch eine wissenschaftlich verbrämte Rechtfertigung für das Grundbedürfnis aller beleidigten Autoritäten: hart durchzugreifen, um ihr verletztes Selbstwertgefühl zu versöhnen.«[628]

Die beiden Vorträge bei der Frensham Group und auf dem Nobel-Symposium waren nicht die einzigen Gelegenheiten, bei denen Lorenz »über die Radaubrüder« sprach, wie er gegenüber seinem Freund Otto Koehler bemerkte: Er wolle darüber auch in seiner Vorlesung »Allgemeine Soziologie der Wirbeltiere (eingeschlossen des Menschen)« in München vortragen und sich darauf entsprechend vorbereiten: »Wenn ich an die kritische Stelle komme, werde ich auf dem Katheder vor mir einen Eierständer voll fauler Gänseeier aufbauen, um gegebenenfalls das Feuer erwidern zu können.«[629]

Außerdem habe er seinen Text über die Feindschaft zwischen den Generationen rund um 1970 in Variationen auch noch bei Vorträgen in Rennes, in Lund, in Paris, bei dem Centennial Symposion der Loyola University in Chicago, in Denver und im Poetry Center in New York referiert – und zwar jeweils »unter ganz großer Beteiligung revolutionärer bärtiger Jugend«.[630] Er habe dabei überhaupt kein Blatt vor den Mund genommen und den Jungen ohne Umschweife gesagt, wie dumm es sei zu glauben, man könne eine ganze Kultur zerstören und ganz von vorne wieder aufbauen. Die Reaktionen seien durchwegs positiv ausgefallen, teilte er einige Monate später Niko Tinbergen stolz mit:

> »Merkwürdigerweise haben sie genau verstanden, was ich meine, und ich habe mit meiner Predigt gerade bei den Jungen einen ebenso großen Erfolg wie bei meiner Vorlesung in München, wo ich bedrohliche Missfallensbekundungen nur einmal ausgelöst habe, nämlich als ich sagte, dass dies die letzte Vorlesung sei, weil ich nächste Woche nach Amerika fahre. Die revoltierenden Jungen [...] ahnen ziemlich genau, was falsch ist, und wissen nur nicht, wie man's richtig machen soll.«[631]

Ob Lorenz mit seinem Vortrag immer nur Anklang fand, sei dahingestellt, für Aufsehen war jedenfalls immer gesorgt. So auch bei der 9. Internationalen Ethologenkonferenz im September 1969 im französischen Rennes, wo er ebenfalls über die »Feindschaft zwischen den Generationen« sprach. Zumindest dort geriet sein Auftritt zu einem Eklat, wie sich Norbert Bischof erinnerte.[632] Lorenz kritisierte einmal mehr die Feindseligkeit der jüngeren Generation gegenüber der älteren und unterstellte den Hippies, mit ihrer Kleidung die Älteren nur ärgern zu wollen. Umgekehrt würden die Älteren durch die archaischste instinktive Reaktion, nämlich die der Brutpflege, daran gehindert, die Jungen ebenso zu hassen wie die Jungen die Alten.

Bei den jüngeren Ethologen kamen solche Aussagen naturgemäß nicht allzu gut an – und riefen eine Art Protest hervor, die auch Lorenz selbst erstaunen und widerlegen sollte. Die jungen Konferenzteilnehmer nutzten nämlich die Pause zwischen dem Ende von Lorenz' Vortrag und der Diskussion, eilten ins Hotel und kostümierten sich als Hippies. Nachdem man sich wieder im Vortragssaal versammelt hatte und Ruhe eingetreten war, meldete sich als Erster der junge Wolfsforscher und Lorenz-Schüler Erik Zimen zu Wort. Der damals 28-jährige Schwede sagte nichts, ging nach vorne ans Podium und überreichte dem verdutzten Redner wortlos ein Blumensträußchen.

Unmittelbar vor seiner Abreise nach Rennes beendete Lorenz die Arbeit an einem Text, der seit mehr als einem Jahr überfällig war. Zum 70. Geburtstag seines ehemaligen Königsberger Kollegen Eduard Baumgarten wurde eine Festschrift herausgegeben, zu der auch der Verhaltensforscher einen Beitrag liefern sollte. Hatte Lorenz zum Datum des runden Geburtstags von Baumgarten Ende August 1968 noch nicht einmal eine Idee gehabt, über was er schreiben sollte, so fand er spätestens im Frühjahr 1969 sein Thema, was sich auch in einigen Briefen aus jener Zeit abzeichnete.[633]

Lorenz machte sich weiterhin ernste Sorgen um die Zukunft der Menschheit, zumal er noch andere ernste Bedrohungen diagnostizierte, die über das Abreißen der Tradition angesichts der rebellierenden Jugend, ihre Indoktrinierbarkeit oder den »Wärmetod der Gefühle« hinausgingen. Für ebenso gefährlich hielt er, wie er etwa in einem Brief an seinen Freund René Murad schrieb, die Bevölkerungsexplosion, das genetische Verkommen, die Zerstörung des natürlichen Lebensraums und das »rat race des allgemeinen Wettbewerbs«. »Kernwaffen sind die unmittelbarste, aber vielleicht geringste Gefahr, denn die sehen wenigstens alle Menschen.«[634] Und damit waren sie auch alle benannt, *Die acht Todsünden der zivilisierten Menschheit,* wie der Aufsatz zu Ehren von Eduard Baumgarten letztlich heißen sollte.[635]

Hatte Lorenz über die drei mit der Jugend verbundenen »Sünden« bereits alles Wesentliche gesagt, so musste er noch die anderen fünf Gefahren erörtern, »die nicht nur unsere heutige Kultur, sondern die Menschheit als Spezies mit dem Untergang bedrohen«.[636] Die der Reihenfolge nach erste Todsünde war für Lorenz die »Übervölkerung«, die nur sehr kurz abgehandelt wird. Kein Wort verliert er darüber, dass in der »Dritten Welt« die rasche Zunahme der Bevölkerung womöglich zu Not und Elend führt. Er sorgt sich vielmehr darum, dass die Bewohner der Großstädte auf zu engem Raum zusammengepfercht und deshalb mit ihren sozialen Kontakten überfordert seien.

Sünde Nummer zwei war ihm die »Verwüstung des natürlichen Lebensraums«, die nicht nur die Umwelt zerstöre, sondern auch die Ehrfurcht vor der Schöpfung. Als dritte Verfehlung folgt der »Wettlauf mit sich selbst«, der die Entwicklung der Technologie zu unserem Verderben immer schneller antreibe und die Menschen blind mache für alle wahren Werte. Zu den Kernwaffen schließlich, die er als Sünde Nummer acht nachtrug, schrieb Lorenz nur eine Seite, sehr viel mehr hingegen zum »genetischen Verfall«, dem wohl umstrittensten Kapitel des Texts.

In einem Tonfall, der stellenweise fatal an seine Arbeiten aus der NS-Zeit erinnerte, nahm Lorenz erneut Fragestellungen auf, die ihn schon damals beschäftigten. Gab es so etwas wie erbliche Instinktausfälle auch bei Menschen? Und wie soll man mit den solcherart »Ausfallbehafteten« umgehen? Besonders gefährlich war der »genetische Verfall« für Lorenz sowohl 1940 als auch drei Jahrzehnte später dadurch, dass unter den Bedingungen des modernen Lebens kein einziger Faktor wirke, der auf schlichte Güte und Anständigkeit hin Selektion treiben würde – »es sei denn das uns eingeborene Gefühl für diese Werte«.[637] Es war für ihn nicht auszuschließen, »dass viele Infantilismen, die große Anteile der heutigen ›rebellierenden‹ Jugend zu sozialen Parasiten machen, möglicherweise genetisch bedingt sind«.[638] Im Umgang mit den solcherart Geschädigten warnt Lorenz vor Mitleid mit dem ausfallbehafteten Asozialen. Denn dieses würde nur verhindern, »dass der Nicht-Ausfallbehaftete geschützt wird«. Und um jeglicher Kritik zuvorzukommen, meinte Lorenz an dieser Stelle etwas unvermittelt: »Man darf nicht einmal die Worte ›minderwertig‹ und ›vollwertig‹, auf Menschen angewendet, gebrauchen, ohne sofort verdächtigt zu werden, man plädiere für die Gaskammer.«[639]

Dieser letzte Satz stammte freilich nicht von ihm, sondern von Norbert Bischof, der den Text in Abwesenheit von Lorenz im September 1969 noch einmal unverlangt gegenlas, bevor er als Beitrag zur Festschrift an den Verlag geschickt wurde. Bischof war von einigen Passagen des Originalmanuskripts einigermaßen bestürzt wie etwa von der Formulierung »Die pseudo-demokratische Toleranz [...], die den Ausfallbehafteten als gleichwertig mit dem vollwertigen Mitglied der Gesellschaft betrachtet, öffnet der Apokalypse Tür und Tor«. Besorgt schrieb er Lorenz einen neunseitigen Brief, in dem er kritisch auf etliche Passagen einging und Verbesserungsvorschläge machte. Nach seiner Rückkehr ließ sich Lorenz postwendend das Manuskript vom Verlag kommen, arbeitete etliche Korrekturen und absatzlange Anmerkungen Bischofs ein, ohne allerdings mit ihm ein Wort darüber zu wechseln oder ihn mit einem Wort des Dankes zu würdigen.[640]

Während Lorenz' Aufsatz über die »Feindschaft zwischen den Generationen« noch eine Vielzahl von zum Teil interessanten ethologischen und evolutionsbiologischen Überlegungen enthielt, war *Die acht Todsünden der zivilisierten Menschheit* zu einem kulturkritischen Pamphlet geraten, in dem die Wissenschaft eindeutig im Hintergrund stand, in dem es stattdessen trotz aller Verbesserungen von Bischof vor politisch bedenklichen Ansichten und allzu schrillen Tönen wimmelte. Und wenn Lorenz den Aufsatz selbst als Jeremiade bezeichnete, »von der man meinen könnte, dass sie einem berühmten Bußprediger wie dem berühmten Augustiner Abraham a Sancta Clara besser anstünde als einem Naturforscher«, so hat er seinen eigenen Tonfall damit nicht schlecht charakterisiert.[641]

Eduard Baumgarten, der trotz seiner NS-Verstrickungen seine Karriere als Philosoph und Soziologe nach 1945 unbehelligt hatte fortsetzen können, bedankte sich höflich für das »herzbewegende Geschenk«, stand dem Text aber ambivalent gegenüber. Bei der ersten Lektüre habe er sogar geschimpft und geflucht, ließ er Lorenz wissen, wenn auch nur aus »theoretischer Wut«.[642] Das wiederum konnte sich Lorenz gut vorstellen, denn der Text »ist ja, wie Du richtig diagnostizierst, mit Passion geschrieben, und auch der subtilste Ausdruck der Wut erregt bekanntlich dieselbe Motivation auch bei dem, der gar nicht ›gemeint‹ ist«.[643] Auf Baumgartens Anmerkung, dass vieles im Text voller Erinnerungen an seine frühesten Sachen schwinge, ging Lorenz allerdings nicht ein.

Im Gegensatz zu den meisten Beiträgen in akademischen Festschriften fand dieser Text seinen Weg geradewegs in die breite Öffentlichkeit. Lorenz hatte sich allem Anschein nach wieder einmal als hellsichtiger Diagnostiker gesellschaftlicher Befindlichkeiten und Krisenphänomene bewährt. Noch vor dem »Club of Rome« und ähnlichen Vereinigungen benannte er auf seine leidenschaftliche und mitreißende Art »Grenzen des Wachstums« und andere Selbstgefährdungen der Menschheit. Er ging dabei auch auf drohende Gefahren der Natur- und Umweltzerstörung ein und importierte Themen und Diskussionen, die er aus den USA kannte, die im deutschsprachigen Raum aber noch kaum eine Rolle spielten.

Die heftige öffentliche Resonanz setzte ein, als Lorenz Ende September 1970, also noch vor der Drucklegung des Textes, die »Predigt« (so Lorenz selbst über den Text) vom Bayerischen Rundfunk aufzeichnen ließ, der sie kurz danach ausstrahlte. Die Vorlesungsreihe wurde zum »größten Erfolg, den wir je in der Kategorie vergleichbarer Sendeprogramme zu verzeichnen hatten«, teilte ihm der zuständige Redakteur wenig später hellauf begeistert mit: Hunderte von

Manuskriptanforderungen seien beim Sender eingegangen. Erstaunlich sei, »dass das enorme Interesse bei allen Altersstufen anzutreffen ist, insbesondere auch bei der Jugend«. Dazu gab es auffallend viele Anfragen »von Studienprofessoren, die ihre Schüler der Oberstufe auf diese Sendungen aufmerksam gemacht haben und sie im Unterricht noch eingehend besprechen wollen«.[644]

Lorenz sah sich daraufhin genötigt, beim Verlag Hain, wo die Festschrift 1971 und damit fast drei Jahre nach Baumgartens Geburtstag erschien, 400 Sonderdrucke zu bestellen. Das Echo hielt aber weiter an, und so entschloss sich Lorenz' Verleger Klaus Piper, den Text als eigenständiges Büchlein zu veröffentlichen. Im Feuilleton der *Süddeutschen Zeitung* erschien im Dezember 1972 ein Vorabdruck und sorgte wieder für gehöriges Aufsehen, ehe das Buch endlich im Februar 1973 erschien. Bis zum Sommer 1973 waren bereits 100.000 Exemplare verkauft, bis heute sind es in der deutschen Taschenbuchausgabe mehr als eine halbe Million.

Das Büchlein wurde sowohl von Lorenz' Wissenschaftlerkollegen wie auch in der breiten Öffentlichkeit einmal mehr äußerst kontrovers diskutiert, die Reaktionen reichten von großer Begeisterung bis zu totaler Ablehnung. Lobten die einen den Wissenschaftler dafür, sich allgemeinverständlich den großen Problemen der Menschheit zu stellen, so sahen andere einen Rückfall in NS-Zeiten und »Variationen einer fixen Idee«, wie der britische Schriftsteller Bruce Chatwin Lorenz' Auslassungen über den »genetischen Verfall« treffend taxierte.[645] Eine besonders heftige Kritik lieferte auch die österreichische Journalistin Sigrid Löffler, die den Begriff der »Ausmerzung« aus Lorenz' Domestikationsarbeit wieder aufgriff und Parallelen zur aktuellen Arbeit herstellte, in der trotz Bischofs Änderungsvorschlägen noch etliche angreifbare Formulierungen verblieben waren:

> »Dort, wo Lorenz im Jahr 1940 so ausmerzfroh stand, dort stehen mittlerweile ›Eichmann und Auschwitz, Euthanasie, Rassenhass und Völkermord‹,

aber immerhin auch noch ›echte Werte‹: ›Auf der rechten Seite steht der Wert der sozialen und kulturellen Gesundheit.‹ Diese Gesundheit sieht Volksarzt Lorenz zwar heute bedroht wie eh und je, nur weiß er schlechterdings kein Heilmittel mehr, seit das Ausmerzen so aus der Mode gekommen ist.«[646]

Selbst Eduard Baumgarten fand nach der Buchveröffentlichung 1973 sehr viel kritischere Worte als noch drei Jahre zuvor:

»[D]as Maß von Propaganda und Demagogie, die in dieser Schrift immerhin Verwendung fand, hat ja keineswegs nur ›links-Dreck-Schmeißer‹ schockiert, sondern gleichermaßen, wie Du weißt, auch einen ›halbrechts-Menschen‹ wie mich, und Du weißt genau, dass nichts anderes als dies [...] Deine nächsten und treuesten Freunde gegen Deine ›Selbstgefährdung als Wissenschaftler‹ im Jahre 1940 als Mahner aufstehen ließ.«[647]

Andere hielten das Pamphlet für durchaus diskussionswürdig: So widmete Paul Feyerabend dem Text nicht nur eine Lehrveranstaltung an der ETH Zürich, er gab sogar einen ganzen Sammelband unter dem Titel *Leben mit den Acht Todsünden der zivilisierten Menschheit?* heraus. Die meisten der Beiträge standen Lorenz' Text kritisch gegenüber.[648]

Sehr viele seiner engeren Fachkollegen – und auch die politisch unverdächtigen – waren von dem Text allerdings angetan. So etwa schrieb der Evolutionsbiologe Ernst Mayr an Lorenz, »dass ich begeistert beinahe allem zustimme, was Du in den Todsünden sagst«. Die einzige Schwierigkeit mit unserer modernen kranken Gesellschaft bestehe darin, dass es vielleicht viel einfacher ist, die Natur der Krankheit zu bestimmen, als die heilende Medikation zu verordnen.[649] Der mittlerweile 85-jährige Karl von Frisch war in seinem Urteil noch großzügiger, auch wenn er das optimistische Vorwort der Buchfassung kritisierte:

»Es ist gar nicht hoch genug einzuschätzen und ein großes Verdienst, dass Sie die Sünden der Zivilisation in dieser Weise festgenagelt und einem großen Publikum unterbreitet haben […] Es ist schade, dass Sie die beabsichtigte Wirkung durch das Vorwort abgeschwächt haben. […] Das Grundübel sehe ich darin, dass sich die Menschen viel zu stark vermehrt haben.«[650]

Lorenz freute sich in seiner Antwort an von Frisch besonders über dessen Ansicht, dass eine solche Predigt mehr wiege als ein neues wissenschaftliches Opus: »Ich fühle mich jedenfalls verpflichtet, so etwas zu schreiben, obwohl es mich, wirklich aufrichtig gesagt, weniger interessiert als das Buch über die Graugänse, an dem ich arbeite.«[651] Gleichwohl hatte Lorenz in dieser Zeit auch damit spekuliert, die Wissenschaft überhaupt aufzugeben, wie er Niko Tinbergen mitteilte:

»Ich bin in Versuchung, alles hinzuhauen und Prediger zu werden. Was ich predige, ist schlicht Biologie. Man müsste die einfachsten ökologischen Kenntnisse so sehr zum Allgemeinwissen machen, dass ein Politiker, der das nicht weiß, einfach ganz allgemein als Trottel gilt und automatisch nicht gewählt wird.«[652]

Wie aber war Lorenz' politische Haltung in dieser so aufgeheizten Zeit eigentlich einzuschätzen? War er ausschließlich der konservative bzw. biologistische Antipode zu den Protagonisten der Umwälzungen von 1968? Oder gab es da nicht doch auch »fortschrittliche« Elemente in seinen Appellen an die Menschheit? Die Antworten auf diese Fragen sind alles andere als einfach und klar. Das beginnt schon mit Lorenz' Verhältnis zu den Vordenkern der Frankfurter Schule wie Theodor W. Adorno, Max Horkheimer oder Herbert Marcuse, die für die Ereignisse rund um den Mai 1968 eine wichtige Rolle spielten. Lorenz nahm sie zur Kenntnis und stand ihnen, wie es scheint, durchaus differenziert gegenüber. Mit seinem damals 40-jährigen Sohn Thomas hat er in dieser Zeit angeblich lange Gespräche über Adorno geführt.[653] Und Horkheimer, der in seinen späten Jahren allerdings einigermaßen konservativ wurde, schien ihm »ein geradezu großartiger Mann zu sein«.[654] Über Herbert Marcuse hingegen äußerte er sich vor allem negativ.

Der auch von Marcuse propagierten antiautoritären Erziehung stand Lorenz äußerst kritisch gegenüber, er hielt sie für ein »Verbrechen gegen die menschliche Natur und gegen die Vernunft«. Schuld daran seien einmal mehr der Behaviorismus und die mit ihm einhergehende pseudodemokratische Doktrin. Die nämlich würde viele naturferne Menschen zu der Annahme verleiten, man dürfe einem Kind gegenüber keine Autorität zur Geltung bringen. In Wirklichkeit, so Lorenz in einem Brief an eine begeisterte Leserin seiner Bücher, sei der heranwachsende Mensch instinktmäßig so »programmiert«, dass er kulturelle Tradition nur von einem Menschen übernehmen könne, den er erstens liebt und vor dem er zweitens Respekt hat.[655]

Vertrat Lorenz nach 1968 familienpolitisch eindeutig konservative Standpunkte, so finden sich in seinen Texten aus jener Zeit aber auch genuin antikapitalistische, wenn nicht gar kommunistische Ideen. Lorenz sah im ungebremsten Wirtschaftswachstum eines der Hauptübel der Menschheit und wandte sich mit durchaus linken Argumenten gegen den Kapitalismus und seine Begleiterscheinungen. Zusammengehalten wurde diese widersprüchliche Ideologie von einer romantisch-verklärenden Sehnsucht nach einer Welt, wie sie früher einmal war, in der die Menschen seiner Meinung nach angemessener mit der Natur – auch ihrer eigenen menschlichen – umgingen.

Politisch zeigte Lorenz in dieser Zeit keine Präferenzen, was womöglich auch mit seinen Erfahrungen im Nationalsozialismus zu tun hatte. Wie er dem SPD-Politiker Hans-Jochen Vogel unmittelbar vor den Bundestagswahlen im Herbst 1972 schrieb, sei er »aus prinzipiellen Gründen ein Feind jeder Ideologie überhaupt«. Sein Vertrauen zu einem Politiker sei ausschließlich davon bestimmt, »erstens, ob er sachlich zu denken vermag, und zweitens, ob er ein anständiger Mensch ist«.[656] Lorenz war von Vogel gebeten worden, ihn bzw. die SPD im Wahlkampf zu unterstützen, und diesem Ansinnen stand der Österreicher, der in Deutschland gar nicht wahlberechtigt war, zwar reserviert, aber auch nicht grundsätzlich negativ gegenüber:

> »Ich kann nur sagen, dass mir über alle speziellen parteipolitischen Gesichtspunkte hinaus Ihre Person in ethischer wie in sachlicher Hinsicht ein so großes Vertrauen einflößt, dass ich, wenn ich bayrischer Wähler wäre, nicht Sie wählen würde, weil Sie der sozialdemokratischen Partei angehören, sondern eher die sozialdemokratische Partei, weil Sie ihr Mitglied sind.«[657]

Über Deutschland hinaus gedacht, hielt Lorenz Äquidistanz zu den beiden damaligen Supermächten und ihren entgegengesetzten Wirtschafts- und Ideologiesystemen, die ihm trotz aller Unterschiede durchaus ähnlich erschienen. Am gleichen Tag, an dem er sein Schreiben an Vogel verfasste, meinte er in einem Brief an eine Kollegin, dass er sich dazu verpflichtet fühle, »bei jeder Gelegenheit zu betonen, dass mir die russischen Gewaltherrscher genauso verhasst sind wie die reichen Amerikaner«. Beide Seiten würden sich nämlich wie ein Ei dem anderen gleichen: »Wenn mich Studenten darauf ansprechen, was ich vom Krieg in Vietnam halte, antworte ich stereotyp: ›Genau dasselbe wie vom Einmarsch der Russen in der Tschechoslowakei‹.« Lorenz' Sympathie galt in beiden Fällen den Opfern, in besonderem Maße aber den Vertretern des von der Sowjetunion im August 1968 beendeten »Prager Frühlings«. Ihr Versuch, einen reformierten, von der UdSSR unabhängigen Sozialismus zu verwirklichen, hatte im Nachhinein jedenfalls seine volle Unterstützung, wie er in einem Brief 1972 schrieb: »Wenn man mich fragt, welcher Partei ich angehöre, pflege ich zu sagen, ich sei Dubčekianer.«[658]

Um diese Zeit, als sich Lorenz bereits auf seine Emeritierung als Direktor in Seewiesen vorbereitete, holte ihn ein weiteres Mal seine Vergangenheit ein. Der niederländische Kultur- und Filmjournalist Paul Hellmann hatte 1969 das umfangreiche Porträt von Konrad Lorenz im *New Yorker* gelesen, in dem auch dessen Freundschaft mit Bernhard Hellmann und dessen tragisches Schicksal Erwähnung finden. Paul Hellmann nahm daraufhin Kontakt mit Lorenz auf, um mehr über seinen Vater herauszufinden, der – wie bereits geschildert – 1943 im Vernichtungslager Sobibor ermordet wurde, als Paul gerade acht Jahre alt geworden war. Lorenz war über die Kontaktaufnahme sehr gerührt und erzählte Paul Hellmann in einem Brief ausführlich von der Freundschaft zu seinem Vater und dessen großen Begabungen auch als Zoologe. Das Schreiben war dann sogar mit »your old uncle Konrad« gezeichnet.[659]

Im Sommer 1971 klappte es nach mehreren Verschiebungen schließlich mit einem Treffen – nicht in den Niederlanden, sondern in Österreich. Die Hellmanns besuchten Lorenz in Wien, und es folgte eine Einladung nach Altenberg, wo Paul Hellmann und seine Frau auch ein Wochenende verbrachten. Bei einem Ausflug auf der Donau in Lorenz' kleinem Motorboot trug sich dann etwas zu, was Hellmann in einem Gespräch als einen der »bizarrsten Momente« seines Lebens bezeichnete[660]: »Lorenz begann unter Tränen und Wehklagen, sich größte Vorwürfe zu machen, damals auf der falschen Seite gestanden zu sein und sich nicht mehr um meinen Vater gesorgt zu haben.« Unmittelbar danach habe er sich völlig nackt ausgezogen, sprang in die Donau und forderte das etwas perplexe Ehepaar auf, es ihm gleichzutun. Lorenz war zwar dafür bekannt, seinen Tierbeobachtungen in den einsamen Donauauen gerne unbekleidet nachzugehen. Für Hellmann drängte sich aber eher der Eindruck auf, dass sich Lorenz mit dieser Aktion die Schuld abwaschen wollte. Dazu kam laut Hellmann noch Lorenz' großzügiges Versprechen, ihm als früh verwaistem Sohn seines besten Freundes ein Onkel oder gar eine Art Ersatzvater sein zu wollen. Dazu kam es laut Hellmann aber nicht, die beiden trafen einander nur noch ein oder zwei Mal. Danach beschränkte sich der Kontakt auf den Austausch von Weihnachtskarten.

RÜCKKEHR UND TRIUMPH

Anfang der 1970er-Jahre wurde es für Konrad Lorenz langsam Zeit, sich auf seine Emeritierung vorzubereiten. Sein übermächtiger Status als Gründervater der Ethologie machte es allerdings schwierig, am Max-Planck-Institut in Seewiesen einen Nachfolger für ihn zu finden. Wie kaum ein anderer Forscher personifizierte Konrad Lorenz das von ihm mitbegründete Fach und schuf so eine unauflösliche Verbindung seiner charismatischen Persönlichkeit mit einem bestimmten Forschungsansatz und Forschungsstil. Die Wissenschaftshistorikerin Lorraine Daston – selbst langjährige Direktorin eines MPI-Instituts – und ihr Kollege Otto Sibum prägten für diese besondere Spezies von Wissenschaftler den Begriff »scientific persona«.[661] Auf wenig andere Forscher trifft diese Bezeichnung so gut zu wie auf Konrad Lorenz.[662]

Um die Suche einigermaßen zu erleichtern, organisierte die Max-Planck-Gesellschaft im November 1971 an Lorenz' Wirkungsstätte eine sogenannte Nachfolgekonferenz. Fünf international renommierte Wissenschaftler sollten die bisherige Arbeit des Instituts evaluieren und Vorschläge zur Weiterführung ausarbeiten. Zu diesen »foreign five« zählten unter anderem auch Ernst Mayr, Niko Tinbergen sowie Max Delbrück. Wie nicht weiter überraschend lobte das fünfköpfige Gremium in seinem Bericht die bisherige Arbeitsweise des Instituts und empfahl die Weiterführung des »Holst-Lorenz«-Experiments mit seiner Zweiteilung in einen beobachtend-beschreibenden Ansatz auf der einen Seite und einen physiologisch-analytischen auf der anderen.[663] Gerade diese Verbindung würde auch in Zukunft die Stellung des Seewiesener Instituts als international führendes Zentrum der Verhaltenswissenschaften festigen. Als Leiter wären nach Ansicht dieses Gremiums der Neuroethologe Franz Huber und der Lorenz-Schüler Wolfgang Wickler erste Wahl.[664]

Im Anschluss an die internationale Kommission gaben auch die amtierenden Abteilungsdirektoren des Max-Planck-Instituts für Verhaltensphysiologie – Jürgen Aschoff, Konrad Lorenz, Horst Mittelstaedt und Dietrich Schneider – eine einstimmige Empfehlung zur Weiterführung des Institutes ab. Für die Abteilung Ethologie von Konrad Lorenz schlugen sie die Berufung des Holländers Gerard Baerends gemeinsam mit Wolfgang Wickler vor. Baerends war der Wunschkandidat von Lorenz und sei »der prominenteste zu gewinnende Ethologe weltweit«.[665] Er sei mit Seewiesen vertraut, spreche Deutsch und habe noch zwölf Jahre zur aktiven wissenschaftlichen Arbeit. Ähnlich positiv fiel auch Lorenz' Urteil über Wickler aus, der schon sein Student in Buldern gewesen war. Er sei der prominenteste seiner direkten Schüler, besitze »ein enzyklopädisches Wissen auf den Gebieten der allgemeinen Zoologie, der Stammesgeschichtsforschung und der vergleichenden Verhaltensforschung«, sei »ein scharfer analytischer Denker«, bleibe aber doch »ein beschreibender Naturwissenschaftler, wie dies der echte Phylogenetiker auch sein soll«.[666]

Der größte Gegensatz zur internationalen Kommission bestand im Willen der Direktoren, dass Konrad Lorenz als Emeritus die Möglichkeit haben sollte, in Seewiesen die Gänsearbeit weiterzuführen. Er sollte ein neues Gänsehaus und einen eigenen Etat erhalten, einschließlich einer wissenschaftlichen und einer technischen Assistentenstelle. Das Max-Planck-Institut sei schließlich am Eßsee eingerichtet worden, um die Arbeit mit Wasservögeln zu ermöglichen. Am 11. Dezember 1972 schilderte der »Seewiesener Patriarch« Lorenz seinem Wunschnachfolger Baerends in einem langen Brief, wie er sich seine eigene Zukunft vorstelle. Einerseits wolle er sich in Altenberg

»ein schönes Aquarium bauen«. In Seewiesen möchte Lorenz aber auch einen bescheidenen Platz beanspruchen – und würde seinen Nachfolgern ganz sicher nicht zur Last fallen:

> »Was ich zu Ende führen will und muss, sind gewisse Untersuchungen an Gänsen über die persönlichen Beziehungen zwischen den Individuen verschiedener Familien. [...] Dazu muss ich im Frühjahr drei oder vier Gösselscharen aufziehen und im Herbst, zur Zugzeit, die Gänse außerhalb des Geländes auf ›neutralem‹ Gebiet beobachten.«

Eine Assistenten- und eine technische Assistentenstelle wollte er sich mit dem neuen Direktor teilen. Lorenz räumte zwar ein, dass es für die beiden Kolleginnen natürlich Schwierigkeiten mache, zwei Herren zu dienen. »Aber ich bin überzeugt, dass wir uns darüber freundschaftlich einigen werden. Wohnen will ich im sogenannten Birkenhaus hinter der Garage, aus dem Frau von Holst im kommenden Sommer auszieht.«[667] Baerends dürfte die Aussicht auf einen Verbleib des »Übervaters« Lorenz in einem von ihm geleiteten Institut eher abgeschreckt haben. Er machte es gegenüber der Max-Planck-Gesellschaft zur Voraussetzung für sein Kommen, dass Lorenz Seewiesen verlässt. Das war natürlich nicht im Sinne von Lorenz, denn sein Interesse galt neben den Fischbeobachtungen auch dem Abschluss seiner langjährigen Gänseuntersuchungen, was in Altenberg nicht möglich war. So wandte sich Baerends vertrauensvoll an seinen Lehrer Niko Tinbergen, ob dieser Lorenz nicht zum Weggang aus Seewiesen bewegen könnte, was Tinbergen denn auch in einem Brief versuchte:

> »Ich bin der Meinung: je größer eine Persönlichkeit, desto mehr ist es für einen Nachfolger notwendig, dass er nicht bleibt. Es ist immer traurig, wenn so etwas passiert, aber ich denke, es ist zu schwierig für den Nachfolger eines solchen Giganten, wie Du einer bist, wenn er diesen immer noch in der Nähe hat.«[668]

Tatsächlich ließ sich Lorenz schweren Herzens dazu überreden, Seewiesen zu verlassen. Wesentlich erleichtert wurde dieser Schritt dadurch, dass man kurzfristig eine Möglichkeit gefunden hatte, seine über 200-köpfige Gänsekolonie mit nach Österreich zu übersiedeln. Nachdem Anfang März 1973 also alles im Sinne von Baerends geklärt schien, sagte dieser dem Präsidenten der MPG, Reimar Lüst, überraschend ab. Der Niederländer begründete seinen Entschluss unter anderem damit, dass die Aufbauarbeit in Seewiesen zu lange dauern würde und er in der Zwischenzeit neue Angebote seiner Universität Groningen erhalten habe.[669] Dem sehr enttäuschten Lorenz schrieb Baerends auch einen Brief mit ähnlichen Erklärungen – aber auch einer ganz persönlichen Entschuldigung:

> »Dass mein Entschluss für Dich eine Enttäuschung sein würde, hat mich am längsten zurückgehalten, besonders weil ich [...] selbst erfuhr, wie unbefriedigend es ist, zurücktreten zu müssen, wenn es für die Nachfolge keine optimale Lösung gibt. In Deinem Falle ist aber eigentlich eine adäquate Nachfolge eine Unmöglichkeit.«[670]

Letztendlich wurde dann mit der Bestellung von Wolfgang Wickler und Franz Huber eine »Hauslösung« gefunden, die wissenschaftlich befriedigend war und die der Empfehlung der internationalen Kommission folgte. Zu diesem Zeitpunkt war Lorenz jedoch schon voll mit der Übersiedlung beschäftigt.

Dass in so kurzer Zeit ein geeigneter Platz für seine Tiere in Österreich gefunden werden konnte, war ein echter Glücksfall. Schließlich arbeitete Lorenz nicht mit Mäusen oder anderen Labortieren, sondern mit einer großen Schar frei fliegender Gänse. Wie schon 35 Jahre zuvor, als Konrad Lorenz aus russischer Kriegsgefangenschaft nach Hause kam, war es auch diesmal wieder Otto Koenig, an den sich Lorenz wandte – der tatsächlich eine Heimstätte vermittelte. Koenig betrieb Anfang der 1970er-Jahre als Gast der

Herzog-von-Cumberland-Stiftung im oberösterreichischen Almtal ein Projekt über Rauhfußhühner. Er war sich sicher, dass das weitläufige, naturbelassene und einsame Tal mit seinem gepflegten Wildpark ideal sei für die Gänsehaltung. Organisatorisch sollte Lorenz' neue Wirkungsstätte Koenigs Institut für Vergleichende Verhaltensforschung der Österreichischen Akademie der Wissenschaften angeschlossen werden. »Ich werde also gewissermaßen bei Otto Koenig Assistent«, war seine typische Reaktion.[671]

Über Koenigs Vermittlung entstand der Kontakt zum damaligen Forstverwalter der Stiftung, Karl Hüthmayr. Dieser war von der Idee, den berühmten Biologen in dem abgeschiedenen Tal anzusiedeln, schnell begeistert. Entscheiden musste jedoch sein Chef und Eigentümer der Ländereien, Ernst August Prinz von Hannover. Durch die Fürsprache von Karl Hüthmayr und dem adeligen Lorenz-Schüler Antal Festetics erklärte der Prinz sein Einverständnis und stellte ein altes Mühlengebäude am Ufer des Almflusses zu einem nominellen Mietpreis zur Verfügung. Das Gebäude war umgeben von gänsegerechten Wiesen und einigen Teichen. Zudem richtete die Cumberland-Stiftung flussaufwärts oberhalb des Wildparks eine ausgedehnte Teichanlage mit drei kleinen Hütten zur Handaufzucht der Junggänse ein. Die Anlage trägt heute noch die Lorenz'sche Bezeichnung »Oberganslbach«.

Otto Koenig, dessen Verehrung für sein Vorbild so weit ging, dass er sogar denselben Bart trug wie Lorenz und deshalb von Spöttern »Lorenzulus« genannt wurde, war es auch, der für eine mediengerechte Inszenierung der »Heimkehr eines der größten Söhne Österreichs« sorgte. Mit diesen Worten präsentierte er nämlich seinen Lehrer in seiner höchst populären Fernseh-Tiersendung namens »Rendezvous mit Tier und Mensch« Mitte Juni 1973. Gemeinsam mit Lorenz war damals auch die österreichische Wissenschaftsministerin Hertha Firnberg ins Studio gekommen, um dem Ethologen ihre Reverenz zu erweisen. Die Sendung sorgte in Österreich auch für einiges Echo

– weil nämlich die sozialistische Ministerin, eine elegante Dame von Welt, eine Krokodilledertasche unter dem Arm trug. Lorenz wurde angesichts dieses Accessoires zur Nebensache degradiert.

Das sollte sich vier Monate nach diesem Fernsehauftritt schlagartig ändern, als die Nobelpreisträger des Jahres 1973 bekannt gegeben wurden und der Jubel in Österreich besonders groß war: Erstmals seit vielen Jahren gingen gleich zwei der weltweit höchsten wissenschaftlichen Auszeichnungen mit Konrad Lorenz und Karl von Frisch an Österreicher – auch wenn beide nach 1950 in Deutschland geforscht hatten. Immerhin war der eine gerade wieder nach Österreich zurückgekehrt, während der 86-jährige von Frisch, einer der ältesten Nobelpreisträger überhaupt, deutsch-österreichischer Doppelstaatsbürger war.

Am Tag der Bekanntgabe – dem 12. Oktober 1973 – lag Konrad Lorenz mit einer hartnäckigen Grippe im Bett, als das Telefon läutete. Also nahm Margarethe Lorenz einen Anruf aus Stockholm entgegen. Es war ein schwedischer Journalist, der um ein Interview mit ihrem Gatten bat. Mit Verweis auf dessen Gesundheitszustand lehnte sie strikt ab. So blieb dem Anrufer nichts anderes übrig, als darauf hinzuweisen, dass ihr ein Anruf aus Stockholm Anfang Oktober doch etwas bedeuten sollte. Und da klingelte es auch bei Margarethe Lorenz. Kurz darauf meldete sich ein Nachbar, der aufgeregt berichtete, was er gerade im Radio gehört hatte – und damit war es offiziell: Konrad Lorenz war gemeinsam mit seinem Landsmann, dem Bienenforscher Karl von Frisch, sowie dem Niederländer Nikolaas Tinbergen der Nobelpreis für Physiologie oder Medizin des Jahres 1973 zuerkannt worden. Und schließlich langte dann auch noch ein Eiltelegramm aus Stockholm ein, bei dem die Altenberger Postmeisterin aus dem Nobel- allerdings einen »Nopelpreis« machte.

Damit fand eine wissenschaftliche Karriere fast gleichzeitig mit ihrem »offiziellen« Ende ihren krönenden Abschluss. Denn 1973 war auch das Jahr, in dem der mittlerweile 70-jährige Lorenz endgültig emeritierte und sich von seiner leitenden Funktion am Max-Planck-Institut in Seewiesen zurückzog. Die Zuerkennung des Nobelpreises, der höchsten Auszeichnung, die die wissenschaftliche Welt zu vergeben hat, kam in diesem Moment zwar etwas unerwartet. Eine völlige Überraschung war die Auszeichnung jedoch nicht. Seit Jahren war Lorenz bereits als Kandidat gehandelt worden, seine erste Nominierung stammt aus dem Jahr 1953 durch den Pädiatrie-Professor Albrecht Peiper aus der damaligen DDR.[672] In den Jahren unmittelbar vor 1973 wurde er mehrmals als Top-Favorit gehandelt. 1971 war er im Vorfeld der Nobelpreis-Verkündungen bereits von Journalisten besucht worden, die ihm voreilig gratulierten und ein Interview mit ihm machen wollten. »Natürlich bist Du darauf vorbereitet gewesen«, schrieb entsprechend sein alter Freund, der Zoologe Otto Koehler, in einem Gratulationsbrief unmittelbar nach Bekanntgabe der Nachricht. Und zwar »besser als ich, der seit vier Jahren von solchen Eingaben wusste und Vorschlagsberechtigten habe helfen dürfen«.[673]

Eine der ersten Reaktionen von Konrad Lorenz, nachdem er diesmal zu Recht von der Auszeichnung informiert worden war, war angeblich der Seufzer: »Wenn mein Vater das noch hätte erleben können!« Das Bedauern des Laureaten erklärt sich dabei nicht nur aus seiner lebenslangen engen Bindung an den Vater: Der berühmte Orthopäde war von 1904 bis 1933 insgesamt achtmal für den Nobelpreis nominiert worden. Angeblich verfehlte er bei den Diskussionen des Nobelkomitees einmal die Zuerkennung nur um eine Stimme.

Dass er 1973 doch endlich die höchste wissenschaftliche Ehrung erhalten sollte, muss für Lorenz ein besonderes Gefühl der Genugtuung gewesen sein – nicht nur wegen seines nicht ganz friktionsfreien Abgangs aus Seewiesen, sondern auch wegen der wachsenden Lorenz-Gegnerschaft in Nordamerika, die von den behavioristischen Psychologen über Anthropologen wie Ashley Montagu bis hin zu Leon Eisenberg reichte. Der US-amerikanische Psychiater hatte erst 1972 in der renommierten US-Wissenschaftszeitschrift *Science* einen kritischen Artikel über Lorenz' NS-Texte publiziert, dabei aber einen schwerwiegenden Fehler begangen. So gab es im engsten Lorenz-Umfeld Befürchtungen, dass »Amerika, insbesondere unsere dortigen bösen Feinde«, den Nobelpreis für Lorenz »zu Fall gebracht hätten«.[674] Und auch der deutsch-amerikanische Evolutionsbiologe Ernst Mayr bemerkte in seinem Gratulationsbrief mit etwas Schadenfreude, »dass durch diese Ehrung die ganzen Idioten geärgert werden, die sich auf einen engstirnigen Environmentalism verrannt haben«.[675]

Wie aber kam es dazu, dass Konrad Lorenz gemeinsam mit Tinbergen und von Frisch der Preis zuerkannt wurde? Wer hatte ihn dabei unterstützt? Und wer hatte ihn womöglich boykottiert? Die genauen Hintergründe dieser Preisvergabe werden sich im Detail erst im Jahr 2024 klären lassen, denn die diesbezüglichen Dokumente und Unterlagen der Nobel-Stiftung werden erst 50 Jahre nach der Verleihung des jeweiligen Nobelpreises öffentlich zugänglich gemacht. Einige Wissenschaftler, die zu den Vorschlagsberechtigten zählten, haben aus ihrer Nominierung von Lorenz allerdings kein Geheimnis gemacht. So setzte sich etwa der 1939 emigrierte deutsche Biochemiker Max Delbrück, der 1969 den Medizin-Nobelpreis erhalten hatte, nachweislich für Lorenz ein.[676]

Im Juli 1971 langte auch ein Brief des Biophysikers Eugene Rabinowitch beim Nobelpreiskomitee des Karolinska-Instituts in Stockholm ein, der die »Gründer der modernen Wissenschaft der Verhaltensforschung«, namentlich Konrad Lorenz und Karl von Frisch, für den Nobelpreis vorschlug. Der aus Sankt Petersburg gebürtige Wissenschaftler hatte in Deutschland studiert und geforscht, ehe er vor den Nationalsozialisten flüchten musste. Als er Lorenz nominierte, war Rabinowitch Professor in New York und Chefredakteur des einflussreichen *Bulletin of Atomic Scientists*; in den Jahren zuvor hatte er die Pugwash Conferences on Science and World Affairs geleitet, die selbst 1995 mit dem Friedensnobelpreis ausgezeichnet wurden.

Der politisch engagierte Forscher meinte in seinem Brief, dass der »rezente Fortschritt im Verständnis von tierischem Verhalten wahrlich revolutionär« sei, würdigte den enormen Zeitaufwand der Forschungen, was in der höchsten Tradition der Hingabe an die Wissenschaft stehe. Rabinowitchs Schluss daraus: »Ich schlage vor, dass es gerecht wäre, den nächsten Preis in Physiologie oder Medizin zwischen den beiden größten Pionieren dieses Feldes zu teilen – Karl von Frisch und Konrad Lorenz.«[677]

Abgesehen von solchen bekannten Einzelinitiativen hatte sich in den späten 1960er- und frühen 1970er-Jahren aufgrund der zahlreichen internationalen wissenschaftlichen Ehrungen für Lorenz abgezeichnet, dass der Verhaltensforscher in hohem Maße »Nobelpreis-verdächtig« war: Zwischen 1966 und 1971 hatte er fünf Ehrendoktorate der Universitäten Basel, Yale, Oxford, Loyola in Chicago und Durham erhalten. Dazu kam 1969 der exklusive deutsche Orden Pour le Mérite für Wissenschaft und Künste, dem nur 30 Mitglieder angehören dürfen. Lorenz war außerdem seit 1968 Mitglied der Zoologischen Klasse der Königlichen Akademie der Wissenschaften in Stockholm und als solches auch selbst vorschlagsberechtigt für den Nobelpreis.

Rund um diese Auszeichnungen und Ehrungen stellten sich auch viele Kontakte zu anderen Nobelpreisträgern und anderen vorschlagsberechtigten Wissenschaftlern her. So war Lorenz Mitglied der exklusiven Frensham Group, die auf Initiative des holländischen Industriellen und Philanthropen Oscar van Leer gegründet wurde. Diese Gruppe, der zahlreiche Nobelpreisträger angehörten, beschäftigte sich in regelmäßigen informellen Treffen mit möglichen Zukunftsperspektiven für die Menschheit – Lorenz hatte sie in einem Brief einmal prophetisch als »Kindergarten für Nobelpreisträger« bezeichnet.[678]

Rein inhaltlich betrachtet war die Verleihung des Nobelpreises für Physiologie oder Medizin an die drei Verhaltensforscher und

Zoologen insofern außergewöhnlich, weil alle drei nicht im engeren Sinn der Medizin oder der Physiologie zuzurechnen waren. Zwar hatten Lorenz und von Frisch Medizin studiert, aber im eigentlichen Sinne hat keiner der drei Laureaten medizinisch geforscht. Die Bezeichnung »Verhaltensphysiologie« für Lorenz' Institut hatte sehr viel mehr auf von Holst als auf Lorenz zugetroffen. Zudem war es so, dass in der bisherigen Vergabepraxis nie Preise für Entdeckungen etwa aus der Physiologie der Pflanzen oder der niederen Tiere, zu denen die Bienen zählten, vergeben worden waren. Deshalb vermuteten auch einige Beobachter, dass sich das Stockholmer Komitee bzw. das Karolinska-Institut an eine ältere Fassung von Alfred Nobels Testament aus dem Jahre 1893 gehalten hat, aus der hervorgeht, dass Nobel ursprünglich ganz generell bedeutende Pioniere der Wissenschaft belohnt sehen wollte. Und das waren die drei allemal.

Die Freude blieb allerdings nur kurz ungetrübt. Schon wenige Tage nach der Verlautbarung erschienen in deutschen und österreichischen Zeitungen die ersten Artikel über eine mögliche Nähe von Konrad Lorenz zum NS-Regime. Eine »Studiengruppe für Sozialanthropologie« der Universität Wien hatte mehrere in- und ausländische Zeitungsredaktionen mit brisantem Material beliefert – nämlich mit Kopien seiner »Domestikationsarbeit« aus dem Jahr 1940, in der sich Lorenz besonders stark dem NS-Regime, seiner Sprache und seiner Ideologie angebiedert hatte.[679] Sowohl die Wiener *Arbeiter-Zeitung* als auch das Hamburger Nachrichtenmagazin *Der Spiegel* zitierten in ihren Ausgaben vom 22. Oktober 1973 Auszüge aus diesem Text.

Diese Angriffe der Presse kamen – ähnlich wie der Nobelpreis – nicht ganz unerwartet. Bereits im Jahr zuvor hatte der US-amerikanische Psychiater Leon Eisenberg in der renommierten US-Wissenschaftszeitschrift *Science* einen kritischen Artikel publiziert, in dem ausführlich aus dem Domestikationsartikel zitiert worden war.[680] Dieser Artikel enthielt freilich auch eine »wirklich gemeine Fälschung«, wie Lorenz in einem Brief an Niko Tinbergen zu Recht beklagte[681]: Tatsächlich hatte Eisenberg beim Satz »Für gewöhnlich wird der Vollwertige auch schon von sehr geringen Verfallserscheinungen an einem Menschen des anderen Geschlechtes besonders stark abgestoßen« den Begriff Geschlecht mit »race« – also Rasse – übersetzt und nicht mit »sex«, was Lorenz zu einem eindeutigen Rassisten machte.[682]

Bereits bei der Verleihung des Ehrendoktorates der kleinen englischen Universität Durham 1972 war sein Domestikationsartikel als Argument gegen Lorenz ins Treffen geführt worden. Niko Tinbergen hatte eine breite Diskussion darüber im letzten Moment gerade noch verhindern können:

> »Im strengsten Vertrauen: Smith aus Durham und ich hatten enorme Mühen, einen Dummkopf in Durham zu unterdrücken, der versuchte, das [die NS-Vergangenheit von Lorenz, Anm.] wieder gegen Dich vorzubringen, um Dein Ehrendoktorat zu verhindern. [...] Und jetzt scheint dieser *Science*-Artikel von Eisenberg die Dinge wieder aufzurühren.«[683]

Wie zuvor Eisenberg beschränkten sich auch die österreichischen und deutschen Medien rund um die Nobelpreisdiskussion darauf, aus der alten Arbeit zu zitieren und nicht weiter nachzufragen, ob es möglicherweise nicht auch noch andere Texte aus dieser Zeit geben könnte oder womit Lorenz in der NS-Zeit beschäftigt gewesen war. Selbst nach einer möglichen Parteimitgliedschaft wurde nicht recherchiert, obwohl von einzelnen Stimmen aus dem Ausland längst der Verdacht geäußert worden war, dass Lorenz NSDAP-Mitglied und aktiver Nationalsozialist gewesen sein könnte.[684]

In der österreichischen Presse wurde aber auch übersehen, dass es noch einen anderen Preis gab, den Lorenz gerade erst erhalten hatte: Am Sonntag, dem 21. Oktober – also am Tag vor den ersten medialen Angriffen auf den Verhaltensforscher – wurde ihm in Abwesenheit der mit DM 10.000 dotierte »Schillerpreis des Deutschen Volkes« des »Deutschen Kulturwerks Europäischen Geistes« verliehen. Der Präsident des »Kulturwerks«, Karl Günther Stempel, war im Juli 1973 an Lorenz herangetreten und hatte ihn gefragt, ob er den Preis annehmen würde – und Lorenz sah keinen Grund, dies abzulehnen. Im Gegenteil, während eines Besuches von Stempel in Seewiesen hatte Lorenz »das Gefühl einer fundamentalen Bundesgenossenschaft im geistigen Sinn«, und er würde sich freuen, mit Stempel »wertphilosophische Fragen zu diskutieren«.[685] Lorenz kannte Stempel aus den Sitzungen der Bayrischen Akademie der Wissenschaften, der beide angehörten. Auch gegen den von Stempel vorgeschlagenen Laudator Heinrich Härtle hatte Lorenz nichts einzuwenden. Ob er wusste, dass Härtle einst Sekretär des NS-Chefideologen Alfred Rosenberg war, ist unbekannt. Jedenfalls wollte er ihn vor der Preisverleihung noch gerne treffen und lud ihn für Anfang September nach Seewiesen ein.[686]

Lorenz musste den Feierlichkeiten im Oktober dann aufgrund seiner hartnäckigen Grippe fernbleiben, so nahmen sein Sohn Thomas und einer seiner engsten Schüler, der Humanethologe Irenäus Eibl-Eibesfeldt, den Preis entgegen. Die beiden wurden nach dem Festakt von einem anwesenden Journalisten darüber aufgeklärt, dass das »Kulturwerk« als rechtsradikal eingestuft würde. Und auch Eibl-Eibesfeldt war bereits zuvor ein Verdacht gekommen, als er auf der Bühne Flammenschalen auf germanischen Schwertern erblickt hatte.[687] »Beinahe wären wir da in eine ganz böse Sache hineingeschlittert«, berichtete Eibl-Eibesfeldt in einem Brief an seinen Lehrer über die Veranstaltung: »Wie ich mittlerweile erfuhr, sind diese Leute vom Bundesverfassungsgericht als rechtsradikal eingestuft. Unangenehme Leute, die offenbar gar nichts aus der Geschichte gelernt haben und einen primitiven Biologismus verzapfen.«[688] Noch am selben Tag, an dem er diese Nachricht erhielt, entschloss sich Konrad Lorenz, die Preissumme an die Menschenrechts-NGO »Amnesty International« weiterzugeben. Da sich das Kulturwerk aber weigerte, das Preisgeld zu überweisen, bezahlte Lorenz die Summe daraufhin aus eigener Tasche.

Obwohl dieser Vorfall damals von der österreichischen Öffentlichkeit unbemerkt blieb, stellte sich Lorenz nun doch offensiver seinen Kritikerinnen und Kritikern. Denn unmittelbar nach dem Aufkommen der Anschuldigungen war Lorenz' erste Reaktion eher uneinsichtig ausgefallen: In der österreichischen Tageszeitung *Kurier* hatte er zwar einerseits wissen lassen, dass ihm die Sache peinlich sei. Andererseits hieß es da in äußerst schroffem Ton: »Ich war nie politisch. Jeder, der mich in die Nähe der Nazi stellen will, ist eine Dreckschleuder.«[689] Wäre damals schon sein NSDAP-Antragsgesuch bekannt gewesen, hätte sich Lorenz mit einer solchen Aussage mehr als nur blamiert.

Der Verhaltensforscher reagierte nun auch auf die zahlreichen kritischen Fragen, die man in der *Arbeiter-Zeitung* mit der Veröffentlichung der NS-Textpassagen an ihn gerichtet hatte, weil er damals krankheitsbedingt zu keinem Interview bereit gewesen war. Am 1. November 1973 veröffentlichte die Zeitung seine Erwiderung, in der Lorenz allerdings nicht näher auf die Fragen einging. Er bat vielmehr um Verständnis für seine seinerzeitigen wissenschaftlichen Anliegen, mit denen er nach wie vor befasst sei:

> »Wenn Sie die ganze Arbeit gelesen hätten, hätten Sie ohne Zweifel bemerkt, dass ich mich dort zwar in der uns heute mit Recht verhassten Sprache des Naziregimes ausdrücke, dass aber nur die Terminologie und nicht die Ideologie meiner Arbeit mit den Rassetheorien jenes Regimes konform geht. Es ging mir darum, zu zeigen, dass die zunehmende Domestikation des Menschen seine Menschlichkeit bedroht. Dieses Problem, das mich auch heute noch intensivst beschäftigt, hat sich mir damals zum ersten Mal aufgedrängt, und die Arbeit entsprang der Hoffnung, dass ich wenigstens bei einigen Zeitgenossen offenes Ohr finden würde.«[690]

Die Redaktion der *Arbeiter-Zeitung* war damit wenig zufrieden: »So leid es uns tut, Herr Professor: Aber unsere Fragen sind unbeantwortet geblieben.« Das einzige Interview, in dem Lorenz von Angesicht zu Angesicht kritisch mit seiner Vergangenheit konfrontiert wurde, fand eine Woche später in Altenberg statt. Ähnlich wie die *Arbeiter-Zeitung* konfrontierte der niederländische Journalist Jules Huf den Verhaltensforscher mit einigen Zitaten aus seiner Arbeit aus dem Jahr 1940, aber auch mit dem, was er in späteren Arbeiten geschrieben hatte, etwa über »sozial minderwertiges Menschenmaterial«.

> »Huf: ›Ein Mensch ist doch niemals minderwertig.‹ Lorenz: ›Das würde ich leugnen. Ein Mensch mit ethischen Verfallserscheinungen, deren es heute enorm viele gibt [...], ist tatsächlich wertphilosophisch nicht dasselbe wie ein vollwertiger anständiger Mensch. Es gibt gute und böse Menschen, das steht schon in der Bibel, und das ist nicht wahr, dass die gleich gut sind.‹«[691]

Im Lauf des langen Interviews, in dem Lorenz angeblich mehrmals die Gesichtsfarbe wechselte[692], stellte Huf auch unvermittelt die Frage, weshalb Lorenz der NSDAP beigetreten sei. Dessen Antwort war genauso eindeutig wie falsch: »Ich kann Ihnen schwarz auf weiß versichern, dass ich nicht in der NSDAP war.« Nur in zwei Punkten machte der fast 70-Jährige gegenüber Huf gewisse Zugeständnisse: Zum Begriff »Ausmerzen« meinte er, dass das ein Terminus sei, »von dem ich abrücke, ganz sicher«.[693] Und generell gestand er ein, »dass es ein dummes Unterfangen war, zu glauben, dass man diese Leute bessern kann. Das war völlig naiv.«[694]

Auch angesichts dieses Interviews schaltete sich Simon Wiesenthal, der Huf gut kannte, in die Diskussion ein: Er schrieb einen offenen Brief an Konrad Lorenz, den er zugleich auch an das Nobelpreiskomitee weiterleitete. Darin appellierte er indirekt an Lorenz, die Teilnahme an den Feierlichkeiten in Stockholm abzusagen und den Preis zurückzugeben: Er habe sich, so Wiesenthal, zunächst »absichtlich aus der Diskussion um den Nobelpreis [...] herausgehalten, um die Reaktionen in diesem Zusammenhang zu studieren«. Er kenne nun seine Antwort, und diese missfalle ihm. Wiesenthals Schlussfolgerung: »Der Nobelpreis darf durch die Verleihung an Sie, der einst zu den Thesen einer unbarmherzigen Diktatur stand, nicht entwertet werden.«[695]

Ob es nun der Appell Wiesenthals war oder doch der erhebliche Druck der Medien: Lorenz gab unmittelbar vor seiner Abreise nach Stockholm am 7. Dezember 1973 in Wien eine Erklärung gegenüber der Österreichischen Presseagentur APA ab. Darin war nun erstmals von tiefem Bedauern die Rede, auch wenn er sich wieder auf vorsätzliche Fehldeutungen seiner Gegner berief. In jener Presseerklärung hieß es nämlich, dass er »bei allem Verständnis für die Kritik« dennoch deutlich sagen müsse, dass seine »Ausführungen von damals missverstanden, zum Teil sogar stark entstellt« worden seien. Lorenz fand immerhin auch die folgenden Worte:

> »Wenn ich domestikationsbedingte genetische Veränderungen auch heute noch für höchst gefährlich halte, bedauere ich rückblickend doch zutiefst, dass ich mich überhaupt jemals der Terminologie der Zeit bedient hatte, die in der Folge zum Werkzeug so schrecklicher Zielsetzungen geworden ist. Viele andere hochanständige Wissenschaftler haben wie ich kurze Zeit Gutes vom Nationalsozialismus erhofft und haben sich bald davon mit dem gleichen Entsetzen abgewendet, wie ich es tat. Wer mich jener Ideologie bezichtigt, möge sich durch die Lektüre meiner Bücher über meine wirklichen Anschauungen informieren. Die gesamte wissenschaftliche Forschung meines Lebens diente dem sicherlich humanitären Ziel der Selbsterkenntnis des Menschen.«[696]

Belege dafür, dass und wie er sich mit Entsetzen abgewendet habe, lieferte er nicht. Gleichwohl drohte die Ehrung für sein Lebenswerk in der schwedischen Hauptstadt zum Spießrutenlauf zu werden. Sein Freund und Schüler, der schwedische Verhaltensforscher Sverre Sjölander, hatte ihn im Vorfeld davor gewarnt, dass auch in Schweden eine öffentliche Diskussion ausgebrochen sei und Lorenz sich darauf vorbereiten solle: In einer großen Abendzeitung sei zwei Tage zuvor ein Artikel erschienen, in dem es frei übersetzt geheißen habe, dass »Dummköpfe Hitlers Rassenbiologen den Nobelpreis gegeben« hätten. »Aber es gibt auch ernste Kritik, und momentan steht es so, dass viele Leute nicht recht wissen, was du, Konrad, eigentlich gesagt oder geschrieben hast, da Zitate einfach fabriziert werden.«[697]

Lorenz reiste am 7. Dezember gemeinsam mit seiner Frau, seinem Sohn Thomas und dessen Gattin Beatrice, den Enkeln Maximilian, Joachim und Phillip und seinem Neffen Florian im Zug nach Stockholm. Dort angekommen, wurde ihm und seiner Frau aus Angst vor Demonstrationen oder Angriffen für die Zeit seines Aufenthalts ein Sicherheitsbeamter zur Seite gestellt.[698] Den Auftakt der Feierlichkeiten machte ein Empfang des Karolinska-Instituts am darauffolgenden Abend. Wie sich Schwiegertochter Beatrice erinnerte, wurden sie sehr gastfreundlich empfangen, alles sei schön und eindrucksvoll gewesen. »Aber da waren auch viele Journalisten, die unangenehme Fragen stellten und Konrad und Gretl überhaupt keine Ruhe ließen.«[699]

Am nächsten Tag versuchte Konrad Lorenz seinen Kritikern vor Ort den Wind aus den Segeln zu nehmen. Er lud in die englische Botschaft, wo er eine internationale Pressekonferenz gab, vor der zumindest die Gattin und die Schwiegertochter einige Angst hatten. Lorenz war freilich nicht allein, sondern hatte Niko Tinbergen an seiner Seite, der aufgrund seiner Internierung während der NS-Zeit ein besonders glaubwürdiger Fürsprecher für Lorenz war. Und so ging auch alles gut aus: Lorenz wiederholte seine Beteuerungen, dass es ihm leidtue, dem Nationalsozialismus eine Zeit lang positive Seiten abgewonnen zu haben. Er bedaure zutiefst, damals angenommen zu haben, dass die NS-Doktrin im Dienst der Wahrheit gezügelt werden könnte.

ILS SONT COMME ÇA
LES GENS
LE BON SAVANT AUX OIES FAIT SON AUTO-CRITIQUE
Au moment où il reçoit son prix Nobel : « J'ai été fou », dit Lorenz, en réponse à Simon Wiesenthal qui l'accuse d'avoir été nazi...

Ein Nazi als Nobelpreisträger? Im Dezember 1973 thematisierten etliche internationale Medien (wie hier *Paris Match*) die »braune« Vergangenheit von Lorenz.

Tinbergen schließlich »stand Konrad so freundschaftlich zur Seite, dass alles freundlich verlief«, wie sich die Schwiegertochter erinnerte.[700] Und der Co-Laureat aus den Niederlanden meinte im Rückblick auf die ganze Sache: »[D]as ist die Strafe, die man dafür zahlen muss,

Am Höhepunkt des Ruhms: 1973 erhielt Konrad Lorenz den Nobelpreis, beim anschließenden Dinner saß er neben Lisbeth Palme, der Frau des schwedischen Ministerpräsidenten.

so berühmt zu sein – sie wählten Dich, weil Du in den Nachrichten warst. It's rotten luck [Saupech, Anm.], aber wenigstens konnten wir dieses ›Duett‹ während der Pressekonferenz gemeinsam singen.«[701]

Bei der festlichen Zeremonie hielt der Präsident des Nobelpreis-Komitees, Professor Börje Cronholm, die feierliche Festansprache auf die drei Laureaten, die besonders poetisch ausfiel – und spielte gleich zu Beginn auf Konrad Lorenz' wohl bekanntestes Buch *Er redete mit dem Vieh, den Vögeln und den Fischen* an, das in der englischen Übersetzung *King Solomon's Ring* heißt:

> »Einer alten Fabel nach, von einem von Ihnen zitiert, besaß König Salomo einen Zauberring, der ihm die Kraft verlieh, die Sprache der Tiere zu verstehen. Sie sind die Erben König Salomos insofern, als Sie in der Lage gewesen sind, Informationen zu entziffern, welche Tiere unter sich vermitteln, und Sie können tierisches Verhalten deuten.«[702]

Da es sich ja um den Nobelpreis für Physiologie oder Medizin handelte, wies Börje Cronholm in seiner Rede auch auf die Bedeutung der drei Verhaltensforscher für die Medizin hin:

> »Abgesehen von ihrer Bedeutung an sich haben Ihre Entdeckungen einen weitreichenden Einfluss auf solche medizinischen Disziplinen gehabt wie Sozialmedizin, Psychiatrie und psychosomatische Medizin. Aus diesem Grunde geschah es sehr in Übereinstimmung mit dem Geiste in Alfred Nobels Testament, als die Medizinische Fakultät des Karolinska Institutes Ihnen den Nobelpreis dieses Jahres verlieh.«[703]

In der Tat war auch Lorenz als Arzt und Psychiater tätig gewesen. Darauf wies er auch in seiner Autobiografie für das Nobelkomitee hin, die jeder Laureat verfassen muss. Lorenz erwähnte darin, dass er im August 1941 als Arzt zur deutschen Armee eingezogen worden war. Und weiter hieß es in diesem Text:

> »Ich hatte Glück, eine Anstellung in der Abteilung für Neurologie und Psychiatrie des Spitals in Posen zu finden. Obwohl ich nie medizinisch praktiziert hatte, wusste ich genug über die Anatomie des Nervensystems und über Psychiatrie, um meinen Posten auszufüllen. Wieder hatte ich das Glück, auf einen guten Lehrer zu treffen, Dr. Herbert Weigel, einer der wenigen Psychiater dieser Zeit, die die Psychoanalyse ernst nahmen. Ich hatte die Möglichkeit, aus erster Hand Kenntnis über Neurosen, vor allem Hysterie, und über Psychosen, vor allem Schizophrenie, zu erlangen. Im Frühjahr 1942 wurde ich an die Front in die Nähe von Witebsk geschickt und zwei Monate später gefangengenommen.«[704]

Bei dieser Darstellung seiner ärztlichen Karriere hat Lorenz die Umstände seines Einsatzes als Arzt und Psychologe bei der Wehrmacht einigermaßen beschönigt. Er verschwieg nicht nur die Mitarbeit an der völkerpsychologischen Studie von Hippius, sondern ließ vor allem im Dunkeln, dass er in Posen tatsächlich Psychiatrie nicht nur »lernte«, sondern auch eigenverantwortlich praktizierte – und zwar nicht bis zum Frühling 1942, sondern bis zum Frühling 1944.

Es wird sich wohl nie klären lassen, ob Lorenz diese zwei Jahre in seiner Nobel-Autobiografie bewusst verschwieg, ob er sie unbewusst verdrängte oder ob es sich schlicht um einen Druckfehler handelte. Was das Nobelkomitee von seiner Zeit zwischen 1938 und 1944 und insbesondere über seine Zeit in Posen wusste, wird man erst 2024 erfahren. Und reine Spekulation wird auch danach blieben, ob das Wissen um seine Mitarbeit an der Hippius-Studie oder die Praxis seiner psychiatrischen Tätigkeit in Posen für das Nobelkomitee nicht doch Gründe gewesen wären, Lorenz den Nobelpreis vorzuenthalten.

In seiner offiziellen Begründung, ihm den Nobelpreis zuzuerkennen, würdigte das Stockholmer Komitee insbesondere seine Forschungen über das Phänomen der Prägung. Auch über diese Begründung lässt sich streiten – was nun nicht heißen soll, dass Lorenz' wissenschaftliche Verdienste nicht laureabel gewesen wären. Man saß damals aber wohl dem weitverbreiteten Irrtum auf, dass Lorenz dieses Phänomen sowohl entdeckt als auch verbreitet hat. Der Verhaltensforscher selbst hat es besser gewusst und sich diese »Entdeckung« nicht wirklich auf die Kappe geschrieben. Tatsächlich hatte bereits im 19. Jahrhundert der Hobbyornithologe Spalding Prägungsphänomene bei Hühnerküken beobachtet. Und Oskar Heinroth, Lorenz' verehrter Lehrer, hatte dieses merkwürdige Verhalten ebenfalls bereits im Detail studiert und auch benannt. Die Prägung war also, bevor sie Lorenz an seiner Graugans Martina zuerst populärwissenschaftlich und dann wissenschaftlich beschrieb, ein alter Hut, was er selbst nur zu gut wusste. Wenn Lorenz der Entdecker war, dann also nur insofern, als er das Phänomen gemeinsam mit bzw. nach Heinroth als Erster richtig verstand.[705]

Vielleicht auch wegen dieses Missverständnisses und der Diskussion um seine Vergangenheit war der Verhaltensforscher beim traditionellen Nobelbankett im »Goldenen Saal« des Stockholmer

Rathauses besonders bemüht, die Autorität und die weisen Entscheidungen des Komitees zu würdigen. Er hielt beim Festessen, bei dem Margarethe Lorenz neben König Karl Gustav und Konrad Lorenz neben der Frau des schwedischen Ministerpräsidenten saß, stellvertretend für alle Preisträger die Dankesrede, in der er unter anderem meinte, dass sich in einer sonst seltenen Einmütigkeit Wissenschaftler der ganzen Welt den Urteilen der Stockholmer Experten anschließen würden. Er hätte zwar oft Meinungsverschiedenheiten darüber gehört, ob die Zuerkennung eines literarischen Nobelpreises oder die eines Friedensnobelpreises berechtigt sei, bei einem wissenschaftlichen Nobelpreis hätte er das aber noch nie erlebt.[706]

Zwei Tage später hielt Lorenz dann die obligatorische Nobelvorlesung. Als Thema behandelte er »Analogie als Quelle der Erkenntnis«[707] – und kein »wertphilosophisches« Problem, wie er ursprünglich vorgeschlagen hatte. In Vorbereitung auf diese Rede hatte der Verhaltensforscher nämlich in einem Brief an den damaligen Direktor der Nobelstiftung gemeint, »dass, wenn ich überhaupt Verdienste aufzuweisen habe, die mich des Nobelpreises würdig erscheinen lassen, diese in den Warnungen vor den Gefahren genetischen und kulturellen Verfalles, von dem die Menschheit bedroht wird, liegen«.[708] Darüber schreibe er gerade ein Buch und würde auch gerne darüber sprechen. Jedoch: »Wenn sich daraus irgendwelche Komplikationen ergeben sollten, bin ich natürlich gerne bereit, ein anderes Thema zu wählen.«[709] Genau dazu riet ihm dann auch Professor Bengt Gustavsen, einer der Angehörigen des Nobelkomitees, in weiser und wohl auch politisch motivierter Voraussicht.

Nicht ohne Stolz berichtete er seinem Freund und Kollegen Otto Koehler in seinem Brief über die Ereignisse in Stockholm: »Zum ersten Mal in der Geschichte des Nobelpreises hat der König einer Nobelvorlesung zugehört, nämlich unserer. Es waren drei Hörsäle mit TV angeschlossen, und es waren lauter junge Leute da, und alle waren begeistert.«[710] So nahm die Nobelpreisverleihung trotz aller

Befürchtungen für Lorenz ein in jeder Hinsicht gutes Ende. Auch die »Angeiferungen« hätten endlich aufgehört, berichtete er Koehler: Die linksradikalen Zeitungen hätten umgeschwenkt bzw. seien still geworden. Man habe ihm zudem »von höchst berufener Stelle angeraten«, nach seinem offiziellen Brief an die Austria Presse Agentur »keine Geifer-wegwischenden Schriebe« mehr von sich zu geben.[711] Damit war für Lorenz die Sache zumindest kurzfristig ausgestanden. Der mit 5. Jänner 1974 datierte Brief erreichte seinen Adressaten allerdings nicht mehr: Otto Koehler starb am 7. Jänner 1974.

DER GUTE MENSCH VON ALTENBERG

> »Über die Aufregungen der Nobelpreisverleihung bin ich leider noch gar nicht hinweg, es türmen sich Wäschekörbe unerledigter Post, und in meinem Arbeitszimmer kann man sich noch nicht rühren, weil die Bücher noch unausgepackt in den Packkartons der Speditionsfirma herumstehen.«[712]

Das Jahr 1974 begann für Lorenz so, wie das vorige geendet hatte: mit viel unerledigter Arbeit. Dazu kam, dass die Festivitäten für Lorenz und seine Frau etwas zu viel gewesen waren und ihren Tribut forderten. In Lorenz' Alter könne man eben nicht an einem Tag eine wichtige Vorlesung, ein Seminar und eine Abendveranstaltung verkraften, meinte er in seinem Antwortschreiben an den Chemiker Adolf Butenandt, ein Jahrgangskollege und ebenfalls ehemaliges NSDAP-Mitglied, der den Nobelpreis bereits 1939 erhalten hatte. Und weiter:

> »Meine Frau und ich sind unmittelbar nach der Heimkunft erkrankt, mit der ungemein traurigen Folge, dass ich im Bett gelegen bin, als mein Abschiedskolloquium an der Akademie in München stattfinden sollte. Dabei war mein Freund Eckhard Hess, der so ungern fliegt, extra zu dieser Feier aus Amerika herübergeflogen und hat noch durch die Druckdifferenz einen Bluterguss im Auge bekommen, und ich konnte ihn nicht einmal sehen.«[713]

Abgesehen von den Hunderten Gratulationsschreiben, die zu beantworten waren, hatte der frischgebackene Nobelpreisträger und

Neoemeritus auch anderes vor. Lorenz hatte sich zumindest noch zwei große Forschungsprojekte vorgenommen. Zum einen wollte er im oberösterreichischen Grünau seine Langzeitstudien an Graugänsen fortführen, die er mehr als drei Jahrzehnte zuvor in Buldern begonnen hatte. Zum anderen schaffte er sich für Altenberg wie lange geplant ein riesiges Aquarium an, um seine Fischbeobachtungen fortzusetzen.

Das Aquarium sollte eines der schönsten und größten werden, das einem Privatgelehrten je zur Verfügung stand. Der Transfer der Gänse wiederum, der bereits im Juni 1973 stattgefunden hatte, stellte eine zoologische Pionierleistung dar. Mit Ausnahme der kleinen Gänseübersiedlung nach Königsberg im Jahr 1940, die kläglich gescheitert war, gab es dafür keinerlei Anhaltspunkte und Erfahrungen. Dennoch stürzte Lorenz sich sofort mit dem ihm eigenen »pathologischen Optimismus« (Lorenz über Lorenz) und »mit all seiner ansteckenden Begeisterung in das neue Unternehmen«, wie sich seine Mitarbeiterin Sybille Kalas erinnerte, die seit 1971 die Gänse mitbetreute.[714]

Alles musste schnell passieren, denn Lorenz' Plan war es, die jungen Gänse zu übersiedeln, solange sie noch nicht flügge waren. Und die älteren Gänse waren zu dem Zeitpunkt gerade in der Mauser, während der sie ebenfalls nicht in der Lage waren zu fliegen. Dadurch wollte er den Vögeln die unangenehme Prozedur ersparen, ihre Schwungfedern zu beschneiden, was sie für eine Saison flugunfähig gemacht hätte. Zudem hätten die gestutzten Gänse vor möglichen Feinden nicht fliehen können. Lorenz wollte bei der Übersiedlung die Bindung der Vögel an ihre menschlichen Ziehmütter – Sybille Kalas und Brigitte Kirchmayer – nutzen und hoffte, sie dadurch an das Almtal zu binden. Kalas: »Wir mussten einfach Tag und Nacht bei den Gänsen bleiben, weil diese versuchten, zu Fuß nach Seewiesen zurückzugehen.«[715]

Als die Gänse jedoch wieder fliegen konnten, gab es ganze Schwärme, die sich auf und davon machten. Von 248, die von

Seewiesen übersiedelt worden waren, hatten sich im darauffolgenden Jahr immerhin mehr als 100 in Grünau eingewöhnt. 40 weitere überlebten das erste Jahr nicht, 85 waren weggeflogen, wobei man von etwa 20 wusste, wo sie sich befanden: Sie waren wieder in Richtung Norden gezogen und ließen sich an den bayerischen Seen nieder, einige auch im Englischen Garten in München.[716] Es gab Gänsepärchen, die Jahr für Jahr zum Brüten nach Bayern flogen und mit den Jungen nach Grünau zurückkehrten. Gemessen an den Schwierigkeiten konnte man trotz der Verluste von einem Erfolg sprechen: Es war gelungen, eine halbzahme Gänsekolonie ans gebirgige Almtal zu gewöhnen, an eine Landschaft, die sich Graugänse selbst nie ausgesucht hätten.

Sein zweites Altersprojekt war das Riesenaquarium in Altenberg. Zuerst sollte im parkähnlichen Garten des Altenberger Domizils ein eigenes Gebäude für das Aquarium errichtet werden. Letztlich wählte er eine billigere Variante: Lorenz mietete ein Häuschen nahe der Einfahrt zu seinem Anwesen. Was Lorenz darin zum Teil selbst baute und einrichtete, stellte sogar die großzügigen Anlagen von Seewiesen in den Schatten. Das Hauptbecken hatte ein Fassungsvermögen von 32.000 Litern und maß knapp 4,5 mal 3,5 mal 2,5 Meter. Es war so kostspielig, dass Lorenz eine Hypothek aufnehmen musste. Die Gelder des Nobelpreises (knapp 100.000 DM nach damaligem Wert) und des Preises der Buchgemeinschaft Donauland, den er 1976 erhielt, kamen ihm gerade recht, um die Schulden zu begrenzen. Letztlich sollten beide Preisgelder nicht dafür ausreichen.

Für den Betrieb des Aquariums gab es vor allem Unterstützung durch die Österreichische Akademie der Wissenschaften[717] und aus dem Etat von Otto Koenig, dessen Biologische Station am Wiener Wilhelminenberg mittlerweile zu einem Akademieinstitut geworden war. Koenig und seine Mitarbeiter hatten sich bereit erklärt, durch Verringerung der eigenen Kosten die Mittel für den Betrieb von Lorenz' Aquarium zu beschaffen. Ein Jahr vor seiner Emeritierung in

Seewiesen schickte Koenig sogar einen Mitarbeiter, Alexander Erlach, nach Oberbayern, um für Lorenz die Aquaristik zu erlernen. Als das Aquarium in Betrieb ging, war es für Lorenz »einfach herrlich«.[718] So berichtete er seinem Freund Niko Tinbergen enthusiastisch:

> »Das Riesenaquarium mit direktem Sonneneinfall [...], starker Strömung und reicher räumlicher Struktur machen jeden hineingesetzten Meeresfisch so munter und unternehmungslustig, wie er es sonst nur bei einer sehr viel höheren Temperatur wird. [...] Mein großes Aquarium in Seewiesen war eben doch nur ein sehr großes Aquarium, während dieses Becken wirklich etwas ganz anderes ist. Schon im äußeren Benehmen der Fische [...] entstehen Bilder, die man sich im freien Meer, am Riff, gesehen zu haben erinnert, aber im Aquarium sonst nie vorkommen.«[719]

Mit den Fischen in Altenberg und den Gänsen im Almtal war er noch nicht ausgelastet. Mehr denn je engagierte sich Lorenz in Österreich für den Umweltschutz, zumal seine Stimme durch die Verleihung des Nobelpreises weiter an öffentlichem Gewicht zugenommen hatte. Im November 1973, also zwischen der Bekanntgabe und vor der Verleihung des Nobelpreises, setzte er seine weiter gewachsene Autorität zum Schutz der von Kraftwerksbauten bedrohten Wachau ein. Lorenz selbst meinte damals, er sei vom Sprecher der »Gruppe Ökologie« zu ihrem »Lautsprecher« geworden.[720]

Vor Politikern und Industriellen wetterte er dagegen, die Donau zu einer »internationalen Schifffahrtsrinne« auszubauen. Es sei nicht einzusehen, dass eine bestehende Flusslandschaft einem Kahn angepasst werden müsse und nicht der Kahn dem Fluss. Als ihm daraufhin gesagt wurde, er möge bei seinen Gänsen bleiben, da er von Donauschifffahrt nichts verstehe, antwortete Lorenz schlagfertig, dass er bereits seit 1930 das Kapitänspatent für Donauschiffe bis 2000 PS und einer Länge von 20 Metern besitze.[721]

Die österreichische Wochenzeitung *Die Furche* stellte darauf die Frage: »Konrad Lorenz – neuer ›Umweltpapst‹ für Österreich?« Und weiter hieß es:

»Professor Konrad Lorenz, seit Jahren wieder erster Nobelpreisträger aus Österreich, hat die Diskussion über den Umweltschutz wieder angeheizt. Mit seinem Bekenntnis gegen den Ausbau der Donau zur Wasserstraße und gegen den Bau weiterer Donaukraftwerke (›Die Donau droht, eine Kloake zu werden‹) scheint sich eine neue Phase der heimischen Umweltschutzdiskussion anzubahnen.«[722]

Tatsächlich prägte Konrad Lorenz wie kein anderer die Umweltschutzbewegung in Österreich und wurde zur ihrer Galionsfigur – auch wenn er sich gegen die Gründung einer grünen Partei aussprach. Sein Engagement für Umwelt und Natur reichte zurück bis in die 1960er-Jahre. Eine prägende Erfahrung für ihn wie für viele andere war das Buch *Der stumme Frühling* (1962) der US-Amerikanerin Rachel Carson. Die Biologin beschrieb darin, wie als Folge des Pestizideinsatzes Singvögel ausgerottet und die Gesundheit der Menschen gefährdet werden. Die »Mutter der modernen Ökologie«, wie sie vom US-Magazin *Time* genannt wurde, erschütterte damit die Chemiegläubigkeit nicht nur ihrer Landsleute. Lorenz, der sich in den 1960er-Jahren regelmäßig in den USA aufhielt, war beeindruckt, wie weit dort das ökologische Bewusstsein angeblich fortgeschritten war. An Karl von Frisch schrieb er:

»In Amerika ist es erfreulicherweise schon so weit, dass ein Mensch, der von den die Menschheit bedrohenden Gefahren nichts weiß, ziemlich allgemein als Trottel angesehen wird. Bei meinem letzten Aufenthalt in New York habe ich an Taxichauffeuren festgestellt, dass sie genau wissen, was das Wort Ecology bedeutet, und über DDT-Vergiftung des Landes, Air Pollution und Ozean-Vergiftung völlig auf dem Laufenden sind.«[723]

Als lokaler Naturschützer und -konservator hatte sich Lorenz schon in den 1950er-Jahren betätigt: In Buldern verwandelte er saure Wiesen zurück in eine Sumpflandschaft; etwas Ähnliches gelang ihm bei seiner Übersiedlung nach Seewiesen. Dort war das Torfmoor neben dem Eßsee durch Abzuggräben schon so gut wie trockengelegt, als die Max-Planck-Gesellschaft das Gebiet in Dauerpacht übernahm. Um die typische Moorvegetation zu erhalten, ließ Lorenz die Abzuggräben zuschütten, wodurch sich das Moor wieder anhob. Und als es sich trotz dieser Maßnahmen in einen Birkenwald zu verwandeln schien, wurden die Birken ausgejätet. Darüber hinaus engagierte er sich gegen Projekte in unmittelbarer oberbayerischer Umgebung, etwa eine Autoteststrecke in der Nähe von Seewiesen.

Einen ersten Schritt über den lokalen Naturschutz hinaus unternahm Lorenz 1966, als der Wildbiologe und Ökologie-Pionier Antal Festetics mit der Bitte an ihn herantrat, ihn beim Schutz der ungarischen Puszta zu unterstützen.[724] Auf seine Anregung hin schrieb Lorenz Briefe an prominente Kollegen, die sich dem Protest anschließen sollten. Die gewünschte Wirkung trat ein: Es wurde eine Kommission eingesetzt, die den Nationalpark Hortobágy-Puszta durchzusetzen wusste, der seit Anfang 1973 besteht. Der Nationalpark im Osten Ungarns bildet das größte Steppengebiet Mitteleuropas und gilt heute als einer der wertvollsten Naturlebensräume des Kontinents.

Lorenz wurde bewusst, dass Natur- und Umweltschutzanliegen durchsetzbar sind, sofern man Verbündete mobilisiert und die Massenmedien und die Öffentlichkeit zu solchen Verbündeten macht. Die Massenmedien sollten den Umweltschützern zur Seite stehen und die Probleme populär darstellen, schrieb Lorenz 1971 in der Zeitschrift *Kosmos*, denn: »Glauben Sie, Herr Nixon weiß wirklich, was Meeresverdreckung und Luftverschmutzung heißt? Er weiß nur, dass die Wähler das wissen.«[725] Was er daraus ableitete, fasste er ein Jahr zuvor in einem Brief an Karl von Frisch zusammen:

»Das einzige Druckmittel, das uns vernünftigen Leuten gegenüber Politikern zur Verfügung steht, ist die Beeinflussung der öffentlichen Meinung. Man muss eben in Rede, Schreibe und Massenmedien die schreienden Blödsinne, die allenthalben von den an der Macht Befindlichen begangen werden, so darstellen, dass die breiten Massen es verstehen und sich eine Meinung darüber bilden können, wie kurzsichtig die verantwortlichen Machthaber handeln.«[726]

Lorenz war sich seiner Möglichkeiten bewusst und setzte sie entsprechend ein. Ende der Sechzigerjahre erhielt der damalige Vorsitzende des Bundes Naturschutz (BN) Bayern, Hubert Weinzierl, einen »eher zornig auffordernden Anruf aus Seewiesen«, warum man ihn, Lorenz, denn nicht stärker für den Naturschutz einsetze. Er stünde jedenfalls zur Verfügung.[727] Seinen ersten größeren Auftritt hatte Lorenz wenig später am von Weinzierl mitorganisierten Bayerischen Naturschutztag im September 1970, zahlreiche weitere Auftritte dieser Art folgten.

1972 bildete sich um Weinzierl die »Gruppe Ökologie«, ein Kreis von Freunden, die sich eine Ökologisierung von Politik und Wirtschaft zum Ziel setzten. Die knapp 40 Mitglieder bestanden aus Biologen wie eben Lorenz, Irenäus Eibl-Eibesfeldt und Paul Leyhausen, aus Journalisten wie dem Fernsehmacher Horst Stern und aus vielen Umweltschützern. In interdisziplinären Diskussionsrunden erarbeiteten sie zahlreiche Grundsatzerklärungen und wurden damit in gewisser Weise zum deutschen Pendant des 1968 gegründeten »Club of Rome«, dessen Report *Grenzen des Wachstums* 1972 erschien und vor den globalen ökologischen, demografischen und ökonomischen Problemen der Menschheit warnte.

Am 20. Juli 1972 präsentierte die »Gruppe Ökologie« im Münchner Hofbräuhaus ein Manifest. Sprecher war natürlich Konrad Lorenz, der aufgrund des großen Andrangs kurzerhand auf einen Tisch stieg, um sich Gehör zu verschaffen. Das Foto dieses

Auftrittes war tags darauf auf allen Titelseiten der großen deutschen Tageszeitungen zu sehen. Der »Gruppe Ökologie« gelang damit der Durchbruch, und Umweltschutz wurde zu einem Thema der bevorstehenden Bundestagswahl.

Im »Ökologischen Manifest« wurden eine Reihe von Problemen benannt, die über die Natur- und Umweltschutzgedanken hinausgingen. Gleich im ersten Punkt warnten seine Autoren wie in Lorenz' *Acht Todsünden der zivilisierten Menschheit* vor den Gefahren eines Bevölkerungskollapses: »Wer die Überbevölkerung weiterhin fördert, bringt uns dem gemeinsamen Selbstmord näher. [...] Massenvermehrung erzeugt Massenelend und oft genug Massenvernichtung!« Mit der Bemerkung, es sei »geradezu unmoralisch, viele Kinder in die Welt zu setzen«, lieferte Lorenz den Medien wieder einmal die Schlagzeile.[728] Weitere Anliegen zählen heute zu ökologischen Selbstverständlichkeiten: Es müsse der Ideologie ein Ende bereitet werden, dass allein das wirtschaftliche Wachstum die Zukunft sichere. Des Weiteren sprach man sich gegen Monokulturen aus, forderte von der Landwirtschaft ein ökologisches Wirtschaften und andere Dinge mehr.

Lorenz' Engagement war von Respekt vor der Natur einerseits und seiner Sorge um die Zukunft der Menschheit andererseits getragen. Ein besonderes, aus seiner wissenschaftlichen Biografie erklärliches Anliegen war ihm der Schutz von Flussläufen und Feuchtbiotopen. Doch mitunter beging auch Lorenz selbst Sünden an der Natur. Hatte er sich in Seewiesen einerseits für die Erhaltung des Torfmoors eingesetzt, so verwandelte er andererseits den Eßsee mit Hundertschaften von Enten und Gänsen in eine regelrechte Kloake: Da der See nur über einen kleinen Zu- und einen ebensolchen Abfluss verfügte, führte das zu einer Überdüngung. Deren Folge war, dass er völlig veralgte und es zu einem Fischsterben kam. Eine andere Verfehlung resultierte indirekt aus dem Altenberger Aquarium, für das sich Lorenz in Schulden stürzte. Er sah sich deshalb gezwungen, zwischen 1977 und 1981 mehr als 10.000 Quadratmeter Land in der Umgebung des Elternhauses für damals insgesamt 1,6 Millionen Schilling – heute rund 400.000 Euro – zu verkaufen.[729] Damit beging er nach eigenen Worten die Todsünde der »Verwüstung des Lebensraums«. Aus dem Weizenfeld wurde eine Siedlung mit Badehütten und Einfamilienhäusern.

Lorenz' größte ökologische Herausforderung in den 1970er-Jahren war der Kampf gegen das Atomkraftwerk in der niederösterreichischen Marktgemeinde Zwentendorf, den er aus buchstäblich naheliegenden Gründen besonders leidenschaftlich führte. So wie Zwentendorf liegt auch Altenberg im niederösterreichischen Bezirk Tulln – dazu 20 Kilometer donauabwärts und genau in Hauptwindrichtung. Bereits 1976, als sich der Widerstand gegen das AKW formierte, war Lorenz einer der Ersten, der gegen die Kernenergie anschrieb. Er versuchte sachlich zu argumentieren, verbarg seine Gefühle jedoch keineswegs: »Ich gestehe, ohne mich dessen zu schämen: Ich habe einfach Angst – und nicht nur um mich und die Meinen.«[730] Zwischen 1976 und 1978, als das AKW fertiggestellt wurde, kam es zu etlichen Demonstrationen mit Tausenden von Teilnehmern. Bei Zwentendorf ging es nicht nur um ein Atomkraftwerk. Die seit Anfang der 1970er-Jahre in Österreich regierenden Sozialdemokraten unter Bundeskanzler Bruno Kreisky wollten damit auch die Modernität Österreichs unter Beweis stellen. Und so war der Konflikt keiner entlang der klassischen Achse rechts und links: Für das AKW traten neben Kreisky die Gewerkschaft, die Industriellenvereinigung, die E-Wirtschaft und zahlreiche Repräsentanten der bürgerlichen ÖVP ein.

Konrad Lorenz nutzte jede Gelegenheit, gegen die Inbetriebnahme des Kraftwerks aufzutreten: Er engagierte sich in der Arbeitsgemeinschaft »Nein zu Zwentendorf«, und er nahm im Rahmen der Initiative »Wissenschaftler gegen Atomkraftwerke« am 28. Februar 1978 auch beim parlamentarischen Atomkraft-Hearing teil. Er wandte sich scharf

Kämpfer gegen die Atomkraft: Konrad Lorenz nutzte 1978 jede Gelegenheit, um öffentlich – und letztlich erfolgreich – gegen das Kernkraftwerk Zwentendorf aufzutreten, wie hier in seinem Heimatbezirk Tulln.

dagegen, dass die »Nuklearphysiker als die einzigen für diese Fragen kompetenten Wissenschaftler« galten: »Die tatsächlichen Experten für diese Probleme seien die Ökologen«, so Lorenz.[731]

Trotz der Proteste beschloss der österreichische Nationalrat am 7. Juli 1978 mit den Stimmen der SPÖ die Inbetriebnahme von Zwentendorf. Zu diesem Zeitpunkt war das Kraftwerk nahezu fertig, die Uranbrennstäbe lagen bereit. Mittlerweile war jedoch die Gegnerschaft so groß, dass sich Kanzler Kreisky entschloss, eine Volksabstimmung durchführen zu lassen.

Am 5. November 1978 entschieden sich 50,47 Prozent der Österreicher gegen das AKW Zwentendorf, das damit zur teuersten Ruine des Landes wurde: Rund sechs Milliarden Schilling an Baukosten waren aufgelaufen, nach heutigem Wert rund 1,5 Milliarden Euro. Was für Bruno Kreisky eine der bittersten Niederlagen seiner Karriere wurde, war für Konrad Lorenz einer seiner größten Triumphe und wohl das schönste Geburtstagsgeschenk: Vier Tage nach der Volksabstimmung wurde Lorenz 75 Jahre alt. Seine laute Stimme hatte wesentlich zur Entscheidung gegen das Atomkraftwerk beigetragen. Er hätte sich verpflichtet gefühlt, »jede sich mir bietende Gelegenheit in Zeitung, Radio und Fernsehen zu ergreifen, um dagegen zu predigen«, schrieb er an Niko Tinbergen.[732] Der »an sich hohle Ruhm« des Nobelpreises habe dabei sehr geholfen, weil Lorenz »nämlich in der Abstimmung gegen das Atomkraftwerk Zwentendorf eine weit größere Wirkung entfalten konnte«.[733]

Im Herbst 1978 stellte Lorenz auch jenes Buch fertig, an dem er seit langem gearbeitet hatte: das Tinbergen gewidmete Einführungsbuch *Vergleichende Verhaltensforschung. Grundlagen der Ethologie.* Waren seine letzten Bücher im Piper-Verlag erschienen, so kam dieses nun bei Springer heraus, einem traditionsreichen Wissenschaftsverlag. Die Erklärung war so einfach wie originell, wie er Tinbergen mitteilte:

> »Dem Springer-Verlag bin ich nämlich durch einen Vertrag verpflichtet, nach dem ich das druckfertige Manuskript bis 31.6.1949 abliefern muss. Da sie mich noch nicht geklagt haben, fühle ich mich moralisch verpflichtet, ihnen das Buch zu geben.«[734]

Dem Band war das ursprüngliche Erscheinungsdatum durchaus anzumerken: Lorenz hatte längst aufgehört, die neue Literatur durchzuarbeiten, und war sich bewusst, »nicht mehr an der Front der Forschung« zu stehen.[735] Er wollte sich diese Schwäche zu einer Stärke machen, indem er versuchte, auf vergessene Traditionen und Linien der klassischen Ethologie hinzuweisen: »Ich bin mir völlig klar darüber, dass dieses Buch mehr ein Wegweiser als ein Lehrbuch ist, allerdings ein Wegweiser, der auf viele Wege weist, die von manchen sogenannten Ethologen völlig vergessen sind.«[736] Und so glaubte er, dass es dennoch oder gerade deshalb »vielleicht genau zur richtigen Zeit kommt, nur müsste es schnell ins Englische übersetzt werden«.[737]

In den 1960er- und 1970er-Jahren hatte sich die Verhaltensbiologie vor allem in den USA und in Großbritannien rasant weiterentwickelt, ohne dass Lorenz davon viel Notiz genommen hätte. Dabei hatte sich ein Paradigmenwechsel vollzogen, der mit einem neuen Forschungsansatz einherging und sich Soziobiologie nannte. Von deren Vertretern wurde eine Grundthese der klassischen Ethologie massiv infrage gestellt: nämlich die Erklärung von Verhaltensweisen durch ihre Bedeutung für die Erhaltung der Art. Anders als den Verhaltensforschern der älteren Generation ging es den Soziobiologen wie John Maynard Smith, William Hamilton und Edward O. Wilson nicht mehr um »arterhaltende«, sondern um »das Individuum erhaltende« Mechanismen. Mit dem Konzept der Individualselektion gelang es ihnen, Kooperationen und Konflikte im Tierreich neu zu interpretieren, die bisher mit dem romantischen Mythos vom »Überleben der Art« erklärt worden waren.

Ein oft zitiertes Beispiel, für das die klassische Ethologie kein zufriedenstellendes Modell anzubieten hatte, sind Kindstötungen oder Infantizide, wie sie bei manchen Affenarten und bei Löwen vorkommen. Wenn bei diesen Tierarten Männchen einen »Harem« neu übernehmen, töten sie alle Jungtiere, die nicht von ihnen stammen. Dieses Verhalten ist eindeutig gegen jedes Artinteresse gerichtet und erhöht nur den Reproduktionserfolg dieses einen Männchens. Zugleich widerspricht es der Lorenz'schen Lehre von einer angeborenen Tötungshemmung, die selbst im Kampf ums Territorium oder um Geschlechtspartner verhindere, dass sich Mitglieder einer gleichen Art töten. Fälle von Infantizid, die Lorenz nur von ganz wenigen Tierarten wie den Hauskaninchen kannte, tat er ab als Degenerationserscheinungen unter Domestikationsbedingungen. Die Soziobiologie vermochte ein derartiges Verhalten plausibler zu erklären, da sie ausschließlich das Individuum als Einheit der Selektion betrachtete.

Den Differenzen zwischen den Konzepten der Soziobiologie und der Ethologie lagen womöglich auch die unterschiedlichen

Gesellschaftskonzepte des angelsächsischen Raums und Deutschlands zugrunde: Während die USA und Großbritannien seit jeher stärker individualistisch orientiert waren, spielte in Deutschland das Kollektiv oder das Volk – vor allem im Nationalsozialismus – die zentrale Rolle: »Du bist nichts, dein Volk ist alles!«, hieß es damals. Lorenz betonte in jener Zeit die »völlige Unwichtigkeit des Einzelwesens im großen Entwicklungsgeschehen der Natur«.[738] Es fiel ihm Ende der Siebzigerjahre schwer, diese neue Erklärungsweise zu akzeptieren, und er rang jahrelang damit. Ihm schien es unerhört, von einem reinen Egoismus in der Natur auszugehen und jegliches Handeln für die Gruppe oder die Art als egoistisch zu betrachten. Zum Beispiel der kindermordenden Affen und Löwen meinte er:

> »Auf die Dauer ist das sicher keine gute Strategie, und wenn ein kindermordender Langur oder Löwe durch Mutation und Selektion die Erfindung macht, keine Babys umzubringen, so wird höchstwahrscheinlich seine Gruppe, woferne sie genug Zusammenhalt […] hat, äußerst erfolgreich sein.«[739]

Der einflussreichste Vordenker der Soziobiologie war der 2021 verstorbene US-amerikanische Biologe Edward O. Wilson, dessen Buch *Sociobiology. A New Synthesis* im Jahr 1975 erstmals eine umfassende Darstellung lieferte und gewissermaßen zur Bibel dieses neuen Ansatzes wurde. Wilson, der in den 1950er-Jahren stark von Lorenz beeinflusst worden war, schickte sein Buch unmittelbar nach Erscheinen an den Mitbegründer der Verhaltensforschung – so wie auch sämtliche Reprints seiner vielen wissenschaftlichen Artikel. Ähnlich wie Lorenz Jahrzehnte zuvor fasste der Ameisenspezialist in *Sociobiology* seine Erkenntnisse und die seiner Kollegen zu einer eigenständigen Synthese zusammen. Lorenz selbst wurde in Wilsons Buch, das bis heute nicht auf Deutsch übersetzt ist, auffällig wenig zitiert – und die wenigen Male zumeist negativ. Das war kein Zufall, denn Wilson wollte der klassischen Ethologie damit ganz bewusst den Rang streitig machen, wie er unverblümt im Vorwort schrieb: Jene und ihre Schwesternwissenschaft, die vergleichende Psychologie, standen für den Ameisenforscher nämlich »im Begriff, von der Neurophysiologie und der Sinnesphysiologie auf der einen und der Soziobiologie und Verhaltensökologie auf der anderen Seite kannibalisiert zu werden«.[740]

Lorenz bedankte sich dennoch bei Wilson für das ihm gewidmete Exemplar.[741] Ein Dreivierteljahr später hatte er darin noch nicht viel gelesen – bloß das 27. und letzte Kapitel, »das dafür wirklich«.[742] Vor allem dieser Abschnitt, der den Titel »Mensch: von der Soziobiologie zur Soziologie« trug, führte in den USA zu heftiger Kritik an Wilson. Noch radikaler als Lorenz zuvor in *Das sogenannte Böse* versuchte der Soziobiologe, darin eine »bessere Soziologie« auf Basis seiner Biologie zu formulieren. Vor allem vonseiten der angegriffenen Sozialwissenschaften trug ihm das heftige Kritik und Nazi-Vorwürfe ein. Auch unter seinen eigenen Kollegen in Harvard gab es viel Kritik. Es formierte sich sogar eine eigene Sociobiology Study Group, der unter anderen Stephen J. Gould angehörte. Die Auseinandersetzung wurde mitunter sogar handgreiflich: Bei der Jahresversammlung der American Association for the Advancement of Science (AAAS) im Februar 1978 wurde Wilson während seines Vortrages von einem Mitglied des International Committee Against Racism mit Wasser übergossen.

Hauptkritikpunkt war dabei der biologische Determinismus, auf den Wilson bei seinen Schlüssen von den Tieren auf die Menschen verfiel. Selbst Lorenz fand, dass Wilson die Differenz zwischen Menschen und Tieren nicht richtig begriffen habe:

> »Ich war ein wenig enttäuscht – und zugleich auch verdutzt – von der Tatsache, dass er nicht erwähnt, was ich für den größten Unterschied zwischen dem Menschen und allen anderen Tieren halte, nämlich die neue Methode, Information über konzepthaftes Denken und/oder syntaktische Sprache weiterzugeben.«[743]

Zudem bekrittelte er die Verallgemeinerungen, die Wilson seiner Meinung nach anstellte, womit er »die Biologie bei den Geisteswissenschaftlern in Misskredit gebracht hat«.[744] Die Basis für seine Schlüsse sei extrem einseitig, »weil er praktisch keine Tiere außer Insekten kennt, und er hat keine Ahnung, wie kompliziert die Dinge bei den Vögeln liegen, den Säugetieren und sogar bei den sozialen Korallenfischen«.[745] Nicht genug damit:

> »Ich bin jetzt alt genug, um frech zu sagen, was ich meine: Der gute Mann ist einfach nicht gescheit genug, um das durchzuführen, was er unternimmt. Sehr vieles ist einfach und eindeutig saudumm, z. B. seine Einteilung in ›höhere‹ und ›niedrigere‹ soziale Wesen.«[746]

Ein zweites Buch, mit dem die Soziobiologie eine breite Öffentlichkeit erreichte, war *The Selfish Gene* des britischen Evolutionsbiologen Richard Dawkins, das 1976 erschien und erst 1994 in deutscher Übersetzung herauskam. War Wilsons *Sociobiology* eher eine Art Lehrbuch für den Universitätsgebrauch, wandte Dawkins sich mit seinem Werk an breite Leserschichten. Er reduzierte darin die Selektion von der Ebene des Individuums auf die Ebene der Gene. Und auch er wählte sich die Ethologie, namentlich Lorenz und seinen Schüler Eibl-Eibesfeldt, zu den Gegnern, die es zu bekämpfen galt – mit den gleichen Argumenten wie Wilson:

> »Sie irrten sich, weil sie nicht richtig verstanden haben, wie die Evolution funktioniert. Sie gingen von der irrigen Annahme aus, das Wesentliche bei der Evolution sei der Vorteil für die Art (oder die Gruppe) und nicht der Vorteil für das Individuum (oder das Gen).«[747]

Niko Tinbergen, der Dawkins aus Oxford kannte, legte Lorenz das Buch dennoch ans Herz: »Du musst Richards *Das egoistische Gen* lesen. Ich habe ihm gesagt, dass er Dir gegenüber zu ›hart‹ war und dass Du viel mehr über Darwinismus weißt, als er denkt.« Es sei »außerordentlich gut geschrieben und als Ganzes brillant«. Dass Dawkins ihr altes Konzept der Arterhaltung kritisiere, sei zum Teil ja ihre eigene Schuld, weil sie derartige Ausdrücke in der Vergangenheit ein bisschen zu leichtfertig verwendet hätten.[748] Tinbergen schien von den Ideen der Soziobiologen sehr viel mehr angetan als Lorenz. Zwar fände auch er es schwer, »ihnen zu folgen, und bin auch skeptisch über einige ihrer Argumente und Ansichten, aber im Großen und Ganzen ist die Theorie, dass das Gen egoistisch ist und dass die Selektion in Adaptation resultiert, weil sie, durch die Gen-Träger, auf die Gene wirkt, eine schlüssige Schlussfolgerung«.[749]

Wie im Fall von Wilsons *Sociobiology*, so ließ sich Lorenz trotz Tinbergens Aufforderung mit der Lektüre von *Das egoistische Gen* lange Zeit. Er zeigte sich vom Auftreten dieser neuen Generation von Verhaltensbiologen etwas gekränkt: Es sei nämlich keineswegs so, dass die alten Ethologen zu dumm seien, die modernen ethologischen Sachen zu verstehen. Vielmehr sei es umgekehrt: »Diese neuen Sachen sind überhaupt nicht mehr das, was wir Ethologie nennen.«[750] Lorenz arrangierte sich bis zuletzt nicht wirklich mit der Soziobiologie. Einerseits schien sie ihm zu viel Aufhebens um Erkenntnisse zu machen, die den Klassikern wie Oskar Heinroth schon bekannt gewesen seien. Andererseits blieb er bestimmten soziobiologischen Erklärungsmodellen gegenüber skeptisch. Andere wieder – wie die Individualselektion statt der Gruppenselektion – schien er selbst zu erahnen.[751] Am schwersten war es wohl, dass eine Schule in der Verhaltensbiologie entstand, die nicht nur nicht auf seinen Erkenntnissen aufbaute, sondern diese sogar meist kritisierte.

Für die Nachfolger von Lorenz in Seewiesen schien die Soziobiologie hingegen ein Glücksfall, die, wie sein ehemaliger Assistent Norbert Bischof schrieb, »nach Lorenzens Wegzug aus Seewiesen in seinem leergeräumten Haus saßen und auf Ideen für einen unbelasteten Neustart warteten«.[752] Diese Ideen seien ihnen durch die Soziobiologie geliefert worden. Und noch ehe Lorenz die neue Entwicklung richtig mitbekommen und beurteilen konnte, hätten ihm seine früheren Schüler alte Äußerungen und Einstellungen zum Vorwurf gemacht. Lorenz sprach später in diesem Zusammenhang von einem »Ödipuskomplex«[753] bei seinem Nachfolger: »Der Wickler hat es ja jetzt mit der Soziobiologie, er muss bei allen Modetorheiten ›in‹ sein, ihm ist nur wohl, wenn er Lorenz'schen Ansichten widersprechen kann.«[754] Wolfgang Wickler erinnert sich, dass Lorenz bei späteren Gesprächen das Thema Soziobiologie ausgespart habe, weil sie nicht seine Sache gewesen sei: »Er hätte wahrscheinlich zu tief unten in seinem Weltbild etwas umschalten müssen. Und das hat er nicht gemacht.«[755]

In den 1970er-Jahren geriet nicht nur die angloamerikanische Soziobiologie in den Geruch, politisch weit rechts, wenn nicht gar faschistoid zu sein. Auch die Ethologie, insbesondere in Kontinentaleuropa, wurde damals von ihren Kritikern immer wieder dem rechten oder rechtsextremen Spektrum zugeordnet. Das hatte auch damit zu tun, dass umgekehrt und spätestens mit Lorenz' *Die acht Todsünden der zivilisierten Gesellschaft* die extreme Rechte auf die Ethologie und insbesondere Konrad Lorenz und sein Werk aufmerksam wurden. Und diese versuchte Vereinnahmung durch weit rechtsstehende Intellektuelle hielt weit über seinen Tod hinaus an.[756]

Einer der ersten und einflussreichsten Rechtsextremen, der um Lorenz buhlte, war der Chef der französischen Nouvelle Droite, Alain de Benoist. Damals noch keine 30 Jahre alt, veröffentlichte er nach der Nobelpreisverleihung an Lorenz in der von ihm mitherausgegebenen Zeitschrift *Nouvelle École* eine ausführliche Rezension der *Acht Todsünden*, für die ihn Lorenz lobte.[757] De Benoist vertritt die Idee einer Kulturrevolution von rechts. Mit dieser Strategie wollte und will er unverändert eine rechte kulturelle Hegemonie zunächst an den Universitäten und in den Medien erzeugen, um so die notwendigen Voraussetzungen für einen Machterwerb zu schaffen. Eine

Schlüsseldisziplin für die Nouvelle Droite stellt die Verhaltensforschung dar, vor allem, wenn sie biologisch deterministisch argumentiert und den Gleichheitsgrundsatz der westlichen Demokratien infrage stellt. Dazu fand de Benoist bei Lorenz Anhaltspunkte – so etwa in seiner Kritik an der von ihm als »pseudodemokratische Doktrin« bezeichneten Annahme, dass alle Menschen gleich geboren seien.

Lorenz erhielt die Zeitschrift *Nouvelle École* bereits seit 1971 unverlangt zugesandt. Im August 1974 kam es zu einer ersten persönlichen Begegnung von Lorenz und de Benoist, der ihn in Altenberg besuchte. Als Herausgeber des professionell gestalteten Magazins führte er ein umfangreiches Interview mit Lorenz, das – so wie die Zeitschrift – durchaus anspruchsvoll und seriös ausfiel und in einer Doppelnummer erschien, die ganz der Ethologie gewidmet war.[758] Einige Zeit später erschien dann unter der Rubrik »Biopolitik« eine französische Übersetzung eines typischen kulturkritischen Artikels von Lorenz aus den 1970er-Jahren, der den Titel »Zivilisationspathologie und Kulturfreiheit« trug[759] und der ein Aufguss der *Acht Todsünden* war.

Die Zeitschrift verfügt über ein Unterstützerkomitee, dem zu unterschiedlichen Zeiten auch Armin Mohler, der Holocaust-Leugner David Irving oder der Schriftsteller Arthur Koestler angehörten. Diese Liste von bekannten internationalen Intellektuellen wurde jeweils am Beginn der Ausgaben abgedruckt, um der Publikation Gewicht und Anerkennung zu geben. Anfang 1979 wurde auch Lorenz gefragt, ob er dem Unterstützerkomitee beitreten wolle. Prompt antwortete er zustimmend: Er fühle sich sehr geehrt, dem Comité de Patronage der *Nouvelle École* anzugehören, und dankte für seine Wahl, die er selbstverständlich annehmen wolle.[760]

Knapp ein halbes Jahr später erschien im *Spiegel* ein Artikel über die rechtsradikalen Inhalte von *Nouvelle École* und die Ideologien ihres Chefdenkers, der wiederholt unter Pseudonymen wie

Robert de Herte publizierte. Der Artikel sorgte für einiges Aufsehen; weitere Berichte, auch im Fernsehen, folgten – immer mit Nennung deutschsprachiger Sympathisanten wie Konrad Lorenz. Daraufhin wandte sich Helmut Gipper, Professor für Sprachwissenschaft an der Universität Münster und selbst im Comité de Patronage, an Konrad Lorenz, um ihm den Rückzug zu empfehlen. Selbstverständlich seien die Menschen, Völker und Kulturen nicht gleich, so Gipper, er möchte aber nicht, »wie Benoist es tut – daraus neue Wertungen ableiten, die an die Nazi-Ideologie erinnern«.[761]

Während Gipper unmittelbar das Unterstützerkomitee verließ, hatte es Lorenz damit nicht eilig. Er antwortete, er habe sämtliche Nummern der *Nouvelle École* durchgepflügt. Nun sei er selbst schon so oft »ohne jede Benachrichtigung angeschossen worden«, dass er zögere, dies seinerseits Alain de Benoist gegenüber zu tun, der eine gewisse Schwäche für jenen Romantizismus habe, »den auch Hitler liebte«. Mehr könne man ihm nicht vorwerfen, meinte Lorenz. Und weiter hieß es in seiner Einschätzung der Zeitschrift und ihres Herausgebers:

> »Gewiss neigt Benoist dazu, aus den Verschiedenheiten natürlich gewordener Kulturen Werturteile abzuleiten, die ich nicht ganz teile. […] Ich habe die Absicht, an Benoist einen ähnlichen Brief zu schreiben, wie Sie es getan haben, aber nur mit Ermahnung und nicht mit dem Rückzug meiner Teilnahme am Comité de Patronage. Ich stimme Ihnen auch nicht ganz darin bei, dass eine neue Ideologie sich in der *Nouvelle École* breitgemacht hat: Sie war schon immer da.«[762]

Es sollte ein ganzes Jahr dauern, bis sich Konrad Lorenz besann und sich ebenfalls aus dem Komitee zurückzog. Wie es dazu kam, geht aus der Korrespondenz jener Zeit nicht hervor. Möglich, dass ihm das Aufflackern des Neonazismus in Österreich um die Bundespräsidentschaftswahlen im Mai 1980 Sorgen bereitete: Damals erhielt der rechtsextreme Kandidat Norbert Burger, dessen Partei NDP 1988 verboten werden sollte, immerhin 3,2 Prozent der Stimmen. Während der Kandidatur war es zu heftigen Protesten, Hausdurchsuchungen bei Vertretern der rechtsextremen Szene und zum Verbot einschlägiger Organisationen gekommen. Lorenz schrieb im August 1980 »mit großem Widerwillen« einen Brief an Alain de Benoist, in dem er ihm seinen Austritt aus dem Unterstützerkomitee mitteilte:

> »Ich habe *Nouvelle École* immer geschätzt, obwohl ich schon früh eine Tendenz in Richtung Neo-Faschismus vermutet habe. Ich habe damals nicht geglaubt, dass Neo-Nazismus in irgendeiner Form eine Gefahr darstellen würde, mit anderen Worten, hielt ich sein Wiedererwachen für unmöglich. Aktuelle Ereignisse haben mir nicht Recht gegeben, und ich empfinde das dringende Verlangen, jeden Kontakt mit politischen Prozessen dieser Art – tatsächlich, jeder Art – zu vermeiden. Ich muss Sie deshalb, mit aufrichtigem Bedauern, auffordern, meinen Namen von der Liste des Comitee de Patronage des Magazins *Nouvelle École* zu streichen.«[763]

DAS ÖKOLOGISCHE GEWISSEN

Schwer auf seinen Stock gestützt und mit einem neuen Hörgerät ausgestattet, betrat Konrad Lorenz am 12. Jänner 1985 das tiefverschneite Martinschlössl in Klosterneuburg, das auf halbem Weg zwischen Wien und Altenberg gelegen ist. Im einstigen Schloss der Grafen Hoyos und vorübergehenden Wohnsitz der Trapp-Familie *(Sound of Music)* sollte es zu einer historischen Begegnung kommen. Aus der Hauptstadt war der österreichische Bundeskanzler Fred Sinowatz angereist, der sozialdemokratische Nachfolger von Bruno Kreisky. Er hatte den fast 82-jährigen Lorenz gemeinsam mit dem Gesundheitsminister seiner Regierung, Kurt Steyrer, ebenfalls von der SPÖ, sowie die Lorenz-Mitstreiter Bernd Lötsch und Antal Festetics zu einem »Versöhnungsmittagessen« geladen.

Für ein solches Versöhnungsgespräch bestand höchste Dringlichkeit, denn in den Wochen zuvor war es in Österreich zu tiefen innenpolitischen Konflikten gekommen: Bei Hainburg, 60 Kilometer stromabwärts von Wien nahe der slowakischen Grenze, sollte ein Wasserkraftwerk gebaut werden. Die Zerstörung einer einzigartigen Aulandschaft drohte. Um das zu verhindern, hatte sich eine Protestbewegung formiert, die zumindest dem Namen nach von Konrad Lorenz angeführt wurde.

Nachdem im Dezember 1984 mit den Rodungen des Auwalds begonnen worden war, besetzten Naturschützer die Au. Der friedliche Widerstand führte zu gewaltsamen Übergriffen der Exekutive. Es kam zu heftigen Protesten auf der Straße und in den Medien. Der Bundeskanzler, der hinter dem Kraftwerksprojekt stand, musste

Versöhnungsgespräch mit dem Bundeskanzler: Im Jänner 1985 traf sich Konrad Lorenz mit dem österreichischen Regierungschef Fred Sinowatz.

am 21. Dezember einen Weihnachtsfrieden erklären. Am 2. Jänner 1985 wurden die Rodungen in der Au endgültig gestoppt, und zwei Tage später gab Sinowatz sein »Elf-Punkte-Programm« für Hainburg bekannt. Dennoch war weiterhin ungeklärt, wie es mit dem Kraftwerksbau weitergehen sollte.

Bei geräucherter Forelle und Hirschbraten – Sinowatz bevorzugte Tafelspitz – kam man sich im Martinschlössl näher und konnte die festgefahrenen Fronten aufweichen. Insbesondere für Lorenz, den Vertreter der Umweltschützer, war das Gespräch ein durchschlagender Erfolg: Auf der anschließenden gemeinsamen Pressekonferenz meinte er jedenfalls mit Tränen in den Augen: »Ich war noch nie in meinem Leben so stolz, Österreicher zu sein.« Lorenz gab seiner Befriedigung Ausdruck, dass man zum »österreichischen Weg« des Miteinanderredens zurückgekehrt sei, und hoffte, dass die Hainburger Au erhalten bleiben und ein anderer Standort für das Kraftwerk, etwa in Wien, gefunden werden könnte. Gerührt sei er vor allem deshalb, weil es »erstmals in der Geschichte einer Regierung« möglich geworden sei, »dass Umweltschützer in direkten Kontakt mit einer Regierung treten können«. Österreich gebe damit »ein leuchtendes Beispiel« für andere Staaten. Er sei überzeugt, dass es nun »zu einer Umwertung aller Werte« komme. Er habe den Bundeskanzler und die Regierung unterschätzt und schäme sich für seinen Pessimismus. In Zukunft werde er ein »großer Kulturoptimist« sein.[764]

Was war geschehen? Hatte ihm Bundeskanzler Sinowatz etwa den Verzicht auf den Bau des Donaukraftwerkes zugesagt? Keineswegs. Sinowatz erklärte zwar, »die Gesamtheit der Donau in Zukunft als eine Einheit zu sehen« und neue Varianten für einen Kraftwerksbau prüfen zu lassen. Er betonte aber, dass nach wirtschaftlichen Überlegungen der Standort Hainburg der günstigste sei. Neu vorgeschlagene Varianten würden jedoch genau geprüft, und der Gedanke des Umweltschutzes werde dabei eine größere Rolle spielen. Wie es scheint, waren sich die beiden zwar nicht in der Sache, aber menschlich nähergekommen.

Dieses Gipfeltreffen zwischen dem Nobelpreisträger und dem Bundeskanzler war nicht nur einer der Höhepunkte von Lorenz' umweltschützerischem Engagement, sondern auch einer längeren Geschichte, die mindestens bis zur Verhinderung des Atomkraftwerks Zwentendorf im Jahre 1978 zurückging. Denn nachdem dessen Inbetriebnahme auch durch seine tatkräftige Unterstützung verhindert worden war, meinte er, dass er nun nicht auch noch gegen den Ausbau der Wasserkraft auftreten könnte. Und so kam es, dass fast unmittelbar vor seiner Haustür und ohne seine Proteste von 1981 bis 1985 bei Greifenstein ein Wasserkraftwerk errichtet wurde, das ebenjene Aulandschaft zerstörte, in der er seit seiner Kindheit ungezählte Stunden verbracht hatte, die so wichtig waren für seine Entwicklung zum Naturforscher.

Als der damalige österreichische Landwirtschaftsminister Günter Haiden von der SPÖ im Spätherbst 1983 das Kraftwerk Hainburg zum

»bevorzugten Wasserbau« erklärte, hatte sich unabhängig von Lorenz eine Protestbewegung zu formieren begonnen. Der World Wildlife Fund startete die Kampagne »Rettet die Auen« und begann vor allem mit Hilfe der *Kronen Zeitung*, Österreichs mit Abstand meistgelesener Tageszeitung, die Öffentlichkeit auf die drohende Zerstörung der einzigartigen Flusslandschaft aufmerksam zu machen. Zeitgleich formierte sich rund um den Ökologen Bernd Lötsch, damals Leiter des Instituts für Umweltwissenschaften und Naturschutz der Österreichischen Akademie der Wissenschaften, eine Gruppe aus Wissenschaftlern und Umweltschützern, die ein Volksbegehren gegen den Kraftwerksbau in die Wege leiten wollten. Um dem Ansinnen Nachdruck zu verleihen, fragte man bei Konrad Lorenz an, ob er zu einer Unterstützung bereit wäre. Der fühlte sich auf der einen Seite schon zu alt, um da noch an vorderster Front mitzukämpfen. Auf der anderen Seite war er wohl auch geschmeichelt und konnte sich auch mit den Zielen des geplanten Volksbegehrens identifizieren, das fortan seinen Namen tragen sollte.

Am Sonntag, dem 13. Mai 1984, erfuhren die Leser der *Kronen Zeitung* in einer dicken Schlagzeile: »Konrad Lorenz gibt den Startschuss zum Volksbegehren!« *Krone*-Herausgeber Hans Dichand hatte beschlossen, das Volksbegehren exklusiv zu unterstützen, und selbstverständlich musste die gesamte Redaktion hinter der Aktion stehen. Als Mittelsmann zwischen Lorenz und der Zeitung fungierte Bernd Lötsch, seitens der Zeitung war *Krone*-Redakteur und Umweltkämpfer Friedrich Graupe die Schlüsselfigur. Gemeinsam mit Lötsch hatte der Journalist Lorenz in Altenberg besucht, wo dieser mit seiner Unterschrift die Vorbereitungen zum Volksbegehren einleitete. Wegen einer Unpässlichkeit trug er dabei einen Schlafrock. Der Text, den er unterzeichnete, forderte die Errichtung von Nationalparks, die Rettung der Wälder und des Trinkwassers, Arbeitsplätze durch Umweltschutz. Vor allem richtete er sich gegen monströse Kraftwerke, und damit vor allem auch gegen die Au-zerstörende

Staumauer von Hainburg. Es war aber auch »ein Antrag, das Grundrecht aller Österreicher auf eine gesunde und lebenswerte Umwelt durch ein Verfassungsgesetz zu verankern«.[765]

Das Echo in den übrigen Medien war groß, wenn auch ambivalent. So hievte das österreichische Nachrichtenmagazin *profil* einen schwimmenden Konrad Lorenz mit der Überschrift »Der Löwe von Hainburg« auf das Cover. In der Titelgeschichte wurde Lorenz zur »Galionsfigur« des »grün-rot-schwarz-links-rechten« Volksbegehrens erklärt. Einmal mehr wurden in dem Text aber auch die dunkleren Seiten seiner Biografie und seine Artikel aus der NS-Zeit angesprochen. Weshalb Lorenz so besonders viel mediale Aufmerksamkeit erhielt, hatte auch damit zu tun, dass Bundeskanzler Sinowatz bereits vor dessen Unterschrift zum Start des Volksbegehrens im Mai 1984 öffentlich um einen Gesprächstermin ersucht hatte, um mit ihm »den Dialog zu suchen«.[766] Es war klar, dass Lorenz, der bei der Verhinderung von Zwentendorf eine wichtige Rolle gespielt hatte, längst zu einen innenpolitischen Machtfaktor geworden war, zumal wenn er von der mächtigsten Tageszeitung des Landes unterstützt wurde.

Lorenz war über das Gesprächsangebot zwar sehr erfreut, weil er in diesem Angebot »des Regierungschefs an einen Privatmann« ein Zeichen menschlicher Politik sah, »wie es nur in einem kleinen Land möglich ist«. In der Sache selbst allerdings gab er sich kompromisslos: Es sollte geklärt werden, »ob man wenigstens bereit ist, [...] den Auwald zwischen Wien und Hainburg vor großflächiger Rodung und landschaftsökologisch verheerenden Dammbauten zu retten«. Spätestens seit der Verwüstung seiner engsten Heimat, der Greifensteiner Au, an der er »mehr hing als an meinem Vaterhaus und an meinem Garten«, sei ihm in erschütternder Weise vor Augen geführt worden, »wie glaubwürdig die Beteuerungen der Planer vom umweltschonenden Kraftwerksbau waren«. Und Lorenz war wieder einmal Pessimist und Optimist zugleich:

> »Leider haben Sie sich, hochverehrter Herr Bundeskanzler, gerade in den letzten Tagen mehrmals so eindeutig (und mit anhaltend geballter Faust, wie ich als Verhaltensforscher anmerken darf) auf den Baubeschluss Hainburg festgelegt, dass ich zweifle, ob Sie sich den nötigen Spielraum bewahrt haben, um überhaupt noch auf meine Gegenargumente zu reagieren.«

Andererseits würde er ihm aber vertrauen, wirklich das Beste für das Land zu wollen. Aufgrund seiner »recht angegriffenen Gesundheit« bat er den Bundeskanzler jedoch, das Gespräch vertagen zu dürfen.[767]

Lorenz war der neuerliche Trubel um seine Person unangenehm, wie er sich zumindest bei Freunden im Ausland beklagte: »Im Augenblick bin ich durch ein Volksbegehren in die Politik geraten, was mir ganz und gar nicht passt.«[768] Gesundheitlich angeschlagen, wurde er in den folgenden Monaten durch seine Mitstreiter von den Medien abgeschirmt, so gut es eben ging. Doch je weiter die Vorbereitungen für das Volksbegehren voranschritten, desto mehr war man gezwungen, immer neue Mitteilungen von Lorenz zu verlautbaren, was unter Verwendung älteren Materials geschah. Bernd Lötsch betätigte sich dabei immer wieder als Ghostwriter, was von Lorenz gebilligt wurde: »Wenn man Lorenz'sche Schreibe mit Lötsch'scher Schärfe konzentriert und zuspitzt, kommt tatsächlich etwas heraus, was merkbar wirksamer ist als das Original«, meinte er in einem anerkennenden Brief an seinen Epigonen und Bewunderer[769], der ihn regelmäßig in Altenberg besuchte und dabei gleich noch einen Film über sein verehrtes Idol drehte.

Die öffentliche Diskussion um das Kraftwerk Hainburg war voll im Gange, als Niederöstereichs zuständiger sozialdemokratischer Landesrat Ernest Brezovsky Ende November 1984 den Bescheid zur naturschutzrechtlichen Baubewilligung ausstellte. Brezovsky verteidigte sich damit, dass sich auch Lorenz seinerzeit für den Kraftwerksbau ausgesprochen habe, woraufhin dieser den Landesrat öffentlich als »infamen Lügner« bezeichnete.[770] Der Bescheid löste sofort einen Proteststurm aus. Dennoch erteilte Landwirtschaftsminister Haiden die Rodungsbewilligung. Und so kam es, dass am 8. Dezember rund 8000 Menschen in Form eines Sternmarsches mit anschließender Kundgebung in die Au pilgerten, um dort die Rodungen am Wald und damit den Kraftwerksbau zu verhindern. Dabei passierte etwas in der österreichischen Geschichte Einmaliges: Viele Umweltschützer beschlossen, in der Au zu bleiben, und richteten sich trotz der tiefwinterlichen Verhältnisse »häuslich« ein: Zeltlager wurden errichtet, Barrikaden aus Baumstämmen gebaut. In den folgenden Tagen stieg die Zahl der Au-Besetzer auf über 5.000 Personen.

Dennoch fanden Mitte Dezember unter dem Einsatz der Exekutive erste Rodungsversuche statt, unterbrochen von ergebnislosen Verhandlungen zwischen den Vertretern des Konrad-Lorenz-Volksbegehrens und der Bundesregierung, die auf der einen Seite unter dem Druck der *Kronen Zeitung*, auf der anderen unter dem des mächtigen Gewerkschaftsbundes und der E-Wirtschaft stand. Am Morgen des 19. Dezember 1984 schließlich eskalierte die Lage. Es kam zu einem brutalen Polizeieinsatz, bei dem über 100 Auschützerinnen und Auschützer verletzt wurden. Lorenz fühlte sich rund um diese Geschehnisse alles andere als wohl. Er hatte, wie er später bekannte, »fürchterliche Angst, dass unter meinem Namen schauerliche Dinge passieren«.[771] Diese Angst war jedoch unbegründet: Die Demonstranten hatten immer nur gewaltfreien Widerstand geleistet. Am Nachmittag des 19. Dezember demonstrierten in Wien rund 40.000 Menschen gegen das Vorgehen der Regierung und gegen den Kraftwerksbau. Daraufhin erklärte Bundeskanzler Sinowatz unter dem Druck der öffentlichen Meinung einen »Weihnachtsfrieden«; dennoch verbrachten Tausende Menschen die folgenden Feiertage in der Au.

Auch der greise und gebrechliche Konrad Lorenz demonstrierte bei widrigen Bedingungen gegen das Kraftwerk: Er war damals der

»jüngste Alte« unter den 10.000 Jungen, wie einer seiner Mitstreiter, der Journalist und Gewerkschaftler Günther Nenning, schrieb. Und er war der prominenteste unter etlichen prominenten Intellektuellen, Künstlerinnen und Politikern, die sich gegen Hainburg engagierten – wie der Schriftsteller Peter Turrini, die Maler Friedensreich Hundertwasser und Arik Brauer oder die Grün-Politikerin Freda Meissner-Blau.

Lorenz war jedenfalls sichtlich gerührt von dem, was sich in der Au abspielte. Seine Weihnachtsgrüße an die Naturschützer fielen jedenfalls sehr pathetisch aus und würdigten insbesondere die Gewaltfreiheit der Protestbewegung:

> »Ich glaube allen Ernstes, dass noch nie vorher eine Massenbewegung wie die gegenwärtige so durchwegs von einem edlen Geiste getragen wurde, wie die unsere. [...] Der Mensch muss verstehen lernen, dass die Ermordung eines Bruders und das Umbringen eines Waldes zwar Verbrechen von verschiedener Schwere, aber Verbrechen am heiligen Geist des Weltalls sind. Das Vernichten der Lebensgemeinschaft, in der und von der wir Menschen leben, bedeutet in letzter Konsequenz nichts anderes als die Ermordung der ganzen Menschheit. Diese Überzeugung kann nicht mit Gewalt verbreitet werden. Ich glaube, dass noch nie in einem modernen Land eine Demonstration, die einem ähnlichen Umwerten aller Werte diente, so völlig ohne Anwendung von Gewalt vor sich gegangen ist.«[772]

Noch würde eine Hoffnung bestehen, die Regierung »entgegen der Tyrannis der Großindustrie« davon zu überzeugen, dass »unsere Sache eine gute Sache« sei – wozu Lorenz wenige Tage später persönlich Gelegenheit erhalten sollte. Am 12. Jänner 1985 kam es zu jenem eingangs dieses Kapitels geschilderten Gipfeltreffen zwischen Lorenz und Bundeskanzler Fred Sinowatz, das mit gegenseitigen Sympathiebekundungen zwischen den beiden und einer typisch österreichischen Lösung endete: nämlich die Entscheidung erst einmal zu vertagen. Wo der Regierungschef bei dem Treffen noch unverbindlich blieb, setzte das Höchstgericht kurz danach immerhin eine vorläufige Entscheidung: Es verbot bis zum Abschluss der laufenden Beschwerdeverfahren alle weiteren Rodungen. Die Au-Besetzung konnte beendet werden.

Doch das Volksbegehren hatte aufgrund dieses bedeutsamen Zwischenerfolgs einigermaßen an Dringlichkeit verloren, obwohl die *Kronen Zeitung* alles daransetzte, es zu einem Erfolg zu machen. Zwei Tage vor Beginn der Eintragungswoche titelte sie in Balkenlettern mit »Konrad Lorenz bittet um Ihre Unterschrift!« und druckte seinen Aufruf gleich darunter ab. Dennoch unterzeichneten zwischen dem 4. und 11. März 1985 nur 353.906 Österreicher (das waren 6,55 Prozent der Stimmberechtigten) das Begehren, womit seine Betreiber ihr Ziel – mindestens eine halbe Million Stimmen – klar verfehlten. Den Ausschlag gab schließlich auch nicht das Volksbegehren, sondern eine vom Bundeskanzler eingesetzte Ökologiekommission, die sich im Herbst 1985 klar gegen das Hainburg-Projekt aussprach. Damit war die endgültige Entscheidung gegen das Kraftwerk gefallen.

Hainburg hatte nicht nur zur zweiten großen Niederlage von Regierung, Sozialpartnern und E-Wirtschaft nach dem Desaster von Zwentendorf sieben Jahre zuvor geführt, sondern auch zur Politisierung von Tausenden vor allem jungen Menschen. Die Bereitschaft in der Bevölkerung, sich »grün« zu engagieren bzw. zu deklarieren, war ebenso gestiegen wie die Zweifel an der Umweltpolitik der drei im Parlament vertretenen Parteien. Und so gaben die dramatischen Ereignisse rund um den Jahreswechsel 1984/85 auch den entscheidenden Impuls zur letztlich erfolgreichen Kandidatur einer eher linken Grünpartei bei den Nationalratswahlen im Herbst 1986: Die »Grüne Alternative Liste / Freda Meissner-Blau« kam bei ihrem ersten Antreten auf 4,82 Prozent der Stimmen. Österreich hatte damit erstmals seit vielen Jahrzehnten eine vierte politische Kraft bekommen.

Konrad Lorenz, dessen Engagement gegen Hainburg zumindest indirekt zu diesem Wahlerfolg beigetragen hatte, war einer Grünpartei in den Jahren zuvor indes stets skeptisch gegenübergestanden – wie er für sich persönlich parteipolitisches Engagement überhaupt ablehnte. Die Nachfrage hätte sehr wohl bestanden. Unmittelbar nach seinen wirkungsvollen Auftritten gegen Zwentendorf war er von Vertretern der Freiheitlichen Partei Österreichs (FPÖ) vor der Nationalratswahl 1979 gefragt worden, ob er nicht für sie kandidieren wolle. »Politiker, das liegt mir nicht«, war damals Lorenz' eindeutig abschlägige Antwort. Als sich Anfang der 1980er-Jahre in Österreich erste überregionale grüne Listen zu formieren begannen, wurde er abermals zum gefragten Mann. Doch in einer großen Geschichte des österreichischen Magazins *Wochenpresse* im März 1982, das Lorenz dafür auch auf das Cover hievte, stellte er ein weiteres Mal klar, dass es keine Grünpartei geben sollte.[773]

Lorenz befand sich damals indes zweifellos in einer gewissen Bredouille. Auf der einen Seite stand er der Formierung der Vereinten Grünen Österreichs (VGÖ) durchaus positiv gegenüber. Nicht nur wurde diese Parteigründung von einem Lorenz-Freund, dem Geologieprofessor Alexander Tollmann, betrieben. Diese Partei war ihm aufgrund ihrer eher konservativen Ausrichtung wohl auch etwas näher als die sich zu dieser Zeit ebenfalls formierende Alternative Liste Österreichs (ALÖ), die auch weiter links stand. Auf der anderen Seite fühlte er sich wohl auch gegenüber der sozialdemokratischen Regierung (damals noch unter Bruno Kreisky) zu einer gewissen Loyalität verpflichtet: Erst wenige Monate zuvor war ihm bei einer hochrangigen Besprechung im Wissenschaftsministerium zugesagt worden, die Kosten für seine Gänsestation in Grünau zu übernehmen, da die Unterstützung durch die Max-Planck-Gesellschaft ausgelaufen war. Und so verspürte Lorenz, wie er gegenüber der *Wochenpresse* im März 1982 erklärte, »eben eine gewisse Loyalität für unsere Regierungspartei ... Nicht dass ich sie wähle, politisch bin ich ja ahnungslos.«[774]

In den nächsten Monaten schwankte Lorenz dennoch zwischen Unterstützung für Tollmann und politischer Abstinenz, bei der es dann schließlich auch blieb. Als in den Blättern der Vereinten Grünen Österreichs ein Manifest veröffentlicht wurde, das von Tollmann, dem Maler Friedensreich Hundertwasser und Lorenz selbst unterzeichnet worden war, sah sich der Wissenschaftler im Dezember 1982 zu einer endgültigen Klarstellung genötigt: Die Platzierung seiner Unterschrift erwecke den Eindruck, dass er führend in dieser Partei tätig sei, »was eben gerade nicht der Fall ist«. Und grundsätzlicher meinte er: »Umweltschutz ist ein Sachzwang und nicht eine Frage eines Parteiprogramms. Ich glaube – in aller Bescheidenheit – seinen Zielen besser dienen zu können, wenn ich nicht einer politischen Partei angehöre.«[775]

Bei den Nationalratswahlen Ende April 1983 blieben sowohl die VGÖ mit 1,9 Prozent der Stimmen wie auch die ALÖ mit 1,4 Prozent weit vom Einzug ins Parlament entfernt. Mit den Wahlen ging aber auch die Ära Kreisky zu Ende, der mit 48 Prozent die absolute Mehrheit verfehlte und den Parteivorsitz und die Kanzlerschaft an seinen Nachfolger Fred Sinowatz abtrat.

Während sich in Österreich Anfang der 1980er-Jahre die Umweltschutzbewegung als ernstzunehmende politische Kraft etablierte, war Konrad Lorenz nach wie vor mit den Problemen der Menschheit als Ganzes beschäftigt. Rechtzeitig zu seinem 80. Geburtstag im November 1983 erschien ein neues Buch, in dem er sich einmal mehr kritisch mit dem Zustand der Zivilisation beschäftigte. Ursprünglich war das Werk als zweiter Band zu *Die Rückseite des Spiegels* geplant gewesen, jenem 1973 erschienenen Buch, das in gewisser Weise eine biologisierte Version von Immanuel Kants *Kritik der reinen Vernunft* war. Der Nachfolgeband sollte womöglich so etwas so wie eine Biologisierung der *Kritik der moralischen Urteilskraft* werden – zumindest beschäftigte sich Lorenz mit moralischen bzw. »wertphilosophischen« Fragen.

Das Buch hatte eine langwierige Entstehungsgeschichte, die sich auch an den vielen verschiedenen Arbeitstiteln ablesen lässt, die das über Jahre hinweg eher unorganisiert wachsende Manuskript hatte. Ursprünglich sollte es »Das Böse« heißen – als Gegenstück zu *Das sogenannte Böse*. Dann war einige Zeit »Verlust der Menschlichkeit« im Gespräch. Ein weiterer Titelvorschlag war dann »Abbau des Menschentums«, der auf Anraten des aus Wien stammenden Physikers Victor Weisskopf, der 1937 wegen seiner jüdischen Herkunft in die USA emigrierte, kurzfristig zu »Gegen den Abbau des Menschentums« verändert wurde. Das sollte die optimistischen Aspekte des Werks stärker betonen. Schließlich entschied man sich doch für eine pessimistische Version, die auch dem eher düsteren Charakter des Buches besser entsprach: *Der Abbau des Menschlichen*.

Die Arbeit daran wurde immer wieder von Schicksalsschlägen, von Lorenz' sich häufenden Krankheiten und Umweltaktivitäten unterbrochen, aber natürlich auch von seinen Forschungen über die Gänse in Grünau und die Fische in seinem Altenberger Aquarium. Und er verlor im Laufe des zähen Schreibprozesses anscheinend auch das Interesse am eigenen Text. Das legen zumindest einige spätere Aussagen nahe: »Der ›Abbau‹ ist ja eine Predigt, zu der ich mich verpflichtet gefühlt habe, die mir aber eigentlich eher fad ist.«[776] Eigentlich würden ihn seine Wildgänse im Almtal »viel mehr interessieren wie die widerlichen, blöden, geldgierigen Menschen«. Er habe das Buch nur aus purer Verantwortlichkeit geschrieben, »das ich eigentlich gar nicht liebe«. Zum Schluss habe ihm sogar vor dem Manuskript gegraust, und er habe »es weggeschmissen«.[777]

Die augenscheinliche Unlust führte letztlich zu einem Manuskript, das nicht brauchbar war. Selbst sein Verleger Klaus Piper, der natürlich wusste, dass so ziemlich jedes Lorenz-Manuskript Goldes wert war, riet davon ab, es in der vorliegenden Form zu publizieren. Was also tun? Von der Publikation völlig absehen? Schließlich nahmen sich Tochter Agnes Cranach und Schwiegertochter Beatrice Lorenz des Texts an und retteten, was zu retten war. In den Worten von Lorenz: »Diese sehr gescheiten Mädchen haben eine Reihe anerkennenswerter Stilverbesserungen vorgenommen und zahlreiche wirklich streichenswerte Stellen gestrichen«[778] – insgesamt rund ein Viertel des Texts.

Das Buch hatte aber auch noch ein anderes Problem: Waren Lorenz' Bestseller *Das sogenannte Böse* aus dem Jahr 1963 und *Die acht Todsünden der zivilisierten Menschheit* rund um 1970 in ihrer Art absolute Novitäten gewesen, so hatte sich in der Zwischenzeit die Zahl der selbsternannten Warnrufer und Weltverbesserer vervielfacht. Der Weltuntergang stand – nicht zuletzt auch als Folge von Lorenz' Bucherfolgen – auf der publizistischen Tagesordnung. Und so waren Anfang der 1980er-Jahre nicht nur die kritischen Zeitdiagnosen, sondern auch die Schreckensszenarien einigermaßen ausgereizt. Dennoch oder gerade deshalb schlug Lorenz im »ganz kurzen Vorwort« kräftig auf die Pauke der Apokalyptik:

> »Zur Zeit sind die Zukunftsaussichten der Menschheit außerordentlich trübe. Sehr wahrscheinlich wird sie durch Kernwaffen schnell, aber durchaus nicht schmerzlos Selbstmord begehen. Auch wenn das nicht geschieht, droht ihr ein langsamer Tod durch die Vergiftung und sonstige Vernichtung der Umwelt, in der und von der sie lebt. Selbst wenn sie ihrem blinden und unglaublich dummen Tun rechtzeitig Einhalt gebieten sollte, droht ihr ein allmählicher Abbau aller jener Eigenschaften und Leistungen, die ihr Menschentum ausmachen.«[779]

Im Wesentlichen besteht das Buch aus vier Hauptteilen, die durch folgende Argumentation zusammengehalten sind: Ausgangspunkt für Lorenz ist die grundsätzliche Unvorherbestimmbarkeit der Evolution wie auch des Weltgeschehens. Das aber dürfe nicht bedeuten, wie er im ersten Teil mit dem Titel »Freiheitsgrade der Evolution«

darlegt, sich in Fatalismus zu ergehen – im Gegenteil: Den Menschen komme eine besondere Verantwortlichkeit für ihre eigene Zukunft und die des Planeten zu. Von dieser Ausgangsüberlegung kommt er im zweiten Teil (»Die Wirklichkeit des ›nur‹ Subjektiven«) zur Frage, wodurch diese Verantwortlichkeit zum Positiven verändert werden könnte bzw. wodurch sie überhaupt bestimmt ist. Es seien unsere Wertempfindungen, die ebenso »wirklich« sind wie das, was von den Naturwissenschaften untersucht wird. Nur weil sie nicht zähl- oder messbar sind, müssten sie trotzdem ernst genommen werden, zumal er – wie 40 Jahre zuvor – immer noch von einem angeborenen moralischen und ästhetischen Empfinden ausging, das durch Domestikation gefährdet sei.

Im Zentrum des dritten Teils (»Der Geist als Widersacher der Seele«) steht eine evolutionäre Deutung der menschlichen Entwicklung und ihrer künftigen Gefahren. Im Gegensatz zu seinen früheren Arbeiten beklagt der Menschheitsarzt nicht mehr die Gefahren des genetischen Verfalls, sondern ein unaufhaltsames Anwachsen unseres Wissens, Könnens und Wollens. Was uns vom Tier unterscheidet – nämlich das begriffliche Denken und die Wortsprache –, habe eine solche Eigendynamik entwickelt, dass unsere natürliche Veranlagung den von uns selbst geschaffenen Verhältnissen nicht mehr gewachsen sei: Der Geist sei zum Widersacher der Seele geworden. Im vierten und letzten großen Abschnitt des Buches wendet Lorenz sich der »gegenwärtigen Lage der Menschheit« zu, die er von einem technokratischen System beherrscht sieht, das die Menschen zunehmend entmündige. Besonders kritisch sei für ihn nach wie vor die Lage der Jugend, der dadurch geholfen werden könne, indem man gerade in ihr die Wertempfindungen für das Schöne und Gute neu erwecken sollte. Ein möglichst enger Kontakt mit der lebendigen Natur in möglichst frühem Alter sei ein vielversprechender Weg, dies zu erreichen. Und für die Großstadtkinder empfehle sich ein Aquarium.[780]

Das Buch war, wie der Autor selbst zu gut wusste, kein großer Wurf. Was Lorenz zeitdiagnostisch als pathologische Störungen beschreibt, mag zwar immer wieder gut beobachtet sein. Doch die konkreten Erklärungen, wie es dazu gekommen ist, bleibt er letztlich schuldig. Immerhin hat sich Lorenz in dem Text von seiner fixen Idee aus der NS-Zeit zum Teil verabschiedet, nämlich der Warnung vor einer genetischen Degeneration, die er noch in den *Acht Todsünden* ausgesprochen hatte. In der Zwischenzeit war ihm – dank einer Intervention des Evolutionsbiologen Ernst Mayr – klar geworden, dass es einfach zu viele Menschen gibt, deren Gen-Pool einen Rückhalt gegen negative Veränderungen der Erbsubstanz böte.[781] Problematisch bleibt indes seine Behauptung angeborener ethischer und ästhetischer Wertempfindungen bzw. der natürlichen Empfindungen des Schönen und Harmonischen, die er in der NS-Zeit erstmals und ganz ähnlich formuliert hatte. Und ob der liebevolle Umgang mit Tieren tatsächlich ein Allheilmittel gegen den Abbau des Menschlichen ist, wird von Lorenz vorsorglich selbst etwas relativiert:

> »[Ich habe] den leisen Verdacht, dass das Mitleid mit Tieren bei vielen Menschen in umgekehrtem Verhältnis zu ihrer Menschenliebe steht. Es wäre nicht uninteressant zu erfahren, ob es viele Menschen gibt, die sich gleicherweise für Tierschutz und für Amnesty International einsetzen.«[782]

Noch ehe das Buch im Herbst 1983 zum 80. Geburtstag erschien, gab es wieder Vorabdrucke des Texts, so unter anderem in der Oktober-Ausgabe des Männermagazins *Penthouse* oder in der konservativen österreichischen Tageszeitung *Die Presse*. Außerdem habe ihn jene »pure Gewissenhaftigkeit«, aus der er das Buch geschrieben habe, auch gezwungen, »jeden depperten Reporter zu empfangen, der sich dafür interessierte, eben weil ich die Verpflichtung fühlte, meinen Sermon nach Möglichkeit zu verbreiten«.[783] Die Öffentlichkeitsarbeit sollte sich bezahlt machen: Im Herbst 1983 erschien eine Vielzahl von Interviews, und in den Feuilletons der großen deutschsprachigen Zeitungen und Zeitschriften wurde das Buch in aller Ausführlichkeit – und meist positiv – besprochen, im deutschen Nachrichtenmagazin *Der Spiegel* etwa gleich auf über fünf Seiten.[784] Und in der Tageszeitung *Die Welt* lobte der Rezensent das fußnotenfreie und registerlose Buch gar als »Meisterstück moderner Prosa«, von der sich junge Romanciers eine Scheibe abschneiden sollten.[785]

So wurde auch *Der Abbau des Menschlichen* zu einem weiteren Verkaufsschlager aus dem Hause Lorenz, dessen Name längst für einen sicheren Bestseller bürgte. Er verdiente damit so viel Geld, dass er bald nach Erscheinen aus steuerlichen Gründen eine halbe Million Schilling der Akademie der Wissenschaften für sein Institut in Grünau geben musste.[786] Lorenz' wohl düsterstes Werk hat sich mehr als 150.000 Mal verkauft und entsprechend hohe Tantiemen eingebracht. Abgesehen vom vielen Geld brachte ihm das Buch aber auch zahlreiche begeisterte Leserreaktionen ein, wie zum Beispiel jene von Sir Karl Popper, der sich in einem Brief an Lorenz besonders angetan zeigte: »Ich habe Dein neues wunderschönes Buch und menschliches Buch gelesen. Es ist mir aus der Seele geschrieben. [...] Es hat alle Erwartungen übertroffen.«[787]

Wenige Monate zuvor, im August 1983, hatten sich die beiden im Tiroler Bergdorf Alpbach getroffen, dessen Europäisches Forum im Sommer zum regelmäßigen internationalen Denkertreffpunkt wurde. Bei der Plenarsitzung des Forums sollten die beiden in einer öffentlichen Diskussion über die evolutionäre Erkenntnistheorie debattieren, jene philosophische Denkrichtung, die Lorenz vor allem durch sein Buch *Die Rückseite des Spiegels* mitgeprägt hatte. Bei der Arbeit zu diesem 1973 erschienenen Werk war er erstmals auf die verwandten Ansichten von Popper aufmerksam geworden. Und Lorenz war von den Ähnlichkeiten so angetan, dass er dem Philosophen einen Brief schrieb, der mit den Worten »Dear Sir Karl« begann – nicht ahnend, dass ihm der Adressat eigentlich schon ziemlich lange bekannt war. Prompt kam eine handgeschriebene Antwort zurück: »Lieber Konrad, Du scheinst nicht zu wissen, dass ich der Karli Popper bin«, also jener Spielkamerad aus den Kindertagen, der – weil er schlecht laufen und schlecht schießen konnte – beim Indianerspielen zumeist an den Marterpfahl gefesselt worden war.[788]

Von da an vertiefte sich die alte Freundschaft aufs Neue, die beiden korrespondierten nicht nur eifrig über philosophische Probleme und gemeinsame Erinnerungen. Popper fungierte für den späten Lorenz auch als eine Art politischer Berater: Wenn es darum ging, sich in der Weltpolitik zu orientieren, so hielt sich Lorenz zumeist an das, was Popper für richtig hielt.[789] Erkenntnistheoretisch trennte die beiden zwar einiges – so etwa war Lorenz mit Poppers Falsifikationsthese nicht einverstanden –, doch bei ihren Diskussionen stand stets das Gemeinsame über dem Trennenden. Zwar wollte Lorenz mit Popper bei der Plenardiskussion in Alpbach ursprünglich über Erkenntnisgewinn durch Induktion streiten, also das Schließen von einzelnen beobachteten Fällen auf allgemeine Gesetzmäßigkeiten, was sein Freund aus Kindheitstagen leugnete.[790] Doch nicht das erste Mal umgingen die beiden allfällige Differenzen und kamen auf das Verbindende zu sprechen: wie unser Wahrnehmungsapparat unsere Erkenntnis der Welt strukturiert oder wie sich unser Wissen evolutionär weiterentwickelt – eben zwei der Grundgedanken der evolutionären Erkenntnistheorie.[791]

Die Beschäftigung mit Konrad Lorenz' philosophischem Werk war Anfang der 1980er-Jahre nicht nur in deutschsprachigen Wissenschaftstheorie-Seminaren zu einer intellektuellen Mode geworden. Auch in den USA hatten in der Zwischenzeit Denker wie Donald T. Campbell, aber auch Noam Chomsky die Kant-Kritik von Konrad Lorenz aus den 1940er-Jahren entdeckt und zitierten ihn. In Österreich waren es vor allem der Meeresbiologe und Evolutionstheoretiker Rupert Riedl sowie der Wissenschaftstheoretiker Erhard Oeser, beide damals Professoren an der Universität Wien. Sie gründeten rund um Lorenz und seine Erkenntnistheorie eine Schule, die sich Altenberger Kreis nannte. Der Name ging darauf zurück, dass Lorenz mit seinen Schülern und Verehrern ab 1979 im Dorfgasthaus von Altenberg regelmäßig ein Seminar abhielt, weil ihm die Autofahrten in die nahe Hauptstadt zu anstrengend geworden waren. Diese Veranstaltung hatte über viele Jahre hinweg Bestand und machte ihm sogar »ausgesprochen Spaß«, wie er 1983 an Niko Tinbergen schrieb, zumal er sich von der Art der Seminare stark an das alte Seewiesener Kolloquium erinnert fühlte.[792] Lorenz war aber wohl auch von der Aufmerksamkeit geschmeichelt, die ihm und seinem philosophischen Werk da zuteilwurde, was so weit ging, dass er *Die Rückseite des Spiegels* für sein wichtigstes Werk überhaupt zu halten begann – wie ihm wohl auch seine getreuen Anhänger der späten Jahre versicherten.

Der nach Lorenz öffentlichkeitswirksamste Vertreter der evolutionären Erkenntnistheorie war Rupert Riedl, der zum 80. Geburtstag seines Vorbilds ein großes Symposium organisierte, das den Auftakt zu zahlreichen Feierlichkeiten gab: Die wichtigsten Schüler von Lorenz vor allem aus dem deutschsprachigen Raum trafen sich Ende September 1983 zu Ehren ihres Lehrers auf einer dreitägigen Konferenz, die übrigens nicht von einer wissenschaftlichen Institution, sondern vom Österreichischen Rundfunk veranstaltet wurde.[793] Besonders erfreut war Lorenz dabei über Glückwünsche eines Universitätsprofessors, die Lorenz in seinen Briefen immer wieder stolz zitierte: Dieser Kollege hatte dem Jubilar nicht zum Geburtstag, sondern zu den Vortragenden des Symposiums gratuliert, die seine Schüler waren.

Lorenz erhielt zu seinem 80. Geburtstag auch eine Bildbiografie geschenkt, die Antal Festetics aus diesem Anlass verfasste.[794] Festetics hatte bereits 1980 die Konrad-Lorenz-Gesellschaft für Umwelt- und Verhaltenskunde in Göttingen gegründet und konnte so nicht ganz selbstlos ein wenig an Lorenz' Ruhm mitpartizipieren. Für den großformatigen Band durfte er den Fotobestand von Lorenz sichten und verfasste – wie nicht weiter überraschend – eine völlig unkritische Jubelschrift. Niko Tinbergen, selbst ein überaus bescheidener Wissenschaftler, der mitunter von Lorenz' »übermäßiger Durchsetzungskraft und Eitelkeit genervt« war, hatte für diese Hagiografie wenig übrig, wie er seinem britischen Kollegen Desmond Morris unverblümt mitteilte:

> »Ein solches Buch bereitet mir in seiner unkritischen, obsessiven Bewunderung und der Implikation, dass sein Leben von Anfang an so geplant war, Unbehagen. Ein wirklich großer Mann braucht diese Art von Propaganda nicht. Ich hasse es, so etwas zu sagen, weil ich so viel an Konrad mag und bewundere. Aber Demut und Bescheidenheit gehören nicht zu seinen hervorstechendsten Vorzügen. Wer möchte schon von einer Adoranten-Clique umringt leben? Und selbst noch zum Beifall beitragen?«[795]

Einen Monat später folgte eine nächste Veranstaltung, die der Mensch-Haustier-Beziehung gewidmet war und gleich 26 Referenten aus 14 Ländern nach Wien brachte. Danach schloss sich eine Geburtstagsfeier »nur für die Familie« an, zu der immerhin 76 Gäste kamen. Der Höhepunkt der Geburtstagsfeierlichkeiten war dann aber eine Feier in der Österreichischen Akademie der Wissenschaften, die von der Max-Planck-Gesellschaft mitveranstaltet wurde und für die der österreichische Bundespräsident persönlich den Ehrenschutz übernommen hatte. Rudolf Kirchschläger hielt auch selbst eine Rede, in der er am Ende den Wiener Arzt Ernst Freiherr von Feuchtersleben zitierte: »Naturforscher sind es, unter denen man die meisten jener Gelehrten nennen kann, die das höchste, das heiterste Alter erleben.«[796] Lorenz jedenfalls hatte sich auch nach dem Feier-Marathon seine Heiterkeit bewahrt – wegen oder trotz der vielen Ehrbezeugungen:

> »Es freut mich, dass wirklich gute Leute eine wirklich große Hochschätzung für mein Lebenswerk bekunden, doch erwacht in mir allmählich ein Gefühl, das ich als Anti-Narzissmus bezeichnen möchte. Mir graust dermaßen vor meinem lächelnden Gesicht, dass ich mich nicht anschauen mag. Auch hatte ich nach den Festen und Symposien buchstäblich Muskelschmerzen in den Wangen vom vielen Lächeln!«[797]

An die Muskelschmerzen im Gesicht schlossen sich dann – aufgrund der Überanstrengung – dreiwöchige Schwindelanfälle an, nach denen er dann, »ganz langsam und so wie es mir Spaß macht«, das Gänsebuch fertig schreiben wollte, wie er seinem Freund Gerolf Steiner mitteilte: »Es ist eigentlich fertig, aber man weiß ja, was es heißt, wenn man ›nur noch zusammenschreiben‹ muss.«[798] Tatsächlich sollten bis zur Fertigstellung dieses Buches noch fast fünf Jahre vergehen, die nicht nur geprägt waren von Lorenz' Engagement gegen Hainburg, sondern auch vom Alt- und Einsam-Werden. Das Alter zumindest ertrug er mit der ihm eigenen Ironie. Bei einer TV-Diskussion zum Thema hatte er bereits im Jahr 1980 unter anderem gemeint:

> »Das Alter ist eine progressive Erkrankung mit absolut infauster Prognose: Keiner hat's überlebt. Die Nachteile des Alterns sind mehr körperlicher als geistiger Natur. Ich leide an meinen Arthrosen, ich leide, dass ich am Stock gehe, und ich leide an Ermüdbarkeit, dass ich nicht so viel arbeiten kann, wie ich einmal konnte. Ich sehe Vorteile darin, dass man Unwichtiges leichter vergisst als Wichtiges, so dass das Meer des Vergessens Berggipfel isoliert und stehen lässt, was die Übersicht erleichtert.«[799]

Und wie er seinem gleichaltrigen Nobelpreisträger-Kollegen Adolf Butenandt im März 1983 schrieb, habe das Altwerden zwar auch seine Schattenseiten, »aber es ist die einzige Möglichkeit, lang zu leben«: Es gehöre ein gewisser Stoizismus dazu, das Alter widerspruchslos zu ertragen, aber wenn man ihn habe, könne das Senium merkwürdigerweise auch sehr schön sein: »Die Schneeglöckchen blühen, die Scilla beginnt ihre blauen Augen aufzumachen, und ich freue mich über die Romantik der Jahreszeiten mehr als je vorher.«[800]

Abgesehen von seinen eigenen Beschwerden war das letzte Dezennium im Leben von Konrad Lorenz von einer Erkrankung seiner Frau überschattet. Seit dem Ende der 1970er-Jahre litt sie unter einem Verlust des Kurzzeitgedächtnisses. Zwar konnte sie ihre Vergesslichkeit in Anwesenheit von Gästen aufgrund ihrer Routine meist gut überspielen. Doch ihr Lebenspartner getraute sich kaum mehr, sie in Altenberg allein zu lassen, geschweige denn, sie auf Reisen mitzunehmen. Bei offiziellen Anlässen oder wenn Besuch nach Altenberg kam, schaffte er es stets, mit seiner Schlagfertigkeit etwaige Fehlleistungen seiner Frau humorvoll abzufangen. Im Gegensatz zu ihrem Mann war Margarethe Lorenz zwar durch ihre langsam fortschreitende Demenz verwirrt, körperlich aber war sie weitaus gesünder, verbrachte viel Zeit in ihrem geliebten Garten und arbeitete dort oft den ganzen Tag.

Im Mai 1982 kam zu den altersbedingten Leiden des Paares allerdings noch der Tod von Sohn Thomas Lorenz hinzu. Der Erstgeborene, der als Physiker Karriere gemacht hatte und Beatrice Oehlert, eine enge Mitarbeiterin seines Vaters, geheiratet hatte, starb mit nur 54 Jahren an Krebs. Während Margarethe Lorenz immer wieder vergaß, dass ihr Sohn tatsächlich gestorben war, und sie Thomas' in Altenberg lebenden Sohn Max oft mit seinem verstorbenen Vater verwechselte, litt Konrad Lorenz sehr unter dem frühen Tod seines einzigen Sohnes. Noch Jahre danach hatte er diesen schweren Verlust nicht überwunden: »Thomas war einer der gescheitesten Leute, die ich je in meinem Leben getroffen habe, und ich hatte das Glück, viele Jahre mit ihm eng befreundet gewesen zu sein, er ist natürlich völlig unersetzlich.«[801]

Zu der Trauer um den Sohn kam die ständige Sorge um die zunehmend verwirrtere Gattin. Lorenz hatte das Glück, von treuen Mitarbeiterinnen und einer hilfsbereiten Familie umgeben zu sein, die ihn

Ein unzertrennliches Paar: Seine Frau Margarethe war für Konrad Lorenz »süße Kindheitsgespielin, berauschende Geliebte, ideale Mutter und kritisch-kreative Mitarbeiterin«.

bei der Pflege seiner Frau unterstützten und ihm im Gegenzug das Gefühl gaben, nach wie vor Herr der Lage zu sein. Besonders wichtig wurden im Alter aber auch seine Kontakte zu den zahlreichen noch verbliebenen Freunden aus früheren Jahren. Eine besondere Rolle spielte dabei seine Freundschaft mit seinem kongenialen Co-Laureaten Niko Tinbergen, mit dem er nicht nur über den Fortgang ihrer Wissenschaft korrespondierte, sondern auch über ihre privaten Freuden, Sorgen und Nöte, und mit dem er sich gegenseitig tröstete.

Tinbergen litt seit den späten 1960er-Jahren immer wieder unter schweren Depressionen und erlitt im Frühjahr 1983 auch noch einen Gehirnschlag. Lorenz machte sich große Sorgen um seinen besten Freund und erkundigte sich immer wieder bei dessen Frau Lies. Ihr vertraute er an: »Der Niko ist nächst meiner Greterl derjenige Mensch auf Erden, den ich am meisten liebe, und zwar fast so wie die Gretl, eine kompensatorische Hälfte meiner selbst.«[802] Als er dann im

Frühjahr 1984 über die Botin Jane Goodall vom einigermaßen wiederhergestellten Tinbergen einen Brief erhielt, passierte es das »erste Mal in meinem Leben, dass ich wirklich Freudentränen geweint habe«.[803] Der Gehirnschlag hatte auch eine angenehme Folge: Von Depressionen blieb Tinbergen von da an verschont.

So wie sich die Ethologie ohne die Beiträge von Niko Tinbergen nach dem Zweiten Weltkrieg gewiss weniger eindrucksvoll entwickelt hätte, so wäre Konrad Lorenz ohne seine Frau nicht zu jenem überragenden Wissenschaftler geworden, der er letztlich war. Davon zeugten auch die Schlussworte seiner Dankesrede anlässlich der Feierlichkeiten zu seinem 80. Geburtstag. Lorenz richtete da vor den anwesenden Honoratioren seinen Dank »an einen Menschen, ohne den das alles nicht möglich gewesen wäre, an meine Frau. Sie hat nämlich als Oberärztin am Brigittaspital das Geld verdient, von dem wir damals als Familie gelebt haben. Und meine Erklärung dafür war: ›Ich mach, was mir Spaß macht, und alles andere macht meine Frau.‹«[804]

Durch ihre Arbeit als Ärztin hatte sie ihre Familie vor dem Krieg finanziell über Wasser gehalten. Während und nach dem Krieg betrieb sie eine Landwirtschaft in der Nähe von Tulln, um den Hausstand mit Lebensmitteln versorgen zu können. Als Lorenz in der Nachkriegszeit einmal nach dem Befinden seiner Frau gefragt wurde, antwortete er ohne Schuldgefühle: »Oh danke, der Gretl geht's gut! Heute Vormittag hat sie operiert, und nach dem Essen fährt sie mit dem Pferdewagen Heu ernten.«[805] Aber auch danach war Margarethe Lorenz der Orientierungspunkt der weitverzweigten Familie, Finanzchefin und Sachwalterin des Altenberger Hauses. Sie war nicht nur die perfekte Gastgeberin für Fachkollegen ihres Mannes aus der ganzen Welt, sondern sie war auch die erste Kritikerin vieler seiner wissenschaftlichen Arbeiten.

Vor allem aber kannten sich die beiden, seit sie denken konnten: Konrad war bei ihrer ersten Begegnung ein Jahr alt, Gretl drei – und sie sollten zwei lange Leben lang unzertrennlich bleiben, auch wenn es dazwischen die eine oder andere Affäre gegeben haben mag. So war es nur verständlich, dass sich der 80-jährige Lorenz vor allem davor fürchtete, vor seinem eigenen Tod von seiner Frau getrennt zu werden, wie er in einem der zahlreichen Interviews anlässlich seines Geburtstages im November 1983 gestand.[806] Die beiden sollten von da an noch zwei Jahre zusammen verbringen – gezeichnet von der fortschreitenden Krankheit seiner Frau, die Lorenz deshalb aber keineswegs vor der Öffentlichkeit versteckte, sondern um die er sich auch in dieser schweren Zeit sorgte. Und ohne die er auch nicht sein wollte.

Gegen Ende des Jahres 1985 verschlechterte sich der Zustand von Margarethe Lorenz zusehends. Ein Krankenhausaufenthalt brachte keine wirkliche Verbesserung, und Lorenz sah ein, dass er langsam von der Frau seines Lebens Abschied nehmen musste. Kurz vor ihrem Tod schrieb er einen berührenden Brief an einen langjährigen Freund der Familie: »[E]s stirbt gerade die Greterl. Sie hat ungefähr am Weihnachtstag ihre letzten Worte gesprochen, aber sie leidet nicht und atmet ruhig; sie stirbt am Nervensystem, Atem und Herz sind eigentlich gesund, und sie leidet wirklich nicht.«[807] Margarethe Lorenz verstarb am 16. Jänner 1986. Trotz der friedlichen Umstände ihres Sterbens haderte der Witwer mit seinem Schicksal, wie er seinem Freund Ernst Mayr anvertraute:

> »Wenn man in einer Frau, und zwar merkwürdigerweise immer derselben, hintereinander eine süße Kindheitsgespielin, eine berauschende Geliebte, eine ideale Mutter vieler Kinder und Enkelkinder und eine kritisch-kreative Mitarbeiterin gehabt hat und diese auf völlig schmerzlose Weise [...] verloren hat, so sollte man glauben, dass man den Verlauf des Lebens segnet und mit allem zufrieden ist. Merkwürdigerweise ist es aber nicht so.«[808]

Konrad Lorenz, nach mehr als 80 Jahren von seiner Frau getrennt, fühlte sich fortan wie »ein Siamesischer Zwilling, dem die wichtigere Seite fehlt«.[809]

DER KREIS SCHLIESST SICH

Das Cover des *Spiegel* zeigte das vom Alter gezeichnete, aber um so eindrucksvollere Antlitz des greisen Nobelpreisträgers, davor ein Computer und ein Steinzeitmensch und daneben die Zeilen »Fragen an Konrad Lorenz. Der Mensch – zu dumm fürs Überleben?«. Pünktlich zu seinem 85. Geburtstag im Herbst 1988 widmete ihm das deutsche Nachrichtenmagazin eine insgesamt fast 20-seitige Titelgeschichte, die aus zwei Teilen bestand: Zuerst schrieb *Spiegel*-Redakteur Peter Brügge unter dem Titel »Von der Gans aufs Ganze« einen ausführlichen Essay über den Nestor der Ethologie und über seine Theorien. Daran anschließend folgte ein großes Interview über die Zukunft der Menschheit, dessen Überschrift die etwas eigenwillige Cover-Gestaltung erklärte: »Wir werden von Steinzeitmenschen regiert«.

In seinem neunten Lebensjahrzehnt war Lorenz endgültig zum Propheten geworden, zum Orakel, das man befragte, wenn man etwas über den Zustand des Planeten im Allgemeinen sowie der Menschheit im Besonderen wissen wollte. Und das wollten viele. Schließlich wussten die Journalisten, dass sie von Lorenz mit drastischen Warnungen und zorniger Kritik ebenso versorgt würden wie mit treffenden Formulierungen und glänzenden Aperçus. Doch vor seinem 85. Geburtstag durften ihn nur mehr ausgewählte Medienvertreter besuchen – so wie die bereits im September 1988 angereisten *Spiegel*-Redakteure, die von Lorenz nicht enttäuscht wurden:

»Der Mensch ist im Begriff, sich selbst zu vernichten«, ließ der alte Mann mit müde gewordenen Augen schonungslos verlauten.

Oder: »Wir sind mit den Erbanlagen eines Spätsteinzeitmenschen geschlagen, und wir müssen uns damit abfinden.« Oder:

> »Seit der Mensch den Faustkeil erfunden hat, balanciert er auf des Messers Schneide, zwischen einer gloriosen Zukunft und dem Absturz in die Hölle. Aus der Amöbe hat er sich emporentwickelt, aber schon im nächsten Jahr kann er im Atommüll enden.«[810]

Auch zum realpolitischen Zeitgeschehen hatte Lorenz im Herbst 1988 einiges zu sagen, das im Rückblick einigermaßen prophetisch war: Gorbatschow erfüllte ihn nämlich mit einem Optimismus, »dem ich nicht ganz nachzugeben wage, weil ich nicht enttäuscht werden möchte«. Letzten Endes blieb Lorenz, der so leichtfertig das Wort von der Vernichtung des Menschen in den Mund nahm, aber doch optimistisch, und so schloss das Interview mit einer typischen Lorenz-Sentenz: »Ich bin weder Fatalist noch Pessimist. Wäre ich ein Pessimist, würde ich schlafen gehen und Ihnen kein Interview geben.«[811]

Lorenz war im 85. Lebensjahr nicht nur wegen seiner wuchtigen Sätze und unmissverständlichen Botschaften zum zornigen alten Mahner geworden. Er verkörperte die Rolle wie kein Zweiter: Sein Charakterkopf mit dem Kinnbart und dem immer noch vollen schlohweißen Haupthaar schien noch mehr Ausdruck zu haben als zuvor. Aufgrund seiner Arthrosen war er kaum mehr mobil und verbrachte die meiste Zeit tagsüber in seinem Rollstuhl. Der Treppenlift, der in der riesigen Halle des Prachtbaus installiert worden war, um den nicht mehr gehfähigen Forscher in das obere Stockwerk zu bringen, hatte mittlerweile auch ausgedient. Und schon gar nicht mehr konnte der gebrechliche Greis mit den kaputten Gelenken hinaus in den prächtigen Park rund ums Haus, geschweige denn das kurze steile Straßenstück hinunter zu seinem Aquarium oder gar weiter bis zur Donau.

In seinem für ihn allein viel zu großen Haus war der Witwer von seinen Hunden umgeben und von seinen Schamadrosseln, einer Singvogelart aus Indien, die das Gummiquietschen des Rollstuhls täuschend echt imitierten, was er aber längst schon nicht mehr hörte. Das immer schwächer werdende Hörvermögen machte in den letzten Jahren auch Gespräche mit ihm zunehmend mühsam. Etwas Abhilfe schuf ein unförmiges, aber leistungsstarkes Hörgerät, das ihm sein deutscher Freund und Kollege Bernhard Hassenstein angefertigt hatte. Der Geist indes blieb bis zuletzt wach und provokant. Was auch dazu führte, dass der zornige Greis in das eine oder andere Fettnäpfchen tappte, was ihm selbst aber schon reichlich egal war.

Ziemlich zeitgleich mit dem großen *Spiegel*-Interview erschien in der deutschen Zeitschrift *natur* ebenfalls ein »Exklusiv-Gespräch«, das viel mehr Staub aufwirbeln sollte. Das ökologische Monatsmagazin hatte Konrad Lorenz in den Jahren zuvor bereits zum wiederholten Male gewürdigt; zum Anlass des 85. Geburtstags sollte es ein ganz besonderes Interview geben, das seine beiden langjährigen Mitstreiter in Umweltschutzbelangen, Bernd Lötsch und Hubert Weinzierl, mit ihm führten.[812] Das Gespräch hatte einmal mehr den Fortbestand der Menschheit und den Umweltschutz zum Thema, also all jene Fragen, die Lorenz seit den *Acht Todsünden der zivilisierten Menschheit* immer wieder gerne aufgriff. Und der Menschheitsarzt wartete einmal mehr mit dramatischen Diagnosen und drastischen Heilungsvorschlägen auf. Als ihn Hubert Weinzierl in diesem Zusammenhang an die »Theorie der Teilkatastrophen« erinnerte, griff die der Jubilar dankbar auf und dachte sie weiter: Um die Menschen aufzurütteln, so Lorenz, sollte am besten eine größere Katastrophe als jene von Tschernobyl passieren: »Es müsste so etwas wie New York oder San Francisco, eine ganze Stadt, zugrunde gehen.«

Doch nicht nur für die gesamte Menschheit, auch für den einzelnen, insbesondere den angesichts der Globalbedrohungen hoffnungslosen Jugendlichen hatte er einen unorthodoxen Vorschlag parat: Man müsse jedenfalls wieder ihre Hoffnung wecken, »sie wieder ins Grüne führen, sie mit einem schönen Mädchen auf Bergtouren schicken ... Ich glaube, man muss ihnen möglichst viel Schönes zeigen.« Die Frage der Überbevölkerung durfte bei all diesen grundsätzlichen Erwägungen nicht ausgespart bleiben. Dabei allerdings unterliefen Lorenz zwei Bemerkungen, die abermals Erinnerungen an Passagen in seinen NS-Aufsätzen wach werden ließen. Da die Menschheit nichts Vernünftiges gegen die Überbevölkerung unternommen habe, so Lorenz 1988, könne man »eine gewisse Sympathie für Aids bekommen. Eine Bedrohung, die die Menschheit immerhin dezimieren, immerhin von anderen bösartigen Unternehmungen abhalten könnte.« Doch damit noch nicht genug: »Es zeigt sich, dass die ethischen Menschen nicht so viele Kinder haben und die Gangster sich unbegrenzt und sorglos weiterreproduzieren.« Der damalige Chefredakteur der Zeitschrift, Manfred Bissinger, sah die Chance, mit diesen in seinen Worten »furchtbaren Thesen« eine »Kontroverse um ein Denkmal« (so die Ankündigung auf dem Cover) zu veranstalten, und bat etliche prominente Intellektuelle und Umweltschützer um Reaktionen, vom Theologen Günter Altner über Karlheinz Deschner bis Freda Meissner-Blau und Robert Jungk. Und diese Stellungnahmen fielen sehr unterschiedlich aus: von uneingeschränkter Unterstützung für Lorenz bis hin zur Radikalkritik.

Bernd Lötsch hingegen, der unglückliche Interviewer, versuchte gerichtlich gegen den Chefredakteur vorzugehen, ein Vorgehen, das beim Interviewten keine Unterstützung fand. Das sei nicht seine Sache, meinte Lorenz. Außerdem gab es auch keinerlei rechtliche Handhabe. Lorenz' Ruf war jedenfalls ein weiteres Mal beschädigt, ein weiteres Mal stand er als Ewiggestriger da. Den alten Propheten selbst dürfte das nicht mehr wirklich berührt haben. Er schien mit dem Leben selbst schon einigermaßen abgeschlossen zu haben, wie auch im Interview selbst zum Ausdruck kam, in dem er unter anderem meinte: »dass die Untersuchung an Gänsen weitergemacht wird, ist mir wirklich wichtiger, als dass ich leben bleibe«.[813]

Es ist nicht verwunderlich, dass Lorenz diese Forschungen, die er selbst vor mehr als 50 Jahren in Altenberg begonnen hatte und die bis heute in Grünau im Almtal weiterlaufen, für sein bedeutsamstes wissenschaftliches Erbe hielt, das auch in Zukunft Bestand haben sollte: Kein Mensch kannte Graugänse besser als er, und wohl kein höheres Tier war in seinem Sozialverhalten dank Lorenz und seiner Mitarbeiter besser untersucht als diese Gänse. Ein besonderes Anliegen des »Vaters der Graugänse« waren dabei zuletzt Langzeituntersuchungen zur Entwicklung sozialen Verhaltens über Generationen hinweg. Und gerade diese langfristige Kenntnis der Schar macht die Grünauer Graugänse bis heute zu einem weltweit besonderen Modell tiersoziologischer Forschung: Da sie auf jene Gänseschar zurückgehen, die in den frühen 1950er-Jahren in Buldern begründet wurde, zählen sie zu den am längsten kontinuierlich unter Beobachtung stehenden freilebenden Tiergruppen der Welt; ihren wissenschaftlichen Wert verglich Lorenz selbst immer wieder mit dem der Schimpansenkolonie Jane Goodalls.[814]

War man im abgeschiedenen Gebirgstal bei der Übersiedlung der Gänse im Jahr 1973 den zugereisten Wissenschaftlerinnen und Wissenschaftlern sowie ihren Forschungsobjekten noch durchaus skeptisch gegenübergestanden, so gehörte die Grünauer Forschungsstation bald zu den lokalen Attraktionen und war bei der örtlichen Bevölkerung akzeptiert. Man war stolz auf den berühmten Nobelpreisträger, der – solange es seine Gesundheit zuließ – mit seinen Gänsen den wildromantischen Almfluss hinaufwanderte oder auf einer der ausgedehnten Wiesen Rast machte. Lorenz pflegte seine Besucher auch damit zu beeindrucken, dass er nach den hoch am Himmel in Keilformation fliegenden Gänsen rief, die daraufhin ihre Formation aufbrachen und bei ihm landeten.

Neben den Gänsen wurden in Grünau auch noch tiersoziologische Forschungen an halbzahmen Wildschweinen und an Bibern angestellt. Die Projekte waren jedoch immer wieder von finanziellen Engpässen gekennzeichnet. Zeitweise sah man sich sogar gezwungen, die Forschungskasse durch den Verkauf von Hühnereiern aufzubessern. Nachdem 1981 die Finanzierung der Forschungsstation durch die Max-Planck-Gesellschaft auslief, wurde die Forschungsstation in Grünau nach einer Übereinkunft mit dem Wissenschaftsministerium von Österreich großzügig weiterfinanziert und in eine eigenständige Forschungsstelle umgewandelt. Zuvor war Lorenz mit seinem Institut im Grunde Untergebener seines Schülers Otto Koenig gewesen.

Lorenz hatte bereits vor seinem Weggang aus Seewiesen im Jahr 1973 begonnen, Material für ein »Ethogramm«, also ein vollständiges Verhaltensbild der Graugans zusammenzutragen. Zehn Jahre später, nach der Veröffentlichung von *Der Abbau des Menschlichen* im Herbst 1983, konnte sich der mittlerweile 80-Jährige nun wieder diesem Lebensprojekt zuwenden und endlich sein Wissen über diese Vögel in Buchform zusammenfassen. Zu diesem Zweck besuchte er auch die Station in Grünau so oft wie möglich. Doch die Abstände zwischen den Aufenthalten wurden immer größer, da seine Gesundheit die mehrstündige Anreise immer seltener zuließ. Und wenn er es nach Grünau schaffte, dann waren die Gänse oft gar nicht beim Institutsgebäude, sondern tummelten sich im nahen Wildpark oder am Almsee. Dann erbarmte sich meist einer der Mitarbeiter, fuhr unbemerkt zu den Gänsen und trieb sie unauffällig in Richtung Institut, wo sie der alte Herr freudig begrüßte – in der Meinung, der Auslöser für ihr Kommen zu sein.

Trotz seiner seltenen Besuche und angeschlagenen Gesundheit ließ sich Lorenz noch 1986 ein ebenerdiges Zimmer im Institutsgebäude einrichten, vom dem er auch auf seinen Stöcken und später dann im Rollstuhl zu den Gänsen konnte. Doch auch beim Denken

Beobachtungen trotz Behinderung: Obwohl er auf den Rollstuhl angewiesen war, setzte Konrad Lorenz in Grünau seine Gänsestudien fort.

und Schreiben machte sich das hohe Alter mittlerweile bemerkbar, wie er seinem Freund Tinbergen gestand: »Außerdem bin ich ohne Sekretärin stumm, da ich nicht mehr so flüssig mit der Hand schreiben kann wie Du, und meine Schreibmaschinenschrift ist voll von Tippfehlern.«[815] Und so wurde sein Gänsebuch, an dem er im Grunde ein halbes Leben lang gearbeitet hatte und das er ab 1984 »nur noch zusammenschreiben musste«, doch erst vier Jahre später, knapp vor dem 85. Geburtstag, fertig.

Lorenz' Ethogramm der Graugans trägt den schönen Titel *Hier bin ich – wo bist du?*, der wiederum auf Selma Lagerlöfs *Wunderbare Reise des kleinen Nils Holgersson mit den Wildgänsen* zurückgeht, wo die Dichterin den Lockruf der Wildgänse mit diesen Worten übersetzt. Obwohl nur Konrad Lorenz auf dem Cover steht, hatte das Buch im Grunde mehrere Autorinnen und Autoren: Die Redaktion des Textes besorgte Konrad Lorenz' Sekretärin Jutta Köppl, koordiniert wurde die mühsame Produktion des Texts, der langsam aus einem Wust von Anekdoten, Wiederholungen und Altbekanntem entstand, von seiner ersten langjährigen Sekretärin Monika Kickert, die zugleich seine Nichte war. Und als Mitarbeiter sind Michael Martys und Angelika Tipler angeführt, die den Institutsbetrieb in Grünau aufrechterhielten.

Trotz dieser Umstände weist Lorenz im Vorwort gleich unbescheiden darauf hin, »dass dieses Buch vorläufig die vollständigste Bearbeitung der Ethologie eines höheren sozialen Tieres ist«.[816] Und er macht einleitend auch gleich klar, worin die gesellschaftliche Relevanz dieser Untersuchungen liegt – nämlich von der Gans auf den Menschen schließen zu können: »Es ist daher keineswegs abwegig, die innerartliche Auslese an einem Objekt zu studieren, bei dem sie offenbar ähnlich wie bei uns am Werke ist. Die longitudinale Erforschung von Graugänsen arbeitet somit an Problemen, die auch den Menschen betreffen.«[817] Im Gegensatz zu früher beschäftigte sich Lorenz in diesen späten Jahren auch stärker mit dem individuellen Tier bzw. den Differenzen zwischen den Artgenossen, wozu ihm schon Jahre zuvor Ernst Mayr geraten hatte. In einem Brief an Niko Tinbergen meinte er selbstkritisch, dass es unglaublich sei, wie sehr selbst bei ihm typologisches Denken den Erkenntnisfortgang gehemmt habe:

»›Die‹ Graugans gibt es nicht. Es ist geradezu erheiternd, mit welcher Konsequenz es sich als unmöglich erwies, aus unseren Protokollen einen

Einzelfall herauszufinden, der dem Heinroth'schen Typus des Graugansverhaltens entspricht.«[818]

Wohl um diese Individualität auch bei Tieren zu unterstreichen, kommen in seinem Buch im ersten Teil auch zahlreiche anekdotisch gehaltene Lebensgeschichten von einzelnen Gänsen oder Gänsepaaren vor, darunter gleich zu Beginn jene von Martina. Wie bereits erwähnt, war Martina in früheren Publikationen – mitunter auch unter einem Pseudonym – als vollwertige wilde Graugans beschrieben worden. Nun gestand er »aufgrund unseres heutigen Wissensstandes« ein, dass sie »von Anfang an nicht artgerecht und unter vielfachem Stress aufgezogen wurde«.[819] Darauf folgen einige Seiten zur Theorie der Instinktbewegung und der Lernvorgänge. Den Hauptteil des Buches bilden zwei Ethogramme, die alle Verhaltensweisen beschreiben, die bei Graugänsen bis dahin beobachtet wurden, wobei sich der Bogen vom Schlüpfen bis zur Trauer spannt. Nach Lorenz' Worten enthält dieser Teil »eine annähernd vollständige Liste alles dessen, was eine Graugans überhaupt wollen kann«.[820]

Konrad Lorenz' letztes abgeschlossenes Buch war aber nicht nur eine abschließende Liebeserklärung an »seine« Graugänse, sondern auch ein Vermächtnis seiner Arbeitsweise und seines wissenschaftlichen Selbstbildes – vor allem da, wo er auf die Bedeutung der Tierliebhaberei für seine Forschungen zu sprechen kommt. Wie auch schon in einem autobiografischen Text, den er einige Jahre zuvor unter dem Titel »My family and other animals« verfasst hatte, singt er auch hier ein Loblied auf den Amateur und den Dilettanten, die von den »richtigen« Wissenschaftlern zu Unrecht verachtet würden, wie der Liebhaber und nobelpreisgekrönte Forscher kritisiert:

»›Amateur‹ kommt vom lateinischen ›amare‹ – lieben, ›Dilettant‹ vom italienischen ›dilettarsi‹ – sich an etwas ergötzen. […] Theoretisches Interesse und Geduld allein genügen nicht, um Gesetzlichkeiten wahrzunehmen,

> die den sozialen Verhaltensweisen höherer Tiere zugrunde liegen. Das kann nur ein Mensch, dessen Blick von jener Freude am Objekt seiner Beobachtung festgehalten wird, die wir Amateure und Dilettanten bei unserer Arbeit empfinden.«[821]

Nachdem er spät, aber doch noch rechtzeitig die Arbeit am Gänsebuch beendet hatte, stand der »Vater der Graugänse« vor der Frage, welches Buchprojekt er als nächstes beginnen sollte. Angesichts seines vorgerückten Alters und der sich häufenden Gebrechlichkeiten musste er sich klar sein, dass es sein wahrscheinlich letztes sein und womöglich unabgeschlossen bleiben würde. Zum einen wollte er unbedingt noch ein »ausgesprochen vorwissenschaftliches Buch über Fische schreiben, über deren Verhalten ich zu viel weiß, was nirgends steht, als dass ich es beruhigt ins Grab nehmen kann«, wie er seinem Freund Karl Popper Anfang des Jahres 1988 mitteilte.[822] Das Werk sollte »Beiträge zur Biologie, insbesondere zur Psychologie der barschähnlichen Fische« heißen und eher populär gehalten sein. Zum anderen trug er seit Jahren ein anderes Altersprojekt mit sich herum: »Wenn ich ganz blöd bin«, so hatte er Anfang 1982 in einem Interview gemeint, wollte er noch seine Autobiografie angehen – möglichst ohne allzu selbstbeweihräuchernde Absicht: »Wenn, dann wird's humoristisch.«[823]

Angesichts dieser beiden Alternativen erreichte ihn Anfang März 1988 ein Brief seines texanischen Kollegen Kent Rylander, der Lorenz dringend dazu riet, zuerst die Autobiografie zu schreiben.[824] Und da ihn seine Sekretärin Jutta Köppl am Tag nach Erhalt des Briefes unabhängig davon bat, dass er zuerst »seine Geschichten« zu Papier bringen sollte, weil die interessanter seien, begann ihr Lorenz ab April 1988 seine Erinnerungen zu diktieren. Zugleich hat er, weil er »mit seinem eingleisigen Hirn nicht schreiben wollte, zu malen angefangen und […] dabei merkwürdig gute Bilder von Tieren gezeichnet, die ich vor 60 Jahren hatte«. Wie er Niko Tinbergen berichtete, habe die Qualität der Bilder ihn weiter in dem Plan bestärkt, zunächst die Memoiren zu schreiben: »Ob ich schriftstellerisch-poetisch dazu imstande sein werde oder ob das Ganze völlig banal und langweilig wird, vermag ich nicht zu sagen.«[825]

Was Lorenz dann in den nächsten zehn Monaten seiner Sekretärin zum Abtippen anvertraute, waren die vom Alter gezeichneten Memoiren eines langen, reichen Lebens, die er selbstironisch immer wieder als »Memorrhoiden« bezeichnete. Ihrer Form nach war diese Selbstbiografie eine Sammlung von »unzusammenhängenden Erinnerungsbildern«, zumal Lorenz beim Schreiben bemerkte, dass die Erinnerung für ihn »nicht einen Film präsentiert, sondern eine Reihe von Standbildern, die oft merkwürdig isoliert im Raum stehen«.[826] Und letztlich blieben sie ein unpublizierbares und geheimnisumwittertes Fragment, das nach seinem Tod verloren ging und erst 13 Jahre danach wieder auftauchte. Man wusste zwar, dass sich Lorenz darin auch mit den dunkleren Jahren seines Lebens beschäftigt hatte. Doch niemand außer seine in der Zwischenzeit verstorbene Sekretärin Monika Kickert wusste tatsächlich, an was alles sich Lorenz erinnert hatte.

Auch wenn das kaleidoskopartige Manuskript vom fortgeschrittenen Alter und der damit einhergehenden Sentimentalität gekennzeichnet ist, erweist sich dieser Lebensrückblick immer wieder als aufschlussreich – etwa hinsichtlich des wissenschaftlichen Selbstbilds, das Lorenz darin entwirft: nämlich das eines Tierforschers und Tierliebhabers, dem die Tiere über alles, selbst über die Menschen gingen. Entsprechend beginnt das Manuskript mit den folgenden drei Sätzen:

> »Ich bin Zoologe, d. h. mein Forschungsinteresse gilt den Tieren und ihrem Leben. Wann ich damit angefangen habe, vermag ich nicht zu sagen. Tiere haben mich immer mehr interessiert als Menschen, und Menschen gewissermaßen nur in ihrer Eigenschaft als irgendwie besondere Tiere.«[827]

Wenig später ist dann davon die Rede, dass Tiere leichter zu verstehen seien als Menschen, »und es ist eine Tatsache, dass ich schon als Kind mehr über sie wusste als über meine engsten menschlichen Freunde«.[828]

Eines der ersten unsystematischen »Erinnerungsbilder« aus frühester Kindheit ist jenes von seinem ersten Entlein, das er besitzen durfte. Da es von seiner Mutter entfernt worden war, »weinte« es heftig. Doch indem er das Quaken seiner Mutter nachahmte, gelang es dem kleinen Konrad, das Entchen zu trösten – was beim tierbegeisterten Kind zu einer prägenden Erfahrung wurde: Seitdem sei es seine »tiefste Überzeugung« gewesen, dass Tiere erlebende Subjekte seien und dass sie beide, das Entlein und er, in jenem Augenblick »in einer echten Kommunikation Leid und Freude erlebt haben«.[829] Das war es auch, was ihn fortan zu höheren Tieren hingezogen habe – jenes von seinem späteren Psychologielehrer Karl Bühler beschriebene Gefühl der »Du-Evidenz« bzw. der Empathie.

Nach ein paar allgemeineren unsystematischen Gedanken unter anderem über das »biogenetische Grundgesetz«, über den Winter oder Fischfutter – die allesamt in Beziehung zu seiner Kindheit standen – wandte sich Lorenz etwas systematischer seinem Lebenslauf zu. Dessen Lebensabschnitte werden in sehr unterschiedlicher Länge abgehandelt, und manche – insbesondere die späten – kommen gar nicht vor. Der eindeutige Schwerpunkt seiner Erinnerungen sind die paradiesische Kindheit und Jugendzeit in Altenberg, die auf rund 25 Seiten im Detail abgehandelt werden. Die Studienzeit und die Jahre seiner wohl wichtigsten wissenschaftlichen Arbeiten zwischen 1930 und 1940 werden hingegen kaum erwähnt. Lorenz nennt dafür einen guten Grund: Wenn er seinen Lebenslauf und sein Schriftenverzeichnis nebeneinanderhalte, dann ergäbe sich eine erstaunliche Unabhängigkeit zwischen seinem Leben und seinem Schreiben. So würden auch nur ganz wenige seiner Veröffentlichungen den geistigen Kampf um den Instinktbegriff zeigen, den er damals gekämpft habe.[830]

Sehr viele Erinnerungen verband er hingegen mit seinem Jahr in Königsberg, über das es ebenso sechs Seiten gibt wie über den »Kriegsdienst« zwischen 1941 und 1944 und wie über die wenigen Wochen seines Fronteinsatzes. Noch umfangreicher fallen nur die drei Tage seiner abenteuerlichen Flucht und die Gefangennahme durch die Russen im Juni 1944 aus, die gleich mit acht Seiten zu Buche schlagen. Lorenz versucht in diesen Abschnitten immer wieder auch Erklärungen dafür zu geben, warum er Parteigänger der Nationalsozialisten gewesen war, ohne allerdings seine Parteimitgliedschaft je mit einem Wort zu erwähnen. Ein Grund war seiner Meinung nach, dass er ein »ausgesprochen braver und loyaler Soldat« gewesen sei. Und als solcher sei es kaum möglich zu desertieren. Zudem habe er »unbewusst die Bejahung des Zugehörigkeitsgefühls zur Truppe als moralische Erleichterung« empfunden.[831]

Weniger eine moralische Erleichterung als vielmehr eine moralische Orientierung für ihn war wohl auch, dass zwei seiner wichtigsten Bezugspersonen ebenfalls vom Nationalsozialismus angetan waren: sein Vater und sein Lehrer Ferdinand Hochstetter. Schließlich nennt er noch seine »Verdrängung alles Politischen« als Entschuldigung oder eher als Ausrede: »schließlich hätte ich mein Lebenswerk [...] ganz sicher nicht vollbracht, wenn ich mich nicht in moralisch sicher angreifbarer Weise der Erkenntnis übergroßer Frevel entzogen hätte«.[832] Die vier Jahre Kriegsgefangenschaft beanspruchen dann elf Seiten, und für all das, was danach kam – Buldern und Seewiesen, seine Auseinandersetzung mit Lehrman –, brauchte es auch nicht mehr Platz.

Die andere Hälfte des rund 170-seitigen Manuskripts besteht aus verschiedensten Fragmenten: aus Reflexionen über Gut und Böse oder über Tierliebe und Tierschutz, aber auch aus verstreuten Anekdoten aus seinem Leben. Die unterhaltsamsten finden sich in einem mit »Furcht« betitelten Abschnitt, in dem der große Tierforscher vorweg eingesteht, vor Elefanten stets eine »primitive Furcht«

empfunden zu haben.[833] Was folgt, sind Schilderungen einiger angsteinflößender Tierbegegnungen, die zum Teil auch tödlich hätten enden können – so wie jene mit einem Barrakuda allein an der Küste Floridas oder mit zwei Weißspitzenhaien in der Karibik. Die meisten davon sind aber hochkomisch, wie das Sandwich mit zwei Komodowaranen oder der heroische Kampf gegen einen wild gewordenen Dachs, vor dem der Verhaltensforscher zunächst einmal auf einem Kleiderkasten Zuflucht suchen musste.

Je weiter die Arbeit am Manuskript voranschritt, desto häufiger traten allgemeine Fragen über Leben und Tod in den Vordergrund. Und Lorenz dachte darüber nach, was vom eigenen Leben und Werk bleiben würde: auch jetzt, da sein Alterstod nahe, bleibe ihm die tragische Weltanschauung, dass es höhere Werte gebe als die Fortsetzung des Lebens, »durchaus inakzeptabel«. Das bedeute aber nicht, dass er den Tod fürchte und dass er gewisse Formen der geistigen Unsterblichkeit leugne: »Das Werk des großen Mannes geht im Geist in das Denken und Fühlen der menschlichen Gemeinschaft ein, und in diesem Sinn stirbt keiner ganz.«[834] Schließlich sei es nur dem Menschen vorbehalten, »Werke zu schaffen, die sein eigenes, individuelles Leben gewaltig überdauern, Werke, hinter denen seine Persönlichkeit manchmal bis zu einem Nichts verschwindet«. Und mit diesem Gedanken konnte auch er sich durchaus identifizieren:

> »Je älter ich werde, desto wichtiger scheint mir das, was ich erforscht und niedergeschrieben habe, und desto weniger wichtig das, was ich gewesen bin, während ich arbeitete. In einem Buch, das eingestandenermaßen zum großen Teil eine Autobiografie ist, darf ich das ohne Arroganz gestehen.«[835]

Dabei blieb Lorenz für seine Verhältnisse bescheiden und durchaus selbstkritisch – vor allem im Hinblick auf seine wissenschaftlichen Leistungen. Zwar würde der Leumund seiner Zeitgenossen, vor allem der wissenschaftlichen, behaupten, dass er ein großer Mann sei, »und sie müssen es wohl besser wissen als ich«. Wenn er selbst jedoch zurückblicke und dasjenige hervorzuheben trachte, worauf er stolz sei, »so ist das Resultat bescheiden – ehrlich!« Doch damit nicht genug Understatement aus dem Munde eines Nobelpreisträgers. In einem Eintrag vom 2. August 1988 heißt es:

> »Mein verehrter Lehrer Hochstetter sagte bescheiden, er habe den Karren der Wissenschaft eben ein wenig weitergezogen. Es mag bei diesem Vorgang des Weiterziehens ein paar kleine Rucke nach vorwärts gegeben haben, aber die waren so klein und folgten so zwangsläufig aus dem, was vorherging, dass ich sie kaum als Entdeckungen bezeichnen mag. Alles, was ich entdeckte, hatte schon vorher einer entdeckt.«[836]

Die Arbeit an der Selbstbiografie war immer wieder unterbrochen durch Krankheiten, aber auch durch Diktate von Briefen an die letzten verbliebenen Freunde und Kollegen. Besondere Nähe verband Lorenz in diesen Monaten mit seinem Co-Laureaten Niko Tinbergen, obwohl der weit entfernt in Oxford lebte. Die letzten Briefe, die die beiden wechselten, waren von besonderer Rührseligkeit und Anteilnahme. So schrieb Lorenz im April 1988 an Tinbergen: »Ich kann Dir nicht sagen, welche tiefe Freude es für mich ist, dass es Dich gibt. Ein Brief von Dir ist mir jedes Mal eine Art Christkindl und bringt mir zum Bewusstsein, dass ich trotz meines Alters nicht allein auf der Erde stehe.«[837] Und Anfang Dezember dieses Jahres hieß es ganz ähnlich: »Lieber Niko, dass es Dich noch gibt und dass Du teilnimmst an mir, ist so ziemlich das Schönste in meinem Alter, und ich danke Dir dafür.« Wie er seinem Freund außerdem mitteilte, sei er nicht einsam, denn er lebe »unter der sorgfältigen Fürsorge von drei sehr gescheiten Weibern«.[838] Damit waren seine Nichte und »erste« Sekretärin Monika Kickert gemeint, die eigentliche Sekretärin Jutta Köppl und schließlich Angelika Tipler, die als »Gänsemädchen« zu Lorenz gestoßen war.

Es war der letzte Brief, der seinen kongenialen Kollegen erreichte: Tinbergen, mit dem Lorenz über ein halbes Jahrhundert lang eng befreundet gewesen war, starb kurz vor Weihnachten 1988. Für Lorenz war dies ein besonders schwerer Schlag, was nicht nur in seinem Beileidsschreiben an Lies Tinbergen, die Witwe, zum Ausdruck kam:

> »Niko ist eindeutig mein bester Freund gewesen, und die Welt ist nach seinem Hinscheiden für mich nur mehr halb so groß, wie sie es vorher war. Ich habe mich über jeden seiner Briefe so gefreut, als ob es das größte Geschenk wäre. In der Tat ist es das größte Geschenk gewesen, dass mein Freund noch gelebt hat.«[839]

Kurz zuvor war auch noch sein Schwager gestorben, »der Bruder meiner Gretl, einer meiner besten Freunde«, wie er Ernst Mayr in einem seiner letzten Briefe Anfang Februar 1989 mitteilte – und dass er sehr »unter der Vereinsamung des Alterns leide«. Außerdem sei seine Arbeitskraft recht schäbig, »wenn ich zwei, drei Brief diktiere, ist sie meistens schon zu Ende«.[840]

In diesen Februartagen schrieb Lorenz, unterstützt von seiner Sekretärin Jutta Köppl, die letzten Fragmente für seine Autobiografie. Und was er da diktierte, war wohl eine Vorahnung des nahenden Todes. Jedenfalls fing er noch ein neues Kapitel an, das entweder den Titel »Tiere und ich«, »Ich und die Tiere« oder »Warum Tiere« tragen sollte. Und dieser Abschnitt begann mit einer starken und schwerlich widerlegbaren Aussage: »Ich behaupte in aller Unbescheidenheit, dass ich mehr über Tiere weiß, sie tiefer verstehe als irgendein anderer Mensch, den ich kenne.«[841] Und in einer anderen Passage, die er an diesem Tag diktierte, entsann er sich der ersten Anfänge seiner Leidenschaft für Wildgänse:

> »Ich bin nicht ganz sicher, ob der große unaussprechliche Eindruck, den meine erste Begegnung mit wilden Gänsen bei mir hinterließ, erfolgte,

ehe ich das großartige Buch von Selma Lagerlöf, ›Wunderbare Reise des kleinen Nils Holgersson mit den Wildgänsen‹, gelesen hatte oder nicht. Beide Ereignisse trafen mein junges Leben ungefähr gleichzeitig. Ihre Reihenfolge ist gleichgültig.«[842]

Mit dieser Eintragung, einer der letzten in seiner Autobiografie, schloss sich der Kreis im überreichen Leben eines Mannes, der dieses Leben vor allem dem Studium der Tiere und insbesondere der Gänse gewidmet hatte. Rund zwei Wochen, nachdem er diese frühe Kindheitserinnerung diktiert hatte, verschlechterte sich sein Gesundheitszustand rapide.

Es wäre nicht das märchenhafte Leben von Konrad Lorenz, wenn sich in diesen letzten Tagen nicht noch etwas Besonderes ereignet hätte. Wie sein Assistent Alexander Erlach bezeugte, überflogen am Abend des letzten Tages, den Lorenz in Altenberg verbrachte, noch einmal Gänse sein Haus. Nur ob es auch Wildgänse waren, das konnte Lorenz ebenso wenig mit Bestimmtheit sagen wie Tage zuvor, ob er durch die Lektüre oder eine tatsächliche Begegnung auf seine Lieblingstiere gekommen war[843], die letztlich auch ihn prägten – und nicht nur er einige von ihnen.

Auf Anraten seines Hausarztes und wegen eines akuten Nierenversagens wurde Konrad Lorenz am 25. Februar ins Spital nach Wien gebracht, was ihm ebenso wenig recht war wie der Transport im Rettungswagen. Das Krankenhaus war die Poliklinik im neunten Gemeindebezirk, das frühere Sanatorium Löw, in dem Lorenz geboren worden war. Die dort sofort durchgeführte Entgiftung war noch einmal erfolgreich, und man hoffte schon, dass er es überstehen könnte. Doch die Hoffnung erfüllte sich nicht. Der Gesundheitszustand verschlechterte sich abermals.

Als er das Ende kommen sah, wollte sich Lorenz auf den Tod vorbereiten, wie er den anwesenden Angehörigen mitteilte. Um ihm das Atmen zu erleichtern, wurde ein Baldachin über seinem Bett aufgehängt, der mit ätherischen Substanzen eingesprüht wurde. Eine Pflegerin tat das so ungeschickt, dass sich der Sterbende dabei belästigt fühlte. Und er herrschte sie mit einer klaren und strengen Stimme an: »Schwester, hören Sie auf! Sie stören mich. Sie sehen doch, dass ich sterb'.«[844] Der letzter Wunsch war nach einem Glas Bier, der ihm erfüllt wurde. Am 27. Februar 1989 ging Konrad Lorenz' langes, erfülltes Leben zu Ende.

EPILOG

Mehr als eine Woche nach seinem Tod wurde Konrad Lorenz am 6. März 1989, einem klaren, sonnigen Vorfrühlingstag, am Friedhof in St. Andrä/Wördern in der Familiengruft beigesetzt. Zahlreiche Trauergäste und etliche Neugierige hatten sich versammelt, um der einstündigen Zeremonie beizuwohnen. Ein Priester las Texte des von Lorenz sehr geschätzten Astronomen Johannes Kepler und das »Gebet eines Indianers«.[845]

Zwischen Tod und Begräbnis erschienen zum Teil seitenlange Nachrufe in der internationalen Presse ebenso wie in nahezu allen deutschsprachigen Tages- und Wochenzeitungen. Den Artikeln war zumindest eines gemeinsam: Sie gaben einen falschen Sterbeort an. Die österreichische Presseagentur APA hatte nämlich in ihrer Aussendung Lorenz' Heimatgemeinde Altenberg als Sterbeort genannt und als Todesursache Nierenversagen. Beides war falsch: Lorenz war an Herz- und Kreislaufversagen in Wien gestorben. Übereinstimmung herrschte in den Nachrufen aber auch in anderen, unzweifelhaft richtigen Fakten: dass Lorenz der Begründer oder zumindest Mitbegründer der vergleichenden Verhaltensforschung war, dass seine Lieblingstiere die Graugänse waren, dass er sich um den Umweltschutz verdient gemacht hat und sich nicht gescheut hat, dafür den Elfenbeinturm der Wissenschaft zu verlassen.

In den österreichischen Medien waren die Trauer und Betroffenheit am größten, was auch damit zu tun hatte, dass es vor allem Lorenz' mediengewandte Schüler und Bewunderer waren, die ihrem Idol ein letztes Mal huldigten – manche gleich in mehreren Zeitungen. Da wurde mit Superlativen und Übertreibungen nicht gespart: »Lorenz ist in meinen Augen nicht nur der größte Österreicher, sondern auch der größte Biologe unserer Zeit – er ist der Darwin unseres Jahrhunderts«, meinte etwa Antal Festetics, der bereits eine buchlange Hagiografie über Lorenz verfasst hatte.[846] Ganz ähnlich klang es bei Bernd Lötsch, der einen seiner Nachrufe mit »Das Umweltgewissen der Nation« betitelte und in einem anderen meinte: »Österreich hat mit dem Tod von Konrad Lorenz eine Vaterfigur verloren.«[847] Günther Nenning wiederum, einer der einflussreichsten Journalisten des Landes und einer von Lorenz' Mitstreitern in Hainburg, schloss seinen mehrseitigen Gedenkartikel im Nachrichtenmagazin *profil* gar mit dem pathetischen Satz: »Da wir keinen Konrad Lorenz mehr haben, brauchen wir jetzt ein eigenes nationales Gewissen.«[848]

Im Vergleich dazu fielen die Nachrufe in den meisten deutschen Tages- und Wochenzeitungen um einiges zurückhaltender und ambivalenter aus. In den Reaktionen auf seinen Tod war neben der Anerkennung für sein Lebenswerk auch immer wieder von den Aussagen im *natur*-Interview ein paar Monate zuvor die Rede.[849] Und auch seine NS-Aufsätze wurden mehrfach kritisch erwähnt, »die zurückzunehmen seine Größe nicht ausreichte und die sein Fach bis heute belasten«, wie Dieter E. Zimmer in seinem Nachruf in der Hamburger Wochenzeitung *Die Zeit* schrieb. »Aber den Nobelpreis [...] hatte er sich dennoch mehr als verdient.«[850] Ebenfalls differenziert fiel der lange Nachruf in der *New York Times* aus, in dem es hieß, dass mit Lorenz der »in diesem Jahrhundert vielleicht am besten bekannte Experte des Tierverhaltens« gestorben sei. Er habe aber auch immer wieder seine wissenschaftliche Vorsicht aufgegeben, um der Spekulation etwa über die Aggression des Menschen freien Lauf zu lassen.[851]

Wie aber ist das Leben und Werk von Konrad Lorenz heute zu bewerten, aus der Distanz von rund 35 Jahren, die seit seinem Tod vergangen sind? Was ist geblieben und was ist vergangen? Bereits zwei Jahre nach seinem Tod konstatierte sein Schüler Norbert Bischof, dass

Großer Abschied: Zum Begräbnis von Konrad Lorenz fanden sich hunderte Trauergäste ein, darunter auch zahlreiche Prominenz aus Politik und Gesellschaft.

es um Konrad Lorenz still zu werden beginne.[852] Die wissenschaftlichen und öffentlichen Debatten, die er provoziert hatte, waren zum Teil schon zeit seines Lebens merklich leiser geworden, andere bald nach seinem Tod verstummt. Die Popularität, zu der er der Ethologie verholfen hatte, ging im Laufe der Jahre ebenfalls merklich zurück. Und die mediale Aufmerksamkeit, die einige seiner Schüler Ende des 20. Jahrhunderts noch für sich beanspruchen konnten, hat sich im 21. Jahrhundert anderen Personen und Trends zugewandt, zumal auch diese Schüler längst emeritiert sind. Dennoch wird Lorenz nach wie vor gelesen und zitiert: Laut der Datenbank von Google Scholar kam er bis jetzt auf rund 50.000 Zitierungen, im 21. Jahrhundert immer noch auf kontinuierlich rund 1500 jährlich. Die mit Abstand größte Zahl an Zitierungen verbucht dabei *On Aggression*, die englische Übersetzung von *Das sogenannte Böse*.

Ein wenig lässt sich die wissenschaftliche Entwicklung nach Lorenz auch an der weiteren Geschichte des Max-Planck-Instituts für Verhaltensphysiologie in Seewiesen nachzeichnen, das von Lorenz viele Jahre lang bis zu seiner Emeritierung 1973 geleitet und geprägt wurde. Nach der Emeritierung seines Nachfolgers Wolfgang Wickler im Jahr 1999 entschied sich die Max-Planck-Gesellschaft, das Institut zu schließen, ehe es nach ein paar Jahren Teil des Max-Planck-Instituts für Ornithologie wurde, womit sich im Grunde ein Kreis schloss: Denn es war die Vogelkunde, aus der sich dank der Arbeiten von Oskar Heinroth, Konrad Lorenz, Niko Tinbergen und anderen in den 1930er-Jahren die vergleichende Verhaltensforschung als eigenständiger Forschungsbereich entwickelt hatte. Und Konrad Lorenz war vor allem im deutschsprachigen Raum deren unbestrittene Zentralfigur, der wie kaum ein anderer Forscher sein Fach verkörperte und mit ihm eins war. Hatte Friedrich Nietzsche in seinen Selbstbetrachtungen konstatiert, dass er das eine sei und das andere seine Schriften, so galt für Lorenz nachgerade das Gegenteil.

Dazu kam, dass er einer der besten wissenschaftlichen Selbstdarsteller war und ein grandioser »Performer«, wie man heute im englischdominierten Wissenschaftsbetrieb sagen würde. An Selbstbewusstsein, Durchsetzungsvermögen und Fähigkeit zu Selbstvermarktung – heute im Forschungsbetrieb wichtiger denn je – mangelte es ihm nie. Lorenz war ein außergewöhnliches Kommunikationstalent, ein brillanter Vortragender mit einem untrüglichen Gespür für Effekt und einem Sinn für das, was bei seinem jeweiligen Publikum ankam. Und er war einer der ersten Wissenschaftler, der den Film und das Fernsehen dazu nutzte, um nicht nur seine Kollegen zu überzeugen, sondern um seine Forschungen weit über die engen Grenzen des Fachs hinaus populär zu machen. Was nun nicht heißen soll, dass er nicht auch viel Visionäres, Neues und Interessantes und Kontroversielles zu sagen gehabt hätte.

Dass Konrad Lorenz heute sehr viel weniger zitiert wird als zu Lebzeiten, liegt nicht nur am ganz normalen Fortgang der Wissenschaften. Es hat auch damit zu tun, dass er eher ein Naturforscher des 19. Jahrhunderts als ein moderner Biologe des 20. Jahrhunderts gewesen ist: Während in den Lebenswissenschaften spätestens seit 1945 immer selbstverständlicher mit experimentellen und quantifizierenden Methoden und allen möglichen technischen Apparaturen gearbeitet wurde, gingen viele von Lorenz' Entdeckungen – so wie jene von Darwin – auf bloße Beobachtungen zurück. Lorenz reichte dabei oft genug eine einzige Observation, was schon zu Lebzeiten immer wieder für methodische Diskussionen sorgte – abgesehen von der schwierigen Überprüf- und Reproduzierbarkeit. Untersuchungen in der Tradition von Lorenz sind aber auch deshalb rar geworden, weil sie viel zu langwierig und zu aufwendig sind, ehe sie Ergebnisse zeitigen. Das Verhaltensrepertoire eines Tieres zu beschreiben nimmt Jahre in Anspruch – im Forschungsbetrieb des 21. Jahrhunderts mit seiner Maxime des »Publish or Perish«, also des »Publizierens oder Verlierens« ein schieres Ding der Unmöglichkeit.

Lorenz hatte sich diesem unaufhaltsamen Trend der Wissenschaften ganz bewusst und mit Methode verweigert. Als längst anerkannter und später sogar mit dem Nobelpreis ausgezeichneter Forscher konnte er sich das leisten. Er konnte aber auch immer wieder unter Beweis stellen, wie viel sich auch durch bloße Beschreibung erkennen lässt. In seinem umfangreichen Nachlass gibt es unter anderem stapelweise Aufzeichnungen seiner jahrzehntelangen Beobachtungen an Fischen. Allein zwischen 1976 und 1978 verbrachte er zumindest 1000 Stunden beobachtend an seinem Altenberger Aquarium. Einen Teil dieser Aufzeichnungen wertete der Biologe Kurt Kotrschal, lange Jahre Leiter der Konrad Lorenz Forschungsstelle (KLF) Grünau und Mitgründer des Wolfsforschungszentrums in Ernstbrunn, gemeinsam mit der japanischen Forscherin Keiko Okawa aus und veröffentlichte sie fast zehn Jahre nach Lorenz' Tod in einem angesehenen

Fachjournal.[853] Vom renommierten britischen Wissenschaftsmagazin *Nature* wurde diese bislang letzte wissenschaftliche Publikation von Konrad Lorenz prompt mit einer wiederentdeckten Skizze von Rembrandt, einem unbekannten Sonett von Shakespeare oder einer frühen Aufnahme der Beatles verglichen.[854]

Neben der Konrad Lorenz Forschungsstelle in Grünau gibt es in Österreich zwei weitere wissenschaftliche Einrichtungen, die seinen Namen tragen: Das Konrad-Lorenz-Institut für Vergleichende Verhaltensforschung am Wilhelminenberg, das mittlerweile zur Veterinärmedizinischen Universität Wien gehört, sowie das vor allem privat finanzierte Konrad-Lorenz-Institut für Evolutions- und Kognitionsforschung (KLI) in Klosterneuburg, das ursprünglich in der Lorenz-Villa in Altenberg untergebracht war. Die wissenschaftlichen Schwerpunkte dieser Einrichtungen haben sich längst weiterentwickelt und ausdifferenziert, was sich auch an englischen Bezeichnungen wie »Behavioural Ecology« oder »Animal Cognition« ablesen lässt. An die Stelle der tierischen Instinkte, die bei Lorenz, Tinbergen und Kollegen das bestimmende Forschungsparadigma waren, sind in den letzten Jahren Verstandesleistungen der verschiedenen Spezies getreten. Dieser neue Schwerpunkt zeigt sich auch an der jüngsten Umbenennung des Instituts in Seewiesen, das seit 2023 Teil des Max-Planck-Instituts für tierische Intelligenz ist.

Die Enkelgeneration von Lorenz hat an vielen Tierarten, die bisher vor allem als von Instinkten getrieben galten, dank ausgeklügelter Experimente und neuen neurobiologischen Untersuchungsmöglichkeiten erstaunliche Intelligenzleistungen beobachtet – nicht zuletzt bei Rabenvögeln, mit denen Lorenz seine eigenen Forschungen begann. Das eröffnete ein weites Feld neuer Fragestellungen – etwa, ob auch Tieren Rationalität und ein höheres Bewusstsein zugeschrieben werden kann.[855] Das sind Fragen, an denen auch Lorenz interessiert war. Doch um die vergleichende Verhaltensforschung auf den Weg zu bringen, ging es zunächst einmal darum, jenes mehr oder weniger fixierte Verhalten unter die Lupe zu nehmen, das vom Instinkt angeleitet war.

Warum sich die Wissenschaft heute mit Lorenz schwertut, hängt letztlich aber auch mit seiner von ihm selbst halb verdrängten, halb verschwiegenen und nie richtig aufgearbeiteten NS-Vergangenheit zusammen. Seine (rassen)politischen Fehltritte belasten auch sein Fach – nicht zuletzt auch dadurch, dass Lorenz auch aus diesen Gründen von den Neuen Rechten ideologisch vereinnahmt wird. Für manche Kritikerinnen und Kritiker wird die Verhaltensforschung damit zur »rechten Wissenschaft«, auch wenn Niko Tinbergen, ihr anderer Mitbegründer, selbst Opfer der Nazis in den Niederlanden war. Lorenz hingegen hatte sich mit seiner Parteimitgliedschaft und in einigen Publikationen dem Nationalsozialismus höchst opportunistisch angedient und »mit den Wölfen geheult«, wie er selbst es nannte. Er hat sich später dafür zwar mehr oder weniger halbherzig entschuldigt, aber nie die Notwendigkeit gesehen oder die menschliche Größe gehabt, sich mit dieser belastenden Vergangenheit offen und ehrlich auseinanderzusetzen, obwohl er von vielen verständigen Zeitgenossen und Freunden wie Tinbergen oder Hans Zeisel, der als Jude und Sozialist 1938 aus Wien fliehen musste, darum gebeten worden war. Diese Weigerung hat dazu geführt, dass dieser »braune Bodensatz« bereits zu seinen Lebzeiten immer wieder hochkochte: anlässlich der Verleihung des Nobelpreises 1973, bei der Publikation seiner zivilisationskritischen Schriften, wie *Die acht Todsünden der zivilisierten Menschheit*, oder nach den fragwürdigen Behauptungen in einem seiner letzten Interviews.

Sein Verhalten in der NS-Zeit und seine damaligen politischen und wissenschaftlichen Fehltritte werden wohl weiterhin Thema bleiben, da einige Fragen nach wie vor offen sind – bis hin zu jener, was das Vergabekomitee in Stockholm vor 50 Jahren darüber wusste und ob diese »braunen« Flecken von Lorenz 1973 Teil der Diskussionen waren. Wenn diese Unterlagen 2024 zugänglich werden, wird man mehr darüber wissen. Dass sich das offizielle Österreich seit den 1990er-Jahren der Mitverantwortung für die Verbrechen des Nationalsozialismus stellte und spät, aber doch die Erzählung vom »ersten Opfer« Nazideutschlands hinter sich ließ, trug gewiss dazu bei, dass Lorenz von vielen heute weniger als großer Naturforscher, Wissenschaftskommunikator oder Naturschützer gesehen wird, denn als großer und einflussreicher Nazi. Das freilich widerspricht den Tatsachen ebenso wie Lorenz' Behauptung, nie NSDAP-Mitglied gewesen zu sein. Ob Aktionen wie die schlecht vorbereitete Aberkennung eines Ehrendoktorats für Lorenz durch die Universität Salzburg Beiträge zu einer differenzierten Einschätzung der NS-Vergangenheit von Lorenz und seines Lebenswerks leisten können, darf bezweifelt werden. Ähnlich kontraproduktiv wäre es, Forschungsinstitute, die seit Jahrzehnten den Namen Konrad Lorenz in ihren Bezeichnungen tragen, umzubenennen. Zugleich darf diesen Einrichtungen sehr wohl zugemutet werden, sich mit der Geschichte nicht nur ihres Namensgebers, sondern auch mit jener der Biologie und dieses Fachbereichs im Nationalsozialismus zu beschäftigen.

Denn diese Geschichte wirkt bis heute indirekt so oder so nach: Dass es insbesondere im deutschsprachigen Raum zwischen der Humanpsychologie und der Tierpsychologie, die heute eher Verhaltensbiologie heißt, nach wie vor eine Art von disziplinärer Brandmauer gibt, ist nicht zuletzt auch eine Folge der Grenzüberschreitungen von Konrad Lorenz und anderer Biologen in der NS-Zeit. Einer produktiven interdisziplinären Diskussion zwischen den beiden Bereichen, die im englischsprachigen Raum traditionell sehr viel weiter ist und auch in Wien vor 1938 noch gegeben war, sind diese historisch gewachsenen Berührungsängste abträglich. Neuere Forschungsfelder wie die evolutionäre Medizin, die auch Erkrankungen bei Mensch und Tier vergleichend in den Blick nimmt, knüpfen da an, was bei der Verleihung des Nobelpreises vor 50 Jahren eher nur ein Versprechen war: dass die vergleichende Verhaltensforschung wichtige Erkenntnisse für die Psychiatrie und die psychosomatische Medizin liefert.

Bleibt die Frage, was von Lorenz bleiben wird, mehr als drei Jahrzehnte nach seinem Tod. Dass er sich zumindest einige Zeit lang für den Nationalsozialismus begeisterte, wird sein Lebenswerk wohl für immer überschatten – so groß seine Beiträge für die Wissenschaft und den Umweltschutz fraglos waren. Was ihn damals so anfällig für die Nazis machte, hatte neben seiner politischen Naivität, seinen eugenischen Überzeugungen und seinem karrierestrategischen Opportunismus auch damit zu tun, dass Lorenz ganz generell ein Enthusiast war und wie wenige andere Enthusiasmus wecken konnte. Er war von Personen und Umständen ebenso schnell und nachhaltig begeistert, wie er selbst Begeisterung vermitteln konnte – egal, ob es nun um Fischhaltung in Aquarien ging oder um die Schönheit der Donauauen. Dazu kam seine einzigartige Darstellungsgabe, von der man sich in seinen nach wie vor lesenswerten Klassikern wie *Er redete mit dem Vieh, den Vögeln und den Fischen* oder *Das sogenannte Böse* bis heute faszinieren lassen kann, die als Vorläufer des heute so beliebten *Nature Writing* gelten können. Durch diese Bücher haben viele von uns vermutlich mehr über Tiere – und das angebliche Tier in uns – erfahren als durch jeden anderen Biologen des 20. Jahrhunderts. Wenn er von der Gans aufs Ganze schloss, dann endete das allzu oft bei an- und aufregenden Spekulationen und auch Fehlschlüssen über die angebliche Natur des Menschen. Von den Tieren jedoch – und die Tiere selbst – hat dieser König Salomo in Lederhosen wahrscheinlich mehr verstanden als jeder andere seiner Zeitgenossen.

ZEITTAFEL

1903 Konrad Zacharias Lorenz wird am 7. November 1903 als Sohn von Emma und Adolf Lorenz in Wien geboren. Der Vater ist Orthopäde und Universitätsprofessor. Konrads einziger Bruder Albert ist um 18 Jahre älter

1910 Auf Geheiß des Vaters Übertritt vom katholischen zum evangelischen Glauben

Ab 1914 Externist und später regulärer Schüler am katholischen Schottengymnasium; Freundschaft mit Bernhard Hellmann

1922 Matura mit Auszeichnung und Beginn des Medizinstudiums an der Columbia University in New York

1923 Rückkehr nach Österreich und Fortsetzung des Medizinstudiums an der Universität Wien; Ankauf einer 680er Brough Superior

1924 Beginn der kurzen Karriere als Motorradrennfahrer

1926 Zieht seine erste Dohle »Tschock« auf; Beginn der Dohlenkolonie in Altenberg

1927 Konrad Lorenz heiratet am 27. Juni Margarethe »Gretl« Gebhardt, mit der er seit über 20 Jahren befreundet ist

1928 Promotion zum Dr. med. an der Uni Wien und Anstellung am II. Anatomischen Institut der Universität Wien, unter seinem Lehrer Ferdinand Hochstetter; Geburt von Sohn Thomas; Beginn des Zoologiestudiums

1930 Geburt von Tochter Agnes

1933 Promotion zum Dr. phil. in Zoologie (bei Jan Versluys) mit einer Dissertation über den Vogelflug

1935 Gibt seine Stelle als Universitätsassistent bei Hochstetters Nachfolger Eduard Pernkopf auf. Publikation von »Der Kumpan in der Umwelt des Vogels«

1936 Aufzucht des Gänsekinds Martina; lernt Erich von Holst und Niko Tinbergen kennen

1937 Habilitation für Zoologie; gemeinsame Experimente mit Tinbergen in Altenberg; Gründung der Gesellschaft und der *Zeitschrift für Tierpsychologie* mit Lorenz als Mitherausgeber; Publikation seiner klassischen Arbeiten über den Instinktbegriff

1938 Die Mutter Emma Lorenz stirbt; Antrag auf Mitgliedschaft bei der NSDAP; Parteieintritt wird auf den 1. Mai datiert

1940 Publikation von »Durch Domestikation verursachte Störungen arteigenen Verhaltens« mit rassenbiologischen Vorschlägen; Lorenz erhält eine Professur für Psychologie an der Universität Königsberg

1941 Die Familie übersiedelt nach Königsberg; Geburt von Tochter Dagmar; Einberufung zur Wehrmacht

1942 Tätigkeit als Heerespsychologe und dann als Psychiater im Militärlazarett in Posen; Mitarbeit an einer völkerpsychologischen Studie unter Rudolf Hippius

1944 Versetzung an die Ostfront bei Witebsk und Gefangennahme durch Soldaten der Roten Armee; Arbeit als Lagerarzt in mehreren Kriegsgefangenenlagern vor allem in Armenien

1946 Vater Adolf Lorenz stirbt in Altenberg

1948 Im Februar Rückkehr nach Österreich nach fast vier Jahren Kriegsgefangenschaft in insgesamt 13 Lagern

1949 Neuerliche Habilitation; veröffentlicht den Tierbuchbestseller *Er redete mit dem Vieh, den Vögeln und den Fischen*

1950 Erhält trotz Erstnominierung Professur in Graz nicht; geht nach Deutschland, wo die Max-Planck-Gesellschaft in Buldern bei Münster eine Forschungsstelle gründet

1954 Plan der Übersiedlung des Instituts nach Seewiesen

1958 Eröffnung des Max-Planck-Instituts für Verhaltensphysiologie in Seewiesen mit Lorenz als stellvertretendem Direktor

1960/61 USA-Reise mit Kontakten zu US-Psychologen; erstmaliges Schnorcheln an Floridas Küste

1962 MPI-Direktor Erich von Holst stirbt; Konrad Lorenz wird Institutsdirektor

1963 Das umstrittene Buch *Das sogenannte Böse* erscheint und macht Lorenz zum internationalen Star

1973 Emeritierung in Seewiesen und Rückkehr nach Österreich; Gründung einer Grauganskolonie im Almtal; Nobelpreis für Physiologie oder Medizin mit Karl von Frisch und Niko Tinbergen; die Bücher *Die Rückseite des Spiegels* und *Die acht Todsünden der zivilisierten Menschheit* erscheinen

1974 Bau eines riesigen Aquariums in Altenberg

1978 Erfolgreiches Engagement im Kampf gegen das Kernkraftwerk Zwentendorf

1984 »Konrad-Lorenz-Volksbegehren« und Engagement für die Rettung der Donau-Auen von Hainburg

1986 Margarethe Lorenz, lebenslange Gefährtin und Gattin, stirbt

1988 Seine große Ethologie der Graugans *Hier bin ich – wo bist du?* erscheint; Arbeit an der Fragment gebliebenen Autobiografie

1989 Konrad Lorenz stirbt am 27. Februar in Wien

ANMERKUNGEN

Einleitung

1 Zu Lorenz' Filmen vgl. u. a. Munz 2005.
2 M. Beyer 2008 und I. Jerger 2023. Wir erlauben uns den Hinweis, dass für beide Romane – einmal ausgewiesen und einmal nicht – auch auf unsere Arbeiten zu Lorenz zurückgegriffen wurde.
3 K. Lorenz 1979, S. 7.
4 L. Lorenz 1974a. Eine andere autobiografische Darstellung erschien übrigens unter dem Titel »My Family and Other Animals«, also »Meine Familie und andere Tiere«. Der Text wurde zu Lorenz' 100. Geburtstag auch auf Deutsch veröffentlicht, allerdings unter dem Titel »Eigentlich wollte ich Wildgans werden« (K. Lorenz 1985 bzw. 2003).
5 J. L. Borges 1982, S. 59.
6 F. Nietzsche [1886] 1988, S. 86 (68. Spruch).
7 B. Föger und K. Taschwer 2001.
8 Vgl. Taschwer 2015a.
9 Dieser fehlende Fakt war sogar zur Überschrift einer Rezension des Buches in der Tageszeitung Der Standard geworden.
10 Vgl. http://klha.at. Zu den Volltextlücken vgl. http://klha.at/kl_papers.html.
11 Zu dieser Aberkennung und ihrer Begründung erschienen zahlreiche Kommentare in deutschsprachigen Medien, vgl. Taschwer 2015a für den Versuch einer differenzierten Bewertung.
12 Die Studie wurde erst vier Jahre später publiziert, vgl. Pinwinkler 2019.
13 Kurier vom 24. Oktober 1973.

Eine ungewöhnliche Familie

14 A. Lorenz [1936/37] 2017, S. 259 f.
15 K. Lorenz 1989, Blatt 145 (Eintragung vom 2. September 1988, Bl. 4). Lorenz' Autobiografie wurde von ihm selbst bzw. seiner Sekretärin bis Blatt 99 durchnummeriert. Die weitere Nummerierung bis Blatt 168 erfolgte auf Basis des Eintragungsdatums durch die Autoren. Bei Angaben über Blatt 99 ist deshalb auch immer das Datum der Eintragung angeführt.
16 Al. Lorenz [1952] 1965, S. 179.

17 Ebenda, S. 59.
18 Al. Lorenz [1952] 1965, S. 275.
19 Ebenda, S. 276.
20 Ebenda.
21 Adolf Lorenz setzte seinem verehrten Freund und Lehrer ein urnenförmiges Denkmal in seinem Altenberger Garten, das bis heute erhalten ist. Vgl. auch Al. Lorenz [1952] 1965, S. 24.
22 Al. Lorenz [1952] 1965, S. 123.
23 Dass es durch die geschlossene Operationstechnik immer wieder zum Absterben von Gewebeteilen und zu Komplikationen kam, wurde erst viel später erkannt. Vgl. R. W. Jackson 2001.
24 Vgl. A. Warwick 2005.
25 A. Lorenz [1936/37] 2017, S. 170.
26 K. Taschwer 2017, S. 419.
27 Siehe A. Barker [1996] 1998, S. 34.
28 Margarethe Lorenz an Otto Koehler am 21. August 1963 (Nachlass Otto Koehler).
29 Ebenda.
30 A. Barker [1996] 1998, S. 40.
31 A. Lorenz [1936/37] 2017, S. 136.
32 Al. Lorenz [1952] 1965, S. 76.
33 Ebenda, S. 182.
34 A. Lorenz [1936/37] 2017, S. 181ff.

Eine prägende Kindheit

35 K. Lorenz 1989, Blatt 3.
36 Al. Lorenz [1965] 1988, S. 167.
37 R. Sandgruber 2013, S. 393.
38 A. Lorenz [1936/37] 2017, S. 278.
39 Al. Lorenz [1965] 1988, S. 10.
40 Ebenda, S. 167.
41 N. Bischof [1991] 1993, S. 69.
42 K. Lorenz 1989, Blatt 4a.
43 Ebenda, Blatt 1a.
44 K. Lorenz 1985, S. 259. Den Titel hat Lorenz von der Autobiografie des von ihm geschätzten Zoologen und Autors Gerald Durell (1925–1995) mit dessen Zustimmung übernommen. Auf Deutsch erschien Lorenz' Text im Jahr 2003 als eigenes Büchlein unter dem nicht ganz so originellen Titel »Eigentlich wollte ich Wildgans werden«.
45 K. Lorenz 1989, Blatt 2a.
46 Al. Lorenz [1952] 1965, S. 182.
47 K. Lorenz 1989, Blatt 1a.

48 Ebenda, Blatt 22.
49 Ebenda, Blatt 23.
50 K. Lorenz [1950] 2000, S. 54.
51 K. Lorenz [1949] 1997, S. 19.
52 K. Lorenz 1989, Blatt 8.
53 Ebenda, Blatt 8.
54 Ebenda, Blatt 4.
55 Ebenda, Blatt 152 (Eintragung vom 12. Oktober 1988).
56 Ebenda, Blatt 15.
57 Ebenda, Blatt 10.
58 Ebenda, Blatt 142 (Eintragung vom 2. September 1988, Bl. 1).
59 Hauptkatalog des Schottengymnasiums 1915/16.
60 BM f. Handel und Verkehr, Zl. 76.166-1/1936 (Österreichisches Staatsarchiv).
61 K. Lorenz 1989, 142 (Eintragung vom 2. September 1988, Bl. 2).
62 K. Lorenz 1989, Blatt 142 (Eintragung vom 2. September 1988, Bl. 1).
63 K. Taschwer 2013.
64 K. Taschwer 2021.
65 K. Lorenz [1949] 1997, S. 22.
66 K. Lorenz 1985, S. 261.
67 K. Lorenz 1974a, S. 177.
68 K. Lorenz 1989, 143 (Eintragung vom 2. September 1988, Bl. 2).
69 K. Lorenz und F. Kreuzer 1981, S. 11 f.
70 Ebenda, Blatt 15.
71 Ebenda, Blatt 16.
72 K. Lorenz und F. Kreuzer 1981, S. 11.
73 K. Lorenz 1989, Blatt 143 (Eintragung vom 2. September 1988, Bl. 2).
74 Ebenda, Blatt 144 (Eintragung vom 2. September 1988, Bl. 3).

Sturm und Drang

75 K. Lorenz 1989, Blatt 25.
76 Al. Lorenz [1952] 1965, S. 225 f.
77 Ebenda, S. 261.
78 K. Lorenz 1989, Blatt 25.
79 Ebenda.
80 Meldungsbuch der Universität Wien des Studierenden Konrad Lorenz 1923 (Nachlass Konrad Lorenz).
81 K. Lorenz 1989, Blatt 88.
82 Personalakt Konrad Lorenz, philosophische Fakultät (Archiv der Universität Wien).
83 Vgl. Nemec und Taschwer 2013.
84 Vgl. M. Hubenstorf 2000, S. 1386; T. Buklijas 2005; B. Nemec 2020.

85 Persönliche Mitteilung von Agnes Cranach.
86 Konrad Lorenz an Lothar Rübelt am 3. Jänner 1980 (Nachlass Konrad Lorenz).
87 Allgemeine Automobil Zeitschrift Nr. 19 vom 1. Oktober 1924, S. 1.
88 Vgl. Der Tag, vom 26. März 1930, S. 3.
89 K. Lorenz 1989, Blatt 83.
90 J. Alsop 1969, S. 64.
91 K. Lorenz [1949] 1997, S. 41.
92 Zu den Heinroths vgl. zuletzt K. Schulze-Hagen und G. Kaiser 2020.
93 K. Lorenz 1927. Vgl. Konrad Lorenz an Erwin Stresemann ohne Datum 1927 (Nachlass Erwin Stresemann).
94 K. Lorenz 1989, Blatt 25.

Wissenschaftliche Anfänge

95 Zitiert nach J. Haffer et al. 2000, S. 124.
96 Wiener Montagsblatt vom 15. August 1932 mit einer großen Reportage über den »Besuch in der Vogelfarm des Assistenten Dr. Lorenz«.
97 K. Lorenz [1935] 1984, S. 128.
98 A. Nisbett 1976, S. 36. Das Interview fand im Sommer 1974 in Altenberg statt.
99 K. Lorenz 1931 [1984], S. 14.
100 Ebenda, S. 68.
101 K. Lorenz 1932.
102 Zur Lage der Biologie in Wien in den frühen 1920er-Jahren vgl. u. a. Kammerer 1926.
103 Vgl. Taschwer 2015a, S. 121 ff.
104 Brief von Lacerta Kammerer an Arthur Koestler vom 14. April 1970 (Nachlass Arthur Koestler an der Universität Edinburgh).
105 Zum Fall Kammerer vgl. zuletzt Taschwer 2016. Hier werden zahlreiche Indizien präsentiert, die nahelegen, dass Kammerer und die BVA Opfer einer Verschwörung wurden, auch wenn Kammerers Forschungsergebnisse zweifelhaft bleiben.
106 Personalakt Konrad Lorenz, medizinische Fakultät (Archiv der Universität Wien).
107 Brief von Konrad Lorenz an Hugo Bernatzik ohne Datum; Brief von Hugo Bernatzik an Konrad Lorenz vom 8. August 1930, zitiert nach Byer 1999, S. 39.
108 Vgl. A. Lorenz ([1936/37] 2017, S. 368 f.
109 Neues Wiener Abendblatt vom 8. November 1932.
110 Neues Wiener Tagblatt vom 24. Oktober 1932.
111 A. Lorenz ([1936/37] 2017, S. 368.
112 A. Lorenz ([1936/37] 2017, S. 371.
113 K. Lorenz 1978, S. 2.

114 Konrad Lorenz an Oskar Heinroth am 22. Februar 1931, zitiert nach O. Koenig (Hg.) 1988, S. 42.

115 K. Lorenz 1935.

116 Vgl. Burkhardt 2005, S. 163ff. Burkhardts umfassende Studie ist das unübertroffene Standardwerk zur Gründungsgeschichte der Ethologie.

117 Wallace Craig an Konrad Lorenz am 27. April 1937 (Hervorhebung im Original; Übers. d. Autoren) (Nachlass Konrad Lorenz).

118 Margarethe Lorenz an Otto Koehler am 21. August 1963 (Nachlass Otto Koehler).

119 Konrad Lorenz an Erwin Stresemann am 2. März 1934 (Nachlass Erwin Stresemann).

120 Erwin Stresemann an Konrad Lorenz am 7. März 1937, zitiert nach J. Haffer et al. 2000, S. 278f., Fn. 9 (Hervorhebung im Original).

121 Konrad Lorenz an Erwin Stresemann am 2. März 1934 (Nachlass Erwin Stresemann).

122 Konrad Lorenz an Oskar Heinroth am 21. März 1934 (Nachlass Oskar Heinroth).

123 Vgl. V. Hofer 2001. Wie auch im Fall von Bühler ist auch im Fall von Brunswik Hofers Unterstellung falsch, dass sich Lorenz kaum oder gar nicht für diese Hilfestellung bedankt habe. In allen wichtigen autobiografischen Texten von Lorenz (1973 zum Nobelpreis und 1985) werden die beiden dankend erwähnt.

124 Neues Wiener Tagblatt vom 13. Jänner 1935.

125 Neues Wiener Tagblatt vom 27. Juli 1935.

126 Vgl. dazu K. Lorenz 1941b und 1943a.

127 Neues Wiener Tagblatt vom 15. November 1935.

128 Personalakt Konrad Lorenz, philosophische Fakultät (Archiv der Universität Wien).

129 K. Lorenz 1936.

130 Brief von Konrad Lorenz an Erwin Stresemann vom 24. Oktober 1936 (Nachlass Erwin Stresemann).

131 Personalakt Konrad Lorenz, philosophische Fakultät (Archiv der Universität Wien).

132 Konrad Lorenz an Erwin Stresemann am 2. Juli 1936 (Nachlass Erwin Stresemann).

Der Begründer einer neuen Disziplin

133 Für die Universität Wien im Austrofaschismus siehe L. Erker 2021.

134 BM f. Handel und Verkehr, Zl. 76.166-1/1936 (Österreichisches Staatsarchiv).

135 B. Müller-Hill [1992] 1995, S. 14.

136 Konrad Lorenz an Erwin Stresemann am 22. April 1933 und 15. Oktober 1933 (Nachlass Erwin Stresemann).

137 Oskar Heinroth an Konrad Lorenz am 14. Jänner 1936, zitiert nach O. Koenig (Hg.) 1988, S. 211.

138 Max Hartmann an Konrad Lorenz am 17. Oktober 1935 (Nachlass Max Hartmann). Der Vortrag erschien dann gedruckt unter dem Titel »Über die Bildung des Instinktbegriffes« (K. Lorenz 1937a [1984]).

139 K. Lorenz 1989, Blatt 68. Siehe auch K. Lorenz und F. Kreuzer 1981, S. 39. Wie sehr das den tatsächlichen Worten Hartmanns entspricht, sei dahingestellt. Jedenfalls findet sich am Ende von Lorenz' publizierter Fassung dieses Vortrags eine ganz ähnliche Wendung. Vgl. K. Lorenz 1937a [1984], S. 342.

140 K. Lorenz 1989, Blatt 68.

141 K. Lorenz 1937a [1984], S. 328.

142 Vgl. F. Wuketits 1990, S. 69; K. Lorenz 1985, S. 268.

143 Erich von Holst an Konrad Lorenz am 1. April 1937 (Nachlass Konrad Lorenz).

144 Otto Koehler an Konrad Lorenz am 13. Oktober 1973 (Nachlass Konrad Lorenz).

145 Bericht über die Beiratssitzung der Gesellschaft für Tierpsychologie vom 6. November 1936 (Nachlass Konrad Lorenz).

146 K. Lorenz 1937b.

147 Konrad Lorenz an Fritz von Wettstein am 9. Dezember 1936 (KWG Nr. 26, Archiv der BBAW).

148 Konrad Lorenz an Max Hartmann am 9. Dezember 1936 (Nachlass Max Hartmann).

149 »Gutachten Dr. K. Lorenz« von Otto Koehler, Königsberg am 23. Dezember 1936 (KWG Nr. 26, Archiv der BBAW).

150 Alle Zitate aus dem 63. Sitzungsprotokoll der KWG vom 29. Mai 1937, Niederschriften von Sitzungen des Senats der Kaiser-Wilhelm-Gesellschaft 1933–1943 (Archiv der MPG, Berlin).

151 Konrad Lorenz an Erwin Stresemann am 16. April 1937 (Nachlass Erwin Stresemann).

152 Konrad Lorenz an Max Hartmann am 17. Juni 1937 (Nachlass Max Hartmann).

153 Fritz von Wettstein an Konrad Lorenz am 1. Juli 1937 (Nachlass Konrad Lorenz).

154 DFG-Akt Konrad Lorenz (Bundesarchiv Koblenz).

155 Konrad Lorenz an Max Hartmann am 17. September 1937 (Nachlass Max Hartmann, MPG-Archiv).

156 Konrad Lorenz an Erwin Stresemann am 2. März 1934 (Nachlass Erwin Stresemann).

157 K. Lorenz [1949] 1997, S. 105 ff. bzw. erstmals unter dem Titel »Dumme Gans« im Neuen Wiener Tagblatt vom 8. Dezember 1937.

158 Vgl. T. Munz 2011. Die Zitate stammen aus K. Lorenz 1939a bzw. K. Lorenz 1988, S. 29.

159 Zu den Filmen von Lorenz vgl. u. a. T. Munz 2005.

160 DFG-Akt Konrad Lorenz (Bundesarchiv Koblenz).
161 Zu Tinbergen vgl. die umfassende und ausgezeichnete Biografie von H. Kruuk 2003.
162 Niko Tinbergen an Konrad Lorenz am 5. November 1936 (Nachlass Konrad Lorenz).
163 Vgl. N. Tinbergens Nobel-Autobiografie von 1973, zitiert nach www.nobel.se/medicine/laureates/1973/tinbergen-autobio.html.
164 R. Hinde 1995, S. 81.
165 Niko Tinbergen an Konrad Lorenz am 8. März 1937 (Nachlass Konrad Lorenz).
166 Persönliche Mitteilung von Agnes Cranach.
167 Niko Tinbergen an Konrad Lorenz am 18. Februar 1937 (Nachlass Konrad Lorenz).
168 W. Schleidt 1984, S. 152f.
169 K. Lorenz 1989, Blatt 69a.
170 K. Lorenz und N. Tinbergen 1938.
171 Konrad Lorenz an Niko Tinbergen am 8. März 1977 (Nachlass Konrad Lorenz).
172 Konrad Lorenz an Niko Tinbergen am 1. Dezember 1988 (Nachlass Konrad Lorenz).
173 Niko Tinbergen an seinen Vater am 29. April 1937 (Nachlass Niko Tinbergen). Wir danken Stefan Löffler für die Übersetzung.
174 Ebenda.
175 Niko Tinbergen an Bierens de Haan am 13. Mai 1937 (Nachlass Niko Tinbergen). Wir danken Stefan Löffler für die Übersetzung.
176 Konrad Lorenz an Max Hartmann am 27. September 1937 (Nachlass Max Hartmann).
177 Ebenda.
178 Max Hartmann an Konrad Lorenz am 30. September 1937 (Nachlass Max Hartmann).
179 Für längere Auszüge aus den Gutachten siehe unter anderem B. Föger und K. Taschwer 2001, S. 74ff.
180 DFG-Akt Konrad Lorenz (Bundesarchiv Koblenz).

Nazi aus Begeisterung

181 Konrad Lorenz an Erwin Stresemann am 26. März 1938 (Nachlass Erwin Stresemann).
182 Persönliche Mitteilung von Agnes Cranach.
183 Für einen rezenten Versuch vgl. K. Bauer 2017.
184 Otto Koehler an Erwin Stresemann am 13. März 1938 (Nachlass Erwin Stresemann).

185 Konrad Lorenz an Erwin Stresemann am 11. April 1938 (Nachlass Erwin Stresemann).

186 Konrad Lorenz an Oskar Heinroth am 22. März 1938 (Nachlass Otto Heinroth).

187 Der Biologe 1938, Heft 7, S. 235.

188 Vgl. u.a. Taschwer 2015a, S. 209.

189 Konrad Lorenz an Erwin Stresemann am 26. März 1938 (Nachlass Erwin Stresemann).

190 Wir danken Michael Hubenstorf für diese Information.

191 Jahrbuch für die Ärzte und Beamten der Spitäler, Sanatorien und Humanitätsanstalten in der Ostmark 1939, 31.Jg., S. 58.

192 Gauakt Karl Bühler, Bericht des NSDAP-Ortsgruppenleiters Krottenbach, Paul Veith (Österreichisches Staatsarchiv).

193 Konrad Lorenz an Erwin Stresemann am 11. April 1938 (Nachlass Erwin Stresemann).

194 Vgl. Lebenslauf von Karl Bühler vom 21. Mai 1938.

195 Konrad Lorenz an Erwin Stresemann am 11. April 1938 (Nachlass Erwin Stresemann).

196 Konrad Lorenz an Ferdinand Hochstetter am 16. April 1938 (Nachlass Ferdinand Hochstetter).

197 Ebenda. Die Briefstelle relativiert auch einiges der Einschätzung von V. Hofer 2001.

198 Lebenslauf von Karl Bühler vom 21. Mai 1938. Der Text ist am Ende mit »Heil Hitler!« unterfertigt und wurde in einigen psychologiehistorischen Publikationen abgedruckt.

199 Persönliche Mitteilung von Agnes Cranach. Lorenz widmete Bühler zu dessen 80. Geburtstag auch einen seiner Aufsätze (K. Lorenz 1959a).

200 Vgl. G. Heiß 1993, S. 137 bzw. G. Benetka und W. Kienreich 1989, S. 120.

201 Alle Zitate aus dem 67. Sitzungsprotokoll der KWG vom 30. Mai 1938, Niederschriften von Sitzungen des Senats der Kaiser-Wilhelm-Gesellschaft 1933–1943 (MPG-Archiv, Berlin).

202 Konrad Lorenz an Oskar Heinroth am 16. Juni 1938 (Nachlass Oskar Heinroth).

203 Persönliche Mitteilung von Agnes Cranach. Lorenz' Vater, einer der exponiertesten Vertreter eugenischer Maßnahmen und Befürworter freiwilliger Sterilisationen, war jedenfalls nicht gegen den Nationalsozialismus eingestellt und pflegte während der NS-Zeit seine Briefe mit »Heil Hitler« zu unterzeichnen.

204 Gauakt Konrad Lorenz, »Personal-Fragebogen zum Antragschein auf Ausstellung einer vorläufigen Mitgliedskarte und zur Feststellung der Mitgliedschaft im Lande Österreich« der Nationalsozialistischen Deutschen Arbeiterpartei (NSDAP) vom 28. Juni 1938; Mitgliedsnummer 6,170.554. Die Mitgliedschaft wurde dann auf 1. Mai 1938 vordatiert (Österreichisches Staatsarchiv).

205 F. Schaller 2000, S. 41.

206 Vgl. O. Koenig 1988 (Hg.), S. 240 und Konrad Lorenz an Erwin Stresemann am 17. April 1938 (Nachlass Erwin Stresemann).

207 Gauakt Konrad Lorenz, Beilagen zum Antrag zur Aufnahme in die NSDAP (Österreichisches Staatsarchiv).

208 E. B. Bukey [2000] 2001, S. 72.

209 Vgl. O. Koenig (Hg.) 1988, S. 225. Jaensch wurde auch zur zweiten Tagung der Gesellschaft für Tierpsychologie eingeladen, wo er im September 1938 »Zur Psychologie des Haushuhns« referierte. Der Text erschien dann unter dem Titel »Der Hühnerhof als Forschungs- und Aufklärungsmittel in menschlichen Rassenfragen« auch in der Zeitschrift für Tierpsychologie – und illustrierte dabei die ganze Absurdität der zwischen Tier und Mensch vergleichenden Rassenpsychologie (vgl. Jaensch 1939).

210 Vgl. O. Koenig (Hg.) 1988, S. 247.

211 O. Klemm (Hg.) 1939, S. 1f. (»Die Eröffnung des Kongresses und sein Verlauf«).

212 Fritz von Wettstein an Ernst Telschow am 21. Oktober 1938 (KWG Nr. 26, Archiv der BBAW).

213 Aktennotiz von Ernst Telschow am 21. Oktober 1938 (KWG Nr. 26, Archiv der BBAW).

214 Konrad Lorenz an Ernst Telschow, am 24. November 1938 (KWG Nr. 26, Archiv der BBAW).

215 Konrad Lorenz an Erwin Stresemann am 16. Februar 1939 (Nachlass Erwin Stresemann).

216 Konrad Lorenz an Oskar Heinroth am 9. Jänner 1939, zitiert nach O. Koenig (Hg.) 1988, S. 257.

217 Zur nationalsozialistischen Beurteilung der drei Nominierten vgl. B. Föger und K. Taschwer 2001, S. 88ff.

218 Zum Deutschen Klub vgl. die buchlange Studie von A. Huber, L. Erker und K. Taschwer 2020.

219 Konrad Lorenz an Oskar Heinroth am 9. Jänner 1939, zitiert nach Koenig (Hg.) (1988), S. 257.

220 Neues Wiener Tagblatt vom 1. April 1939, S. 12

221 Völkischer Beobachter vom 30. März 1939, S. 11.

222 Lorenz hatte seine Lehrtätigkeit im Sommersemester (SS) 1937 mit einer Vorlesung über »Tierisches Verhalten als Gegenstand vergleichender Forschung« begonnen, im Wintersemester (WS) 1937/38 trug er über »Taxis und Instinkthandlung« vor. In den nächsten Semestern folgten: »Biologie für Psychologen« (SS 1938), »Allgemeine Vergleichende Verhaltenslehre« (WS 1938/39), »Spezielle vergleichende Verhaltensforschung« (SS 1939), »Allgemeine vergleichende Verhaltensforschung« (Wintertrimester 1939). Im 1. Trimester 1940 (Jänner bis März) las Lorenz über »Vergleichende Verhaltensforschung II (spezieller Teil)«, im 2. Trimester 1940 (April bis Juli) über »Vergleichende Soziologie der Wirbeltiere«. Eine Vorlesung im 3. Trimester 1940 (September bis Dezember) zur »Theorie der Handlung« wurde nur mehr angekündigt.

223 F. Schaller 2000, S. 41.
224 Ebenda, S. 43.
225 Vorlesungsmitschrift vom 28. November 1939 und vom 10. Juli 1940 (Nachlass Konrad Lorenz).
226 Persönliche Mitteilung von Friedrich Schaller.
227 Ch. Darwin 1871, S. 146.
228 A. Einstein und S. Freud [1932] 1973, S. 45 f.
229 Ebenda, S. 44.
230 K. Lorenz 1939a, S. 139 (Hervorhebung im Original).
231 Ebenda, S. 140.
232 Ebenda, S. 146.
233 Ebenda, S. 147.
234 DFG-Akt Konrad Lorenz (Bundesarchiv Koblenz).
235 K. Lorenz 1940a. Für eine umfangreichere Darstellung der Inhalte dieses Textes siehe unter anderem B. Föger und K. Taschwer 2001, S. 105 ff.
236 Konrad Lorenz an Erwin Stresemann am 16. Februar 1939 (Hervorhebung der Autoren) (Nachlass Erwin Stresemann).
237 K. Lorenz 1940a, S. 55.
238 Ebenda, S. 66 (Hervorhebungen im Original).
239 Ebenda, S. 71.
240 Ebenda, S. 75.
241 Für diese Formulierung vgl. B. Chatwin [1979] 1996.
242 Vgl. B. Föger und K. Taschwer 2001, S. 45 ff.

Psychologieprofessor in Königsberg

243 Konrad Lorenz an Oskar Heinroth am 2. Jänner 1940 (Nachlass Oskar Heinroth).
244 Zudem hatte Böhler nach dem »Anschluss« einen offenen Brief mitunterzeichnet, in dem die rassistische Vertreibung jüdischer Professoren geleugnet wurde; durch die Entlassungen sei eher »ein Trend des Scharlatanismus beseitigt worden«. Öffentliche Stellungnahmen dieser Art sind von Lorenz nicht bekannt, der sich aber auch privat so gut wie nie zur Entlassung jüdischer Kolleginnen und Kollegen äußerte.
245 Konrad Lorenz an Oskar Heinroth am 21. September 1939 (Nachlass Oskar Heinroth).
246 Ebenda (Hervorhebung im Original).
247 Konrad Lorenz an Oskar Heinroth im Dezember 1939 (Hervorhebung im Original) (Nachlass Oskar Heinroth).
248 Konrad Lorenz an Max Hartmann am 19. Jänner 1940 (Nachlass Max Hartmann).
249 Vgl. zuletzt Bauer 2017, S. 194 ff.

250 K. Lorenz 1940b.

251 *Der Biologe* war ursprünglich die Monatsschrift des Reichsbundes für Biologie. Nach einem Dienststrafverfahren gegen ihren Herausgeber, den Botaniker Ernst Lehmann, wurde sie vom »Ahnenerbe« bzw. dem zuständigen Biologen Walter Greite übernommen. Vgl. U. Deichmann [1992] 1995, S. 339 ff.

252 F. Roßner 1939.

253 K. Lorenz 1940b, S. 30 (Hervorhebung im Original).

254 Ebenda, S. 29.

255 Ebenda, S. 31.

256 Ebenda, S. 31 f.

257 Ebenda, S. 36 (Hervorhebung im Original).

258 P. Bourdieu 1988, S. 25.

259 Konrad Lorenz an Karl von Frisch am 25. Juli 1950 (Personalakt Konrad Lorenz, Archiv der ÖAW) und an William Thorpe am 17. August 1950 (Nachlass William Thorpe).

260 Konrad Lorenz an William Thorpe am 17. August 1950 (Nachlass William Thorpe). Thorpe war überzeugter Quäker, deshalb wohl auch Lorenz' Anspielung auf den Schöpfer und die Schöpfung. Vgl. auch W. Thorpe [1965] 1969.

261 Vgl. U. Deichmann [1992] 1995, S. 319 ff.

262 Konrad Lorenz an Gustav Kramer am 2. Mai 1940 (Nachlass Konrad Lorenz).

263 Ebenda.

264 Eduard Baumgarten an Konrad Lorenz am 15. Dezember 1973 (Hervorhebungen im Original) (Nachlass Konrad Lorenz).

265 Konrad Lorenz an Gustav Kramer am 2. Mai 1940 (Nachlass Konrad Lorenz).

266 Konrad Lorenz an Eduard Baumgarten am 25. Mai 1940. Abschrift von Eduard Baumgarten in einem Brief vom 15. Dezember 1973 (Nachlass Konrad Lorenz).

267 Neues Wiener Tagblatt, vom 2. Oktober 1928, S. 8.

268 Zu Birkmayers Biografie und seinen wissenschaftlichen Leistungen vgl. H. Czech und L. A. Zeidmann 2014.

269 Vgl. Th. Mayer 2017, der von dieser irrigen Annahme ausgeht. In den Dokumenten anlässlich der Professur in Königsberg ist die Mitarbeit im RPA bereits angeführt.

270 P. Schwarz 1997, S. 158.

271 Vgl. R. Uhle 1999, S. 4 und 21.

272 Heidegger schrieb am 16. Dezember 1933 einen Brief an einen führenden nationalsozialistischen Professor in Göttingen, in dem es unter anderem hieß: »Dr. Baumgarten kommt verwandtschaftlich und seiner geistigen Haltung nach aus dem liberal-demokratischen Heidelberger Intellektuellenkreis um Max Weber. Während seines hiesigen Aufenthalts [in Freiburg] war er alles andere als ein Nationalsozialist. Ich bin überrascht zu hören, dass er in Göttingen Privatdozent ist, denn ich kann mir nicht denken, aufgrund welcher wissenschaftlichen Leistungen er zur Habilitation zugelassen wurde. Nachdem Baumgarten bei mir gescheitert war, verkehrte er sehr lebhaft mit dem früher

in Göttingen tätig gewesenen und nunmehr hier entlassenen Juden Fränkel.« Zitiert nach V. Farías [1987] 1989, S. 283.

273 Vgl. A. Nisbett 1976, S. 73; A. Festetics [1983] 1988, S. 43; F. Wuketits 1990, S. 72.

274 K. Lorenz 1989, Blatt 28.

275 Vgl. G. Heiß 1993, S. 137.

276 Eduard Baumgarten an Konrad Lorenz am 15. Dezember 1973 (Nachlass Konrad Lorenz).

277 Eduard Baumgarten an Konrad Lorenz am 14. Dezember 1973 (Nachlass Konrad Lorenz).

278 Persönliche Mitteilung von Agnes Cranach.

279 Eduard Baumgarten an Theodora J. Kalikow am 18. Juni 1980 (Privatarchiv Theodora J. Kalikow).

280 Konrad Lorenz an Eduard Baumgarten am 6. November 1941 (Nachlass Konrad Lorenz).

281 Personalakt Konrad Lorenz, philosophische Fakultät (Archiv der Universität Wien).

282 Eduard Baumgarten an Theodora J. Kalikow am 3. September 1980 (Privatarchiv Theodora J. Kalikow.)

283 Eduard Baumgarten an Konrad Lorenz am 15. Dezember 1973 (Nachlass Konrad Lorenz). Baumgarten hat sich nach 1945 intensiv mit der NS-Zeit und insbesondere mit Hitler befasst und wollte darüber ein Buch schreiben, das auch knapp vor der Veröffentlichung stand. Für seine Recherchen nahm er unter anderem auch Kontakt zur Witwe von Alfred Jodl auf, des 1946 hingerichteten Chefs des Wehrmachtsführungsstabs, oder zu Christa Schröder, einer der Sekretärinnen Hitlers.

284 Eduard Baumgarten an Theodora J. Kalikow am 3. September 1980 (Privatarchiv Theodora J. Kalikow).

285 Personalakt Konrad Lorenz, philosophische Fakultät (Archiv der Universität Wien).

286 Eduard Baumgarten an Konrad Lorenz am 14. Dezember 1973 (Nachlass Konrad Lorenz).

287 Hochschulführer der Universität Königsberg 1941, S. 11.

288 O. Koehler 1963, S. 390.

289 Konrad Lorenz an Erwin Stresemann am 7. Oktober 1940 (Nachlass Erwin Stresemann).

290 Konrad Lorenz 1989, Blatt 32.

291 Ebenda, Blatt 31.

292 Ebenda.

293 Otto Koehler an Otto Antonius am 7. Jänner 1942 (Nachlass Otto Antonius).

294 Eduard Baumgarten an Konrad Lorenz am 14. Dezember 1973 (Nachlass Konrad Lorenz).

295 O. Koehler 1963, S. 390.

296 A. Festetics [1983] 1988, S. 163.

297 Königsberger Allgemeine Zeitung, Dezember 1940.

298 K. Lorenz 1989, Blatt 30.
299 Ebenda, Blatt 31 f.
300 K. Lorenz und F. Kreuzer 1981, S. 44 f.
301 K. Lorenz 1941b.
302 K. Lorenz 1989, Blatt 32.
303 K. Lorenz und F. Kreuzer 1981, S. 59 f.
304 O. Koehler 1963, S. 390.
305 »The war and politics hardly touched us in Königsberg at all«, zitiert nach »The Animal in Man«, Newsweek vom 28. Jänner 1974, S. 38.
306 Eduard Baumgarten an Theodora J. Kalikow am 3. September 1980 (Privatarchiv Theodora J. Kalikow).
307 Gutachten von Otto Koehler am 21. Juni 1949 (Nachlass Otto Koehler).
308 P. Leyhausen [1992] 2001, S. 101.
309 K. Lorenz 1941a, S. 46 f.
310 »Lorenz schickte heute das angekündigte Manuskript. Ich habe es gleich am Abend durchgesehen. Sehr originell, modernste Forschung und ganz in meinem Sinne – ich kann es ohne Änderungen in den Rahmen des Abstammungswerkes einfügen – nur muß es an eine andere Stelle als ursprünglich vorgesehen. Es wird jetzt in den Hauptteil [...] eingefügt werden.« Tagebucheintragung von Gerhard Heberer am 23. Juni 1941, zitiert nach Th. Junker 1999, S. 341, Fn. 58.
311 Vgl. Th. J. Kalikow 1983, S. 69.
312 K. Lorenz 1943b.
313 Ebenda, S. 120.
314 Ebenda (Hervorhebung im Original).
315 Vgl. K. Lorenz 1954.
316 Königsberger Allgemeine Zeitung vom 2. November 1940 (Hervorhebung im Original).
317 Vgl. Ch. Tilitzki 2000, der erstmals auf diese Berichterstattung hinwies.
318 Ebenda.

Der loyale Wehrmachtssoldat

319 K. Lorenz 1989, Blatt 39 f. (Hervorhebung im Original).
320 A. Nisbett 1976, S. 94 (Übers. d. Autoren). Vgl. auch K. Lorenz und F. Kreuzer 1981, S. 97.
321 Hans Zeisel an Agnes Cranach am 4. April 1989 (Nachlass Hans Zeisel).
322 K. Lorenz 1989, Blatt 33.
323 Konrad Lorenz an Eduard Baumgarten am 16. August 1940 (Nachlass Erwin Stresemann).
324 K. Lorenz 1989, Blatt 35.

325 Konrad Lorenz an Eduard Baumgarten am 6. November 1941 (Hervorhebungen im Original) (Nachlass Konrad Lorenz).
326 Ebenda.
327 Eduard Baumgarten an Konrad Lorenz am 4. November 1941 (Nachlass Konrad Lorenz).
328 Baumgarten erinnerte sich 40 Jahre später daran, dass er und Otto Koehler ihren Königsberger Kollegen Friedrich Mauz, einen Professor für Psychiatrie, um eine Intervention für Lorenz' Versetzung von den Kraftradfahrern gebeten hatten. Brief von Eduard Baumgarten an Theodora J. Kalikow am 3. September 1980 (Privatarchiv Theodora J. Kalikow).
329 H. Schwendeman und W. Dietsche 2003, S. 98.
330 Ebenda, S. 105.
331 Konrad Lorenz an Ferdinand Hochstetter am 8. März 1942 (Nachlass Ferdinand Hochstetter).
332 Persönliche Mitteilung von Agnes Cranach.
333 Konrad Lorenz an Otto Antonius am 14. Mai 1942 (Nachlass Otto Antonius).
334 Konrad Lorenz an Ferdinand Hochstetter am 28. März 1942 (Nachlass Ferdinand Hochstetter.
335 K. Lorenz 1989, Blatt 35.
336 U. Deichmann [1992] 1995, S. 296 f.
337 Persönliche Mitteilung von Agnes Cranach.
338 R. Hippius et al. 1943, S. 9.
339 Ebenda, S. 18 f.
340 Ebenda, S. 18.
341 Ebenda, S. 9.
342 Persönliche Auskunft von Agnes Cranach und A. Cranach 2001, S. 69.
343 Brief von Konrad Lorenz an Erwin Stresemann am 24. Mai 1944 (F.P.56897) (Hervorhebungen im Original) (Nachlass Erwin Stresemann).
344 Konrad Lorenz an Otto Koehler am 31. Mai 1961 (Nachlass Otto Koehler).
345 Erwin Stresemann in einem Brief an Margaret Morse-Nice im Dezember 1945, zitiert nach J. Haffer et al. 2000, S. 365 (Übers. d. Autoren).
346 Viktor E. Frankl an Konrad Lorenz am 14. Jänner 1950 (Nachlass Konrad Lorenz). Weitere beeindruckte Leser des Zeitschriftenaufsatzes waren unter anderem die späteren Lorenz-Schüler Irenäus Eibl-Eibesfeldt und Wolfgang Wickler.
347 K. Lorenz 1943a, Konrad Lorenz an Otto Koehler am 31. Mai 1961 (Nachlass Otto Koehler).
348 K. Lorenz 1943a, S. 395.
349 Ebenda, S. 271 (Hervorhebungen im Original).
350 Ebenda, S. 274.
351 Ebenda, S. 281.
352 O. Spengler [1923] 1988.
353 K. Lorenz 1943a, S. 300 (Hervorhebungen im Original).
354 E. Fischer 1914, S. 489.

355 K. Lorenz 1943a, S. 283.
356 Ebenda 1943a, S. 302 (Hervorhebungen im Original).
357 Vgl. auch U. Geuter 1984, S. 390 ff.
358 Brief von Konrad Lorenz an Otto Antonius vom 14. Mai 1942 (Nachlass Otto Antonius).
359 Lies Tinbergen an Otto Koehler am 10. Oktober 1942, zitiert nach einem Brief von Otto Koehler an Otto Antonius am 10. Oktober 1942 (Nachlass Otto Antonius). Lies Tinbergen blieb auch nach 1945 gegenüber den deutschen Verhaltensforschern und auch Konrad Lorenz – im Gegensatz zu ihrem Mann – reserviert.
360 Niko Tinbergen an Konrad Lorenz am 29. Oktober 1941 (Nachlass Konrad Lorenz).
361 Zu den Schicksalen von Bernhard Hellmann und seiner Mutter Irene Hellmann vgl. P. Hellmann 2011 und 2015.
362 K. Lorenz 1989, Blatt 36; vgl. auch K. Lorenz 1974a. Lorenz' Schüler folgerten aus dieser und ähnlichen Bemerkungen über Weigel, dass Lorenz es im Militärlazarett mit der Psychoanalyse zu tun bekommen oder sie sogar angewandt habe. Das kann so nicht stimmen.
363 Nach bisherigen Recherchen im Staatsarchiv Posen liegen zu Lorenz keine Wehrmachtsakten vor, auch nicht bei der Staats- und bei der Gauverwaltung. Im Aktenbestand des Reichsstatthalters gibt es zwar Akten zum Gesundheitswesen, dabei auch Akten zur Behandlung der Angehörigen der Abt. III und IV der »Deutschen Volksliste«, aber auch da war die Suche bislang erfolglos. Im Bundesarchiv/Militärarchiv Freiburg i. Br. gibt es ebenfalls keine Akten zum Posener Reservelazarett.
364 Brief von Konrad Lorenz an Otto Antonius am 6. September 1942 (Nachlass Otto Antonius).
365 A. Nisbett 1976, S. 92 (Übers. d. Autoren).
366 Vgl. P. Riedesser und A. Verderber 1996, S. 167 f.
367 Persönliche Mitteilung von Agnes Cranach.
368 Konrad Lorenz 1989, Blatt 36 f.
369 Vgl. P. Riedesser und A. Verderber 1996, S. 167 f.
370 M. Messerschmidt und F. Wüllner 1987, S. 15 und S. 236.
371 Eduard Baumgarten an Theodora J. Kalikow vom 3. September 1980 (Privatarchiv Theodora J. Kalikow).
372 Lorenz [1950] 1996, S. 24 f. Knapp vor Kriegsende fiel die Hündin dort einer Bombenexplosion zum Opfer. Eines ihrer Jungen war nach Altenberg zu einem Nachbarn gekommen, und von diesem Rüden stammten nach 1945 sämtliche Hunde der umfangreichen Zucht von Margarethe und Konrad Lorenz ab.
373 K. Lorenz 1989, Blatt 40.
374 Konrad Lorenz an Otto Koehler am 14. Mai 1944 (Nachlass Konrad Lorenz).
375 Al. Lorenz [1952] 1965, S. 384.
376 Konrad Lorenz an Otto Koehler am 22. Mai 1944 (Nachlass Konrad Lorenz).

377 Ebenda.
378 A. Nisbett 1976, S. 92; A. Festetics [1983] 1988, S. 153; K. Lorenz 1989, Blatt 42–50.
379 K. Lorenz 1989, Blatt 44.
380 Ebenda, Blatt 46.
381 Ebenda.
382 Ebenda, Blatt 47.
383 In einem Interview mit seinem Biografen Alec Nisbett war das der Zeitpunkt, an dem er seine Rangabzeichen und die Uniformkappe entfernte, vgl. A. Nisbett 1976, S. 94.
384 K. Lorenz 1989, Blatt 49.
385 Ebenda, Blatt 50.
386 Vgl. auch A. Nisbett 1976, S. 95.
387 K. Lorenz 1989, Blatt 49.

Die Jahre der Bewährung

388 Vermisstenverständigung vom 31. August 1944 (Nachlass Konrad Lorenz).
389 Eigentlich: »Silent enim leges inter arma«, also »inmitten der Waffen schweigen nämlich die Gesetze« (Cicero, »Pro T. Annio Milone«).
390 K. Lorenz 1974b, S. 181.
391 K. Lorenz und F. Kreuzer 1981, S. 55
392 Ebenda.
393 A. Cranach 1992, S. 11.
394 K. Lorenz 1989, Blatt 54.
395 V. E. Sokolow und L. M. Baskin [1992] 1993, S. 6.
396 Laut A. Nisbett 1976, S. 98; A. Festetics [1983] 1988, S. 154; A. Cranach 1992, S. 10 bzw. F. Wuketits 1990, S. 104.
397 Von Konrad, der 934 zum Bischof von Konstanz geweiht wurde, erzählt die Legende: »Als während des österlichen Pontifikalamtes eine Spinne in den Kelch gefallen war, trank er ohne Scheu, die Spinne aber kam, als er sich später zum Mittagstisch setzte, wieder aus seinem Munde hervor.« Zitiert nach O. Koenig 1983 (Hg.), S. 216.
398 A. Nisbett 1976, S. 98.
399 Heinrich Roosen an Konrad Lorenz am 31. Dezember 1965 (Nachlass Konrad Lorenz).
400 K. Lorenz 1989, Blatt 54.
401 Ebenda.
402 Daraufhin folgten mehrere, auch drei kleine von Lorenz geschriebene Zettelchen, die von anderen Kriegsheimkehrern übermittelt wurden. Am 3. Dezember 1945 kam schließlich eine offizielle Rot-Kreuz-Karte in Österreich an. Vgl. Margarethe Lorenz in einem Brief an den österreichischen

Verhaltensforscher Otto Koenig vom 12. März 1946, zitiert nach O. Koenig (Hg.) 1983, S. 31.

403 Persönliche Mitteilung von Agnes Cranach.

404 Persönliche Mitteilung von Agnes Cranach.

405 Werner Straube an Agnes Cranach am 10. März 1994 (Nachlass Konrad Lorenz).

406 Jószef Kondás an Konrad Lorenz, ohne Datum (Nachlass Konrad Lorenz). Kondás und Lorenz trafen sich später immer wieder, das erste Mal 18 Jahre nach ihrer gemeinsamen Lagerzeit. Der Österreicher finanzierte später unter anderem auch einen Krankenhausaufenthalt von Kondás' Frau, indem er der Familie die bei seinem ungarischen Verleger angelaufenen Tantiemen überschrieb.

407 K. Lorenz 1989, Blatt 54.

408 Zitiert nach der deutschen Übersetzung des Akts durch Stefan Karner und der englischen Übersetzung von V. E. Sokolow und L. M. Baskin [1992] 1993, S. 7. Der mit A. abgekürzte zweite Vorname von Lorenz leitet sich von Aldolfowitsch her, also: Sohn von Adolf [Lorenz].

409 K. Lorenz 1989, Blatt 59.

410 Zitiert nach dem Text »Das Rasiermesser eines verwundeten Russen« des sowjetischen Wissenschaftlers Gleb Udinzew, der diese Geschichte 1975 von Lorenz erzählt bekam. Zitiert nach dem unveröffentlichten Text, der von der Presseagentur Nowosti am 11. Februar 1988 an Lorenz zum Gegenlesen geschickt wurde (Nachlass Konrad Lorenz).

411 Vgl. F. Wuketits 1990, S. 104.

412 Vgl. dazu A. Nisbett 1976, S. 99; K. Lorenz und F. Kreuzer 1981, S. 57; A. Festetics [1983] 1988, S. 154f.; F. Wuketits 1990, S. 104f.; K. Lorenz 1985, S. 276f.

413 K. Lorenz 1989, Blatt 61.

414 Emil Hermann, »Heimkehr mit Konrad Lorenz« zum Anlass seines 70. Geburtstags am 7. November 1973 (Nachlass Konrad Lorenz).

415 Brief von Lorenz an Gottfried Hase am 17. Jänner 1966 (Nachlass Konrad Lorenz).

Eine kurze Heimkehr

416 Margarethe Lorenz an Otto Koehler am 23. Februar 1948 (Nachlass Otto Koehler).

417 A. Cranach 1992, S. 12.

418 Margarethe Lorenz an Otto Koehler am 23. Februar 1948 (Nachlass Otto Koehler).

419 Konrad Lorenz an Otto Koehler am 3. März 1948 (Nachlass Otto Koehler).

420 Konrad Lorenz an Ferdinand Hochstetter am 2. März 1948 (Nachlass Ferdinand Hochstetter).

421 Ebenda.

422 Ebenda.

423 Margarethe Lorenz an Otto Koenig am 12. März 1946, zitiert nach O. Koenig (Hg.) 1983, S. 31.

424 Lorenz habe damals gemeint, »die Verhaltensforschung hätte so viele Probleme zu lösen, dass ein ganzes Institut damit beschäftigt werden könnte. Worauf ich beschloss, ein solches Institut zu errichten.« (Zitiert nach O. Koenig 1974, S. 14).

425 In einem Aviso Fischers vom 21. Oktober 1945 hieß es: »In Verbindung mit den Wiener Volkshochschulen und dem Tiergarten Schönbrunn richtet der Biologe und Fachschriftsteller Otto Koenig in Wien 16, Savoyenstraße 1 eine Biologische Station ein.« Faksimile in O. Koenig (Hg.) 1983, S. 35.

426 O. Koenig (Hg.) 1983, S. 62.

427 I. Eibl-Eibesfeldt 1992, S. 99.

428 Konrad Lorenz an David Lack im Juli 1948 (Nachlass William Thorpe).

429 Konrad Lorenz an Richard Meister am 12. August 1948 (Personalakt Konrad Lorenz, Archiv der ÖAW).

430 William Thorpe an Julian Huxley am 9. November 1948 (Nachlass William Thorpe).

431 William Thorpe an Richard Meister am 12. Oktober 1948 (Personalakt Konrad Lorenz, Archiv der ÖAW).

432 Richard Meister an William Thorpe am 17. November 1948 (Personalakt Konrad Lorenz, Archiv der ÖAW).

433 Konrad Lorenz an Otto Koehler am 12. Februar 1950 (Nachlass Otto Koehler).

434 Erich von Holst an Otto Koehler am 10. Juni 1950 (Nachlass Erich von Holst).

435 So entsprach sein Artikel »Was ist Vergleichende Verhaltensforschung« (K. Lorenz 1949a), veröffentlicht in Otto Koenigs Zeitschrift *Umwelt*, in weiten Teilen der Einleitung des »Russischen Manuskripts«.

436 Im Originalprotokoll steht etwas verquer: »Es ist keine Gefahr, nationalsozialistische Anschauungen in der Zukunft seitens Lorenz.« Personalakt Konrad Lorenz, philosophische Fakultät (Universitätsarchiv Wien), S. 100f.

437 Für das Originalprotokoll siehe den Personalakt Konrad Lorenz, philosophische Fakultät (Archiv der Universität Wien).

438 Persönliche Mitteilung von Agnes Cranach.

439 Nachträglich beigefügte Beilagen zum Gauakt von Konrad Lorenz (Österreichisches Staatsarchiv).

440 Ebenda.

441 Konrad Lorenz an Otto Koehler am 11. Mai 1949 (Nachlass Otto Koehler).

442 Vgl. u.a. D. Stiefel 1981, S. 307.

443 Otto Koehler an Konrad Lorenz am 30. März 1948 (Nachlass Otto Koehler).

444 Konrad Lorenz an Otto Koehler am 12. April 1949 (Nachlass Otto Koehler).

445 Vgl. etwa die Beiträge in B. Weisbrod (Hg.) 2002.

446 K. Lorenz 1989, Blatt 63. Zur Beschreibung dieser Zeit siehe unter anderem W. Schleidt 1983, S. 70; I. Eibl-Eibesfeldt 1992, S. 100ff.; A. Nisbett 1976, S. 105f.

447 So in einem Brief an Otto Koehler vom 11. Mai 1949 (Nachlass Otto Koehler).

448 Vgl. auch Lorenz' kritische Tierbuchrezension in Umwelt 2 (7–9), 15 f. Klimpfinger war ebenfalls NS-belastet, ab 1941 NSDAP-Mitglied und hatte sich bei Arnold Gehlen mit einer Arbeit zu psychologischen Untersuchungen an volksdeutschen Umsiedlern habilitiert, mithin mit Forschungen, die im Kontext der nationalsozialistischen Okkupationspolitik in Osteuropa standen. Unter der Patronage von Richard Meister konnte sie ihre Karriere nach 1945 ohne größere Probleme fortsetzen.

449 K. Lorenz [1949] 1997, S. 58.

450 Vgl. u.a. F. de Waal [2001] 2002.

451 Konrad Lorenz an Erwin Stresemann ohne Datum (vermutlich Ende 1949) (Nachlass Erwin Stresemann).

452 Karl von Frisch an Richard Meister am 28. Oktober 1948 (Hervorhebung im Original) (Personalakt Konrad Lorenz, Archiv der ÖAW).

453 Konrad Lorenz an Karl von Frisch am 22. Jänner 1950 (Nachlass Karl von Frisch).

454 Karl von Frisch an Richard Meister am 15. März 1950 (Personalakt Konrad Lorenz, Archiv der ÖAW). Befürwortungen für Lorenz kamen unter anderem von Erich von Holst, der Lorenz mit den anderen sechs Mitbewerbern verglich: »Ohne auf Details einzugehen, kann ohne Übertreibung gesagt werden, dass erst die Forschungen von Lorenz und seiner umfangreichen Schule dieses Gebiet der Zoologie aus der für den Tierkenner so peinlichen materialistischen behavioristischen ›Zwangsjacke‹ befreit und zu einem anerkannten Teilgebiet des großen zoologischen Lehrfachs erhoben haben.« (Gutachten vom 12. Februar 1950 im Nachlass Erich von Holst, Korrespondenz mit Karl von Frisch).

455 Konrad Lorenz an William Thorpe am 5. März 1950 (Nachlass William Thorpe).

456 Konrad Lorenz an Otto Koehler am 12. April 1950 (Nachlass Otto Koehler).

457 Niko Tinbergen an Richard Meister am 30. Juli 1950 (Personalakt Konrad Lorenz, Archiv der ÖAW).

458 Konrad Lorenz an Gustav Kramer am 29. August 1950, zitiert nach U. Deichmann [1992] 1995, S. 301 bzw. Konrad Lorenz an William Thorpe am 17. August 1950 (Nachlass William Thorpe).

459 Karl von Frisch an Erich von Holst am 19. Mai 1950 (Nachlass Erich von Holst).

460 Karl von Frisch an Konrad Lorenz am 29. Juli 1950 (Personalakt Konrad Lorenz, Archiv der ÖAW).

461 Konrad Lorenz an Karl von Frisch am 25. Juli 1950 (Personalakt Konrad Lorenz, Archiv der ÖAW). Anscheinend hatte ihn Richard Meister schon vorher darüber verständigt, dass dieser Text ausgegraben worden sei.

462 Konrad Lorenz an Gustav Kramer am 2. Mai 1940 (Nachlass Konrad Lorenz).

463 Konrad Lorenz an Karl von Frisch am 25. Juli 1950 (Personalakt Konrad Lorenz, Archiv der ÖAW).

Internationaler Aufbruch

464 Konrad Lorenz an Ferdinand Hochstetter am 18. Jänner 1951 (Nachlass Ferdinand Hochstetter).

465 Ebenda.

466 Vgl. A. Nisbett 1975, S. 113; F. Wuketits 1990, S. 121. Für die erste detaillierte Darstellung siehe P. Chavot 1994, S. 249 ff.

467 Konrad Lorenz an William Thorpe am 31. Juni 1950 (Übers. d. Autoren) (Nachlass William Thorpe).

468 Gutachten über Konrad Lorenz vom November 1950 verfasst von Niko Tinbergen (Übers. d. Autoren) (Nachlass William Thorpe).

469 Erich von Holst an Konrad Lorenz am 1. September 1950 (Nachlass Erich von Holst).

470 Erich von Holst an Otto Koehler am 25. August 1950 (Nachlass Erich von Holst).

471 Erich von Holst an Konrad Lorenz am 1. September 1950 (Nachlass Erich von Holst).

472 Konrad Lorenz an Katharina Heinroth am 8. Mai 1978 (Nachlass Konrad Lorenz).

473 Konrad Lorenz an Erwin Stresemann am 14. November 1950 (Nachlass Erwin Stresemann).

474 Die Presse vom 25. November 1950.

475 Aus einer Rede Ernst Fischers am 8. Dezember 1950 anlässlich der 38. Sitzung des Nationalrates in der VI. Gesetzgebungsperiode, Stenografische Protokolle des Österreichischen Nationalrats, S. 1511.

476 Erich von Holst an Otto Koehler am 6. Jänner 1951 (Nachlass Erich von Holst).

477 Konrad Lorenz an Alec Nisbett am 7. April 1975. Lorenz bat Nisbett, diese durch von Holst überlieferte Anekdote nicht für seine Biografie zu verwenden.

478 Vgl. Konrad Lorenz an Erwin Stresemann am 16. Februar 1951 (Nachlass Erwin Stresemann).

479 U. Deichmann [1992] 1995, S. 71.

480 Vgl. K. Taschwer 2015, S. 122–125.

481 Der Bericht findet sich im Personalakt Konrad Lorenz, Archiv der ÖAW.

482 A. Festetics [1983] 1988, S. 29. Dass Konrad Lorenz noch einige andere Affären hatte, darf vermutet werden und wird auch von der Familie nicht dementiert. So dürfte er in der Kriegsgefangenschaft eine Beziehung mit einer russischen Ärztin gehabt haben.

483 Die folgenden Briefstellen sind nach G. Mitchison 2003 zitiert und von den Autoren übersetzt.

484 Zitiert nach G. Mitchison 2003. Zur Affäre von Lorenz mit Spurway vgl. auch D. Morris 2006, S. 112. Spurway soll im Beisein ihres Ehemanns 1954 in aller Doppeldeutigkeit zu Morris gesagt haben: »I have been fucked by Konrad Lorenz!« (ebenda).

485 J. B. S. Haldane an William Thorpe am 30. Oktober 1950 (Nachlass William Thorpe).

486 J. B. S. Haldane an William Thorpe am 27. November 1950 (Nachlass William Thorpe).

487 William S. Verplanck im Vorwort zu P. H. Klopfer 1999, S. 9 (Übers. d. Autoren).

488 Vgl. J. B. S. Haldane 1956. Dieser Artikel war eine der ersten kritischen Abrechnungen mit der Lorenz'schen Ethologie und seinen Artikel aus der NS-Zeit. Haldanes Kritik an Lorenz dürfte auch dazu beigetragen haben, dass dessen Einfluss in Großbritannien vergleichsweise gering blieb, vgl. P. E. Griffiths 2004.

489 Konrad Lorenz an Ferdinand Hochstetter am 21. Dezember 1951 (Nachlass Ferdinand Hochstetter).

490 A. Nisbett 1976, S. 113; W. Schleidt 1983, S. 71.

491 W. Schleidt 1983, S. 71.

492 Konrad Lorenz an Richard Meister am 19. März 1951 (Personalakt Konrad Lorenz, Archiv der ÖAW).

493 I. Eibl-Eibesfeldt 1992, S. 116.

494 A. Nisbett 1976, S. 115.

495 Konrad Lorenz an Richard Meister am 19. März 1951 (Personalakt Konrad Lorenz, Archiv der ÖAW).

496 Ebenda.

497 K. Lorenz 1989, Blatt 65.

498 Konrad Lorenz an Ferdinand Hochstetter am 21. Dezember 1951 (Nachlass Hochstetter).

499 I. Eibl-Eibesfeldt 1992, S. 119.

500 K. Lorenz 1989, Blatt 65.

501 Weltwoche vom 9. Februar 1951.

502 B. Lorenz 2000, S. 93.

503 Konrad Lorenz im Interview mit K. H. Henkel, der darüber im Dezember 1950 und Jänner 1951 unter anderem längere Artikel in den Ruhr-Nachrichten (28. Dezember), im Rheinischen Merkur (6. Jänner), im Stader Tageblatt (o. D.) und im Hellwegen Anzeiger (o. D.) publizierte.

504 Weltwoche vom 9. Februar 1951.

505 Hans Zeisel an Konrad Lorenz am 27. März 1973 (Nachlass Hans Zeisel). Alle Zitate dieses Absatzes sind aus diesem Brief.

506 I. Eibl-Eibesfeldt 1983, S. 68 f.

507 W. Schleidt 1983, S. 72.

Das oberbayerische Forscherdorf

508 Konrad Lorenz an Erich von Holst am 10. Mai 1955 (Nachlass Erich von Holst).

509 Ebenda.

510 Erich von Holst an Konrad Lorenz am 1. Juni 1955 (Nachlass Erich von Holst).

511 Margarethe Lorenz an Anni Eisenmenger am 11. Jänner 1953 (Handschriftenabteilung der ÖNB).
512 Vorschlag zur Gründung eines Max-Planck-Institutes für Verhaltensphysiologie vom 12. Oktober 1952 (Nachlass Erich von Holst, Nr. 3).
513 K. Lorenz 1971a, S. 1.
514 Vgl. unter anderem K. Lorenz [1988] 1991, S. 20 f.
515 Erich von Holst an Konrad Lorenz am 5. September 1953 (Nachlass Erich von Holst).
516 Konrad Lorenz an Erich von Holst am 15. März 1954 (Nachlass Erich von Holst).
517 Konrad Lorenz an Erich von Holst am 3. Mai 1953 (Nachlass Erich von Holst).
518 K. Lorenz 1939c.
519 Daniel S. Lehrmann in der Zeitschrift Bird-Banding 12, S. 86 f. Der Hinweis auf die zunächst positive Rezeption von Lehrmann findet sich in einem Brief von Margaret Morse-Nice an Konrad Lorenz am 20. Mai 1966 (Nachlass Konrad Lorenz).
520 K. Lorenz 1937. Zur Bestätigung, dass Lorenz in der Druckfassung noch an der Kettenreflextheorie festgehalten hatte, auch K. Lorenz 1959b, S. 108.
521 Vgl. N. Tinbergen [1985] 1989, S. 451.
522 D. Lehrman 1953. Vgl. auch die Beiträge in G. Roth (Hg.) 1974. Dieser Sammelband enthält auch eine deutsche Übersetzung von Lehrmans Text.
523 Vgl. A. Manning [1985] 1989, S. 292; persönliche Mitteilung von Wolfgang Wickler.
524 K. Lorenz 1961.
525 Vgl. D. Kaufmann 2018, S. 19.
526 Konrad Lorenz an Erich von Holst am 23. April 1954 (Nachlass Erich von Holst).
527 So berichtet Ernst May im April 1946, dass es gelungen sei, Tinbergen für eine Vortragsserie in die USA einzuladen, was »indirekt Lorenz' Aktien in die Höhe treiben« werde. Ernst Mayr an Erwin Stresemann am 15. April 1946 (Nachlass Erwin Stresemann).
528 Konrad Lorenz an Sir Peter Scott am 21. Mai 1974 (Nachlass Konrad Lorenz).
529 Margarethe Lorenz an Anni Eisenmenger am 4. November 1954 (Handschriftenabteilung der ÖNB).
530 Ernst Mayr in einem Brief an Erwin Stresemann am 17. November 1954 (Nachlass Erwin Stresemann).
531 E. O. Wilson [1994] 1999, S. 297 f. Wilson machte aus Tinbergen irrtümlicherweise einen Dänen, und er irrte auch beim Datum der Vorträge, die er in den Herbst 1953 vorverlegte.
532 E. O. Wilson [1985] 1989, S. 470 (Übers. d. Autoren).
533 So unter anderem am 7. Oktober 1954 auf der Cornell Daily Sun, Washington Post vom 14. November 1954, Trinidad Guardian vom 19. Jänner 1955.
534 Herald Tribune vom 23. Jänner 1955.

535 Konrad Lorenz an Otto Koehler am 23. Mai 1954 (Nachlass Otto Koehler).
536 Konrad Lorenz an Erich von Holst am 11. Februar 1957 (Nachlass Erich von Holst).
537 Jahrbuch der MPG 1961, S. 763 f.
538 Margarethe Lorenz an Erwin Stresemann am 1. Dezember 1957 (Nachlass Erwin Stresemann).
539 Konrad Lorenz an Otto Koehler am 29. Dezember 1955 (Nachlass Otto Koehler).
540 Persönliche Mitteilung von Wolfgang Wickler.
541 O. Koehler 1968, S. 17.
542 A. Nisbett 1976, S. 125.
543 Bremer Nachrichten vom 10. Mai 1959.
544 O. Koehler 1963, S. 395.
545 Konrad Lorenz an Otto Koehler am 6. August 1954 (Nachlass Otto Koehler).
546 K. Lorenz 1959a, S. 300.
547 Vgl. P. Klopfer 1999, S. 41 ff.
548 K. Lorenz 1964, S. 22.
549 B. Hassenstein 1963, S. 680.
550 K. Lorenz 1964, S. 23.
551 B. Hassenstein 1963, S. 681.
552 N. Bischof [1991] 1993, S. 42.
553 D. Kaufmann 2018, S. 28 f.
554 Persönliche Mitteilung von Wolfgang Wickler.
555 K. Lorenz 1971a, S. 7.
556 Persönliche Mitteilung von Wolfgang Wickler.
557 Konrad Lorenz an Otto Koehler am 2. Dezember 1962 (Nachlass Otto Koehler).
558 W. Schleidt 1983, S. 73.
559 Konrad Lorenz an Alexander Löwenstein am 26. Februar 1964 (Nachlass Konrad Lorenz).

Jenseits von Gut und Böse

560 Die Erklärung von Sevilla: Gewalt ist kein Naturgesetz (1986), Sonderdruck aus UNESCO heute 1–3, 1991. Die Originalfassung erschien unter dem Titel »The Seville Statement on Violence«.
561 Konrad Lorenz an Fritz Sternberg am 28. Juli 1961 (Korrespondenz Fritz Sternberg mit Konrad Lorenz, ÖNB Wien).
562 N. Weidman 2021.
563 Konrad Lorenz an Otto Koehler am 7. Jänner 1964 (Nachlass Otto Koehler).
564 Neues Wiener Tagblatt vom 15. November 1935.
565 Ebenda.
566 Hans Zeisel an Agnes Cranach am 4. April 1989 (Nachlass Hans Zeisel).

567 K. Lorenz [1963] 1983, S. 9.
568 Ebenda, S. 54.
569 Ebenda, S. 60.
570 Der Spiegel Nr. 45/1988, S. 261.
571 Konrad Lorenz an Niko Tinbergen am 20. Oktober 1964 (Nachlass Konrad Lorenz).
572 K. Lorenz [1963] 1983, S. 7.
573 Ebenda, S. 146.
574 Ebenda, S. 207.
575 Ebenda, S. 208.
576 Ebenda, S. 212.
577 Ebenda, S. 223.
578 Neues Wiener Tagblatt vom 15. November 1935 (Hervorhebung im Original).
579 K. Lorenz [1963] 1983, S. 257f.
580 N. Bischof [1991] 1993, S. 19ff.
581 F. de Waal [2001] 2002, S. 94f.
582 K. Lorenz [1963] 1983, S. 30.
583 Ebenda, S. 216.
584 A. und M. Mitscherlich 1967.
585 K. Lorenz [1963] 1983, S. 222.
586 Ebenda, S. 254.
587 Ebenda, S. 244.
588 Brief von Albert Schweitzer an Konrad Lorenz vom 19. Juli 1964 (Nachlass Konrad Lorenz).
589 Konrad Lorenz an Niko Tinbergen am 5. Dezember 1966 (Nachlass Konrad Lorenz).
590 Persönliche Mitteilung von Wolfgang Wickler.
591 Konrad Lorenz an Niko Tinbergen am 13. April 1967 (Nachlass Konrad Lorenz).
592 Marston Bates in der New York Times vom 19. Juni 1966 (Übers. d. Autoren).
593 Niko Tinbergen an Konrad Lorenz am 22. Februar 1967 (Nachlass Konrad Lorenz).
594 Redbook magazine, November 1966, S. 202.
595 Konrad Lorenz an Carl Drewes am 13. Februar 1967 (Nachlass Konrad Lorenz).
596 O.C. Stewart [1968] 1973.
597 Konrad Lorenz an Carl Drewes am 13. Februar 1967 (Nachlass Konrad Lorenz).

Der Patriarch von Seewiesen

598 Sunday Telegraph vom 22. Dezember 1963 (Übers. d. Autoren).
599 Desmond Morris an Konrad Lorenz am 29. Juni 1968 (Nachlass Konrad Lorenz).
600 O. Koehler 1963, S. 397.

601 Ebenda, S. 295.
602 Arthur Koestler an Konrad Lorenz am 28. Juli 1964 (Nachlass Konrad Lorenz).
603 Alsop 1969.
604 Vgl. Konrad Lorenz an Friedrich Hacker am 12. Februar 1968 (Nachlass Konrad Lorenz).
605 Süddeutsche Zeitung vom 9., 10. und 11. April 1966.
606 Konrad Lorenz an Bernhard Hassenstein am 27. Jänner 1966 (Nachlass Konrad Lorenz).
607 Konrad Lorenz an Karl von Frisch am 1. April 1969 (Nachlass Konrad Lorenz).
608 Persönliche Mitteilung von Wolfgang Wickler.
609 K. Lorenz 1973c.
610 So meinte der Evolutionsbiologe Ernst Mayr in einem Brief an Konrad Lorenz am 25. September 1973: »Welch stimulierende Lektüre! Du hast den Status erreicht, in dem Du unmodische Statements machen kannst, und Du musst sie machen, wo auch immer das der Wahrheit zuliebe wichtig ist. Nichts war so desaströs für die Biologie wie das dauernde Nachäffen der physikalischen Wissenschaften sowie deren Methoden und Philosophien.« (Übers. d. Autoren) (Nachlass Konrad Lorenz).
611 K. Lorenz 1961 bzw. 1965.
612 Niko Tinbergen an Konrad Lorenz am 31. Jänner 1961 (Nachlass Niko Tinbergen, Bodleian Library).
613 Ebenda (Übers. d. Autoren).
614 Vgl. P. E. Griffiths (2004).
615 K. Lorenz 1989, Blatt 73.
616 Konrad Lorenz an Niko Tinbergen am 16. Februar 1968 (Nachlass Konrad Lorenz).
617 Konrad Lorenz an Kenneth N. Anglemire, Verlagspräsident von Who's Who in America, am 17. Juli 1969 (Übers. d. Autoren) (Nachlass Konrad Lorenz).
618 K. Lorenz 1985, S. 278.
619 Vgl. exemplarisch F. de Waal [2001] 2002. Für Lorenz' Kenntnis der damaligen Untersuchungen zum Lernen der Tiere vgl. unter anderem das Interview im New York Times Magazine vom 4. Juli 1970.
620 F. de Waal [2001] 2002, S. 87.
621 K. Lorenz [1963] 1983, S. 20.
622 N. Bischof [1991] 1993, S. 27.
623 Persönliche Mitteilung von Wolfgang Wickler.
624 Konrad Lorenz an Wolfgang Engelhardt am 18. Januar 1969 (Nachlass Konrad Lorenz).
625 Konrad Lorenz an Sam Nilsson am 27. Januar 1969 (Nachlass Konrad Lorenz).
626 K. Lorenz 1970.
627 K. Lorenz 1970, S. 966 bzw. 994 (Übers. d. Autoren).
628 Der Spiegel Nr. 39/1969, S. 208.
629 Konrad Lorenz an Otto Koehler am 9. Juli 1969 (Nachlass Otto Koehler).

630 Konrad Lorenz an Niko Tinbergen am 16. März 1970 (Nachlass Konrad Lorenz).

631 Ebenda.

632 N. Bischof [1991] 1993, S. 142. Das Folgende ist ebenfalls nach Bischof zitiert.

633 Konrad Lorenz an Hans Albert (den Herausgeber der Festschrift) am 1. September 1968 (Nachlass Konrad Lorenz).

634 Konrad Lorenz an René Murad am 5. Mai 1969 (Nachlass Konrad Lorenz).

635 Wir zitieren im Folgenden aus der Buchfassung, die zwei Jahre später erschien: K. Lorenz [1973a] 1997.

636 Ebenda, S. 107.

637 Ebenda, S. 60.

638 Ebenda, S. 108.

639 Ebenda, S. 58.

640 Vgl. N. Bischof [1991] 1993, S. 112–133.

641 K. Lorenz [1973a] 1997, S. 7.

642 Eduard Baumgarten an Konrad Lorenz am 29. April 1970 (Nachlass Konrad Lorenz).

643 Konrad Lorenz an Eduard Baumgarten am 5. Mai 1970 (Nachlass Konrad Lorenz).

644 Gustav Mösler vom Bayerischen Rundfunk an Konrad Lorenz am 13. November 1970 (Nachlass Konrad Lorenz).

645 B. Chatwin [1979] 1996.

646 profil Nr. 42 vom 25. Oktober 1973.

647 Eduard Baumgarten an Konrad Lorenz am 15. Dezember 1973 (Nachlass Konrad Lorenz).

648 P. Feyerabend und Ch. Thomas (Hg.) 1987.

649 Ernst Mayr an Konrad Lorenz am 25. September 1973 (Übers. d. Autoren) (Nachlass Konrad Lorenz).

650 Karl von Frisch an Konrad Lorenz am 25. Mai 1973 (Nachlass Konrad Lorenz).

651 Konrad Lorenz an Karl von Frisch am 6. Juni 1973 (Nachlass Konrad Lorenz).

652 Konrad Lorenz an Tinbergen am 16. März 1970 (Nachlass Konrad Lorenz).

653 B. Lorenz 2000, S. 89.

654 Konrad Lorenz an Ernst Schramm am 4. März 1970 (Nachlass Konrad Lorenz).

655 Konrad Lorenz an Elfriede Bastl am 29. September 1970 (Nachlass Konrad Lorenz).

656 Konrad Lorenz an Hans-Jochen Vogel am 18. Oktober 1972 (Nachlass Konrad Lorenz).

657 Ebenda.

658 Konrad Lorenz an Christa Meves am 18. Oktober 1972 (Nachlass Konrad Lorenz).

659 Konrad Lorenz an Paul Hellmann am 4. September 1970 (Privatarchiv Paul Hellmann).

660 Paul Hellmann, private Mitteilung, am 22. April 2012 in Rotterdam und am 15. September 2021 in Wien. Vgl. auch K. Taschwer 2013.

Rückkehr und Triumph

661 Vgl. L. Daston und O. Sibum 2003.

662 Vgl. D. Kaufmann 2018, S. 5.

663 Zusammenfassung des mündlich vorgetragenen Berichts der internationalen Nachfolgekommission für Konrad Lorenz, erstellt von deren Vorsitzendem Theodore H. Bullock für Otto Westphal, Vorsitzender der Biologisch-Medizinischen Sektion der MPG, am 14. Dezember 1971 (Nachlass Konrad Lorenz).

664 Theodore Bullock, der Vorsitzende der »foreign five«, an Otto Westphal, den Vorsitzenden der Biologisch-Medizinischen Sektion der MPG, am 14. Dezember 1971 (Nachlass Konrad Lorenz).

665 Empfehlung der Direktoren des MPI für Verhaltensphysiologie zur Nachfolge Lorenz' (Nachlass Konrad Lorenz).

666 Laudatio von Konrad Lorenz auf Wolfgang Wickler vom 5. Februar 1971 (Nachlass Konrad Lorenz).

667 Konrad Lorenz an Gerard Baerends am 11. Dezember 1972 (Nachlass Konrad Lorenz).

668 Niko Tinbergen an Konrad Lorenz am 8. März 1973 (Nachlass Konrad Lorenz).

669 Gerard Baerends an Reimar Lüst am 1. April 1973 (Nachlass Konrad Lorenz).

670 Gerard Baerends an Konrad Lorenz am 20. September 1973 (Nachlass Konrad Lorenz).

671 Konrad Lorenz an Monika Meyer-Holzapfel am 5. Juni 1973 (Nachlass Konrad Lorenz).

672 1953 ist zugleich auch das letzte Jahr, für das aktuell die Nominierenden und Nominierten für den Nobelpreis für Physiologie oder Medizin bekannt sind. Wie oft Lorenz bis inklusive 1973 vorgeschlagen wurde, ist deshalb (noch) nicht bekannt (Stand: August 2023).

673 Otto Koehler an Konrad Lorenz am 13. Oktober 1973 (Nachlass Otto Koehler).

674 Ebenda.

675 Ernst Mayr an Konrad Lorenz am 13. Oktober 1973 (Nachlass Konrad Lorenz).

676 Vgl. Benno Müller-Hill [1992] 1995, S. 18. Auch in einer E-Mail an die Autoren vom 25. Juli 2001 teilte Benno Müller-Hill mit: »Ich glaube mich zu erinnern, kurz mit Max [Delbrück] darüber gesprochen zu haben, und dass er eben dies [also Lorenz vorgeschlagen zu haben; die Autoren] als ›selbstverständlich‹ bestätigte.«

677 Eugene Rabinowitch an das Nobelpreiskomitee am 15. Juli 1971 (Nachlass Konrad Lorenz).

678 Konrad Lorenz an Oscar van Leer am 22. Februar 1973 (Übers. d. Autoren) (Nachlass Konrad Lorenz). Der Ausdruck »Nursery school for Nobel-Prize-Winners« stammt laut Lorenz von dem Psychiater Ronald Hargreaves.

679 K. Lorenz 1940a.

680 L. Eisenberg 1972.

681 Konrad Lorenz an Niko Tinbergen am 23. Juli 1973 (Nachlass Konrad Lorenz).

682 Vgl. K. Lorenz 1940a, S. 61. Siehe auch. A. Nisbett 1976, S. 86. Lorenz selbst war dieser Übersetzungsfehler anfangs gar nicht aufgefallen, sondern erst, als er den Artikel aufgrund der Diskussionen »wirklich gelesen« hatte.
683 Niko Tinbergen an Konrad Lorenz am 8. Juli 1973 (Nachlass Konrad Lorenz).
684 So der Primatologe Adriaan Kortlandt bei einer Tagung im Spätherbst 1971 in Wien. Vgl. den Artikel »Der Fall Konrad Lorenz« von Walter Hollitscher in der Volksstimme vom 3. November 1973.
685 Konrad Lorenz an Karl Günther Stempel am 17. August 1973 (Nachlass Konrad Lorenz).
686 Ebenda.
687 Vgl. Der Spiegel Nr. 44 vom 29. Oktober 1973. Vgl. auch die Darstellung dieser Feierlichkeit bei A. Nisbett 1976, S. 223f.
688 Irenäus Eibl-Eibesfeldt an Konrad Lorenz am 21. (28.?) Oktober 1973 (Nachlass Konrad Lorenz).
689 Kurier vom 24. Oktober 1973.
690 Arbeiter-Zeitung vom 1. November 1973.
691 Zitiert nach dem Interview-Transkript, S. 9. Das Interview wurde am 26. November 1973 von der niederländischen Fernsehstation NCRV (Nederlands Christelijke Radio Vereniging) im Rahmen der Serie »Hier en nu« (»Hier und jetzt«) ausgestrahlt. Dabei wurden die Antworten von Lorenz mit Stellungnahmen von Niko Tinbergen, die getrennt aufgenommen worden waren, gegengeschnitten. Insbesondere Tinbergen war darüber sehr erzürnt, vgl. seinen Brief an Konrad Lorenz am 17. Jänner 1977 (Nachlass Konrad Lorenz).
692 New York Times vom 15. Dezember 1973 und wiederholt in Newsweek vom 28. Jänner 1974, S. 38.
693 Interview-Transkript, S. 7.
694 Ebenda, S. 2.
695 Simon Wiesenthal an Konrad Lorenz am 22. November 1973 (Hervorhebung im Original) (Archiv Simon Wiesenthal).
696 Konrad Lorenz in einem Schreiben an die APA, auszugsweise zitiert in der Wiener Zeitung und in der Arbeiter-Zeitung vom 8. Dezember 1973 bzw. in der Presse vom 10. Dezember 1973.
697 Sverre Sjölander an Konrad Lorenz im November 1973 (Nachlass Konrad Lorenz).
698 F. Wuketits 1990, S. 185.
699 Beatrice Lorenz an Amélie und Otto Koehler am 19. Dezember 1973 (Nachlass Otto Koehler).
700 Ebenda.
701 Niko Tinbergen an Konrad Lorenz am 11. Jänner 1974 (Nachlass Konrad Lorenz).
702 Zitiert nach A. Festetics [1983] 1988, S. 125; vgl. auch die Festansprache von Börje Cronholm, mit Korrekturen zitiert nach https://www.nobelprize.org/prizes/medicine/1973/ceremony-speech/
703 Festansprache von Börje Cronholm, ebenda.

704 Lorenz 1974a, S. 181 (Übers. d. Autoren).
705 Vgl. Lorenz' Briefwechsel mit Katharina Heinroth, der zweiten Frau von Oskar Heinroth, wenige Monate vor Bekanntgabe des Nobelpreises. Lorenz schrieb ihr am 8. Februar 1973, dass die Prägung auch Whitman unabhängig von Heinroth schon gesehen hätte und wahrscheinlich auch der Engländer Spalding »und sicher der Herr von Pernau auch«. Am 5. März 1973 antwortet Katharina Heinroth, dass Prägung bei Whitman nicht vorkomme. Und Spalding habe sie zwar beschrieben, aber nicht als Lernvorgang erkannt. (Nachlass Konrad Lorenz). Vgl. auch Celli 2001, S. 74.
706 Bankettrede von Konrad Lorenz am 10. Oktober 1973 anlässlich der Verleihung des Nobelpreises.
707 K. Lorenz 1974b.
708 Konrad Lorenz an Stig Ramel am 25. Oktober 1973 (Nachlass Konrad Lorenz).
709 Ebenda.
710 Konrad Lorenz an Otto Koehler am 5. Jänner 1974 (Nachlass Koehler, Universitätsarchiv Freiburg).
711 Ebenda.
712 Konrad Lorenz an Kurt Mothes am 10. Jänner 1974 (Nachlass Konrad Lorenz).

Der gute Mensch von Altenberg

713 Konrad Lorenz an Adolf Butenandt am 10. Jänner 1974 (Nachlass Konrad Lorenz).
714 S. Kalas 1983, S. 8.
715 Ebenda, S. 9.
716 Vgl. A. Nisbett 1976, S. 217.
717 Konrad Lorenz an Niko Tinbergen am 5. August 1975 (Nachlass Konrad Lorenz).
718 Konrad Lorenz an Herzog Albrecht von Bayern am 29. Jänner 1974 (Nachlass Konrad Lorenz).
719 Konrad Lorenz an Niko Tinbergen am 22. Juli 1976 (Nachlass Konrad Lorenz).
720 H. Weinzierl 2000, S. 198.
721 Vgl. F. Wuketits 1990, S. 212.
722 Die Furche vom 3. November 1973.
723 Konrad Lorenz an Karl von Frisch am 17. Juni 1970 (Nachlass Konrad Lorenz).
724 Antal Festetics an Konrad Lorenz am 22. Juli 1966 (Nachlass Konrad Lorenz).
725 K. Lorenz 1971a, S. 191.
726 Konrad Lorenz an Karl von Frisch am 17. Juni 1970 (Nachlass Konrad Lorenz).

727 H. Weinzierl 2000, S. 196.

728 So etwa in der Süddeutschen Zeitung vom 22. Juli 1972, der Badischen Zeitung vom 20. Juli 1972 oder dem Schweinfurter Tagblatt vom 24. Juli 1972.

729 Wochenpresse vom 10. Juli 1984.

730 Wochenpresse vom 24. November 1976.

731 Konrad Lorenz an die Redaktion der Presse am 25. September 1978 (Nachlass Konrad Lorenz).

732 Konrad Lorenz an Niko Tinbergen am 2. Februar 1979 (Nachlass Konrad Lorenz).

733 Konrad Lorenz an Kurt Mothes am 16. November 1978 (Nachlass Konrad Lorenz).

734 Konrad Lorenz an Niko Tinbergen am 27. September 1976 (Nachlass Konrad Lorenz) (Hervorhebung im Original).

735 Konrad Lorenz an Franz Huber am 4. Jänner 1979 (Nachlass Konrad Lorenz).

736 Ebenda.

737 Konrad Lorenz an Walter Heiligenberg am 29. November 1978 (Nachlass Konrad Lorenz).

738 K. Lorenz 1940a, S. 27.

739 Konrad Lorenz an Heinrich Meier am 20. Dezember 1978 (Nachlass Konrad Lorenz).

740 E. O. Wilson [1975] 2000, S. 6 (Übers. d. Autoren).

741 Konrad Lorenz an E. O. Wilson am 19. August 1975 (Nachlass Konrad Lorenz).

742 Konrad Lorenz an Richard G. Brown am 4. Mai 1976 (Nachlass Konrad Lorenz).

743 Ebenda.

744 Konrad Lorenz an Niko Tinbergen am 16. Oktober 1978 (Nachlass Konrad Lorenz).

745 Konrad Lorenz an Mary Midgley am 23. Oktober 1978 (Nachlass Konrad Lorenz).

746 Konrad Lorenz an Niko Tinbergen am 16. Oktober 1978 (Nachlass Konrad Lorenz).

747 R. Dawkins 1976 [1978], S. 2.

748 Niko Tinbergen an Konrad Lorenz am 22. Februar 1977 (Nachlass Konrad Lorenz).

749 Niko Tinbergen an Konrad Lorenz am 15. August 1977 (Nachlass Konrad Lorenz).

750 Konrad Lorenz an Niko Tinbergen am 8. März 1977 (Nachlass Konrad Lorenz).

751 N. Bischof [1991] 1993, S. 27.

752 Ebenda, S. 27 f.

753 Konrad Lorenz an Alfred Seitz am 30. Dezember 1976 (Nachlass Konrad Lorenz).

754 Konrad Lorenz an Niko Tinbergen am 2. Oktober 1981 (Nachlass Konrad Lorenz).
755 Persönliche Mitteilung von Wolfgang Wickler.
756 So etwa widmete die Zeitschrift Sezession, das deutsche Theorieorgan der Neuen Rechten, Konrad Lorenz 2009 eine eigene Ausgabe.
757 Konrad Lorenz an Alain de Benoist am 25. November 1972 (Nachlass Konrad Lorenz).
758 Vgl. A. de Benoist 1974a und 1974b.
759 K. Lorenz 1974c.
760 Konrad Lorenz an Alain de Benoist am 20. März 1979 (Nachlass Konrad Lorenz).
761 Helmut Gipper an Konrad Lorenz am 16. August 1979 (Nachlass Konrad Lorenz).
762 Konrad Lorenz an Helmut Gipper am 21. August 1979 (Nachlass Konrad Lorenz).
763 Konrad Lorenz an Alain de Benoist am 14. August 1980 (Nachlass Konrad Lorenz).

Das ökologische Gewissen

764 Alle Zitate aus: Wiener Zeitung vom 13. Jänner 1985; Kurier vom 13. Jänner 1985 und Arbeiter-Zeitung vom 14. Jänner 1985.
765 Zitiert nach profil Nr. 21 vom 21. Mai 1984, S. 45.
766 Fred Sinowatz an Konrad Lorenz am 8. Mai 1984 (Nachlass Konrad Lorenz).
767 Konrad Lorenz an Bundeskanzler Fred Sinowatz am 14. Mai 1984 (Nachlass Konrad Lorenz).
768 Konrad Lorenz an Lies Tinbergen am 30. Mai 1984 (Nachlass Konrad Lorenz).
769 Konrad Lorenz an Bernd Lötsch am 30. März 1984 (Nachlass Konrad Lorenz).
770 Die Presse vom 10. Dezember 1984.
771 Arbeiter-Zeitung vom 1. März 1989.
772 Weihnachtsgrüße von Konrad Lorenz an die Naturschützer in der Stopfenreuther Au vom 24. Dezember 1984 (Nachlass Konrad Lorenz).
773 Wochenpresse Nr. 9 vom 2. März 1982.
774 Ebenda.
775 Arbeiter-Zeitung vom 2. Dezember 1982.
776 Konrad Lorenz an Hansjochen Autrum am 20. Dezember 1983 (Nachlass Konrad Lorenz).
777 Konrad Lorenz an Peter Kafka am 4. März 1985 (Nachlass Konrad Lorenz).
778 Konrad Lorenz an Bernhard Hassenstein am 2. August 1983 (Nachlass Konrad Lorenz).
779 K. Lorenz [1983] 1986, S. 11.

780 Ebenda, S. 257.
781 Ebenda, S. 207.
782 Ebenda, S. 263.
783 Konrad Lorenz an Hansjochen Autrum am 20. Dezember 1983 (Nachlass Konrad Lorenz).
784 Der Spiegel Nr. 49 vom 5. Dezember 1983, S. 202–211.
785 Die Welt vom 12. Oktober 1983.
786 Konrad Lorenz an Niko Tinbergen am 4. Oktober 1985 (Nachlass Konrad Lorenz).
787 Karl Popper an Konrad Lorenz am 31. Oktober 1983 (Nachlass Konrad Lorenz).
788 K. Lorenz und F. Kreuzer 1981, S. 11.
789 Persönliche Mitteilung von Agnes Cranach.
790 Konrad Lorenz an Karl Popper 1983 (ohne Datum) (Nachlass Konrad Lorenz).
791 Ein anderes Dokument für die Streitunlust zwischen Lorenz und Popper ist ihr legendäres, von Franz Kreuzer moderiertes Kamingespräch »Die Zukunft ist offen«; vgl. F. Kreuzer (Hg.) 1985.
792 Konrad Lorenz an Niko Tinbergen am 2. April 1983 (Nachlass Konrad Lorenz).
793 Die versammelten Beiträge dieses Symposiums finden sich in F. Kreuzer (Hg.) 1984.
794 A. Festetics [1983] 1988.
795 Niko Tinbergen an Desmond Morris am 21. April 1984, zitiert und übersetzt nach H. Kruuk 2003, S. 300.
796 Zitiert nach MPG-Spiegel 1/85, S. 49.
797 Konrad Lorenz an Niko Tinbergen am 4. November 1983 (Nachlass Konrad Lorenz).
798 Konrad Lorenz an Gerolf Steiner am 7. Dezember 1983 (Nachlass Konrad Lorenz).
799 Zitiert nach Kronen-Zeitung vom 13. März 1980.
800 Konrad Lorenz an Adolf Butenandt am 31. März 1983 (Nachlass Konrad Lorenz).
801 Konrad Lorenz an Niko Tinbergen am 1. Dezember 1988 (Nachlass Konrad Lorenz).
802 Konrad Lorenz an Lies Tinbergen am 29. Dezember 1983 (Nachlass Konrad Lorenz).
803 Konrad Lorenz Lies Tinbergen am 30. Mai 1984 (Nachlass Konrad Lorenz).
804 Zitiert nach MPG-Spiegel 1/85, S. 49.
805 L. Koenig 1983, S. 215.
806 ORF-Nachlese 11/83, S. 4.
807 Konrad Lorenz an Rolf Ismer am 6. Jänner 1986 (Nachlass Konrad Lorenz).
808 Konrad Lorenz an Ernst Mayr am 4. April 1986 (Nachlass Konrad Lorenz).
809 Konrad Lorenz an Joszef Kondás am 4. September 1986 (Nachlass Konrad Lorenz).

Der Kreis schließt sich

810 Alle Zitate aus diesem Interview wie auch die folgenden aus dem Spiegel 45/88, S. 254 ff.
811 Der Spiegel 45/88, S. 263.
812 Alle Zitate aus diesem Interview wie auch die folgenden aus natur 11/88, S. 28 ff.
813 natur 11/88, S. 28.
814 K. Kotrschal 1995, S. 134.
815 Konrad Lorenz an Niko Tinbergen am 27. August 1987 (Nachlass Konrad Lorenz).
816 K. Lorenz [1988] 1991, S.11.
817 Ebenda, S.12.
818 Konrad Lorenz an Niko Tinbergen am 4. Oktober 1985 (Nachlass Konrad Lorenz).
819 K. Lorenz [1988] 1991, S. 29; vgl. auch die Analysen von T. Munz.
820 K. Lorenz [1988] 1991, S. 99 (Hervorhebung im Original).
821 Ebenda, S. 21. Vgl. auch K. Lorenz 1985, S. 263.
822 Konrad Lorenz an Karl Popper am 18. Jänner 1988 (Nachlass Konrad Lorenz).
823 Wochenpresse Nr. 9 vom 2. März 1982.
824 Kent Rylander an Konrad Lorenz am 8. März 1988 (Nachlass Konrad Lorenz).
825 Konrad Lorenz an Niko Tinbergen am 12. April 1988 (Nachlass Konrad Lorenz).
826 Konrad Lorenz an Niko Tinbergen am 1. Dezember 1988 (Nachlass Konrad Lorenz).
827 K. Lorenz 1989, Blatt 1a.
828 Ebenda, Blatt 2a.
829 Ebenda, Blatt 1b.
830 Ebenda, Blatt 71 und 75.
831 Ebenda, Blatt 39.
832 Ebenda, Blatt 40.
833 Ebenda, Blatt 77 ff.
834 Ebenda, Blatt 158 (Eintragung vom 9. Oktober 1988, S. 2).
835 Ebenda, Blatt 94 (Hervorhebung im Original).
836 Ebenda, Blatt 110 (Eintragung vom 2. August 1988, S. 1).
837 Konrad Lorenz an Niko Tinbergen am 12. April 1988 (Hervorhebung im Original) (Nachlass Konrad Lorenz).
838 Konrad Lorenz an Niko Tinbergen am 1. Dezember 1988 (Nachlass Konrad Lorenz).
839 Konrad Lorenz an Lies Tinbergen am 3. Jänner 1989 (Nachlass Konrad Lorenz).
840 Konrad Lorenz an Ernst Mayr am 3. Februar 1989 (Nachlass Konrad Lorenz).
841 K. Lorenz 1989, Blatt 167 (Eintragung vom 9. Februar 1989).
842 Ebenda, Blatt 165 (Eintragung vom 9. Februar 1989).
843 Vgl. Die Presse vom 1. März 1989.
844 Vgl. N. Bischof [1991] 1993, S. 161.

Epilog

845 F. Wuketits 1990, S. 238.
846 Kurier vom 1. März 1989.
847 Stern vom 9. März 1989.
848 profil vom 6. März 1989.
849 So in den Nachrufen in der Süddeutschen Zeitung vom 1. März 1989 (»Von bösen Menschen und liebem Vieh«), im Spiegel vom 6. März 1989 (»Der Mensch, ein ziemlich aggressives Tier«) oder in der Welt vom 1. März 1989.
850 Die Zeit vom 3. März 1989.
851 New York Times am 1. März 1989 (Übers. d. Autoren).
852 N. Bischof [1991] 1993, S. 13.
853 K. Lorenz, K. Okawa und K. Kotrschal 1998.
854 Nature 397 vom 21. Jänner 1999, S. 211.
855 Für diesen Paradigmenwechsel vgl. zuletzt L. Huber 2021.

BIBLIOGRAFIE

Admiratori naturae rerum fidissimo, bestiarium diligenti eruditissimo, avium piscinumque patienti observatori Konrad Lorenz. *Pro ethologia,* Jubiläumsausgabe vom 7. November 1973. Seewiesen: Mimeo, 50 Seiten.

Allesch, Johannes von (1950): German Psychologists and National Socialism. *Journal for Abnormal and Social Psychology* 45, 402.

Alsop, Joseph (1969): A Condition of Enormous Improbability. *The New Yorker,* 8. März 1969, 39–93.

Barker, Andrew ([1996] 1998): *Telegrammstil der Seele. Peter Altenberg – Eine Biografie.* Wien/Köln/Weimar: Böhlau.

Bauer, Kurt (2017): *Die dunklen Jahre. Politik und Alltag im nationalsozialistischen Österreich 1938 bis 1945.* Frankfurt/Main: Fischer TB.

Bäumer, Änne (1990): *NS-Biologie.* Stuttgart: Hirzel.

Benetka, Gerhard (1995): *Psychologie in Wien. Sozial- und Theoriegeschichte des Wiener Psychologischen Instituts 1922–1938.* Wien: WUV.

Benetka, Gerhard und Werner Kienreich (1989): Der Einmarsch in die akademische Seelenlehre. In: Gernot Heiß et al. (Hg.) (1989): *op. cit.*, 115–132.

Benoist, Alain de (1974a): Konrad Lorenz et l'éthologie moderne. *Nouvelle École* 25/26, 9–38.

Benoist, Alain de (1974b): Entretien avec Konrad Lorenz. *Nouvelle École* 25/26, 39–51.

Beyer, Marcel (2008): *Kaltenburg.* Roman. Frankfurt/Main: Suhrkamp.

Bischof, Norbert ([1991] 1993): *»Gescheiter als alle die Laffen«. Ein Psychogramm von Konrad Lorenz.* München/Zürich: Piper.

Borges, Jorge Luis (1982): *Erzählungen 1975–1977.* Gesammelte Werke Band 4. Wien/München: C. Hanser.

Bourdieu, Pierre (1988): *Die politische Ontologie Martin Heideggers.* Frankfurt/Main: Suhrkamp.

Bukey, Evan Burr ([2000] 2001): *Hitlers Österreich. »Eine Bewegung und ein Volk«.* Hamburg/Wien: Europa Verlag.

Buklijas, Tatjana (2005): *Dissection, Discipline and Urban Transformation: Anatomy at the University of Vienna, 1845–1914*. Dissertation an der Universität Cambridge.

Burkhardt, Richard W. (2005): *Patterns of Behavior. Konrad Lorenz, Niko Tinbergen, and the Founding of Ethology*. Chicago/London: The University of Chicago Press.

Byer, Doris (1990): *Der Fall Hugo A. Bernatzik. Ein Leben zwischen Ethnologie und Öffentlichkeit 1897–1953*. Köln/Weimar/Wien: Böhlau.

Celli, Giorgio ([1999] 2001): Konrad Lorenz. Begründer der Ethologie. *Spektrum der Wissenschaft. Biografie* 1/2001.

Chatwin, Bruce ([1979] 1996): Variationen einer fixen Idee. In: Ders.: *Der Traum des Ruhelosen*. München/Wien: C. Hanser, 174–183.

Chavot, Philippe (1994): *Histoire de l'éthologie. Recherches sur le developpement des sciences du comportement en Allemagne, Grand-Bretagne et France, de 1930 à nos jours.* Dissertation an der Universität Straßburg.

Cranach, Agnes (1992): Vorwort der Herausgeberin. In: Konrad Lorenz (1992): *op. cit.*, 7–14.

Cranach, Agnes (2001): *Mein Vater der Graugänse*. Anmerkungen zu Kommentaren zur Biographie von Konrad Lorenz. In: Kurt Kotrschal et al. (Hg.): *op. cit.*, 61–71.

Czech, Herwig und Lawrence A. Zeidman (2014): Walther Birkmayer, Codescriber of L-Dopa, and His Nazi Connections: Victim or Perpetrator? *Journal of the History of the Neurosciences*, 23 (2), 1–32

Darwin, Charles (1871): *Die Abstammung des Menschen und die geschlechtliche Zuchtwahl.* Stuttgart: E. Schweizerbart'sche Verlagshandlung.

Darwin, Charles ([1872] 2000): *Der Ausdruck der Gemütsbewegungen bei dem Menschen und den Tieren*. Frankfurt/Main: Eichborn / Die Andere Bibliothek.

Daston, Lorraine und Otto Sibum (2003): Scientific Personae and Their Histories. *Science in Context* 16, 1–8.

Dawkins, Richard ([1976] 1978): *Das egoistische Gen*. Berlin/New York/Heidelberg: Springer.

Deichmann, Ute ([1992] 1995): *Biologen unter Hitler. Porträt einer Wissenschaft im NS-Staat*. Frankfurt/Main: Fischer TB.

Dewsbury, Donald (Hg.) ([1985] 1989): *Studying Animal Behavior. Autobiographies of the Founders*. Chicago: The University of Chicago Press.

Eibl-Eibesfeldt, Irenäus (1983): Wilhelminenberg – Altenberg – Buldern – Seewiesen. In: Otto Koenig (Hg.) (1983): *op. cit.*, 66–69.

Eibl-Eibesfeldt, Irenäus (1992): *Und grün des Lebens goldner Baum. Erfahrungen eines Naturforschers*. Köln: Kiepenheuer & Witsch.

Einstein, Albert und Sigmund Freud ([1932] 1972): *Warum Krieg?* Zürich: Diogenes.

Eisenberg, Leon (1972): The human nature of human nature. *Science* 176, 123–128.

Erker, Linda (2021): *Die Universität Wien im Austrofaschismus. Österreichische Hochschulpolitik 1933 bis 1938, ihre Vorbedingungen und langfristigen Nachwirkungen*. Göttingen: Vienna University Press / Brill.

Evans, Richard I. (1975): *Konrad Lorenz: The Man and his Ideas*. New York: Harcourt Brace Jovanovich.

Farías, Victor ([1987] 1989): *Heidegger und der Nationalsozialismus*. Frankfurt/Main: S. Fischer.

Festetics, Antal ([1983] 1988): *Konrad Lorenz. Aus der Welt des großen Naturforschers.* München: dtv.

Feyerabend, Paul und Christian Thomas (Hg.) (1987): *Leben mit den »Acht Todsünden der zivilisierten Menschheit«?* Zürich: Verlag der Fachvereine Zürich.

Fischer, Eugen (1914): Die Rassenmerkmale des Menschen als Domesticationserscheinungen. *Zeitschrift für Morphologie und Anthropologie* 18, 479–534.

Föger, Benedikt und Klaus Taschwer (2001): *Die andere Seite des Spiegels. Konrad Lorenz und der Nationalsozialismus*. Wien: Czernin Verlag.

Geuter, Ulfried (1984): *Die Professionalisierung der deutschen Psychologie im Nationalsozialismus.* Frankfurt/Main: Suhrkamp.

Gräfe, Sophia und Cora Stuhrmann (2022): Histories of Ethology: Methods, Sites, and Dynamics of an Unbound Discipline. *Berichte zur Wissenschaftsgeschichte* 45 (1–2), 10–29.

Griffiths, Paul E. (2004): Instinct in the '50s: the British reception of Konrad Lorenz's theory of instinctive behavior. *Biology and Philosophy* 19, 609-631.

Haffer, Jürgen, Erich Rutschke und Klaus Wunderlich (2000): *Erwin Stresemann (1889–1972) – Leben und Werk eines Pioniers der wissenschaftlichen Ornithologie. Acta Historica Leopoldina, Nummer 34*. Heidelberg: Johann Ambrosius Barth Verlag.

Haldane, John Burton Saunders (1956): The argument from animals to men: An Examination of its Validity for Anthropology. *Journal of the Royal Anthropological Institute* 86, 1–14.

Hassenstein, Bernhard (1963): Erich von Holst †. *Verhandlungen der deutschen zoologischen Gesellschaft*, 676–682.

Heiß, Gernot (1993): »... wirkliche Möglichkeiten für eine nationalsozialistische Philosophie«? Die Reorganisation der Philosophie (Psychologie und Pädagogik) in Wien 1938 bis 1940. In: Kurt R. Fischer und Franz M. Wimmer (Hg.): *Der geistige Anschluss. Philosophie und Politik an der Universität Wien 1930–1950*. Wien: WUV, 130–169.

Hellmann, Paul (2011): *Klein kwaad. Het proces-Demjanjuk en de speurtocht naar het verraad van mijn vader*. Amsterdam/Antwerpen: Augustus.

Hellmann, Paul (2015): *Irene, mijn grootmoeder. De neergang van een Weens-Joodse familie*. Amsterdam/Antwerpen: Augustus.

Hinde, Robert A. (1995): Konrad Lorenz and Nikolaas Tinbergen. In: Ray Fuller (Hg.) (1995): *Seven Pioneers of Psychology. Behaviour and Mind*. London: Routledge, 74–105.

Hippius, Rudolf, I. G. Feldmann, Karl Jelinek, Kurt Leider (1943): *Volkstum, Gesinnung und Charakter. Bericht über psychologische Untersuchungen an Posener deutschpolnischen Mischlingen und Polen, Sommer 1942*. Stuttgart/Prag: W. Kohlhammer.

Hochschulführer der Universität Königsberg (1941), herausgegeben von der Studentenführung. Königsberg: Hochschulkreis.

Hofer, Veronika (2001): Konrad Lorenz als Schüler von Karl Bühler. Diskussion der neu entdeckten Quellen zu den persönlichen und inhaltlichen Positionen zwischen Karl Bühler, Konrad Lorenz und Egon Brunswick. *Zeitgeschichte* 28 (3), 135–159.

Hubenstorf, Michael (1989): Medizinische Fakultät 1938–1945. In: Gernot Heiß et al. (Hg.) (1989): *op. cit.*, 233–282.

Huber, Andreas, Linda Erker und Klaus Taschwer (2020): *Der Deutsche Klub. Austro-Nazis in der Hofburg*. Wien: Czernin Verlag.

Huber, Ludwig (2021): *Das rationale Tier. Eine kognitionsbiologische Spurensuche*. Berlin: Suhrkamp.

Huxley, Julian (1963): Lorenzian Ethology. *Zeitschrift für Tierpsychologie* 20 (4), 402–409.

Jackson, Robert W. (2001): Orthopaedic surgery at Baylor University Medical Center. *BUMC Proceedings* 14, 254–263.

Jaensch, Ernst R. (1939): Der Hühnerhof als Forschungs- und Aufklärungsmittel in menschlichen Rassenfragen. *Zeitschrift für Tierpsychologie* 2 (3), 223–257.

Jerger, Ilona (2023): *Lorenz*. Roman. München: Piper.

Junker, Thomas (1999): Synthetische Theorie, Eugenik und NS-Biologie. In: Rainer Brömer, Uwe Hoßfeld und Nicolaas A. Rupke (Hg.): *Evolutionsbiologie von Darwin bis heute. Verhandlungen zur Geschichte und Theorie der Biologie*, Band 4. Berlin: Verlag für Wissenschaft und Bildung, 307–360.

Kalas, Sybille (1983): *Begegnungen mit Konrad Lorenz.* Mimeo, 13 Seiten.

Kalikow, Theodora J. (1978): Konrad Lorenz's »Brown Past«: A Reply to Alec Nisbett. *Journal for the History of Behavioural Science* 14, 173–179.

Kalikow, Theodora J. (1983): Konrad Lorenz's Ethological Theory, 1938–1943. *Journal for the History of Biology* 16 (1), 39–73.

Kalikow, Theodora J. (2020): Konrad Lorenz on human degeneration and social decline: A chronic preoccupation. *Animal Behaviour,* 164, 267–272.

Kammerer, Paul (1926): Die Biologie in Wien. *Urania* 2 (10), 317–320.

Kaufmann, Doris (2018): *Konrad Lorenz. Scientific persona, »Harnack-Pläncker« und Wissenschaftsstar in der Zeit des Kalten Krieges bis in die frühen 1970er Jahre.* Preprint 6 des Forschungsprogramms Geschichte der Max-Planck-Gesellschaft. https://gmpg.mpiwg-berlin.mpg.de/media/cms_page_media/221/GMPG-Preprint_06_2018.pdf

Klemm, Otto (Hg.) (1939): *Charakter und Erziehung: 16. Kongress der Deutschen Psychologie in Bayreuth.* Leipzig: Teubner.

Klopfer, Peter H. (1999): *Politics and People in Ethology. Personal Reflections on the Study of Animal Behavior.* London: Associated University Presses.

Koehler, Otto (1963): Konrad Lorenz 60 Jahre. *Zeitschrift für Tierpsychologie* 20 (4), 385–401.

Koehler, Otto (1968): *Konrad Lorenz.* Unpubliziertes Manuskript für eine Radiosendung des Studios Wien. Mimeo: 22 Seiten.

Koenig, Lilli (1983): Ehepaar Lorenz – Erzähltes und Erlebtes. In: Otto Koenig (Hg.) (1983): *op. cit.*, 214–217.

Koenig, Otto (1974): *Rendezvous mit Tier und Mensch. Forschungsgemeinschaft Wilhelminenberg.* Wien/München/Zürich: Fritz Molden.

Koenig, Otto (Hg.) (1983): *Verhaltensforschung in* Österreich. *Konrad Lorenz 80 Jahre.* Wien: Ueberreuter.

Koenig, Otto (Hg.) (1988): *Oskar Heinroth und Konrad Lorenz: Wozu aber hat das Vieh diesen Schnabel? Briefe aus der frühen Verhaltensforschung 1930–1940.* München/Zürich: Piper.

Kotrschal, Kurt (1995): *Im Egoismus vereint? Tiere und Menschentiere – das neue Weltbild der Verhaltensforschung.* München/Zürich: Piper.

Kreuzer, Franz (Hg.) (1984): *Nichts ist schon dagewesen. Konrad Lorenz, seine Lehre und ihre Folgen.* München/Zürich: Piper.

Kreuzer, Franz (Hg.) (1985): *Die Zukunft ist offen. Gespräche mit Karl Popper.* München/Zürich: Piper.

Kruuk, Hans (2003): *Niko's Nature. A life of Niko Tinbergen and his science of animal behaviour.* Oxford/New York: Oxford University Press.

Lagerlöf, Selma ([1906/07] 1948): *Wunderbare Reise des kleinen Nils Holgersson mit den Wildgänsen*. München: Nymphenburger.

Lawryonowicz, Kasimir (1999): *Albertina. Zur Geschichte der Albertus-Universität zu Königsberg in Preußen*. Herausgegeben von Dietrich Rauschning. Berlin: Duncker & Humblot.

Lehmann, Ernst (1946): *Irrweg der Biologie*. Stuttgart: Gerd Hatje.

Lehmann, Ernst und Otto Martin (1938²): *Deutsches Biologen-Handbuch. Eine Übersicht* über *die deutschen Biologen, die biologischen Institute und Organisationen*. München/Berlin: J. F. Lehmanns Verlag.

Lehrman, Daniel S. (1953): A critique of Konrad Lorenz's theory of instinctive behavior. *The Quarterly Review of Biology* 28, 337–363.

Leyhausen, Paul ([1992] 2001): Das Königsberger Jahr. In: Kurt Kotrschal et al. (Hg.) (2001): *op. cit.*, 93–102.

Lorenz, Adolf ([1936/37] 2017): *Ich durfte helfen. Mein Leben und Wirken*. Wien: Czernin Verlag.

Lorenz, Adolf (1938): Die Welt ohne Krüppel. *Wiener Medizinische Wochenschrift* 88 (44), 1143–1146.

Lorenz, Albert ([1952] 1965): *Wenn der Vater mit dem Sohne…* Wien: Deuticke.

Lorenz, Konrad (1927): Beobachtungen an Dohlen. *Journal für Ornithologie* 75 (4), 511–519.

Lorenz, Konrad (1931): Beiträge zur Ethologie sozialer Corviden. *Journal für Ornithologie* 79 (1), 67–127 (zitiert nach K. Lorenz [1965] 1984).

Lorenz, Konrad (1932): Betrachtungen über das Erkennen der arteigenen Triebhandlungen der Vögel. *Journal für Ornithologie* 80 (1), 50–98

Lorenz, Konrad (1933): Beobachtetes über das Fliegen der Vögel und über die Beziehungen der Flügel- und Steuerform zur Art des Fluges. *Journal für Ornithologie* 81 (1), 107–236.

Lorenz, Konrad (1935): Der Kumpan in der Umwelt des Vogels. *Journal für Ornithologie* 83 (2–3), 137–215 und 289–413 (zitiert nach K. Lorenz [1965] 1984).

Lorenz, Konrad (1936): Über eine eigentümliche Verbindung branchialer Hirnnerven bei Cypselus apus. *Morphologisches Jahrbuch* 77, 305–325.

Lorenz, Konrad (1937a): Über die Bildung des Instinktbegriffes. *Die Naturwissenschaften* 25: 289–300; 307–308; 324–331 (zitiert nach K. Lorenz [1965] 1984).

Lorenz, Konrad (1937b): Biologische Fragestellungen in der Tierpsychologie. *Zeitschrift für Tierpsychologie* 1, 24–32.

Lorenz, Konrad (1937c): Über den Begriff der Instinkthandlung. *Folia biotheoretica* 2 (17), 17–50.

Lorenz, Konrad (1939a): Über Ausfallserscheinungen im Instinktverhalten von Haustieren und ihre sozialpsychologische Bedeutung. In: Otto Klemm (Hg.) (1939): *op. cit.*, 139–147.

Lorenz, Konrad (1939c): Vergleichende Verhaltensforschung. *Zoologischer Anzeiger*, Ergänzungsband 12, 69–102.

Lorenz, Konrad (1940a): Durch Domestikation verursachte Störungen arteigenen Verhaltens. *Zeitschrift für angewandte Psychologie und Charakterkunde* 59 (1–2), 2–81.

Lorenz, Konrad (1940b): Nochmals: Systematik und Entwicklungsgedanke im Unterricht. *Der Biologe* 9 (1–2), 24–36.

Lorenz, Konrad (1941a): Oskar Heinroth 70 Jahre. *Der Biologe* 10 (2–3), 24–36.

Lorenz, Konrad (1941b): Kants Lehre vom Apriorischen im Lichte gegenwärtiger Biologie. *Blätter für Deutsche Philosophie* 15, 94–125.

Lorenz, Konrad (1943a): Die angeborenen Formen möglicher Erfahrung. *Zeitschrift für Tierpsychologie* 5 (2), 235–409.

Lorenz, Konrad (1943b): Psychologie und Stammesgeschichte. In: Gerhard Heberer (Hg.) (1943): *Die Evolution der Organismen. Ergebnisse und Probleme der Abstammungslehre*. Jena: Verlag von Gustav Fischer, 105–127.

Lorenz, Konrad ([1949] 1997): *Er redete mit dem Vieh, den Vögeln und den Fischen*. München: dtv.

Lorenz, Konrad (1949a): Was ist Vergleichende Verhaltensforschung. *Umwelt* 2 (3), 15–16.

Lorenz, Konrad (1950): Ganzheit und Teil in der tierischen und menschlichen Gesellschaft. *Studium Generale* 3 (9), 455–499.

Lorenz, Konrad ([1950] 2000): *So kam der Mensch auf den Hund*. München: dtv.

Lorenz, Konrad (1954): Psychologie und Stammesgeschichte. In: Gerhard Heberer (Hg.) (1954): *Die Evolution der Organismen. 2. Auflage*. Jena: Verlag von Gustav Fischer, 131–172.

Lorenz, Konrad (1959a): Gestaltwahrnehmung als Quelle wissenschaftlicher Erkenntnis. *Zeitschrift für experimentelle und angewandte Psychologie* 6, 118–165 (zitiert nach K. Lorenz [1965] 1984).

Lorenz, Konrad (1959b): Das Woher, Warum und Wozu unserer Forschung. *Mitteilungen aus der Max-Planck-Gesellschaft* 2, 105–119.

Lorenz, Konrad (1961): Phylogenetische Anpassung und adaptive Modifikation des Verhaltens. *Zeitschrift für Tierpsychologie* 18, 139–187.

Lorenz, Konrad ([1963] 1983): *Das sogenannte Böse. Zur Naturgeschichte der Aggression*. München: dtv.

Lorenz, Konrad (1964): Erich von Holst, Seher und Forscher. *Biologisches Jahresheft des Verbandes Deutscher Biologen* 4, 19–24.

Lorenz, Konrad ([1965] 1984): *Über tierisches und menschliches Verhalten. Aus dem Werdegang der Verhaltenslehre. Gesammelte Abhandlungen*. 2 Bände. München/Zürich: Piper.

Lorenz, Konrad (1965): *Evolution and Modification of Behavior*. Chicago: University of Chicago Press.

Lorenz, Konrad (1970). The Enmity between Generations and its Probable Ethological Causes. *Studium Generale* 23, 963–997.

Lorenz, Konrad (1971a): *Das Wesen der Ethologie, ihre Entwicklung und Zukunft im Rahmen des Max-Planck-Institutes für Verhaltensphysiologie*. Mimeo, 14 Seiten.

Lorenz, Konrad (1971b): Der Sinn für Harmonie. *Kosmos*, Mai 1971, 188–191.

Lorenz, Konrad ([1973a] 1997): *Die acht Todsünden der zivilisierten Menschheit*. München/Zürich: Piper

Lorenz, Konrad ([1973b] 1997): *Die Rückseite des Spiegels. Versuch einer Naturgeschichte des menschlichen Erkennens*. München/Zürich: Piper.

Lorenz, Konrad (1973c): The fashionable fallacy of dispensing with description. *Die Naturwissenschaften* 60, 1–9.

Lorenz, Konrad (1974a): Autobiography. In: *Les Prix Nobel en 1973*. Stockholm: The Nobel Foundation, 176–184 (zitiert nach *https://www.nobelprize.org/prizes/medicine/1973/lorenz/biographical/*).

Lorenz, Konrad (1974b): Analogy as a Source of Knowledge. In: *Les Prix Nobel en 1973*. Stockholm: The Nobel Foundation, 185–195.

Lorenz, Konrad (1974c): Zivilisationspathologie und Kulturfreiheit: In: Ansgar Paus (Hg.) (1974): Freiheit des Menschen. Graz/Wien: Styria, 147–185.

Lorenz, Konrad (1977): *Gespräche mit Richard I. Evans, ein Briefwechsel mit Donald Campbell und vier Essays*. Herausgegeben von Richard I. Evans. Frankfurt/Main: Ullstein.

Lorenz, Konrad (1978): *Vergleichende Verhaltensforschung oder Grundlagen der Ethologie*. Wien/New York: Springer.

Lorenz, Konrad (1979): Geleitwort. In: Katharina Heinroth (1979): *op. cit.*, 7–10.

Lorenz, Konrad (1985): My Family and Other Animals. In: Donald A. Dewsbury (Hg.): *Leaders in the Study of Animal Behavior: Autobiographical Perspectives*. Lewisburg: Bucknell University Press, 259–287.

Lorenz, Konrad ([1983] 1995): *Der Abbau des Menschlichen*. München/Zürich: Piper.

Lorenz, Konrad (1988): »Rettet *die Hoffnung«. Konrad Lorenz im Gespräch mit Kurt Mündl*. Wien: Jugend und Volk.

Lorenz, Konrad ([1988] 1991): *Hier bin ich – wo bist Du? Ethologie der Graugans*. München/Zürich: Piper.

Lorenz, Konrad (1989): *Selbstbiographie*. Mimeo, 168 Seiten.

Lorenz, Konrad (1992): *Die Naturwissenschaft vom Menschen. Eine Einführung in die vergleichende Verhaltensforschung. Das »russische Manuskript« (1944–1948).*

Aus dem Nachlass herausgegeben von Agnes Cranach. München/Zürich: Piper.

Lorenz, Konrad (2003): *Eigentlich wollte ich Wildgans werden*. München/Zürich: Piper.

Lorenz, Konrad und Nikolaas Tinbergen (1938): Taxis und Instinkthandlung in der Eirollbewegung der Graugans. *Zeitschrift für Tierpsychologie* 2 (1), 1–29.

Lorenz, Konrad und Franz Kreuzer (1981): *Leben ist Lernen. Von Immanuel Kant zu Konrad Lorenz. Ein Gespräch über das Lebenswerk des Nobelpreisträgers*. München/Zürich: Piper.

Lorenz, Konrad, Keiko Okawa und Kurt Kotrschal (1998): Non-anonymous, collective territoriality in a fish, the Moorish idol (Zanclus cornutus): agonistic and appeasement behaviours. *Evolution and Cognition* 4, 108–135.

Manning, Aubrey ([1985] 1989): The Ontogeny of an Ethologist. In: Donald Dewsbury (Hg.) ([1985] 1989): *op. cit.*, 289–314.

Mayer, Thomas (2019): Konrad Lorenz als »Erb- und Rassenforscher«. In: Alexander Pinwinkler und Johannes Koll (Hg.): *op. cit.*, 253–473.

Messerschmidt, Manfred und Fritz Wüllner (1987): *Die Wehrmachtjustiz im Dienste des Nationalsozialismus: Zerstörung einer Legende*. Baden-Baden: Nomos.

Mitchison, Gaeme (2003): *Wild people and domesticated animals*. Mimeo, 6 Seiten.

Mitscherlich, Alexander und Margarethe Mitscherlich (1967): *Die Unfähigkeit zu trauern*. München/Zürich: Piper.

Montagu, Ashley (Hg.) ([1968] 1973): *Man and Aggression*. New York: Oxford University Press.

Morris, Desmond (2006): *Watching. Encounters with Humans and Other Animals*. London: Little Books.

Müller-Hill, Benno ([1992] 1995): Vorwort. In: Ute Deichmann, ([1992] 1995): *op. cit.*, 11–19.

Munz, Tania (2005): Die Ethologie des wissenschaftlichen Cineasten. Karl von Frisch, Konrad Lorenz und das Verhalten der Tiere im Film. *montage AV. Zeitschrift für Theorie und Geschichte audiovisueller Kommunikation* 14 (2), 52–68.

Munz, Tania (2011): »My Goose Child Martina«: The Multiple Uses of Geese in the Writings of Konrad Lorenz. *Historical Studies in the Natural Sciences* 41(4), 405–446.

Munz, Tania ([2016] 2018): *Der Tanz der Bienen. Karl von Frisch und die Entdeckung der Bienensprache*. Wien: Czernin Verlag.

Nemec, Birgit und Klaus Taschwer (2013): Terror gegen Tandler. Kontext und Chronik der antisemitischen Attacken am I. Anatomischen Institut der Universität Wien, 1910 bis 1933. In: Oliver Rathkolb (Hg.): *Der lange Schatten des Antisemitismus. Kritische Auseinandersetzungen mit der Geschichte der Universität Wien im 19. und 20. Jahrhundert.* Göttingen: Vienna University Press bei V & R, 147–171.

Nemec, Birgit (2020): *Norm und Reform. Anatomische Körperbilder in Wien um 1925.* Göttingen: Wallstein.

Nietzsche, Friedrich ([1886] 1988): *Jenseits von Gut und Böse. Kritische Studienausgabe, Band 5.* München: dtv.

Nisbett, Alec (1976): *Konrad Lorenz.* London: J. M. Dent & Sons.

Pinwinkler, Alexander (2019): Die »Tabula honorum« der Paris-Lodron-Universität Salzburg. In: Alexander Pinwinkler und Johannes Koll (Hg.): *op. cit.*, 383–487.

Pinwinkler, Alexander und Johannes Koll (Hg.) (2019): *Zuviel der Ehre? Interdisziplinäre Perspektiven auf akademische Ehrungen in Deutschland und Österreich.* Wien/Köln/Weimar: Böhlau.

Riedesser, Peter und Axel Verderber (1996): *»Maschinengewehre hinter der Front«. Zur Geschichte der deutschen Militärpsychiatrie.* Frankfurt/Main: Fischer TB.

Riedl, Rupert (1998): Die prägende Welt des Konrad Lorenz. In: Manfred Wimmer (Hg.) (1998): *op. cit.*, 47–60.

Roßner, Ferdinand (1939): Systematik und Entwicklungsgedanke im Unterricht. *Der Biologe* 8 (11), 336–372.

Roth, Gerhard (Hg.) (1974): *Kritik der Verhaltensforschung. Konrad Lorenz und seine Schule.* München: C. H. Beck.

Sandgruber, Roman (2013): *Traumzeit für Millionäre. Die 929 reichsten Wienerinnen und Wiener 1910.* Wien/Graz/Klagenfurt: Styria premium.

Schaller, Friedrich (2000): *Erfüllte Endlichkeit. Autobiografie des Zoologen Friedrich Schaller.* Linz: Biologiezentrum Linz.

Schleidt, Wolfgang (1983): Von Altenberg nach Seewiesen. In: Otto Koenig (Hg.) (1983): *op. cit.*, 69–73.

Schleidt, Wolfgang (1984): Wie der Computer »Miau« auf deutsch übersetzt. In: Franz Kreuzer (Hg.) (1984): *op. cit.*, 137–155.

Schulze-Hagen, Karl und Gabriele Kaiser (2020): *Die Vogel-WG. Die Heinroths, ihre 1000 Vögel und die Anfänge der Verhaltensforschung.* München: Knesebeck.

Schwarz, Peter (1997): *Tulln ist judenrein! Die Geschichte der Tullner Juden und ihr Schicksal von 1938–1945: Verfolgung – Vertreibung – Vernichtung.* Wien: Löcker.

Schwendemann, Heinrich und Wolfgang Dietsche (2003): *Hitlers Schloss. Die »Führerresidenz« in Posen*. Berlin: Ch. Links Verlag.

Sokolow, V.E. und L.M. Baskin ([1992] 1993): *Konrad Lorenz: A Prisoner of War for Three Years*. Nur auf Russisch veröffentlichtes Manuskript. Mimeo: 7 Seiten.

Spengler, Oswald ([1923] 1988): *Der Untergang des Abendlandes. Umrisse einer Morphologie der Weltgeschichte*. München: dtv.

Stewart, Omer C. ([1968] 1973): Lorenz/Margolin on the Ute. In: Ashley Montagu (Hg.) ([1968] 1973): *op. cit.*, 221–228.

Stiefel, Dieter (1981): *Entnazifizierung in Österreich*. Wien/München/Zürich: Europaverlag.

Tallack, Peter (Hg.) ([2001] 2002): *Meilensteine der Wissenschaft. Eine Zeitreise*. Heidelberg/Berlin: Spektrum Akademischer Verlag.

Tálos, Emmerich, Ernst Hanisch, Wolfgang Neugebauer und Reinhard Sieder (Hg.) (2002): *NS-Herrschaft in Österreich*. Wien: ÖBV & HPT.

Taschwer, Klaus (2013): Konrad Lorenz' bester Freund. *www.derstandard.at/story/1381370977060*.

Taschwer, Klaus (2015a): *Hochburg des Antisemitismus. Der Niedergang der Universität Wien im 20. Jahrhundert*. Wien: Czernin Verlag.

Taschwer, Klaus (2015b): Die verlorene Ehre des Konrad Lorenz. *www.derstandard.at/story/2000027787429*.

Taschwer, Klaus (2016): *Der Fall Paul Kammerer. Der umstrittenste Biologe seiner Zeit*. München/Wien: Hanser.

Taschwer, Klaus (2017): Nachwort. In: Adolf Lorenz ([1936/37] 2017): *op. cit.*, 413–439.

Taschwer, Klaus (2021): Wie wichtige jüdische Förderer der Salzburger Festspiele einfach vergessen wurden. *www.derstandard.at/story/2000127998454*.

Taschwer, Klaus und Benedikt Föger (2003): *Konrad Lorenz. Biographie*. Wien: Paul Zsolnay.

Thorpe, William H. ([1965] 1969): *Der Mensch in der Evolution. Naturwissenschaft und Religion*. München: Nymphenburger Verlagshandlung.

Tilitzki, Christian (2000): Konrad Lorenz in Königsberg. Anmerkungen zur politischen Biographie des Verhaltensforschers. Dreiteilige Serie. *Das Ostpreußenblatt*, 24. Juni, 1. Juli und 8. Juli 2000, jeweils S. 12.

Tinbergen, Niko ([1985] 1989): Watching and Wondering. In: Donald Dewsbury (Hg.) ([1985] 1989): *op. cit.*, 431–463.

Uhle, Roger (1999): *Neues Volk und reine Rasse. Walter Gross und das Rassenpolitische Amt der NSDAP (RPA).* Dissertation an der Technischen Hochschule Aachen.

Vicedo, Marga (2013): *The Nature & Nurture of Love: From Imprinting to Attachment in Cold War.* Chicago: The University of Chicago Press.

Waal, Frans de ([2001] 2002*): Der Affe und der Sushimeister. Das kulturelle Leben der Tiere.* München/Wien: C. Hanser.

Warwick, Andrew (2005): X-rays as evidence in German orthopaedic surgery, 1895–1900. *Isis* 96 (1), 1–24.

Weidman, Nadine M. (2021): *Killer Instinct: The Popular Science of Human Nature in Twentieth-Century America.* Cambridge/Mass. und London: Harvard University Press.

Weinzierl, Hubert (2000): Konrad Lorenz und der Naturschutz. In: Antal Festetics (Hg.) (2000): *op. cit.*, 196–200.

Weisbrod, Bernd (Hg.) (2002): *Akademische Vergangenheitspolitik. Beiträge zur Wissenschaftskultur der Nachkriegszeit.* Göttingen: Wallstein.

Wilson, Edward O. ([1975] 2000): *Sociobiology. The New Synthesis. 25th Anniversary Edition.* Cambridge/Mass. und London: Harvard University Press.

Wilson, Edward O. ([1985] 1989): In the Queendom of Ants: A Brief Autobiography. In: Donald Dewsbury (Hg.): *op. cit.*, 465–485.

Wilson, Edward O. ([1994] 1999): *Des Lebens ganze Fülle. Eine Liebeserklärung an die Wunder der Welt.* München: Claassen.

Wuketits, Franz M. (1990): *Konrad Lorenz. Leben und Werk eines großen Naturforschers.* München/Zürich: Piper.

Zippelius, Hanna Maria (1992): *Die Vermessene Theorie: eine kritische Auseinandersetzung mit der Instinkttheorie von Konrad Lorenz und verhaltenskundlicher Forschungspraxis.* Frankfurt/Main: Vieweg-Verlag.

QUELLEN

Konrad Lorenz Haus, Altenberg:
Nachlass Konrad Lorenz

Archiv der Max-Planck-Gesellschaft (MPG), Berlin:
Nachlass Max Hartmann (MPG-Archiv, III. Hauptabteilung, Rep. 47)
Korrespondenz mit Konrad Lorenz (Nr. 1574)
Nachlass Erich von Holst (MPG-Archiv, III. Hauptabteilung, Rep. 29, Nr. 349–355)
Korrespondenz mit Konrad Lorenz (Nr. 349–355)
Korrespondenz mit Otto Koehler (Nr. 292–296)
Korrespondenz mit Karl von Frisch (Nr. 143)

Staatsbibliothek zu Berlin (West), Preußischer Kulturbesitz:
Nachlass Oskar Heinroth (Nachlass 137)
Korrespondenz mit Konrad Lorenz (Kasten 27)
Nachlass Erwin Stresemann (Nachlass 150)
Korrespondenz mit Konrad Lorenz (Kasten 40)
Korrespondenz mit Otto Koehler (Kasten 26)
Korrespondenz mit Gustav Kramer (Kasten 37)
Korrespondenz mit Ernst Mayr (Kasten 42)

Universitätsarchiv Freiburg im Breisgau:
Nachlass Otto Koehler (Nr. C 131)
Korrespondenz Konrad Lorenz (76, 143)
Persönliche Dokumente/Entnazifizierung (141)

Archiv der Österreichischen Akademie der Wissenschaften (ÖAW), Wien:
Personalakt Konrad Lorenz

Josephinum, Medizinische Sammlungen, Medizinische Universität Wien:
Nachlass Ferdinand Hochstetter
Korrespondenz mit Konrad Lorenz (Mappen Nr. 2792, 2798, 2757)

Archiv der Deutschen Akademie der Naturforscher Leopoldina, Halle an der Saale:
Bestand Konrad Lorenz (Mitgliedsnummer 4923)

Archiv der Berlin-Brandenburgischen Akademie der Wissenschaften, Berlin:
Bestand Kaiser-Wilhelm-Gesellschaft, Plan zur Errichtung eines Kaiser-Wilhelm-Instituts für Tierpsychologie in Altenberg unter der Leitung von Dr. Konrad Lorenz, KWG Nr. 26

Abteilung für Handschriften und seltene Drucke, Bayerische Staatsbibliothek, München:
Nachlass Karl von Frisch, Korrespondenz mit Konrad Lorenz

Bodleian Library, Oxford University:
Nachlass Nikolaas Tinbergen, Korrespondenz mit Konrad Lorenz

Cambridge University Library, Department of Manuscripts and University Archives:
Nachlass Sir Peter Markham Scott
Nachlass William H. Thorpe

Edinburgh University Library, Special Collections and Archives:
The Koestler Archive & Other Papers Relating to Arthur Koestler
Korrespondenz zwischen Arthur Koestler und Maria Finton
(= Lacerta Kammerer) (MS 2416/6)

University of Chicago Library:
Nachlass Hans Zeisel, Box 39, Ordner 1 bis 5 (Konrad Lorenz, Artikel und Korrespondenz)

Archiv des Innenministeriums der ehemaligen UdSSR, Moskau:
Hauptverwaltung für Angelegenheiten der Kriegsgefangenen und Internierten, Archiv-Nr. 0893498

Geheimes Staatsarchiv Preußischer Kulturbesitz, Berlin:
Bestand GstA XX. Hauptabteilung, Rep. 300, Nachlass Hoffmann

Bundesarchiv Berlin:
BDC-Akt Konrad Lorenz, NSDAP-Zentralkartei und Verschiedenes

Bundesarchiv Koblenz:
DFG-Akt Konrad Lorenz (Nr. R 73/12.781)

Österreichisches Staatsarchiv, Archiv der Republik, Wien:
Gauakt von Konrad Lorenz
BM f. Handel u. Verkehr, Zl. 79.053/1934

Archiv der Universität Wien:
Personalakte von Konrad Lorenz (medizinische und philosophische Fakultät)
Akten der volkstümlichen Universitätskurse

Handschriftenabteilung der Österreichischen Nationalbibliothek, Wien:
Briefe von Margarethe Lorenz an Annie Eisenmenger (Signatur 1294/51 und 52)
Briefe von Konrad Lorenz an Fritz Sternberg (Signatur 1282/27)

Dokumentationsarchiv des österreichischen Widerstandes (DÖW), Wien:
Bestand Konrad Lorenz

Archiv des Instituts für Wissenschaft und Kunst, Wien:
Programme und Korrespondenz 1946 bis 1950

Wienbibliothek im Rathaus:
Zeitungsausschnittesammlung zu Konrad Lorenz

Simon Wiesenthal Archiv im Archiv des Wiener Wiesenthal Instituts für Holocaust-Studien (VWI), Wien:
Bestand Konrad Lorenz

Archiv des Tiergartens Schönbrunn, Wien:
Nachlass Otto Antonius

Privatarchiv Theodora J. Kalikow, Scarborough/Maine:
Korrespondenz mit Eduard Baumgarten und Konrad Lorenz

Privatarchiv Paul Hellmann, Rotterdam:
Korrespondenz mit Konrad Lorenz und Niko Tinbergen; Briefe von Bernhard Hellmann an Konrad Lorenz

BILDNACHWEISE

S. 20 Fotosammlung des Adolf-Lorenz-Vereines
S. 25 Chicago American vom 12. Oktober 1902
S. 28 Wolfgang Riemer
S. 30 Fotosammlung des Adolf-Lorenz-Vereines
S. 33 Fotosammlung des Adolf-Lorenz-Vereines
S. 34 Wikimedia / gemeinfrei
S. 35 Wikimedia / gemeinfrei
S. 55 Abteilung für Anatomie der Medizinischen Universität Wien
S. 58 Lothar Rübelt, Bildarchiv der ÖNB, Wien.
S. 61 Privatarchiv Paul Hellmann
S. 66 Alfred Seitz, Zoologische Sammlung, Department für Evolutionsbiologie, Universität Wien
S. 72 Alfred Seitz, Zoologische Sammlung, Department für Evolutionsbiologie, Universität Wien
S. 74 Bernhard Hellmann, Privatarchiv Paul Hellmann
S. 99 Alfred Seitz
S. 101 Gerhard Gronefeld, Archiv der Max-Planck-Gesellschaft, Berlin
S. 113 Geheimes Staatsarchiv Preußischer Kulturbesitz Berlin. © GStA PK, XX. HA Historisches Staatsarchiv Königsberg, Nachlass Friedrich Hoffmann, Nr. 3, Bl. 36.
S. 131 Staatsbibliothek zu Berlin (West), Preußischer Kulturbesitz/Nachlass Oskar Heinroth (Nachlass 137) Ordner 27, Blatt 303.
S. 151 Paul Leyhausen
S. 170 Austrian Archives / brandstaetter images / picturedesk.com
S. 180 Archivbild, Konrad-Lorenz-Gesellschaft für Umwelt- und Verhaltenskunde
S. 192 Wikimedia / gemeinfrei
S. 195 Wikimedia / gemeinfrei
S. 209 Hermann Kacher
S. 243 Irenäus Eibl-Eibesfeldt
S. 246 W. Krebser

S. 256 Gerhard Gronefeld, Archiv der Max-Planck-Gesellschaft, Berlin
S. 263 Ted Kell
S. 267 Gerhard Gronefeld, Archiv der Max-Planck-Gesellschaft, Berlin
S. 278 Hans Zeisel
S. 287 Barbara Pflaum / brandstaetter images / picturedesk.com
S. 295 Hermann Kacher
S. 302 Gerhard Gronefeld, Archiv der Max-Planck-Gesellschaft, Berlin
S. 336 Paris Match, 22. Dezember 1973, S. 5.
S. 337 J. Brädhe
S. 351 H. Pichler
S. 363 Votava / brandstaetter images / picturedesk.com
S. 383 Antal Festetics
S. 392 Konrad Lorenz Forschungsstelle für Verhaltens- und Kognitionsbiologie, Universität Wien
S. 406 Votava / brandstaetter images / picturedesk.com

Wir haben uns bemüht, sämtliche Rechteinhaber korrekt ausfindig zu machen und alle Bildrechte abzuklären. Sollte das im Einzelfall nicht gelungen sein und jemand den Nachweis der Rechtsinhaberschaft gegenüber dem Verlag erbringen, wird das branchenübliche Honorar nachträglich gerne abgegolten.

PERSONENREGISTER

DANK

Ohne die Hilfe einer Vielzahl von Personen hätte diese Biografie von Konrad Lorenz nicht geschrieben werden können. Bei allen hier in alphabetischer Reihenfolge Angeführten möchten wir uns sehr herzlich dafür bedanken, uns mit ihrer Zeit und mit Materialien für das Zustandekommen dieses Buches zur Verfügung gestanden zu haben:

Prof. Dr. Joseph Agassi †, Prof. Dr. Mitchell Ash (Universität Wien), Blazej Bialkowski (Berlin), Dr. Tatjana Buklijaš (University of Auckland), Prof. Dr. Richard W. Burkhardt, Jr. (University of Illinois at Urbana-Champaign, USA), Prof. Dr. Werner Callebaut †, Dr. Monika Chabicovsky (Klosterneuburg), Agnes Cranach †, Dr. Riccardo Draghi-Lorenz (Altenberg), Mag. Simon Engelberger (Universität Wien), Dr. Linda Erker (Universität Wien), Waltraud Föger †, Dr. Ursula Föger-Samwald (Wien), Prof. Dr. Malachi H. Hacohen (Duke University), Colin Harris (Bodleian Library, Oxford), PD Dr. Susanne Heim (Berlin), Paul Hellmann (Rotterdam), Prof. Dr. Eckart Henning (Archiv der Max-Planck-Gesellschaft, Berlin), Prof. Robert Hinde †, Dr. Oliver Hochadel (Barcelona), Prof. Dr. Michael Hubenstorf (Medizinische Universität Wien), Prof. Dr. Theodora J. Kalikow (University of Maine, USA), Dr. Marion Kazemi (Archiv der Max-Planck-Gesellschaft, Berlin), Prof. Dr. Kurt Kotrschal (KLF Grünau/Universität Wien), Dr. Hans Kruuk (Aberdeenshire), Stefan Löffler (Lissabon), Amiteshwar Lorenz (Altenberg), Dr. Dagmar Lorenz (Florenz), Max Lorenz (Altenberg),

Dr. Titaua Lorenz (München), Dr. Graeme Mitchison †, Dr. Berthold Molden (Wien), Prof. Dr. Gerd Müller (KLI/Universität Wien), Dr. Tania Munz (American Academy of Arts and Sciences, Cambridge), Mag. Herbert Ohrlinger (Wien), Mag. Robert Pfundner (Universität Wien), Prof. Dr. Thomas Potthast (Universität Tübingen), Prof. Dr. Robert N. Proctor (Stanford University), Gerhard Schaukal (Technisches Museum, Wien), Lady Philippa Scott †, Dr. Stefan Sienell (Archiv der Österreichischen Akademie der Wissenschaften, Wien), Dr. Skúli Sigudsson (Universität Rejkjavik), Dr. Christian Stifter (Österreichisches Volkshochschularchiv Wien), Prof. Dr. Marga Vicedo (University of Toronto), Geoffrey Waller (University of Cambridge Library), Prof. Dr. Wolfgang Wickler (Seewiesen), Belinda Wood (University of Oxford).

Benedikt Föger
Klaus Taschwer
DIE ANDERE SEITE DES SPIEGELS
Konrad Lorenz und der Nationalsozialismus

254 Seiten
978-3-7076-0124-4
Hardcover SU
25,– Euro

Benedikt Föger und Klaus Taschwer präsentierten 2001 bis dahin unveröffentlichte Dokumente und zeichneten so ein weitgehend neues Bild des »Vaters der Graugänse«: Der Verhaltensforscher war kein politisch naiver Wissenschaftler, sondern begrüßte die Machtübernahme durch die Nationalsozialisten mit Begeisterung. Das Buch zeigt aber auch, warum Lorenz' politisches Verhalten im Dritten Reich nur geringe Auswirkungen auf seine Karriere nach 1945 hatte. Das Standardwerk zur NS-Vergangenheit von Konrad Lorenz.

Adolf Lorenz
ICH DURFTE HELFEN
Bibliothek der Erinnerung
herausgegeben von
Benedikt Föger

448 Seiten
978-3-7076-0307-1
Hardcover
24,– Euro

Adolf Lorenz war Weltbürger, Starmediziner und begnadeter Autor. Seine Autobiografie ist ein Stück internationaler Zeit- und Medizingeschichte.

Über seine Autobiografie meinte Adolf Lorenz: »Ich hege die Hoffnung, dass mein Buch bei Jung und Alt, bei Ärzten und Laien Anklang finden wird, weil es eine einfache und menschliche Geschichte von Glück und Unglück ist.«

Klaus Taschwer
HOCHBURG DES ANTISEMITISMUS
Der Niedergang der Universität Wien im 20. Jahrhundert

312 Seiten
978-3-7076-0533-4
Hardcover
24,90 Euro

Zu Beginn des 20. Jahrhunderts war die Universität Wien eine der weltweit führenden Universitäten, heute rangiert sie in so gut wie allen Hochschulrankings jenseits der ersten hundert.

Anhand zahlreicher neuer Quellen liefert Klaus Taschwer zum 650-Jahr-Jubiläum der Universität Wien erschreckende Einblicke in die Lage der Universität von den 1920er- bis in die 1960er-Jahre und schildert zahlreiche kaum oder gar nicht bekannte Details ihres Niedergangs.

ÜBER DIE AUTOREN

Klaus Taschwer

studierte Soziologie und Politikwissenschaften an der Universität Wien, ist Wissenschaftsjournalist bei der Tageszeitung *Der Standard* und Buchautor.

Benedikt Föger

ist Verleger und Autor in Wien, Studium der Biologie und Germanistik in Wien. Bruno-Kreisky-Preis für verlegerische Leistungen 2004. Österreichisches Ehrenkreuz für Wissenschaft und Kunst I. Klasse 2022.